煤层致裂与瓦斯控制

Coal Seam Fracture Stimulation and Gas Control

陆庭侃　郭保华　著

科学出版社

北　京

内 容 简 介

煤层致裂是煤层瓦斯抽采的一个重要工艺环节，是提高煤层瓦斯抽采效率的重要技术手段。本书从发展历史、机理理论、工艺技术、应用实例等方面对液态二氧化碳相变、静态爆破、常规爆破、高压水射流、水力压裂和水力冲孔煤层致裂技术进行了详细的分析和论述。本书采用不同的视野、不同的角度，向读者展示了当前不同煤层致裂技术的特点、理论、优缺点和适用条件及案例。

本书适合煤矿的工程技术人员、科研院所和高校的科研人员阅读和参考。通过本书，读者既能够了解各个单项煤层致裂技术的特点，又能够对所有煤层致裂技术特点的各个方面进行全面、综合比较。

图书在版编目（CIP）数据

煤层致裂与瓦斯控制 = Coal Seam Fracture Stimulation and Gas Control / 陆庭侃，郭保华著. —北京：科学出版社，2019

ISBN 978-7-03-058788-6

Ⅰ. ①煤⋯　Ⅱ. ①陆⋯　②郭⋯　Ⅲ. ①煤层–水力压裂–水力采煤法 ②瓦斯煤层采煤法　Ⅳ. ①TD825.4 ②TD823.82

中国版本图书馆CIP数据核字(2018)第209297号

责任编辑：李　雪　冯晓利 / 责任校对：彭　涛
责任印制：张　伟 / 封面设计：无极书装

科学出版社出版
北京东黄城根北街16号
邮政编码：100717
http://www.sciencep.com

北京教图印刷有限公司 印刷
科学出版社发行　各地新华书店经销
*
2019年1月第　一　版　开本：720×1000　1/16
2019年1月第一次印刷　印张：25 1/4
字数：489 000
定价：188.00 元
（如有印装质量问题，我社负责调换）

序

　　尽管近年来可再生能源和绿色能源一直受到世界各国的推崇，但世界煤炭开采依然在不断地发展着，各国对煤炭的需求也依然维持在一个较高的水平，而且这一趋势在未来相当长的一段时间内不会有显著改变。持续的煤炭需求和行业的发展，要求煤炭企业在安全的前提下高效率生产。另外，经过多年大规模开采，我国许多矿井的浅部资源接近或已经枯竭。随着煤炭开采由浅部逐步过渡到深部，煤炭生产将面临许多需要解决的新问题。其中，煤层瓦斯抽采则为其主要问题之一。因为随着煤层埋深的增加，煤层透气性随之降低，所以极大地限制了煤层瓦斯的抽采效率。因此，煤层致裂、强化增透以提高煤层瓦斯抽采效率在煤炭开采过程中扮演着越来越重要的角色。

　　不仅是我国，(煤)储层增透也是世界煤炭行业所面临的主要问题，同样也是能源行业，包括石油、天然气、煤层气和地热开采行业，所面临的主要问题。为了应对这一问题，世界各国一直在不遗余力地深入研究煤/岩层致裂理论与机理，并基于此开发新的煤/岩层致裂技术，以满足能源安全和高效生产的需要。

　　为顺应煤炭开采的发展规律与趋势，本书全面系统地总结了目前国内外各类煤层致裂技术的理论、机理、工艺及优点和局限，并辅以案例，以促进煤层致裂理论的研究、技术的更新和应用。

河南理工大学

陆庭侃

2018 年 8 月 8 日

前　　言

自从对煤炭进行开采以来，煤层瓦斯一直是困扰煤矿安全生产的一个主要方面。随着煤层埋藏深度的不断增加、地质条件的不断变化，煤层裂隙的发育状况对煤层瓦斯的抽采效率、煤矿安全和生产成本都有直接的影响。因此，现代煤矿煤层瓦斯气体的抽采是围绕煤层致裂展开的。

纵观设有采矿专业大专院校的教学大纲，煤层瓦斯抽采是一门专业必修课。然而，与抽采密切相关的煤层致裂技术及专著却未曾多见。也就是说，我们一直以来只是在教授学生煤层瓦斯抽采的方法、钻孔设计的原则和煤矿瓦斯安全的法规，却很少系统地告诉学生瓦斯抽采的重要手段——煤层致裂技术。

本书作者有着多年采矿实践和科研、教学经历。其中，第一作者在国内外采矿界工作多年，从事煤矿的现场、科研、咨询和教学工作。第二作者已经在我国煤炭开采教学和科研岗位上工作了十余年。现在，我们在一起合作完成本书的写作，希望它能够为读者提供在煤矿煤层致裂和瓦斯抽采方面有价值的信息。因此，我们的目非常明确，即为学生和工程技术人员提供一本全面系统的煤层致裂技术方面的书籍，以此作为采矿专业学生学习煤层瓦斯抽采课程的知识补充，作为现场工程技术人员在煤层致裂技术选择方面的依据，作为科研人员在煤层致裂技术及理论研究方面的基础。

本书涉及目前煤层致裂的全部技术，包括液态二氧化碳相变煤层致裂技术、静态爆破煤层致裂技术、爆破煤层致裂技术、高压水射流切割煤层致裂技术、水力压裂煤层致裂技术和水力冲孔煤层致裂技术。

为了满足不同层面的需求，包括学生、研究人员和工程技术人员，本书对每种煤层致裂技术从各个方面进行了详细论述，包括理论基础、设计计算方法、使用条件、优缺点评价、存在的问题及使用案例。

在理论方面，我们给出了每一种煤层致裂技术的致裂机理和相关理论。通过这些内容，读者能够对各种致裂技术的致裂机理、致裂半径的计算方法、半径值等有一个全面的对比和了解。

在应用方面，本书中对每一种煤层致裂技术都给出了相对应的使用条件和优缺点及存在的问题。读者，特别是工程技术人员，能够通过对比更加容易地找到合适本矿条件的煤层致裂技术，并将其应用于实践。

在每种煤层致裂技术的最后，本书都给出了两个现场实施案例，其目的不仅用于说明该技术致裂机理和理论的合理性，还希望读者能够通过所给出的不同致裂技术案例，从理论或实际应用的角度，通过比较更加深刻地理解该项技术的适用性和有效性。

我们希望，读者能够通过阅读本书更容易地把握各种煤层致裂技术的特点、优缺点、理论和适用性，从而选择一种或两种不同的致裂技术联合应用，以达到所期望的煤层致裂效果和煤层瓦斯抽采效果。

本书由陆庭侃和郭保华共同撰写完成，其中第 1 章、第 3 章至第 7 章由陆庭侃撰写，第 2 章和第 8 章由郭保华撰写，并由河南理工大学资助出版。因作者水平有限，本书难免有不妥之处，敬请读者批评和指正。

作　者

2018 年 8 月 1 日

目　　录

第1章　动机、目的与内容

如今，世界各国都在寻求可负担得起的、稳定的能源资源，以支持他们的经济发展。尽管天然气、核能及可再生能源的发展降低了对煤炭需求，但是，许多发展中国家依然以煤炭作为主要的能源。国际能源机构(IEA)的评估认为，未来煤炭需求的增和减主要取决于中国对煤炭的需求[1]。换句话说，我国在未来的一段时间内，将依然是煤炭消耗的主要国家。

从我国的煤炭产量和消耗量来看，也同样支持了上述观点。2015年，世界煤炭产量约80亿t，中国产量达37.5亿t，虽然同比减少3.3%，但仍占世界的47%；中国煤炭消费量为39.65亿t，同比下降3.7%，但仍占世界煤炭消费量的一半。煤炭在中国能源消费结构的比重达到64%，远高于世界煤炭平均水平的30%[2]。

1.1　煤炭生产的安全问题

煤炭生产过程中，瓦斯和顶板是煤矿安全永恒的话题。就瓦斯管理而言，我国煤矿还存在着许多的问题和隐患，瓦斯治理依然是煤矿安全生产中的薄弱环节，主要原因是煤矿的瓦斯抽采率较低，并由此导致煤炭开采过程中瓦斯超限和煤与瓦斯突出潜在风险的增加，这一直是困扰着煤矿瓦斯治理的主要技术问题。导致瓦斯抽采率偏低主要原因有以下几个方面。

首先，我国煤层多为低透气性煤层。从煤层特征看，我国煤层普遍具有渗透率低、透气性差，且钻孔瓦斯抽采衰减快的特点。大多数煤矿煤层预抽瓦斯低于10%的采煤层瓦斯总量，其抽采水平低于世界其他主要产煤国。

根据瓦斯的抽采难易程度，煤层可被分为三类：容易抽采煤层、可抽采煤层和难抽采煤层(表1-1)。目前，我国开采的煤层多为第三类煤层。

表1-1　基于瓦斯抽放难易程度的煤层分类[3]

类型	100m长度钻孔的瓦斯流动衰减率/d^{-1}	煤层透气性系数/[$m^2/(MPa^2 \cdot d)$]
容易抽采	<0.005	>10
可抽采	0.005~0.05	10~0.1
难抽采	>0.05	<0.1

注：$1m^2/(MPa^2 \cdot d)=0.025mD$。

其次，随着开采强度的增加，煤炭开采深度在不断增加。从建井深度看，20世纪 50 年代立井平均开凿深度还不到 200m，到 90 年代，平均开凿深度已达 600m。40 年内大约增加了 400m，平均每年增加 10m。据统计，1980 年我国煤矿平均开采深度为 288m，1995 年为 428.83m。煤炭资源开发由浅部向深部发展是客观和必然的规律，也是世界上许多主要煤炭生产国家所面临的共同问题。

我国煤矿开采深度发展趋势是浅矿井的数目将大为减少，中深矿井的数目明显增加，深矿井的数目将成倍增加，并将出现更多的特深矿井，矿井的平均开采深度也将进一步增加至 630m 左右。显然这种情况不仅会对我国当前和今后煤矿的开拓和开采工作带来影响，而且对深部煤层的瓦斯治理与抽采产生影响。

众所周知，随着煤层埋深的增加，煤层应力也随之增加。同时，煤层的透气性随着煤层深度的增加而降低。由此带来的问题是煤层瓦斯的抽采难度随煤层深度的增加而增加。

最后，煤层致裂技术与理论的制约。对于大多数富含瓦斯煤层或有突出危险性的煤层，通常采用回采/掘进前预抽的方法。在预抽过程中，为了克服煤层瓦斯抽放效率低下的问题，需要对煤层进行致裂，以提高煤层透气性。

因此，多种煤层致裂技术应运而生。那么，什么才是好的煤层致裂技术呢？或许可以定义为能够满足以下一个或几个因素的煤层技术：

(1) 能够以合适的成本，形成可靠的煤层裂隙。

(2) 能够最大限度地提高煤层的透气性。

(3) 随时间的增加，煤层透气性依然能够保持稳定。

显而易见，对照上述三个方面，尽管许多煤层致裂技术的有效性在过去几十年的实践中被证明，但其依然存在问题并具有一定的局限性。

1.2 煤层瓦斯的开采

煤层瓦斯是一种成煤过程中产生的不可再生的能源资源，并能带来巨大的商业利润。伴随着煤的形成，在生物和地热的共同作用下，也同时形成了瓦斯气体，多数瓦斯赋存在煤的缝隙和空隙中。

曾几何时，在煤炭开采过程中，由于经常引起煤矿安全事故，危害煤矿从业人员的人身安全，影响煤矿的正常生产，煤层瓦斯都通过煤矿的瓦斯抽放系统被排放到矿井之外的大气中。但是，随着世界各国逐渐认识到煤层瓦斯是一种切实可行的能源资源，以及煤层瓦斯开采技术的不断成熟，如今，煤层瓦斯的商业利用价值已被广为认可和接受。

另外，煤层瓦斯的开采依然存在着对环境污染问题。首先，当开采煤层瓦斯时，需要使用大量的水，从而导致地下水位下降，会对农业生产和当地的工业用水造成影响；其次，开采煤层瓦斯需要对煤层注入加有不同化学添加剂的水，如果不能够很好地管理这些废水，将会对地下水资源造成污染。

基于此，各国政府在开采煤层瓦斯资源的同时，也在制定相应的措施，以确保环境不受侵害。由此可见，建立环境保护和获取可持续能源以发展经济之间的平衡是一个脆弱而复杂的过程。达到这样的平衡，需要满足两点：第一是需要一个由政府主导的严格的监管和控制法律机制；第二是需要有研究机构的参与，以便为政府决策提供科学数据，为企业提供新技术。

1.3　目　　的

针对我国煤层瓦斯抽采面临的问题及瓦斯安全和瓦斯抽采利用的需求，本书系统阐述了各种煤层致裂技术的理论、机理、技术特点、适应性和优缺点，并辅以相应的应用案例，以帮助工程技术人员更全面和更深刻地熟悉、理解和掌握这些煤层致裂技术的特点和功能，更好地为煤矿生产服务；以帮助科研人员更全面地了解煤层致裂理论和机理，并以此为基础，更深入地探究煤层致裂理论，开发新的煤层致裂技术；以帮助相关专业的学生更全面地了解煤层致裂的理论和应用。

1.4　内容与结构

本书将煤层致裂技术分为三类，包括煤层水力致裂技术、煤层爆破致裂技术和煤层非爆破致裂技术。煤层水力致裂技术又包括水力压裂技术、水力冲孔技术和高压水射流切割煤层致裂技术。在煤层爆破致裂技术中，主要阐述了深孔爆破煤层致裂技术、聚能爆破煤层致裂技术、卸压爆破煤层致裂技术和松动爆破煤层致裂技术。在非爆破致裂技术中，包括了液态二氧化碳相变煤层致裂技术和静态爆破煤层致裂技术。

本书共分 8 章。除第 1 章外，第 2 章阐述了煤的形成及不同地质年代煤的物理力学性质和特征。第 3 章和第 4 章为非爆破煤层致裂技术，包括液态二氧化碳相变煤层致裂技术和静态爆破煤层致裂技术。第 5 章为爆破煤层致裂技术，其内容包括深孔预裂爆破煤层致裂、聚能爆破煤层致裂、松动爆破煤层致裂和卸压爆破煤层致裂。第 6 章至第 8 章为水力煤层致裂技术，包括高压水射流煤层切割致裂技术、水力压裂煤层致裂技术和水力冲孔煤层致裂技术。

参 考 文 献

[1] Dichristopher T. Global coal demand will barely grow through 2021, says International Energy Agency[J/OL]. 2016-12-12. https://www.cnbc.com/2016/12/12/global-coal-demand-will-barely-grow-through-2021-says-iea-report.html. 2016.

[2] 钱瑜, 李振兴. 中国2015年煤炭消费量39.6572吨, 占世界一半[J/OL]. http://www.thepaper.cn/newsDetail_forward_1474223. 2016.

[3] 余启香. 矿井瓦斯防治[M]. 徐州: 中国矿业大学出版社, 1992.

第2章　不同地质时期煤的特性

2.1　中国主要含煤地层及瓦斯分布

2.1.1　中国主要含煤地层分布

煤炭由古代植物遗体演变而来。古代植物遗体堆积后逐步演变为泥炭和腐泥，泥炭和腐泥由于地壳运动而被掩埋，在较高的温度和压力的作用下，经过成岩作用演变为褐煤，褐煤继续演变为烟煤和无烟煤的过程叫作煤的变质过程。煤的变质过程逐级进行，按碳化程度从低到高依次为：褐煤、低变质烟煤(长焰煤、不黏煤、弱黏煤)、中变质烟煤(气煤、肥煤、焦煤、瘦煤)、高变质煤(贫煤、无烟煤)。

我国的煤炭资源主要形成于六个不同的地质时期，包括古生代石炭纪晚期—二叠纪早期(距今约 3.20 亿~2.78 亿年)、古生代二叠纪晚期(距今约 2.64 亿~2.50 亿年)、中生代三叠纪晚期(距今约 2.27 亿~2.05 亿年)、中生代侏罗纪早中期(距今约 2.05 亿~1.59 亿年)、中生代白垩纪早期(距今约 1.42 亿~0.99 亿年)和新生代古近纪和新近纪(距今约 6550 万~180 万年)。

我国各地质时期煤炭形成年代、分布及储量如表 2-1 所示，已探明储量各煤种不同时期占比如表 2-2 所示，各地质时期不同煤种占比如表 2-3 所示。石炭纪含煤较少，这里不详细介绍。石炭纪—二叠纪是较早的煤炭资源形成期，石炭纪—二叠纪煤基本上分布在黄河流域，煤种范围为长焰煤到无烟煤。晚二叠世是我国南方主要的成煤时期，晚二叠世煤广泛分布于江南各省区，其中绝大部分资源集中于贵州和川南滇东北。晚三叠世煤的探明储量只有 40 亿 t，其中陕北三叠纪煤田就占了 20 亿 t，煤种为气煤。另外 20 亿 t 零星散布于全国各地，基本可以忽略不计。侏罗纪煤主要集中在蒙、陕、甘、宁四省区交界地带和新疆北部。侏罗纪的煤种范围从褐煤到无烟煤。在各成煤期中，侏罗纪煤的平均含硫量最低，平均含灰量最低，这是侏罗纪煤的最大优势(表 2-4)。白垩纪煤分布于内蒙古东部和东北三省，其中内蒙古东部的白垩纪煤几乎全部是褐煤，且多适合露天开采。东北三省的白垩纪煤从长焰煤到无烟煤，黑龙江七台河煤田是唯一的白垩纪无烟煤产地。古近纪和新近纪是最后一个成煤期，由于经历的时间最短，所以煤的碳化程度普遍较低，煤种范围为褐煤、长焰煤和气煤。表 2-4 中，由于三叠纪和古近纪和新近纪储量较少，没有给出其含灰量和含硫量占比。

表 2-1　各地质时期煤炭年代、分布、储量

参数	石炭纪—二叠纪	晚二叠世	三叠纪	侏罗纪	白垩纪	古近纪和新近纪
距今/亿年	3.20～2.78	2.64～2.50	2.27～2.05	2.05～1.59	1.42～0.99	0.655～0.018
分布	黄河流域	江南各省区，特别是贵州、川南和滇东北	陕北占50%，其他零星分布	蒙、陕、甘、宁四省交界和新疆北部	内蒙古东北部和东北三省	东北三省和鲁西龙口
主要煤田	焦作、新密、禹州、平顶山、永夏、淮南、淮北、徐州、滕州、兖州、济宁、巨野、黄河北、京西、邯邢、开滦、桌子山、准格尔、渭北、石嘴山，石炭井、横城、韦州	府谷、佳县、吴堡、筠连、古叙、黔北、织纳、六盘水、兴义、老厂、恩洪	延安、子长、横山	京西、蔚县、神府东胜、黄陇煤田、华亭、汝箕沟、灵武、鸳鸯湖、马家滩、积家井、萌城、木里煤田、吐哈、塔北煤田、准东、淮南、淮北、伊犁	铁法、鸡西、七台河、双鸭山、鹤岗、呼伦贝尔大雁、呼伦贝尔呼山、伊敏、伊敏五牧场、红花尔基、呼和诺尔、扎赉诺尔、霍林河、乌尼特、白音华、胜利、白音乌拉、平庄元宝山	龙口、双鸭山宝清、昭通
已探明储量占比/%	38	7.5	0.4	39.6	12.2	2.3
未探明预测储量占比/%	22.4	5.9	0.3	65.5	5.5	0.4

表 2-2　已探明储量各煤种不同时期占比　　　　（单位：%）

时代	褐煤	低变质烟煤	气煤	肥煤	焦煤	瘦煤	贫煤	无烟煤
石炭纪—二叠纪		6	83	90	70	83	81	53
晚二叠世				7	18	16	18	45
三叠纪								
侏罗纪	1	92	8		6			
白垩纪	77		6		6			
古近纪和新近纪	22							
合计	100	98	97	97	100	99	99	98

表 2-3　各地质时期不同煤种占比　　　　（单位：%）

煤种	石炭纪—二叠纪	晚二叠世	三叠纪	侏罗纪	白垩纪	古近纪和新近纪
褐煤					81	90
低变质烟煤	14			96		
气煤	24	1	100	3		
肥煤	11	2				
焦煤	12	16				
瘦煤	9	8				
贫煤	13	11				
无烟煤	17	62				
合计	100	100	100	99	81	90

表 2-4　各地质时期煤炭含灰量和含硫量占比　　　　（单位：%）

参数	含量	石炭纪—二叠纪	晚二叠世	侏罗纪	白垩纪
含灰量	10%以下			44	
	10%~20%	34	47	55	65
	20%~30%	64	45		34
	20%以上			1	
	30%以上	2	8		1
含硫量	1%以下	24	7	78	64
	1%~2%	52	29	22	36
	2%以上	24	64		

　　煤的碳化程度与成煤时间，所处地层的压力和温度有关。时间越长，压力越大，温度越高，则碳化程度越高。由于碳化程度受多种因素影响，因而同一成煤年代产生的煤种并不相同，相同的煤种可能来源于不同的年代。例如，侏罗纪煤普遍为低变质烟煤和气煤，而宁夏汝箕沟的侏罗纪煤由于受火山余热的影响，加速了碳化进程，煤种为无烟煤。辽宁抚顺的长焰煤来自古近纪和新近纪，阜新的长焰煤来自白垩纪，甘肃华亭的长焰煤来自侏罗纪，内蒙古准格尔的长焰煤来自石炭纪—二叠纪。

　　我国煤炭资源分布面积达 60 万 km^2，既广泛又相对集中，西多东少、北多南少。以天山-阴山造山带、昆仑山-秦岭-大别山纬向造山带和贺兰山-龙门山经向造山带为界，将我国划分为东北、华北、华南、西北和滇藏五大赋煤区。在此基础上，根据大兴安岭-太行山-雪峰山断裂带将东部三个赋煤区划分为六个亚赋煤区，即二连-海拉尔赋煤亚区和东三省亚区，黄淮海和晋陕蒙宁亚区，华南和西南亚区。在大兴安岭—太行山—雪峰山一线以西的晋、陕、内蒙古、宁、甘、青、新、川、渝、黔、滇、藏 12 个省(市、自治区)的煤炭资源量占全国总量的89%；该线以东的 20 个省(市、自治区仅占全国的 11%。分布在昆仑山—秦岭—大别山一线以北的京、津、冀、辽、吉、黑、鲁、苏、皖、沪、豫、晋、陕、内蒙古、宁、甘、青、新18个省(市、自治区)的煤炭资源量占全国煤炭资源总量的93.6%；该线以南的 14 个省(市、自治区)仅占全国的 6.4%。客观地质条件形成的这种不均衡分布格局，决定了我国北煤南运、西煤东调的长期发展态势。

　　《能源发展战略行动计划(2014—2020 年)》(以下简称《计划》)指出，重点建设晋北、晋中、晋东、神东、陕北、黄陇、宁东、鲁西、两淮、云贵、冀中、河南、内蒙古东部、新疆 14 个亿吨级大型煤炭基地(表 2-5)。大型煤炭基地煤炭储量丰富、煤类齐全、煤质优良，开采条件较好，区位优势明显。到

2020 年，基地产量将占全国的 95%。2016 年年底，我国发布《全国矿产资源规划(2016—2020 年)》，又提出重点建设神东、晋北、晋中、晋西等 14 个煤炭基地，并划定了 162 个国家规划煤炭矿区。14 个煤炭基地简介如表 2-5 所示。其中神东、晋北、晋中、晋东、陕北、新疆大型煤炭基地处于中西部地区，主要担负向华东、华北、东北等地区供给煤炭，并作为"西电东送"北通道电煤基地。冀中、河南、鲁西、两淮基地处于煤炭消费量大的东中部，担负向京津冀、中南、华东地区供给煤炭。蒙东(东北)基地担负向东北三省和内蒙古东部地区供给煤炭。云贵基地担负向西南、中南地区供给煤炭，并作为"西电东送"南通道电煤基地。黄陇(含华亭)、宁东基地担负向西北、华东、中南地区供给煤炭。

表 2-5 14 个煤炭基地简介

序号	名称	包括矿区	基地简介
1	神东	神东、万利、准格尔、包头、乌海、府谷矿区	1984 年发现的神府煤田位于陕西榆林，面积约 2.6 万 km²，煤矿储量达 1349.4 亿 t，其与内蒙古东胜市境连为一体，是我国规模较大的优质造气动力煤田。东胜煤田位于内蒙古自治区鄂尔多斯市境内，面积 12860km²，探明储量 2236 亿 t，是我国已探明储量最大的整装煤田。占全国已探明储量的 1/4，属世界八大煤田之一
2	陕北	榆神、榆横矿区	榆神矿区位于神府矿区南部，面积为 5500km²，探明储量 301 亿 t，矿区可采煤层 13 层，其中主要可采煤层 4 层，主采煤层厚度平均为 10m，最厚可达 12m。榆横矿区以中部的无定河为界分为南北两个矿区，规划的榆横矿区(北区)东西宽约 50km，南北长约 60km，面积约 3200km²，其中含煤面积 2700km²，可采储量约 188.89 亿 t
3	黄陇	彬长(含永陇)、黄陵、旬耀、铜川、蒲白、澄合、韩城、华亭矿区	黄陵矿区煤炭储量丰富，煤田总面积 1000km²，地质储量 20 亿 t，可采储量 15 亿 t，地质构造简单，埋藏较浅，开采方便
4	晋北	大同、平朔、朔南、轩岗、河保偏、岚县矿区	晋北基地是我国特大型动力煤基地，位于山西省会太原以北地区，包括大同市、朔州市、忻州市、太原市、娄烦县、吕梁市和岚县。平朔矿区是晋北基地的主要矿区，生产优质动力煤，拥有煤炭资源总量近 95 亿 t。大同市矿藏资源丰富，是我国著名的"煤乡"，煤炭储量大、质量好、热值高，已探明的煤炭总储量达 376.9 亿 t，是我国重要的优质动力煤生产基地。大同矿区位于大同市西南，矿区含煤面积约 1827km²，保有探明储量 386.43 亿 t
5	晋中	西山、东山、汾西、霍州、离柳、乡宁、霍东、石隰矿区	晋中基地地处山西省中部及中西部，跨太原、吕梁、晋中、临汾、长治、运城 6 个市的 31 个县(市)，煤炭可采储量 192 亿 t。西山矿区位于西山煤田西北部，分为前山区和后山区两部分，可利用储量 65.2 亿 t。汾西矿业集团公司横跨霍西、河东、西山、沁水四大煤田 625km²，地质储量 58 亿 t。霍州矿务局位于山西省中南部临汾盆地北端，地处霍西煤田中部，矿区总面积为 700km²，地质储量 65 亿 t
6	晋东	晋城、潞安、阳泉、武夏矿区	晋东基地是我国最大和最重要的优质无烟煤生产基地，位于山西阳泉、长治、晋城和晋中等市县境内，地理位置优越，煤层气资源丰富，水资源充沛，化工用无烟煤质量优良，发展清洁能源，以煤、电、气、化为一体的晋东基地正在形成。晋城矿区位于山西省沁水煤田南端，南起煤层露头线；北界为高平市南缘马村、河西一线。矿区面积约 280km²。阳泉井田含煤面积 1051km²，已探明地质储量 104 亿 t，其中地方煤矿井田面积约 340km²

续表

序号	名称	包括矿区	基地简介
7	蒙东（东北）	扎赉诺尔、宝日希勒、伊敏、大雁、霍林河、平庄、白音华、胜利、阜新、铁法、沈阳、抚顺、鸡西、七台河、双鸭山、鹤岗矿区	内蒙古东部的呼伦贝尔市、通辽市、赤峰市、兴安盟和锡林郭勒盟，简称蒙东地区，总面积 66.49 万 km^2，煤炭资源丰富，探明储量为 909.6 亿 t，在全国五大露天煤矿中，伊敏、霍林河、元宝山三大露天煤矿处于蒙东地区。仅呼伦贝尔市煤炭探明储量就是东三省总和的 1.8 倍。伊敏煤田于 1959 年发现，北距海拉尔区 85km，面积 35000km²，探明煤炭储量 50 亿 t。霍林河煤田位于内蒙古自治区通辽市扎鲁特旗境内，面积 540km²，保有储量 131 亿 t。元宝山煤田位于内蒙古自治区赤峰市东南部，面积约 612km²，煤炭保有储量 16 亿 t
8	两淮	淮南、淮北矿区	两淮基地探明煤炭储量近 300 亿 t。其中，淮南远景储量 444 亿 t，探明储量 153 亿 t。淮北矿区位于安徽省北部，面积约 9600km²，含煤面积约 4100km²，探明储量 98 亿 t
9	鲁西	兖州、济宁、新汶、枣滕、龙口、淄博、肥城、巨野、黄河北矿区	鲁西基地探明煤炭储量为 160 多亿 t。兖州矿区拥有兖州和济宁东部两块煤田，矿区总面积 435.44km²，资源储量为 36.6 亿 t，可采储量 17.7 亿 t。巨野矿区包括巨野煤田和梁宝寺煤田，含煤面积 1210km²，总地质储量 55.7 亿 t。其中巨野煤田南北长 80km，东西宽 12km，面积 960km²，地质储量 48.7 亿 t。主要可采煤层为 3 煤层，地质储量 38.15 亿 t
10	河南	鹤壁、焦作、义马、郑州、平顶山、永夏矿区	河南省 2000m 以上已探明的煤炭资源储量为 1130 亿 t，保有储量为 245 亿 t。豫西基地探明煤炭储量达 200 亿 t。鹤壁矿区面积 150km²，目前煤炭资源累计探明储量 13.41 亿 t，保有储量 10.88 亿 t，可采储量 4.74 亿 t。焦作煤业集团是全国主要无烟煤生产基地之一，东西长 60km，南北宽 20km，含煤面积 971km²，预测煤炭储量 80 亿 t。平顶山矿区位于河南省中部。初步勘探表明，在东西长达 120km、南北宽达 20km 的范围内，煤炭储量超过 100 亿 t
11	冀中	峰峰、邯郸、邢台、井陉、开滦、蔚县、宣化下花园、张家口北部、平原大型煤田	冀中地区探明能源煤炭储量达到 150 亿 t，可采储量 20 亿 t 以上。峰峰煤矿的开采利用至今已有 130 年的历史，是我国重要的冶炼焦精煤生产基地
12	云贵	盘县、普兴、水城、六枝、织纳、黔北、老厂、小龙潭、昭通、镇雄、恩洪、筠连、古叙矿区	云贵两省是我国南方重要的煤炭生产基地。贵州省已经初步探明南、北盘江腹地煤炭储量达 330 亿 t，其中可就近通过水运的煤炭储量达到 92 亿 t。云南省的文山、红河两州煤炭储量超过 50 亿 t
13	宁东	石嘴山、石炭笋、灵武、鸳鸯湖、横城、韦州、马家滩、积家井、萌城矿区	宁东能源重化工基地位于银川东部的灵武，该区域优质无烟煤储量达 273 亿 t，占宁夏煤炭资源总量的 85%。宁东能源重化工基地规划区面积 645km²，远景规划面积约 2855km²，是宁夏回族自治区最重要的能源建设项目
14	新疆	由吐哈、准噶尔、伊犁、库拜四大区组成，主要包括 36 个矿区	吐哈区包括大南湖、淖毛湖、黑山、克布尔碱、三道岭、巴里坤、沙尔湖、三塘湖、艾丁湖 9 个矿区；准噶尔区包括五彩湾、大井、西黑山、硫磺沟、昌吉白杨河、塔城白杨河、和什托洛盖、阜康、艾维尔沟、四棵树、沙湾、玛纳斯塔西河、将军庙、老君庙、喀木斯特、乌鲁木齐、水溪沟 17 个矿区；伊犁区包括伊宁、尼勒克、昭苏 3 个矿区；库拜区包括俄霍布拉克、阿艾、拜城、塔什店、布雅、阳霞、喀拉吐孜 7 个矿区。新疆煤炭预测储量 2.19 万亿 t，占全国预测储量的四成以上。基地内保有查明资源储量 3124 亿 t

2.1.2　中国煤层瓦斯分布特征

1990 年，由焦作矿业学院牵头的中国煤矿瓦斯地质编图组，完成了"全国煤矿瓦斯地质编图"项目，共编制了 25 个省(区)瓦斯地质图、125 个矿区瓦斯地质图、600 多个矿井瓦斯地质图，系统地整理了全国煤矿瓦斯地质资料。1992 年，中国统配煤矿总公司出版了《1∶200 万中国煤层瓦斯地质图》，将中国煤层瓦斯赋存、涌出、突出及其分布特征划分为 20 个大区、89 个瓦斯带、300 余个不同瓦斯等级的矿区。1998 年 12 月，中国煤田地质总局出版的《中国煤层气资源》，将我国煤层气赋存构造归纳为 4 类 10 型，并强调区域构造通过对煤层形成、埋藏史、变形史和空间赋存状态的控制作用。各级构造单元及其不同块段的隆起、拗陷演化史和风化、剥蚀及挤压、褶皱等构造特征，影响挤压、推覆构造等形成构造煤，也可以明确煤层瓦斯的保存条件、赋存条件、涌出量和煤与瓦斯突出的地质原因[1]。

　　具体来说，中国高瓦斯煤层分布区域如表 2-6 所示，中国低瓦斯煤层分布区域如表 2-7 所示，中国瓦斯突出煤层分布区域如表 2-8 所示。

表 2-6　中国高瓦斯煤层分布区域

成因	煤种	构造单元	矿区或煤层
深成煤化	中、高变质烟煤，无烟煤带	地层上连续沉积的拗陷带	山西的沁水盆地石炭纪—二叠纪煤层；鄂尔多斯盆地东缘石炭—二叠纪煤层；东北松嫩盆地晚侏罗世—早白垩世煤层；四川盆地龙潭组和须家河组煤层；川南、黔西(六盘水等地)、滇东龙潭组煤层；湘中、湘南测水组和龙潭组煤层
深成煤化	中、高变质烟煤，无烟煤带	以挤压作用为主	太行山东麓山西组煤层，如焦作、鹤壁、安阳等煤田；豫西平顶山、宜洛、荥巩等煤田的山西组、下石盒子组煤层；淮南煤田的下石盒子组、上石盒子组煤层等
岩浆热变质	中、高变质烟煤，无烟煤带(超高变质无烟煤除外)	以挤压、褶皱、逆冲推覆为主	华北盆地北缘隆起带早-中侏罗世煤层，由西至东的包头、下花园、北票等煤田；东北地区鸡西、双鸭山等煤田的晚侏罗世—早白垩世煤层；华南地区萍乡-乐平拗陷带的晚三叠世安源组煤层；粤北南岭等矿区的晚三叠世旦口群煤层
含有多层油页岩	古近纪和新近纪煤层		东北地区抚顺、梅河口古近纪煤层；华南地区茂名煤田的古近纪和新近纪煤层
油气涌出	早-中侏罗世煤层和古近纪煤层		鄂尔多斯盆地南部焦坪等矿区的早-中侏罗世煤层，百色煤田的古近纪煤层

表 2-7　中国低瓦斯煤层分布区域

成因	矿区或煤层
受强风化剥蚀作用控制	鲁淮断隆控制的山东、苏北石炭纪—二叠纪煤层低瓦斯分布区；东北大兴安岭隆起带晚侏罗世—早白垩世煤层；中国西部地区早-中侏罗世煤层；华北盆地北缘隆起带附近的石炭纪—二叠纪煤层，如内蒙古准格尔等煤田也属于此类型
受拉张活动作用控制的石炭纪—二叠纪煤	下辽河-华北断陷盆地石炭纪—二叠纪煤层，如开滦、邢台矿区；汾渭地堑盆地石炭纪—二叠纪煤层，如霍县、汾西矿区
以浅海碳酸盐岩相沉积为主的石炭纪—二叠纪煤	广西合山等煤田的合山组煤层；黔东、湘西、鄂西南等地的吴家坪组煤层；华北地区有关煤田中的太原组煤层
超高变质无烟煤	华北地区京西煤田；华南地区闽西、粤东等地
古近纪、新近纪褐煤	滇西新近纪褐煤；广西南宁、扶绥、明江等地的古近纪褐煤；东北地区沈北等煤田的古近纪褐煤，依兰煤田的古近纪长焰煤等

表 2-8　中国瓦斯突出煤层分布区域

成因	分布	矿区或煤层
深层构造陡变带	贺兰山-龙门山南北向陡变带	石嘴山、龙门山、雅荣、渡口等高瓦斯突出矿区，共有 10 余对高突矿井
	华南地区萍乡-郴州深层构造带	萍乡、乐平、英岗岭、丰城、白沙、梅田、南岭等高瓦斯突出矿区，共有 70 余对高突矿井，共发生突出 2000 余次
深层活动断裂带	华北盆地北缘断裂带、鄂尔多斯盆地西缘断裂带、太行山断裂带	分别与上述深层构造陡变带一致
	华北盆地南缘龙首山-固始断裂带	靖远、宜洛、平顶山、淮南等高瓦斯突出矿区，有 10 余对突出矿井
	华南地区华蓥山断裂带	华蓥山、天府、中梁山高瓦斯突出矿区，共有 13 对高突矿井
	南丹-紫云断裂带	水城、六枝、红茂高瓦斯突出矿区，有 10 余对突出矿井
	宜春-柳州断裂带	和萍乡-郴州陡变带一致
	扬子陆块北缘断裂带	黄石高瓦斯突出矿区
	金沙江-红河断裂带	低瓦斯突出矿井蚂蝗庆矿
	东北地区牡丹江-鹤岗断裂带	鹤岗低瓦斯突出矿区和延边和龙二氧化碳突出矿区，有 2 对低瓦斯突出矿井和 2 对二氧化碳突出矿井
	敦化-密山断裂带	抚顺、鸡西高瓦斯突出矿区，有 8 对高瓦斯突出矿井
	伊兰-舒兰断裂带	营城二氧化碳突出矿区
推覆构造带	四川盆地西侧龙门山-菁河推覆构造带	龙门山、雅荣高瓦斯突出矿区，有 7 对突出矿井
	四川盆地东侧武陵山、华蓥山推覆构造	松藻、南桐、天府、华蓥山、中梁山高瓦斯突出矿区，有高突矿井 26 对
	在江南古陆与华夏古陆之间形成的湘、桂、乐平-萍乡、浙西 "S" 型和反 "S" 型伸展向北西凸出的弧形褶皱带，伴有向南东倾斜的逆冲推覆和多层次滑脱	涟邵高瓦斯突出煤田到萍乡-乐平高瓦斯突出煤田，包括萍乡、丰城、英岗岭、乐平等高突矿区，共有 63 对高突矿井，发生煤与瓦斯突出 2500 余次
	大别山推覆构造带、逆冲推覆断层	淮南煤田有 4 对煤与瓦斯突出矿井
	大型推覆构造部位	辽宁北票矿区有 6 对矿井全是高突矿井，共发生突出 1500 余次
	太行山东麓煤层挤压破坏强烈，"构造煤" 极为发育，矿区内主体构造为一系列北北东向的正断层，舒缓波状，表现了强烈的压扭性质。燕山运动早、中期伴随着太行山北北东向的隆升，发育了一系列北北东向的逆冲推覆断层	焦作、鹤壁、安阳、邯郸等高瓦斯突出矿区
强变形带	华北陆块南缘和华南板块北缘受东秦岭变形带和大别山变形带控制	华北平顶山、宜洛、荥巩、偃龙等煤田和淮南煤田、华南黄石煤田

2.2　早石炭世煤的特性

早石炭世煤层在古陆及海域之间的滨海地带形成,主要分布在华南赋煤区,华北赋煤区局部地段发育石炭纪可采煤层。滇藏赋煤区也有石炭纪可采煤层形成,主要分布于唐古拉山山脉附近。含煤煤层分布面积较大,含煤2~80余层,单层厚度在1m左右。

含煤地层在华南西部滇黔桂等地分别为万寿山组、旧司组及寺门组,以广西红山茂兰一带含煤性较好,寺门组含煤可达20余层,可采者仅1~3层,以薄煤层为主,一般厚0.5~2m,呈似层状或透镜状;罗城地区寺门组含薄煤3~5层,煤厚约0.7m。

含煤地层在华南东部则为测水组、梓山组等,其中以分布在湘中、湘南、粤北一带的测水组含煤性最好,形成了一系列有经济价值的煤矿区。如湖南新化金竹山测水组含煤7层(组),其中3号、5号煤层为主要可采层,3号煤层分布广,较稳定,煤厚一般为1.5~2.5m,5号煤层亦较稳定,煤厚一般为1~2m;粤北曲仁测水组含煤3层,可采或局部可采者2层,煤厚1m左右,不稳定。湘中含煤3~7层,其中3号煤为主要可采煤层,2号和5号煤为局部可采煤层。3号煤层厚度0~19.71m,平均1.5m左右,以渣渡矿区发育较好,平均厚度可达3.55m左右,煤层结构简单至复杂。在金竹山矿区西北部及芦毛江矿区,早石炭世煤层以煤组出现,最多可达10个分层,煤层较稳定到不稳定,5号煤层厚度0~21.0m,平均1.3m左右,在金竹山一带发育较好,平均厚达2.28m,且结构简单,3号煤与5号的间距为0~10m。此外,在粤北地区含可采或局部可采煤层2层,2号煤层厚度0~6.0m,平均1m左右,3号煤层厚度0~42.5m,平均3.00m,结构极为复杂,煤层极不稳定,两煤层之间间距为18m左右。

早石炭世煤绝大多数为无烟煤,只在个别矿区,如湖南新化东庄、广西红山茂兰有少量瘦煤及贫煤。早石炭世煤以中、高硫煤为主,含硫量多为2%~4%,个别地区可达10%,如湖南武冈晏田,含硫量为14.47%,新田柏万城达24.18%。唯湘中发育特低硫煤,如冷水江晓云含硫量为0.45%,金竹山为0.55%。

早石炭世煤物理力学性质如表2-9所示。

表2-9　早石炭世煤物理力学性质

序号	基地	矿区	矿井	煤层编号	$\rho/(kg/m^3)$	E/MPa	μ	c/MPa	$\varphi/(°)$	σ_c/MPa	σ_t/MPa
1	湖南	资兴	周源山煤矿[2]	1	1600	450	0.42	1.5	18	12	1.43
2	晋北	轩岗	刘家梁煤矿[3]	5		4000	0.25	2.8	20		1.3
3	晋北	轩岗		6		4500	0.24	2.9	22		1.34

续表

序号	基地	矿区	矿井	煤层编号	$\rho/(\mathrm{kg/m^3})$	E/MPa	μ	c/MPa	$\varphi/(°)$	σ_c/MPa	σ_t/MPa
4	神东	乌海	老石旦煤矿[4]	16	1371			2.87	20.96	3.46	0.66
5	云贵	毕节	五凤煤矿[5]		1200	3001	0.2	0.5	15		0.68
6	云贵	毕节	小屯煤矿[6]	大煤	1600	2571	0.29	4	19		
7	云贵	六盘水	鬃岭煤矿[7]		2050	1000	0.38	0.2	20		0.15

注：ρ 为密度；E 为弹性模量；μ 为泊松比；c 为内聚力；φ 为内摩擦角；σ_c 为单轴抗压强度；σ_t 为抗拉强度；下同。

2.3　石炭纪—二叠纪煤的特性

晚石炭世含煤地层主要分布于我国北部，并且和以上的二叠纪含煤地层形成一套连续的、密不可分的含煤沉积，因此常统称为石炭纪—二叠纪含煤地层。石炭纪—二叠纪在中国是仅次于侏罗纪的第二大聚煤期，成煤作用从中石炭世一直延续到晚二叠世，但以晚石炭世和早二叠世早期聚煤作用最为强烈。其范围遍及华北、西北区的大部，东北区的南部及中南、华东区的北部。石炭纪—二叠纪的聚煤作用在我国北方形成海陆交互相石炭系—二叠系含煤地层，主要赋存在华北赋煤区，含煤面积 80 万 km²。晚石炭纪可采煤层分布于北纬 35°以北的地区，早二叠世可采煤层遍及整个华北盆地，含煤系数 4.8%～15.6%，含煤 5～10 层，含煤性好。石炭系—二叠系主要可采煤层厚度具有北厚南薄的总体展布趋势，南北分带明显。北纬 38°以北存在一个厚煤带，厚度一般在 15m 以上，最厚可达 30 余米，该带进一步发生东西分异，呈现出厚薄相间的南北向条带。在北纬 35°～38°，煤层厚度为 10～15m，大于 15m 者呈席状、片状分布，小于 5m 者零星展布在肥城、晋城、邯郸等地。

华北聚煤区是我国最主要的煤田分布区，区内煤炭资源异常丰富，储量约占全国储量的三分之一。其中海陆交替相的石炭纪—二叠纪煤储量又占该储量的 80%。早二叠世晚期到晚二叠世早期聚煤作用限于豫西至淮南、苏北一带。属于该时代的著名煤田有：大同、阳泉、淄博、新汶、平顶山、焦作、淮北、淮南及本溪等。这些煤田具有含煤程度高、煤层稳定、储量丰富、煤质良好的特点，无论过去和现在都是我国重要的能源基地。

华北石炭系—二叠系含煤地层属典型的地台沉积，该区大地构造单元为华北地台的主体部分，地理分布范围西起贺兰山-六盘山，东临渤海和黄海，北起阴山-燕山，南到秦岭-大别山，包括了北京、天津、山东、河北、山西、河南、内蒙古南部、辽宁南部、甘肃东部、宁夏东部、陕西大部、江苏北部和安徽北部的广大地区。西北和东北赋煤区局部地带也有石炭系—二叠系含煤地层赋存。

　　按沉积特征华北石炭系—二叠系含煤地层可归纳为四种类型。北纬41°以北的阴山、大青山、燕山、辽西的阴山-燕辽地层分区，石炭系—二叠系属陆缘山间盆地沉积，在阴山、大青山称为拴马桩组，在辽西地区称为红螺岘组。北纬35°～41°的华北地层分区，石炭系—二叠系由老至新划分为本溪组、太原组、山西组、下石盒子组、上石盒子组和石千峰组，主要含煤地层为太原组和下二叠统山西组。在北纬35°以南（豫西及两淮）的南华北地层分区，含煤地层主要为下二叠统山西组、下石盒子组和上二叠统上石盒子组。在鄂尔多斯西缘的贺兰山地层分区，石炭系—二叠系从下至上划分为红土洼组、羊虎沟组、太原组、山西组、下石盒子组、上石盒子组和石千峰组，主要含煤地层为太原组和山西组，其次为羊虎沟组。华北石炭系—二叠系含煤地层存在东西分异、南北分带现象，含煤层位由北向南逐渐抬高。

　　太原组在乌兰格尔-平凉隆起区，含煤性较差，总厚度不足5m。隆起东部大致在济源—兖州一线以北，煤层层数不多，但总厚度大（一般超过5m，有不少超过10m，晋西北-陕北和保定-开平是两个富煤区，煤层最厚可达30m）。该线以南，层数增多，总厚减少至5m以下。

　　山西组在整个北方含煤性较均匀，煤层最厚处在阴山南侧，普遍超过10m，如开滦（12.8m）、二十里长山（26.5m）、北京王平村（22.6m）、大同（19m）、平鲁（15.5m）、石嘴山（11.9m）、石炭井（17.7m）等，其余地区也多在3m以上。各地石炭纪—二叠纪的主采煤层（一般称"大煤""香煤"），一般均属山西组。内蒙古大青山区的杂怀沟组，含煤1～6层，可采总厚小于3m，煤层稳定性极差。

　　石盒子组煤包括早二叠世晚期的下石盒子组和晚二叠世早期的上石盒子组，它们集中分布于平顶山和两淮地区，在徐州矿区则仅见下石盒子组煤层。下二叠统上部的下石盒子组，在北方的大部分地区为一套杂色砂、页岩地层，一般无煤层赋存。大致于候马—兖州一线以北，干旱气候基本控制了下石盒子组的沉积。以南则以潮湿气候为主，仍有成煤作用发生，其总厚由1～10m逐渐增加。其他地区仅有局部可采煤层零星分布，如辽宁南票及宁夏石嘴山等地厚度只有1m左右。

　　上二叠统下部的上石盒子组在北方大部分区域都是一套不含煤的红色地层，仅在安徽、江苏北部、河南及山东西南部含有煤层，在这里发育了一套含煤性较好的河湖-沼泽-潟湖海湾相的含煤建造。郑州—徐州一线为可采煤层北界，由北向南厚度增大，层数增多，淮南、豫西平顶山一带可达10m或更多（豫南确山厚达30m）。

　　石炭纪—二叠纪煤的煤岩特性如下：太原组煤的宏观类型以半亮煤和光亮煤为主，有时还见有被构造破坏的煤。西部新疆阿勒泰地区的布尔津煤矿煤层为无烟煤，往东至内蒙古包头阿刀亥矿栓马庄组煤为煤化程度较高的烟煤，再往东，开滦矿的煤为中等煤化程度的烟煤（1.00%±，煤种为气煤、肥煤）。山西组煤的宏观类型以半暗煤、暗淡煤为主，有时还见有受构造破坏的煤。

石炭纪—二叠纪煤物理力学性质如表 2-10 所示。

表 2-10　石炭纪—二叠纪煤物理力学性质

序号	基地	矿区	矿井	煤层编号	ρ/(kg/m³)	E/MPa	μ	c/MPa	φ/(°)	σ_c/MPa	σ_t/MPa
1	河南	鹤壁	鹤壁八矿[8]			1137	0.26	0.5	20		0.27
2	河南	鹤壁	鹤壁六矿[9]		1400	15000	0.3	1.5	28		1.6
3	河南	鹤壁	鹤壁四矿[10]	二₁	1380	6383	0.24	1.05	23		1.19
4	河南	焦作	古汉山煤矿[11]	6	1400	9180	0.28	1	32		0.3
5	河南	焦作	九里山煤矿[12]	二₁	1400	2500	0.31	2.9	20		1.3
6	河南	焦作	赵固二矿[13]	二₁	1500	3500	0.38	1.3	30		1.25
7	河南	焦作	赵固一矿[14]	二₁	1400	1934	0.24	4.21	28		0.93
8	河南	焦作	朱村矿[15]	一₅	2573	257	0.28	0.5	25		0.08
9	河南	平顶山	方山矿[16]		1569	11400	0.31	8.79	26.2		1.74
10	河南	平顶山	平煤十二矿[17]	软煤	1370	924	0.29	0.8	28		0.03
11	河南	平顶山		硬煤	1370	3846	0.27	1.6	32		0.3
12	河南	平顶山	首山一矿[18]	己15	1600	1400	0.32		26	8	
13	河南	平顶山		己16-17	1600	1400	0.32		26	8	
14	河南	义马	宜洛煤矿[19]		1400	1279	0.6	3.5	23	28	0.62
15	黄陇	澄合	澄合二矿[20]	5	1320	4889	0.3	1.2	28		0.95
16	黄陇	澄合	董家河煤矿[21]	5	1500	1650	0.32				0.8
17	黄陇	澄合		6	1540	1700	0.32				0.7
18	黄陇	澄合		10	1520	2000	0.8				0.8
19	黄陇	澄合	王村煤矿[22]	5	1460	3320	0.25	1.3	40	3.9	0.37
20	黄陇	韩城	下峪口煤矿[23]	3下	1380	1000	0.28			10	0.03
21	黄陇	韩城	下峪口煤矿[24]	3、11		2140	0.34			16.63	
22	黄陇	韩城	象山煤矿[25]	5	1300	8500	0.36			8	0.03
23	黄陇	铜川	金华山煤矿[26]		1800	650	0.28	1	21.5		
24	黄陇	蒲白	蒲白矿区[27]		1540	1000	0.36			8	0.032
25	冀中	峰峰	九龙口煤矿[28]	3		14000	0.16			7.5	1.89
26	冀中	峰峰	薛村煤矿[29]	山青、野青煤	1600	4000	0.35	2	25		0.2
27	冀中	峰峰	羊渠河矿[29]	野青煤	1535	5560	0.34	6.29	29.11	10.6	2.5
28	冀中	邯郸	陶二煤矿[30]	1	1500	1273	0.35	0.58	28		0.03
29	冀中	邯郸		2	1500	1273	0.35	0.58	28		0.03
30	冀中	邯郸	云驾岭煤矿[31]		2190	546	0.44	0.4	27	13	0.216

续表

序号	基地	矿区	矿井	煤层编号	$\rho/(kg/m^3)$	E/MPa	μ	c/MPa	$\varphi/(°)$	σ_c/MPa	σ_t/MPa
31	冀中	邯郸	观台煤矿[32]			790	0.22	2.6	46.2	12.94	2.09
32	冀中	邯郸	观台煤矿[32]			150	0.24	2.4	46.5	12.05	1.92
33	冀中	邢台	显德汪煤矿[33]	9	1450	80	0.35	0.5	30		0.8
34	冀中	邢台	邢东煤矿[34]		1500	5318	0.33	3.6	33		0.3
35	晋北	朔州	东坡煤矿[35]	9	1350	16496	0.33	2.8	28		3.2
36	晋北	朔州	麻家梁煤矿[36]		1350			0.7	31	15	
37	晋东	晋城	成庄煤矿[37]	3	1800	200	0.45	3	25	6.74	0.36
38	晋东	晋城	大宁煤矿[38]	3	1400	500	0.2	1.5	30	9.8	0.44
39	晋东	晋城	凤凰山煤矿[39]		1400	1636	0.3	0.72	23		
40	晋东	晋城	古书院煤矿[40]	9	1300	3100	0.2				
41	晋东	晋城		15	1300	3151.8	0.19			17.58	17
42	晋东	晋城	唐安煤矿[41]	3	1450	6000	0.35	2.5	28	10.9	
43	晋东	晋城	王台铺煤矿[42]	9		2300	0.25	4.4	30	15.3	1.5
44	晋东	晋城	赵庄煤矿[43]	3	1385	3310	0.33		39	9.9	0.08
45	晋东	潞安	五一煤矿[44]	9		2230	0.32	2.51		5.43	0.95
46	晋东	潞安		10		2340	0.36	2.36		6.55	1.2
47	晋东	潞安	李村煤矿[45]	8	1410	602	0.26	1.81	29	9.6	
48	晋东	潞安	司马矿[46]		1400	2991	0.3	1.6	32		0.2
49	晋东	潞安	五阳煤矿[47]	3	1400	5000	0.3		38	10	
50	晋中	汾西	柳湾煤矿[48]		1200	2000	0.3			7.7	
51	晋中	汾西	双柳煤矿[49]	3、4	1100	1960	0.35	2.52	40	9.93	0.81
52	晋中	汾西		8	1100	1960	0.35	2.52	40	9.93	0.81
53	晋中	汾西		9	1100	1960	0.35	2.52	40	9.93	0.81
54	晋中	汾西	宜兴煤矿[50]	2	1470	1600	0.21	0.78	31.4		0.41
55	晋中	汾西		3	1360	1540	0.31	0.88	29.4		0.33
56	晋中	汾西	紫金煤矿[51]	2	1480	23000	0.28			10.5	
57	晋中	汾西	毛泽渠煤矿[52]		1400	5637	0.237	0.1288	39.75	27.637	
58	晋中	霍州	曹村煤矿[53]	2	1372	1650	0.16	1.71	34.42		0.16
59	晋中	霍州	团柏煤矿[54]	10	1420	3950	0.24		27	14.5	
60	晋中	霍州		11	1420	3950	0.24		28	15.7	
61	晋中	霍州	辛置煤矿[55]		1380	2000	0.35	0.5	16	18.2	
62	晋中	霍州	曹村煤矿[55]	2	1413	3080		0.49	41.8		0.92
63	京西	京西	房山煤矿[56]		1540	1500	0.3			8.5	

续表

序号	基地	矿区	矿井	煤层编号	$\rho/(\text{kg/m}^3)$	E/MPa	μ	c/MPa	$\varphi/(°)$	σ_c/MPa	σ_t/MPa
64	京西	京西	大台煤矿[57]		1400	1800	0.16	2	43		1.2
65	鲁西	肥城	曹庄煤矿[58]	8	1400	3300	0.33	0.6	20		
66	鲁西	肥城		9	1400	3300	0.33	0.6	20		
67	鲁西	肥城		10-1	1400	3300	0.33	0.6	20		
68	鲁西	肥城		10-2	1400	3300	0.33	0.6	20		
69	鲁西	济宁	柴里煤矿[59]		1600	2194	0.22	0.5	28		
70	鲁西	新汶	孙村煤矿[60]	2	1409	4340	0.32			21.3	1.09
71	鲁西	新汶		4	1550	3790	0.37			18.95	0.62
72	鲁西	新汶	孙村煤矿[61]		1800	1823	0.33		28	7.2	
73	鲁西	枣滕	岱庄煤矿[62]	3	1462	2756	0.255	1.34	30	14.41	2.06
74	宁东	石炭井	石炭井二矿[63]		1307	3899	0.32	1.99	27.7		0.18
75	宁东	石嘴山	石嘴山一矿[64]	8	1800	650	0.28	0.8	17.5		0.2
76	宁东	石嘴山		9	1800	650	0.28	0.8	17.5		0.2
77	神东	府谷	冯家塔煤矿[65]	2	1436			1.5	35.7	23	1.92
78	神东	府谷		4(1)	1551	1800	0.21	3.1	36.2	16.7	1.39
79	神东	府谷		4(2)	1355	3500	0.27	5.9	35.2	18.9	1.58

2.4　晚二叠世煤的特性

晚二叠世含煤地层主要分布于华北和华南，晚二叠世聚煤作用在我国南方十分强烈，含煤地层广泛分布于秦岭—大别山以南、龙门山—大雪山—哀牢山以东的华南赋煤区内，该区大地构造单元属扬子地台和华南褶皱系，地理分布范围包括西南、中南、华东和华南的 12 个省区。滇藏赋煤区也有晚二叠世可采煤层形成，主要分布于唐古拉山山脉附近，含煤煤层分布面积较大，含煤 2～80层，单层厚度在 1m 左右。

华南赋煤区二叠系含煤地层存在于杭州—鹰潭—赣州—韶关—北海一线以南的东南地层分区，二叠系含煤地层主要形成于早二叠世晚期，在闽西南、粤东、粤中称童子岩组，在浙西称为礼贤组，在赣东一带称上饶组。在连云港—合肥—九江—株洲—百色一线以南的江南地层分区，二叠系含煤地层主要为海陆交互相的龙潭组，其次是以碳酸盐岩为主的合山组。在龙门山—洱海—哀牢山一线以东、秦岭—大别山以南的扬子地层分区，上二叠统含煤地层以碳酸盐岩沉积为主的称吴家坪组，以海陆交互相为主的称龙潭组和汪家寨组，以玄武岩屑为主的陆相沉积称宣威组。上二叠统含煤地层存在明显的穿时现象，含煤层位由东向西抬高，在东南分区为下二叠统，在江南分区为下二叠统上部的茅口阶(龙潭组下部)，在扬子分区为上二叠统龙潭阶和长兴阶(均为龙潭组)。

华南东部上二叠统龙潭组含煤沉积被古陆和水下隆起分隔，各聚煤拗陷内含煤性差异较大，龙潭组普遍含有可采煤层，由南向北大致可分为三个聚煤带：南带位于赣南—粤北—湘南一带。赣南信丰、龙南含 B24、B26、B28 等不稳定可采煤层，单层厚度为 1m 左右；粤北韶关含煤 10 余层，其中 11 号煤层全区稳定可采，厚约为 2m；湘南郴州含煤 10 层，其中 5 号和 6 号煤层稳定可采，厚度小于2m。中带展布于湘中—赣东—皖东南—浙西北—苏南一带，是华南东部龙潭组的主要富煤地带。湘中涟邵含煤 6 层，其中 2 号煤全区稳定可采，厚约为 2m。赣中萍乡、乐平等地含 A、B、C 三个煤组，其中 B 组煤全区发育，C 组煤在赣东上饶发育较好，A 组煤在萍乡一带发育较好，厚约为 2m。在皖东南、浙西北的长兴-广德地区，发育 A、B、C、D 四个煤组，其中 C2 煤层全区稳定可采，厚度一般小于 2m。在苏南一带上、中、下 3 个煤组，其中上煤组 3 号煤层较为稳定，厚度 1~2m。北带位于鄂东南—皖南—赣北一带，龙潭组相对较差。鄂东南黄石地区含上、中、下三层煤，其中下煤层较为稳定，厚 1m 左右。皖南铜陵、贵池一带含煤 7 层，均为不稳定薄煤层，其中 A、B、C 三层煤局部厚度可达 1m。赣北九江仅含不稳定的薄煤层。

川黔滇晚二叠世煤 30 余层，包括含煤地层宣威组、龙潭组、吴家坪组和合山组。华南西部晚二叠世煤类比较齐全，从气煤到无烟煤都有分布，其中无烟煤约占 70%。滇东的师宗、富源、宣威一带主要是焦煤、肥煤和气煤。黔西六盘水地区以气煤、肥煤、焦煤和瘦煤为主，局部含有贫煤和无烟煤。黔北织金、毕节、遵义和桐梓一带均为无烟煤。川南除华蓥山至南桐一带为肥煤、焦煤和瘦煤外，其余矿区(松藻、叙永和筠连等)均为无烟煤。川中绵竹一带分布有少量肥煤。桂西隆林至东兰一带为无烟煤，宜州至合山一带为贫煤和瘦煤。华南西部主体是腐殖煤，主要由亮煤和暗煤组成。含硫量与煤的聚积环境非常密切，从西向东，从陆向海，煤层含硫量逐渐增高，从小于 1%增加到 13%。

晚二叠世煤物理力学性质如表 2-11 所示。

表 2-11　晚二叠世煤物理力学性质

序号	基地	矿区	矿井	煤层编号	ρ/(kg/m^3)	E/MPa	μ	c/MPa	φ/(°)	σ_c/MPa	σ_t/MPa
1	河南	鹤壁	鹤壁九矿[66]	二$_1$	1380	1800	0.32			20	
2	河南	焦作	演马矿[67]		1340	2330	0.32		30	4	
3	河南	平顶山	平煤十一矿[68]	己16-17	1600	9816	0.2	1.3	30		1.1
4	河南	永夏	陈四楼煤矿[69]		2610	1890	0.24	1.8	0.91		0.91

续表

序号	基地	矿区	矿井	煤层编号	$\rho/(\text{kg/m}^3)$	E/MPa	μ	c/MPa	$\varphi/(°)$	σ_c/MPa	σ_t/MPa
5	河南	永夏	薛湖煤矿[70]		1300	7500	0.25	1	23		1.5
6	晋东	晋城	寺河煤矿[71]	2	1553	8.4				17.55	0.73
7	晋东	晋城		3	1553	8.4				17.55	0.73
8	晋东	潞安	王庄煤矿[72]		1380	4000	0.25	2	25		0.2
9	晋中	汾西	曙光煤矿[73]		1410	2563	0.35	1.81	29.5		0.11
10	晋中	运城	龙泉煤矿[74]	4	1353	1222	0.27	2.02	26.35	13.58	0.737
11	两淮	淮北	杨庄煤矿[75]	5	1370	180	0.21			4.92	0.214
12	两淮	淮北	芦岭煤矿[76]	8	1420	4000	0.4	0.8	20	13	0.7
13	两淮	淮北	桃园煤矿[77]		1400	2846	0.29	1.8	30		1
14	两淮	淮北	杨柳煤矿[78]	10	1455	1280	0.28	1.29	31		0.7
15	两淮	淮南	顾北煤矿[79]	11-2	1400	4165	0.3	1.2	20		0.3
16	两淮	淮南	顾桥煤矿[80]		1600	3000	0.25	0.8	30		
17	两淮	淮南	潘二煤矿[81]		1420	2723	0.303		25	6	
18	两淮	淮南	潘三煤矿[82]	8	1320	1904	0.42	2.7	38		1.5
19	两淮	淮南	潘一煤矿[83]		2400	4432	0.23	6	27		1.55
20	两淮	淮南	新集二矿[84]	1	1400	1350	0.4	1	25		0.15
21	两淮	淮南	新集三矿[85]	13	1420	450	0.41	0.8	20		1.3
22	两淮	淮南		11	1420	450	0.41	0.8	20		1.3
23	两淮	淮南	新集一矿[86]	8	2730	9300	0.32	0.92	40		0.187
24	两淮	淮南	新庄孜煤矿[87]	B11	1380	5300	0.32	1.25	32	4.5	
25	两淮	淮南		B10	1380	5300	0.32	1.25	32	4.5	
26	两淮	淮南		B9	1380	5300	0.32	1.25	32	4.5	
27	两淮	淮南		B8	1380	5300	0.32	1.25	32	4.5	
28	两淮	淮南	张集煤矿[88]	8	1380	7056	0.26	1.2	32		1.1
29	两淮	淮南		6	1380	7033	0.26	1.3	32		1.1
30	两淮	淮南		4-2	1390	5178	0.29	1	27		1
31	两淮	淮南		4-1	1390	5178	0.29	1	27		1
32	两淮	淮南		6	1310	230	0.26			5.45	0.397
33	鲁西	肥城	梁宝寺煤矿[89]		1307	1500	0.3	1.99	27.7		0.18
34	鲁西	济宁	唐口煤矿[90]	3 下	1350	2274	0.18	1	21		0.5
35	鲁西	兖州	古城煤矿[91]	3	1386	6720	0.22	13.8	26.47	26.17	1.25

续表

序号	基地	矿区	矿井	煤层编号	$\rho/(kg/m^3)$	E/MPa	μ	c/MPa	$\varphi/(°)$	σ_c/MPa	σ_t/MPa
36	鲁西	兖州	兴隆庄煤矿[92]		2730			0.096	9.9		
37	鲁西	兖州	东滩煤矿[93]			1800	0.2	0.5	16	18	0.2
38	鲁西	兖州	赵楼煤矿[94]		1500	2441	0.35	3.53	39.92	8.63	1.12
39	陕北	榆神	东风煤矿[95]		1200	300	0.3	1.4	40	6	0.6
40	神华	乌海	利民煤矿[96]	16	1550	998	0.35	1.8	27		0.05
41	云贵	古叙	叙永煤矿[97]	C19	1520	1823	0.25	2.34	42		0.6
42	云贵	古叙		C20	1460	1791	0.21	2.68	40		0.53
43	云贵	古叙		C24	1510	2048	0.28	1.09	45		0.99
44	云贵	古叙	石屏矿[98]		1310	1650	0.25	1	37		0.42
45	云贵	六盘水	发耳煤矿[99]		1300	7200	0.2	0.5	28		
46	云贵	六盘水	金佳煤矿[100]	12、13、17、18、22	1400	3000	0.25	0.5	30		0.22
47	云贵	六盘水	老屋基煤矿[101]		1350	6300	0.37	0.042	21		
48	云贵	六盘水	马依西一井[102]	9	1600	6000	0.45	1.6	22		1.2
49	云贵	六盘水		5-2	1600	6000	0.46	1.6	22		1.2
50	云贵	六盘水		3	1600	6000	0.45	1.6	22		1.2
51	云贵	六盘水	月亮田煤矿[103]		1350	2400	0.25	1.4	30		0.3
52	云贵	纳雍	比德煤矿[104]		1400	1607	0.26	1.5	19	4.51	0.9
53	云贵	宜宾	天池煤矿[105]	顶板煤炭	1450	4022	0.2	1.61	21.45	6.25	0.2
54	云贵	宜宾		底板煤炭	1380	2330	0.19	0.51	34.39	3.19	0.29

2.5 晚三叠世煤的特性

晚三叠世含煤地层主要分布于四川、云南楚雄、江西萍乡及鄂尔多斯盆地东北部,在西藏北部至云南西部沿江地区也有零星分布。滇藏赋煤区早三叠世煤主要分布于唐古拉山山脉附近,含煤6～68层,单层厚度一般小于1m。

西南地区晚三叠世聚煤作用最强的地区为川南攀枝花和川中的永川、荣昌至达县一带,此外,在川西和川北须家河组的煤层,都具有开采价值。须家河组煤系厚度西厚东薄,可分6～7个含煤段,可采和局部可采煤层2～10余层,总厚几米至十几米,单层厚度一般为0.3～1m,大于2m者极少,多呈似层状和透镜状。煤类以气煤、肥煤和焦煤为主,其次为无烟煤;煤质以中灰到高灰、中硫到低硫煤为主。攀枝花一带陆相沉积的大荞地组含煤百余层,有数十层可采,一般单层厚度为 1m，局部可达 5m。煤类以肥煤、焦煤、瘦煤为主。大荞地组之上的宝鼎组含煤层数多，但多不可采。

东南地区含煤盆地多为与海域连通的狭长拗陷，其中以江西中部萍乡乐平拗陷最具代表性，萍乡安源组，下部紫家冲段含主要可采煤层。萍乡大槽煤为低硫、中灰煤，以肥煤和气煤为主。

西北鄂尔多斯盆地三叠纪煤主要分布在鄂尔多斯盆地中部子长县一带，煤系为晚三叠纪瓦窑堡组，含煤 30 余层，厚度多小于 0.4m。主要煤层发育于煤系上部第四层段，主要可采层为 5 煤层，3 煤层局部可采。5 煤层厚 0.8～2.5m，多小于 1.3m。

晚三叠世煤物理力学性质见表 2-12。

表 2-12　晚三叠世煤物理力学性质

序号	基地	矿区	矿井	煤层编号	$\rho/(kg/m^3)$	E/MPa	μ	c/MPa	$\varphi/(°)$	σ_c/MPa	σ_t/MPa
1	神东	东胜	昌汉沟煤矿[106]	5-1	1251	5060	0.35	2.1	31	21.39	1.04
2	神东	东胜	高家梁煤矿[107]	2-2	1300	2200	0.2	1.2	38	14.8	1.3
3	神东	东胜	李家豪煤矿[108]	2-2	1470	2300	0.425	1.8	27		0.6
4	神东	准格尔	酸刺沟煤矿[109]		1350	1522	0.39	2.46	28.06	8.56	1.77
5	神东	万利	万利矿区[110]	3-1	2500	2000	0.25		32	10	
6	神东			4-1	2500	2000	0.25		36	10	
7	神东			5-1	1400	2000	0.25		33	10	
8	神东	万利	杨家村煤矿[111]	2-2 上	1360	2103	0.24	2.5	34		0.8
9	陕北	榆神	凉水井煤矿[112]	4-2	1400	3000	0.3	1.5	18	13.8	
10	新疆	库拜	永新煤矿[113]	A6	1500	2029	0.45	1.2	27		1.4
11	新疆			A6 上	1500	1558	0.11	1	25		1
12	新疆			A8	1500	1558	0.11	1	25		1
13	蒙东(东北)	七台河	东风煤矿[95]	3	1200	300	0.3	1.4	40	6	0.6

2.6　侏罗纪煤的特性

在我国各聚煤期中，侏罗纪的聚煤规模最大，分布也最广泛。侏罗纪煤的储量居其他各时代之首，其远景储量更是其他各纪煤储量的总和。从时间看，整个侏罗纪都有重要的聚煤作用发生，并一直持续到早白垩世早期。侏罗纪聚煤作用主要发生在早-中侏罗世，聚煤强度为各成煤时期之冠，就含煤性而言，尤以中侏罗世含煤最为丰富。从空间看，横贯我国东西的中带(华北、西北地区)以早-中侏罗世煤炭聚集为主，而东北和内蒙古东部地区则主要为晚侏罗世到早白垩世的煤炭聚集。在华南赋煤区内，也有早侏罗世含煤地层分布。煤系多直接覆盖于晚三叠世含煤岩系之上。与后者呈过渡或超覆关系。含煤性差，一般均未形成有经济价值的煤田。除西藏北部、广东北部、湖南南部含煤地层中有海相层外，其余均为陆相沉积。南方侏罗纪的聚煤作用规模远不如北方，仅在早侏罗世有小规模的煤炭聚集，至中侏罗世聚煤作用普遍终止。

早-中侏罗世的聚煤作用在西北赋煤区广泛而强烈，所形成的煤炭资源在该区占绝对优势地位，含煤岩系遍及我国大多数省区，主要分布于昆仑、秦岭以北地区，在华北赋煤区的分布也较为广泛。西北赋煤区由塔里木地台、天山-兴蒙褶皱系西部天山段和秦祁昆仑褶皱带、祁连褶皱带、西秦岭褶皱带等大地构造单元组成，地理分布范围包括秦岭—昆仑山一线以北、贺兰山—六盘一线以西的新疆、青海、甘肃、宁夏等省区的全部或大部分地区。燕山运动是我国最重要的构造活动期，形成了一系列不同规模的含煤盆地，除个别地点外多为陆相沉积。一般而言，大中型盆地主要分布在西北诸省，包括陕甘宁盆地和新疆的四个大型煤盆地，重要的有准噶尔、吐鲁番-哈密、伊犁、塔里木北缘、塔里木南缘、柴达木、热水-木里、民和-西宁及鄂尔多斯等盆地，此外尚有若干小型煤盆地。华北及东北南部则以中小型煤盆地为主，包括大同、京西、大青山、蔚县、义马、坊子、北票等地区的煤盆地。

我国北方早-中侏罗世含煤地层分属新疆地层分区、北山-燕辽地层分区、柴达木-秦祁地层分区和鄂尔多斯地层分区。在新疆分区的北疆地区，早-中侏罗世含煤地层为水西沟群，自下而上划分为八道湾组、三工河组和西山窑组，八道湾组和西山窑组为主要含煤地层。在北山-燕辽分区的西段，中-下侏罗统自下而上分为芨芨沟组和青土井群，后者为主要含煤地层；在中段的大青山一带，含煤地层主要为五当沟组和召沟组；在东段地区，主要含煤地层为海房沟组和红旗组。在柴达木-秦祁地层分区，现有木里、阿干镇、窑街、靖远等主要矿区，中侏罗统木里组、阿干镇组和窑街组为主要含煤地层。鄂尔多斯分区包括陕、甘、宁、蒙等省区的鄂尔多斯盆地和晋西、豫西等地区，主要含煤地层为中侏罗统延安组。华北区重要煤田位于大同、北京、下花园、坊子、北票等地区。

西北赋煤区主要含煤地层为早-中侏罗世，分布于 80 余个不同规模的内陆拗陷盆地，如准噶尔盆地、吐哈盆地、伊犁盆地、塔里木盆地、柴达木盆地、民和盆地、西宁盆地、木里盆地等。准噶尔盆地展布着东部、北部及南缘三个聚煤带。其中，东部和北部聚煤带主要以八道湾组为主，煤层累厚分别为 50.5m 和 40m，最大单层厚度分别为 15m 和 10m；南缘聚煤带以西山窑组为主，煤层累厚达 60 余米，单层厚度一般为 4～5m，富煤带展布方向与盆缘构造带展布方向一致。吐哈盆地受北东向古隆起的影响，早-中侏罗纪含煤沉积被一分为二，西部为吐鲁番凹陷，东部为哈密凹陷。在吐鲁番凹陷中，煤层主要分布在吐鲁番-七克台和艾维尔沟地区，前者地区煤层最厚达 120 余米，向四周逐渐变薄。西端艾维尔沟地区含煤 12～18 层，可采厚度 6.28～76.33m，平均可采总厚 32.2m，以中厚煤层为主，含厚煤层 2～3 层，煤层结构较简单，平均层间距达 25m。

　　早-中侏罗世煤的煤岩特性如下：以大间矿区煤为代表，其宏观煤岩类型多为半亮煤和半暗煤，其次为光亮煤和暗淡煤。煤的灰分一般为 20%～25%，大同、宁武一带灰分变化较大，为 6%～21%，北票矿区个别煤层高达 45%；硫分多在 0.5% 以下，部分煤层可达 1.5%～2%。煤的煤种除北京为无烟煤，河北、内蒙古（大青山）有部分焦煤和肥煤外，其余大部分为气煤、长焰煤和弱黏煤、不黏煤。就新疆及甘肃所见，西北早侏罗世煤的宏观类型以半亮煤为主。在新疆阜康、艾维尔沟的原煤灰分大多在 10% 以下，兰州附近水岔沟的个别点高达 30% 以上（精煤在 10% 左右）。新疆地区煤的硫分一般小于 0.5%，甘肃一般低于 1%（个别点达 2%）。煤的煤种除在阜康地区有长焰煤及吐哈盆地有焦煤和瘦煤外，主要为气煤和肥煤。

　　根据区内煤组成的不同持证，西北中侏罗世煤可划分为两种类型：类型 I 与西北部中生代煤的典型特征不同，镜质组含量高达 70% 甚至 80% 以上，惰质组含量低，一般只有百分之几，分布于新疆乌鲁木齐煤矿西山窑组的上部煤组及甘肃天祝矿区和陇南地区、宁夏银南地区和内蒙古包头矿区与本煤组相当的层位。煤的宏观类型以半亮煤和半暗煤为主，次为光亮煤。煤的灰分在各地变化很大，可自 10%～36%，一般在 20% 左右；硫分普遍较高，多在 1.5%～2.5%。煤的煤种主要为气煤，此外还有长焰煤、气肥煤和肥煤。类型 II 与类型 I 不同，它具有西北地区中生代煤的典型特征，即惰质组含最高，与镜质组含量相近，它分布于新疆乌鲁木齐矿区西山窑组下部煤组及陕西黄陇和神府、宁夏宁武，甘肃华安和靖远、青海热水等煤田和煤矿区与本煤组相当的层位。镜质组含量一般为 50%～60%，惰质组含量高达 30%～50%，壳质组一般不及 3%。本煤组储量丰富。煤的宏观类型以半暗煤和半亮煤为主，暗淡煤次之。煤的灰分一般低于 25%（有些矿区的煤低于 10%），硫分低于 0.5%，个别矿区可达 6%。由于惰质组含量较高，煤的煤种多为不黏煤和弱黏煤，局部地区赋存有气煤。

　　晚侏罗世煤的煤岩特征如下：晚侏罗世含煤建造集中分布于内蒙古东部和东北地区，是这些地区中最主要的含煤地层之一。在内蒙古的呼伦贝尔市，晚侏罗世煤炭最为富集，煤种为褐煤；在黑龙江东部的三江平原-穆林河区域则产出优质炼焦。黑龙江、吉林、辽宁地区煤宏观类型以半亮煤和半暗煤为主，煤的灰分一般为 20%～30%，硫分一般低于 0.5%，煤种从长焰煤到无烟煤都有，但以气煤居多，在吉林、辽宁地区则以长焰煤为主、气煤次之。内蒙古东部地区扎赉诺尔、宝日希勒、大雁、伊敏、霍林河和平庄矿区的晚侏罗世煤全为褐煤，煤的灰分多为 15%～25%，硫分大都小于 1%。

　　侏罗纪煤物理力学性质如表 2-13 所示。

表 2-13　侏罗纪煤物理力学性质

序号	基地	矿区	矿井	煤层编号	ρ/(kg/m³)	E/MPa	μ	c/MPa	φ/(°)	σ_c/MPa	σ_t/MPa
1	北京	京西	长沟峪煤矿[114]		1750	9000	0.2	10	45		
2	甘肃	白银	王家山煤矿[115]	4	1367	3310	0.45	3.1	41	14.6	1.95
3	河南	义马	北露天煤矿[116]	2-1	1610	3231	0.35	0.6	26		0.43
4	河南	义马		2-3	1500	3343	0.29	1.2	30		0.4
5	河南	义马	耿村煤矿[117]		1450	3410	0.16	1.8	25.8		1.4
6	河南	义马	千秋煤矿[118]	2	1437	4830	0.33	5.66	31.5	18.52	0.86
7	河南	义马	新义煤矿[119]	2-1	1447	955	0.27	0.43	20	13.9	0.335
8	河南	义马	跃进煤矿[120]		1350	2000	0.4	1.68	25	14.43	
9	黄陇	彬长	大佛寺煤矿[121]	4	1350	600	0.29	4.33	51.7	24.97	3.01
10	黄陇	彬长	彬长矿区[122]	4上	1360	800	0.46			13.27	
11	黄陇	彬长		4	1350	600	0.29			24.97	
12	黄陇	彬长	胡家河煤矿[123]	4	1330	870				9.22	
13	黄陇	彬长	亭南煤矿[124]	8	1500	1000	0.36	1	28		0.8
14	黄陇	彬长	文家坡煤矿[125]	4	1347	1968	0.29	2.65	30.3		0.74
15	黄陇	彬长	燕家河煤矿[126]	5-1	1400			1.5	28		
16	黄陇	彬长		5-2	1400			1.5	28		
17	黄陇	彬长		7	1400			1.5	28		
18	黄陇	彬长		8	1400			1.5	28		
19	黄陇	华亭	陈家沟煤矿[127]	5	1450	779	0.26	1.97	32		0.51
20	黄陇	黄陵	红石岩煤矿[128]	2	1350	2500	0.39	1.91	30.8		0.61
21	黄陇	黄陵	黄陵矿区[129]	2	1400	600	0.29			24.97	
22	黄陇	黄陵	黄陵一号煤矿[130]	2		29300	0.287	7.75	23	26.7	1.03
23	黄陇	黄陵	双龙煤矿[131]	2	1350	4010	0.28				1.1
24	黄陇	铜川	陈家山煤矿[132]		2100	3500	0.34	3.1	40		
25	黄陇	铜川	下石节煤矿[133]	3	1340	854	0.25	5.2	18		0.42
26	黄陇	铜川		4-2	1330	905	0.23	4.8	17		0.43
27	冀中	开滦	西细庄煤矿[134]	5		1500	0.33	1.2	28		2
28	晋北	大同	忻州窑[135]		1220			5.11	29.5	26	2.6
29	晋北	大同			1290			4.81	25.9	19.9	3.13
30	晋北	大同	同家梁[135]		1260			3.53	27.4	14.5	2.31
31	晋北	大同	煤峪口[135]		1260			3.07	28.4	23.9	3.2
32	晋北	大同	煤峪口[135]		1230			4.89	26.6	15.8	3.1
33	晋北	大同	同家梁[136]	11	1260			3.53	27.4	14.5	7.97
34	鲁西	兖州	古城煤矿[91]	3	1429	6720	0.22	13.8	26.47	26.17	1.25
35	鲁西	枣滕	永胜煤矿[137]	9	1400	4000	0.2	1.04	30		

续表

序号	基地	矿区	矿井	煤层编号	ρ/(kg/m³)	E/MPa	μ	c/MPa	φ/(°)	σc/MPa	σt/MPa
36	蒙东(东北)	伊敏	伊敏一露天矿[138]	15、16	1280	1	0.4	0.067	25.4	2.681	
37	蒙东(东北)	伊敏		20	1280	1	0.4	0.067	25.4	2.681	
38	蒙东(东北)	赤峰	红庙煤矿[139]		1315	1600	0.12	3.32	26	5.6	0.795
39	蒙东(东北)	赤峰	六家煤矿[140]	6-5	1325	1314	0.24	0.91	46		0.45
40	蒙东(东北)	赤峰		6-6	1307	1831	0.22	1.25	42		0.68
41	蒙东(东北)	赤峰	元宝山露天煤矿[141]		1310	600	0.29	0.06	31		
42	蒙东(东北)	鹤岗	富力煤矿[142]		1300	1500	0.26	0.455	37	2.72	0.07
43	蒙东(东北)	鹤岗	兴安煤矿[143]	3	1650	4909	0.23	0.08	20		1
44	蒙东(东北)	鸡西	东海煤矿[144]	35		4000	0.3			10	
45	蒙东(东北)	鸡西	杏花煤矿[145]	28	1350	1350	0.35	0.6	20		0.2
46	蒙东(东北)	七台河	龙湖煤矿[146]	48	1400	19636	0.23	4	20	11.8	0.6
47	蒙东(东北)	七台河	桃山煤矿[147]	93	1350	982	0.23	1.1	25		0.5
48	蒙东(东北)	七台河		91	1350	982	0.23	1.1	25		0.5
49	蒙东(东北)	七台河		90	1350	982	0.23	1.1	25		0.5
50	蒙东(东北)	七台河	新强煤矿[148]	58上	1400	3324	0.28	1	22		0.5
51	宁东	灵武	灵新煤矿[148]	14	1255	1252	0.163	6.8	28		0.845
52	宁东	灵武	清水营煤矿[149]	2	1310	640	0.28	0.43	28.9		0.12
53	宁东	灵武	羊肠湾煤矿[150]	2	1215	2500		4.21	26.1	17.41	0.54
54	宁东	灵武	枣泉煤矿[151]	1	1200	8000					0.8
55	宁东	鸳鸯湖	红柳煤矿[152]		1400	5200	0.39	4.6	28	10.8	0.6
56	宁东	鸳鸯湖	梅花井煤矿[153]	6-1	1470	2100	0.3				0.54
57	陕北	榆横	榆阳煤矿[154]	3	1420	400	0.35	0.8	20	27	
58	陕北	榆横	讨老乌素煤矿[155]	3	2060	244	0.25	1.14	32.16		0.64
59	陕北	榆神	韩家湾煤矿[156]		1350	621	0.29	0.4	19		0.5
60	陕北	榆神	红柳林煤矿[157]	4-4	1470			0.228	30		
61	陕北	榆神		5-2	1470			0.228	30		
62	陕北	榆神	大砭窑煤矿[158]	5-2	1300	4920	0.272	2.67	44		0.77
63	陕北	榆神	海湾煤矿[159]	2-2上	1300					17.3	1
64	陕北	榆神	何家塔煤矿[160]	5-2	1330	3600	0.35	5.6	26.8	20.7	0.59
65	陕北	榆神	榆神矿区[160]			2196	0.27	2.61	42	22.4	0.72

续表

序号	基地	矿区	矿井	煤层编号	$\rho/(\mathrm{kg/m^3})$	E/MPa	μ	c/MPa	$\varphi/(°)$	σ_c/MPa	σ_t/MPa
66	陕北	榆神	榆树湾煤矿[161]	2-2	1350	1000	0.28	2.4	39	24.5	1.2
67	神东	府谷	南梁煤矿[162]	2-2	1400	7410				20.4	1.1
68	神东	府谷	西王寨煤矿[163]	4	1670	1058	0.49	0.75	38.3	10	
69	神东	神东	棋盘井煤矿[164]	9	1300	5680	0.14	1.2	20		1.3
70	神东	乌海	平沟煤矿[165]	9	1360	1100.6	0.35	1.57	33.4		0.53
71	神东	乌海	五虎山煤矿[166]	9	1350	3000	0.35		38	17	1.5

2.7　白垩纪煤的特性

早白垩世是我国重要的聚煤期之一，含煤岩系分布仅限于北纬 40°以北和东经 96°以东地区。白垩纪含煤地层分布集中于我国东北部，在东北三省和内蒙古东部有广泛分布。其中以大兴安岭西侧、松辽盆地南缘和三江-穆棱平原等地含煤沉积最为发育。其大地构造单元为兴蒙褶皱系东段、华北地台东北缘及滨太平洋褶皱系，地理范围包括黑龙江、吉林、辽宁中部和北部及内蒙古东部。地层分区主要包括二连-海拉尔分区、吉东分区和三江-穆棱河分区。二连-海拉尔分区位于内蒙古东部锡林郭勒、呼伦贝尔、哲里木等盟，包括百余个内陆断陷盆地，含煤地层为乐巴花群、霍林河群或扎赉诺尔群。松辽-吉东分区发育了阜新、铁法、康平、元宝山等含煤盆地，主要含煤地层为沙海组和阜新组，或沙河子组与营城组。

大兴安岭西侧，含煤盆地构成一条北北东向展布的大规模聚煤带，其中大大小小含煤盆地 40 余个。在呼伦贝尔含煤区，扎赉诺尔、大雁、伊敏等煤田的含煤沉积以扎赉诺尔群为代表，下部为大磨拐河组，上部为伊敏组，一般含主要可采煤层 5～10 层，可采厚度 4～170m，单层最厚可达 50m，常有巨厚煤层发育，但侧向厚度不甚稳定，结构复杂。这些煤田盖层不厚，倾角平缓，断裂较发育。大兴安岭西侧巴音和硕含煤区，胜利、白音华、霍林河等煤田的含煤沉积以白音华组(霍林河组)为代表，可采煤层 8～13 层，平均煤厚 45～102m。煤层赋存较浅，后期构造变动轻微，倾角平缓。

赤峰-铁岭含煤区，主要分布于辽宁中部和西部，元宝山、平庄、阜新、康平、铁法等煤田的含煤沉积下部称沙海组，上部称阜新组，一般可采煤层 5 层以上，最多可达 16 层，平均可采总厚度 5～60m，最厚达 147m。这些煤田褶皱断裂较发育，并有岩浆岩侵入。

蛟河-辽源含煤区，主要分布在吉林省境内中部一带，有蛟河、双阳、辽源、营城等煤田。含煤沉积在蛟河称奶子山组和中岗组，在营城称沙河子组和九台组，在辽源称辽源组和金州岗组。一般含可采煤层 6～8 层，可采总厚度 5～40m，煤层厚度变化较大。

三江-穆棱河含煤区，位于黑龙江佳木斯隆起以东，含煤地层为鸡西群，鸡西群是东北最主要的含煤地层，自下而上依次划分为城子河组和穆棱组。黑龙江省东部一带，鸡西、勃利、双鸭山、集贤、双桦、鹤岗等煤田的含煤沉积下部称城子河组，上部称穆棱组，城子河组含煤 40 余层，可采和局部可采 10～15 层，穆棱组含煤 10～15 层，可采和局部可采 4～6 层。这些煤田的构造较为复杂，断裂发育，并有岩浆侵入，对煤层和煤质有局部影响。除鹤岗为孤立煤盆外，其余煤田原来为统一的拗陷盆地，经后期构造变动成为现在各自独立存在的煤田。

在大兴安岭北端北侧的爱辉西岗子、嫩江西北部的大杨树，黑龙江省东南部的东宁等地，有一些零星分布的小煤田，一般含可采煤层 1～3 层，可采厚度为 3～4m。大兴安岭以东的东北地区，各聚煤盆地煤层层数增多，煤层总厚明显减小，含煤 6～20 层，可采煤层总厚在 20m 左右。

该区煤类齐全，褐煤、烟煤、无烟煤均有分布，肥煤所占比例小，炼焦煤的黏结性普遍弱。煤的灰分变化较大，一般为 10%～30%，硫分多小于 1%，煤的灰分大致有西部较低，东部较高的趋势。煤的宏观类型以半亮煤最普遍，约占 40%，常构成较厚的分层；其次为半暗煤，约占 20%；光亮煤和暗淡煤较少，各占 15% 左右。

白垩纪煤物理力学性质如表 2-14 所示。

表 2-14　白垩纪煤物理力学性质

序号	基地	矿区	矿井名称	煤层编号	ρ/(kg/m³)	E/MPa	μ	c/MPa	φ/(°)	σ_c/MPa	σ_t/MPa
1	蒙东(东北)	赤峰	白音华一号露天煤矿[167]		1390	4278	0.37	0.58	26.32		
2	蒙东(东北)	赤峰	白音华三号露天煤矿[168]	2-1 上	1350	100	0.27	0.832	29		0.25
3	蒙东(东北)	赤峰		2-1 中	1350	120	0.27	0.832	29		0.252
4	蒙东(东北)	赤峰		3-1	1530	200	0.27	0.64	32		0.4
5	蒙东(东北)	赤峰		3-2	1040	230	0.27	0.848	32		0.22
6	蒙东(东北)	赤峰		3-3	1350	390	0.27	1.008	32		0.27
7	蒙东(东北)	伊敏	伊敏河露天煤矿[138]	15、16	1280	1000	0.4	0.67	25.4	26.81	
8	蒙东(东北)	伊敏		20	1280	1000	0.4	0.67	25.4	26.81	
9	蒙东(东北)	扎赉诺尔	铁北煤矿[169]		1400	1500	0.28	0.25	18	4.9	0.05
10	蒙东(东北)	鸡西	杏花煤矿[145]	28	1350	1350	0.35	0.6	20		0.2

续表

序号	基地	矿区	矿井名称	煤层编号	ρ/(kg/m³)	E/MPa	μ	c/MPa	φ/(°)	σ_c/MPa	σ_t/MPa
11	蒙东(东北)	铁法	大兴煤矿[170]	2-3	1650		0.25	0.98	27.79	12	0.02
12	蒙东(东北)	铁法		4-2	1650		0.25	0.98	27.79	7.5	0.02
13	蒙东(东北)	铁法		7-2	1650		0.25	0.98	27.79	7.5	0.02
14	蒙东(东北)	铁法	小康煤矿[171]		1363	5800	0.11	2.35	27.2	14.2	0.64
15	蒙东(东北)	铁法	晓南煤矿[172]			3726	1.526	0.75	9.5	13.6	
16	蒙东(东北)	七台河	东风煤矿[173]	72	1320	1545	0.23	1.52	27.5		0.217

2.8　古近纪和新近纪煤的特性

新生代(主要是古近纪和新近纪)是我国重要的成煤期之一,聚煤作用主要发生在东部和南部,包括东海和南海,以东部和西南聚煤作用最为强烈。华南、华北、东北和滇藏赋煤区均有古近系和新近系含煤地层分布,台湾赋煤区以古近纪和新近纪聚煤作用为主。

古近纪和新近纪含煤地层主要发育于辽宁抚顺,山东黄县等古近纪煤盆地及滇西滇东的新近纪的小型盆地中。在云南腾冲盆地还有第四纪褐煤赋存。大兴安岭和吕梁山以东的华北和东北地区是古近纪含煤沉积最发育的地带。该区煤系赋存较浅,总体构造简单,后期构造破坏较弱,含煤性好,常有巨厚煤层赋存,并伴生油页岩。新近纪该区以升降运动为主,形成若干拗陷型盆地,但聚煤作用大大减弱,多形成薄煤层,个别地区达到可采厚度。东北古近纪煤除抚顺为长焰煤、气煤,梅河、依兰、珲春八连城及山东龙口等地有部分长焰煤外,其余均为褐煤;新近纪煤均为褐煤。

东北古近纪和新近纪聚煤盆地规模相对较小,多沿深大断裂带呈串珠状展布,如沿密山-抚顺断裂带分布的虎林、平阳镇、敦化、桦甸、梅河、清源、抚顺、永乐等盆地,沿依兰-伊通断裂带分布的宝泉岭、依兰、五常、舒兰、伊通、沈北等盆地,含煤性较好,常有巨厚煤层赋存,在抚顺、沈北等盆地煤层最厚可达90余米。

与晚三叠世一样,古近纪和新近纪聚煤作用在我国比较弱,尽管其分布范围仍较广泛,但含煤地层出露零星,其储量在全国煤炭储量构成中尚不足1%。其时聚煤作用主要集中于沿海省(区),北起黑龙江,南至海南岛,向西到云南。这个时期的近海型含煤岩系分布于两广和台湾地区。各种大小和类型的(构造成因和波状断裂拗陷和非构造成因的喀斯特、侵蚀盆地等)陆相盆地则呈现于滇、藏、东北和华北。

古近纪和新近纪煤的煤岩特征:古近纪和新近纪主要是腐殖型煤,但在某些煤层中夹有腐泥—腐殖或腐殖—腐泥混合型的煤分层,其厚度一般很小,呈薄层状或透镜状，也有个别腐泥成因的油页岩矿床。随着煤化程度不同，煤呈黑褐、褐黑色，光泽亦由晦暗渐趋明亮。北方古近纪煤吉林舒兰、辽宁沈北及山东龙口几个煤矿的褐煤，以及吉林的梅河和珲春、辽宁抚顺几个煤矿的低煤级烟煤。南方古近纪煤的煤岩特征与北方古近纪煤没有很大区别，茂名和那龙煤的煤种为褐煤，百色东笋煤矿煤为低煤级烟煤。南方新近纪煤分台湾省和云南、广西地区两部分。台湾省新近纪的木山组、石底组和南庄组分别含可采煤层 1～2 层、1～7 层和 2～4 层，通常以含 2～3 个可采煤层者居多。其特点一是区内均属薄煤层，一般单层煤厚只有 0.3～0.6m，故当地把最低可采厚度定为 0.25m；二是煤层的稳定性好，很少出现尖灭或厚煤带。总的说来，北部基隆、台北一带含可采煤层较多，总厚度较大，是该省煤层最为发育的地段。

云南、广西地区新近纪主要为腐殖煤（稔子坪为腐泥成因的油页岩）。煤呈黑褐色，光泽晦暗，在厚以百米计的煤层中自下而上，其颜色和光泽几乎没有什么变化。广西小龙潭煤原煤灰分为 5.90%～39.93%，平均 22.19%；原煤硫分为 0.56%～8.86%，平均 4.71%。云南金所煤原煤灰分 18.32%～30.60%（平均 24.46%），原煤硫分 0.61%～2.85%（平均 1.73%）。如小龙潭煤的灰分最低 17.20%（均值，下同），金所煤最高 22.95%，昭通煤介于二者之间（18.72%）。

古近纪和新近纪煤物理力学性质见表 2-15。

表 2-15　古近纪和新近纪煤物理力学性质

序号	基地	矿区	矿井	煤层编号	$\rho/(\mathrm{kg/m^3})$	E/MPa	μ	c/MPa	$\varphi/(°)$	σ_c/MPa	σ_t/MPa
1	蒙东(东北)	抚顺	老虎台煤矿[174]		1500	8247	0.29	3	31		0.09
2	蒙东(东北)	沈阳	红阳三矿[175]	7	1320	880	0.13	0.62	44.2	3.16	0.37
3	蒙东(东北)	沈阳		12	1320	630	0.22	0.37	43.6	2.63	0.25
4	蒙东(东北)	沈阳	红菱煤矿[176]		1850	990	0.42	2.53	31		
5	蒙东(东北)	沈阳	林盛煤矿[177]		1330	1200	0.36	0.6	27		
6	蒙东(东北)	沈阳	清水煤矿[178]	甲1	1320	2800	0.17	1	25		1.4
7	蒙东(东北)	沈阳		甲2	1350	2687	0.17	0.8	23		1
8	蒙东(东北)	沈阳	板石煤矿[179]	19	1240	3400	0.17	1.51	47	14.85	0.61
9	蒙东(东北)	长春	营城煤矿[180]		2680	3500	0.33	1.35	38.9		
10	蒙东(东北)	双鸭山	新安煤矿[181]	8	2510	47822	0.25	7	42		3.3
11	蒙东(东北)	双鸭山		10	1310	12413	0.24	2	36		1.3
12	蒙东(东北)	双鸭山	集贤煤矿[182]	9		2243	0.288			16.14	
13	鲁西	龙口	北皂煤矿[183]	煤1层	1350	639	0.28	0.7	18		
14	鲁西	龙口		煤2层	1350	639	0.28	0.8	18		
15	鲁西	龙口	梁家煤矿[184]	4-1	1800	7500	0.1	0.1	26.56		6.6

2.9　各地质时期煤力学性质的比较

　　结合我国含煤地层分布特征，搜集各个地质时期的煤体物理力学参数，并对不同成煤时期煤体的物理力学性质进行分析。由于早石炭世和晚三叠世含煤地层分布较少，搜集资料较少，很难从统计学的角度进行分析，故此次归纳不考虑。将收集的煤体七个物理力学参数(密度、弹性模量、泊松比、内聚力、内摩擦角、单轴抗压强度、抗拉强度)进行归纳，得到不同地质时期煤体各参数的最大值、最小值、平均值如表 2-16 所示。

表 2-16　各个地质时代煤体的力学参数

数值	年代	$\rho/(\text{kg/m}^3)$	E/MPa	μ	c/MPa	$\varphi/(°)$	σ_c/MPa	σ_t/MPa
	早石炭世	2050	4500	0.42	4	22	12	1.43
	石炭纪—二叠纪	2573	23000	0.8	8.79	46.5	28	17
	晚二叠世	2730	9816	0.46	13.8	45	26.17	1.55
最大值	晚三叠世	2500	5060	0.45	2.5	40	21.39	1.77
	侏罗纪	2100	29300	0.49	13.8	51.7	27	7.97
	白垩纪	1650	5800	1.526	2.35	32	26.81	0.64
	古近纪和新近纪	2680	47822	0.42	7	47	16.14	6.6
	早石炭世	1200	450	0.2	0.2	15	3.46	0.15
	石炭纪—二叠纪	1100	80	0.16	0.1288	16	3.9	0.03
	晚二叠世	1200	8.4	0.18	0.042	0.91	3.19	0.05
最小值	晚三叠世	1200	300	0.11	1	18	6	0.6
	侏罗纪	1200	1	0.12	0.06	17	2.681	0.07
	白垩纪	1040	100	0.11	0.25	9.5	4.9	0.02
	古近纪和新近纪	1240	630	0.1	0.1	18	2.63	0.09
	早石炭世	1564.20	2587.00	0.30	2.11	19.28	7.73	0.93
	石炭纪—二叠纪	1469.96	3454.87	0.31	1.87	29.50	12.60	1.12
	晚二叠世	1506.74	3420.69	0.29	1.69	27.73	9.64	0.73
平均值	晚三叠世	1556.23	2125.38	0.28	1.62	30.31	11.82	1.06
	侏罗纪	1393.49	3181.36	0.29	2.58	29.35	16.65	1.15
	白垩纪	1396.87	1633.77	0.36	0.91	26.04	14.17	0.21
	古近纪和新近纪	1587.86	6372.67	0.25	1.60	32.23	9.20	1.66

　　由收集数据并结合表 2-16 绘制出不同地质时代下煤体密度变化曲线(图 2-1)，其他六个力学参数的变化规律如图 2-2 所示。图 2-1 和图 2-2 中横轴为地质年代，

其数值 1～5 分别表示石炭纪—二叠纪、二叠纪、侏罗纪、白垩纪、古近纪和新近纪。图 2-2(a)～(f)纵轴分别为煤体弹性模量、泊松比、内聚力、内摩擦角、单轴抗压强度、抗拉强度。

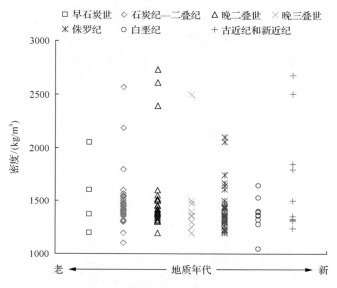

图 2-1　煤体密度与成煤年代关系

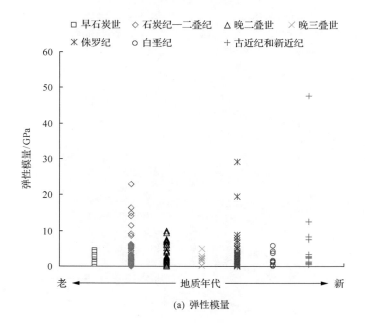

(a) 弹性模量

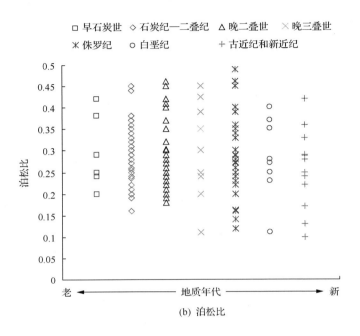

(b) 泊松比

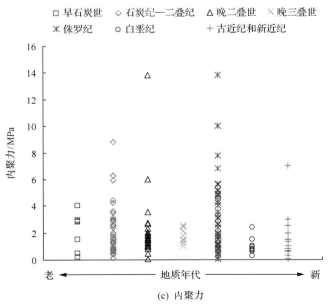

(c) 内聚力

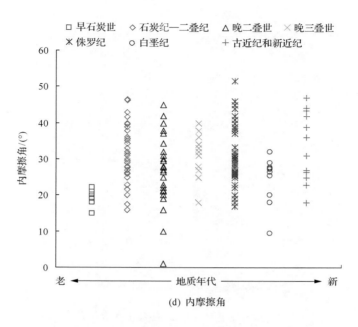

(d) 内摩擦角

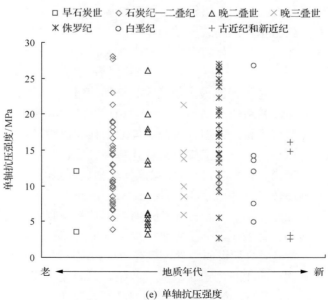

(e) 单轴抗压强度

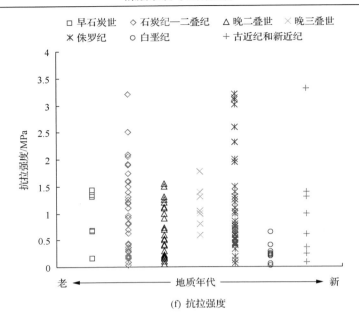

图 2-2　煤体力学参数与成煤年代关系

从图 2-1 看出，就平均值来说，煤体密度随地质年代变新而变小，其最大值整体呈递减趋势，古近纪和新近纪最大值稍有增加。从图 2-2(a)和(c)可以看出，煤体弹性模量和内聚力整体上随成煤时间减少而降低，石炭纪—二叠纪煤体弹性模量最大值最大，而二叠纪煤体内聚力最大值最大。从图 2-2(b)可以看出，前三个成煤时期煤体泊松比平均值变化不大，侏罗纪后整体上随成煤时间减少而降低，石炭纪—二叠纪煤体泊松比最大值最大。从平均值看，煤体内摩擦角随地质年代变化趋势不明显，其数值波动不大[图 2-2(d)]。从最大值看，前四个成煤时期煤体单轴抗压强度较为接近，但白垩纪煤体数据最大值距其他值较远，存在较大离散性，因此也可认为前三个成煤时期煤体单轴抗压强度较大，且三个成煤时期煤体单轴抗压强度最大值相当，除侏罗纪煤体单轴抗压强度平均值明显较大外，其他四个成煤时期煤体平均值大小相当[图 2-2(e)]。抗拉强度整体上随成煤时间减少而整体降低，从平均值看，前三个成煤时期抗拉强度较大，而后两个成煤时期煤体抗拉强度较小，侏罗纪煤体抗拉强度最大值最大[图 2-2(f)]。

总的来看，不同地质时期煤的力学性质有一定的规律性。但也存在如下不足：①由于搜集资料有限，本书仅考虑了石炭二叠纪、二叠纪、侏罗纪、白垩纪和古近纪和新近纪含煤地层而未考虑早石炭世和三叠纪含煤地层；②未考虑影响煤力学参数的其他因素，如温度和压力的影响[7]、瓦斯气体的影响[8]、水分的影响[9]等；③另外所收集数据多为相似模拟及数值模拟中所使用的数据，多数未交代数据来源。因此，所得结论只是初步的，明确煤体物理力学性质与成煤时期的关系还需要进一步研究。

参 考 文 献

[1] 张子敏, 高建良, 张瑞林, 等. 关于中国煤层瓦斯区域分布的几点认识[J]. 地质科技情报, 1999, (4): 67-70.

[2] 姚琦, 冯涛, 李石林, 等. 周源山煤矿 24 采区上覆岩层关键层研究[J]. 西部探矿工程, 2012, 24 (7): 99-103.

[3] 杨松, 李义, 王经明. 刘家梁煤矿 "三软" 高导升底板突水模拟研究[J]. 煤矿安全, 2014, 45 (4): 32-35.

[4] 杨吉平. 薄层状煤岩互层顶板巷道围岩控制机理及技术[D]. 徐州: 中国矿业大学, 2013.

[5] 蔡洪都, 刘刚, 龙景奎, 等. 浅埋薄基岩三软煤巷支护方式数值模拟[J]. 煤矿安全, 2009, 40 (6): 46-50.

[6] 常庆粮. 膏体充填控制覆岩变形与地表沉陷的理论研究与实践[D]. 徐州: 中国矿业大学, 2009.

[7] 谭宁. 贵州省纳雍县鬃岭镇中岭高边坡变形破坏机制及稳定性评价[D]. 成都: 成都理工大学, 2013.

[8] 马永庆, 郜进海, 张明建. 倾斜软岩平巷位置优化的数值模拟研究[J]. 河南理工大学学报 (自然科学版), 2009, 28 (5): 566-570.

[9] 贾晓亮. 基于 FLAC~ (3D) 的断层数值模拟及其应用[D]. 焦作: 河南理工大学, 2010.

[10] 何富连, 吴焕凯, 李通达, 等. 深井沿空掘巷围岩主应力差规律与支护技术[J]. 中国煤炭, 2014, (3): 40-44.

[11] 马菁花, 杜文春, 卢正法, 等. 受采动影响综采工作面矿压显现特征数值模拟分析[J]. 中州煤炭, 2014, (3): 21-23.

[12] 刘少伟, 焦建康. 九里山井田断层构造区应力分析及区域划分[J]. 中国安全生产科学技术, 2014, (2): 44-50.

[13] 杨盼杰, 张双全, 朱鹏, 等. 大采高工作面覆岩移动规律数值模拟[J]. 现代矿业, 2014, (9): 21-22.

[14] 李振华. 薄基岩突水威胁煤层围岩破坏机理及应用研究[D]. 北京: 中国矿业大学 (北京), 2010.

[15] 武龙飞. 朱村矿承压水上膏体充填开采底板破坏规律研究[D]. 徐州: 中国矿业大学, 2008.

[16] 何晓军, 吴建虎, 张春萌, 等. 深井厚煤层 "三硬" 围岩巷道应力分布规律及数值模拟分析[J]. 现代矿业, 2013, 29 (1): 14-16.

[17] 余锋. 平顶山矿区煤岩冲击试验及冲击地压预测研究[D]. 焦作: 河南理工大学, 2009.

[18] 杨国和, 柏建彪, 李磊. 底抽巷合理位置及围岩支护技术研究[J]. 能源技术与管理, 2011, (6): 34-36.

[19] 郑军. 大倾角厚煤层放顶煤开采覆岩运动规律与矿压特征研究[D]. 焦作: 河南理工大学, 2011.

[20] 欧亚伟. 澄合矿区 5 号煤综采采场矿压规律研究[D]. 西安: 西安科技大学, 2010.

[21] 李昂, 谷拴成, 陈方方. 带压开采煤层底板破坏深度理论分析及数值模拟——以陕西澄合矿区董家河煤矿 5 号煤层为例[J]. 煤田地质与勘探, 2013, (4): 56-60.

[22] 姬建虎. 王村矿三软轻放 "支架—围岩" 关系研究[D]. 西安: 西安科技大学, 2005.

[23] 任海峰, 胡俊峰, 索亮. 下峪口煤矿 3#下煤层巷道松动圈数值模拟研究[J]. 矿业安全与环保, 2014, (4): 22-25.

[24] 张天军. 富含瓦斯煤岩体采掘失稳非线性力学机理研究[D]. 西安: 西安科技大学, 2009.

[25] 许岩. 动压巷道围岩破坏机理及其控制研究[D]. 西安: 西安科技大学, 2009.

[26] 邓坤. 高应力软岩巷道围岩稳定性研究[D]. 西安: 西安科技大学, 2008.

[27] 尹士献. 厚黄土覆盖层村镇下条带开采研究[D]. 西安: 西安科技大学, 2004.

[28] 张华, 安骏勇, 宋宏伟. 软岩巷道破坏机理分析[C]//中国岩石力学与工程学会第六次学术大会, 武汉, 2000.

[29] 田灵涛. 薛村矿深部高应力软岩巷道综合支护研究[D]. 邯郸: 河北工程大学, 2010.

[30] 杨彦利, 关英斌, 王卫东, 等. 陶二煤矿 2#煤层底板破坏规律的数值模拟研究[J]. 能源技术与管理, 2010, (1): 10-12.

[31] 梁苗. 云驾岭深部松软破碎岩层大断面硐室锚注支护技术研究[D]. 邯郸: 河北工程大学, 2010.

[32] 赵德勤, 韩承强, 闫海有, 等. 观台煤矿煤岩物理力学性质测定与冲击倾向性评价[J]. 煤, 2007, (9): 12-14.

[33] 关英斌, 李海梅, 路军臣. 显德汪煤矿 9 号煤层底板破坏规律的研究[J]. 煤炭学报, 2003, 28(2): 121-125.

[34] 刘鹏亮. 邢东矿充填巷式开采数值模拟与现场实测研究[D]. 北京: 煤炭科学研究总院, 2007.

[35] 高超. 东坡煤矿特厚煤层综放开采地表移动规律研究[D]. 北京: 煤炭科学研究总院, 2014.

[36] 郝熠熠. 麻家梁矿装载硐室泥质围岩力学特性与加固技术研究[D]. 北京: 煤炭科学研究总院, 2014.

[37] 周春梅, 章泽军, 李先福. 古构造应力场数值模拟方法探讨——以山西省晋城成庄煤矿区为例[J]. 地质力学学报, 2009, (3): 270-280.

[38] 孙伯乐. 采动巷道围岩大变形机理及控制研究[D]. 太原: 太原理工大学, 2012.

[39] 韩昌良. 沿空留巷围岩应力优化与结构稳定控制[D]. 徐州: 中国矿业大学, 2013.

[40] 高宏. 古书院矿 15# 煤坚硬顶板 "三带" 分布研究[D]. 阜新: 辽宁工程技术大学, 2012.

[41] 李栋. 唐安煤矿 3405 综放工作面矿压显现的数值模拟研究[J]. 山西煤炭, 2013, 33(8): 41-42, 48.

[42] 张恩强, 刘海水, 黄琥琳. 王台铺煤矿 9# 煤层巷道冒顶分析[J]. 煤矿工程师, 1996, (5): 29-31.

[43] 朱涛. 软煤层大采高综采采场围岩控制理论及技术研究[D]. 太原: 太原理工大学, 2010.

[44] 樊勇, 张东峰. 松软煤帮巷道破坏机理及高强预应力支护技术[J]. 煤矿安全, 2014, 45(1): 71-73.

[45] 侯利斌, 翟英达, 韩伟. 李村煤矿开采沉陷规律数值模拟研究[J]. 煤矿安全, 2013, 44(4): 58-61.

[46] 吴新辉. 司马矿厚黄土层薄基岩下开采地表移动变形规律研究[D]. 焦作: 河南理工大学, 2012.

[47] 宁志勇, 李胜. 五阳煤矿低透气性松软煤层瓦斯抽采参数优化数值模拟[J]. 煤矿安全, 2012, (10): 1-3.

[48] 刘竹华, 沙秀英, 杜永兼. 汾西柳湾煤矿软岩巷道稳定性的模拟试验研究[C]//全国第三次工程地质大会论文选集, 成都, 1988.

[49] 贺志宏. 双柳煤矿陷落柱发育特征及突水机理研究[D]. 北京: 中国矿业大学(北京), 2012.

[50] 袁和勇, 何启林, 袁和旭, 等. 宜兴煤矿小煤柱加固及动压巷道支护技术[J]. 矿业工程研究, 2013, (3): 47-52.

[51] 范文生. 高应力软岩条件下的错层位巷道布置系统研究[D]. 北京: 中国矿业大学(北京), 2013.

[52] 张效彪. 不规则顶分层破坏区下矿压规律及回采方法研究[D]. 北京: 中国矿业大学(北京), 2013.

[53] 代进洲. 采空区条带充填开采技术基础研究[D]. 太原: 太原理工大学, 2013.

[54] 李先贵, 李凯. 带压开采下组煤底板采动破坏深度现场实测及模拟[J]. 西安科技大学学报, 2014, 34(3): 261-267.

[55] 高峰. 地应力分布规律及其对巷道围岩稳定性影响研究[D]. 徐州: 中国矿业大学, 2009.

[56] 阎海鹏, 尹万蕾, 潘一山, 等. 北京房山大安山煤矿深部地应力数值模拟分析[J]. 中国地质灾害与防治学报, 2013, (4): 119-126.

[57] 于健浩. 急倾斜煤层充填开采方法及其围岩移动机理研究[D]. 北京: 中国矿业大学(北京), 2013.

[58] 曹秋华. 曹庄煤矿充填开采下承压水底板的破坏模型分析[D]. 青岛: 青岛理工大学, 2012.

[59] 郑百生, 谢文兵, 陈晓祥. 柴里煤矿跨采巷道围岩加固机理分析[J]. 煤炭科学技术, 2004, 32(5): 40-42.

[60] 刘波, 杨仁树, 郭东明, 等. 孙村煤矿-1100m 水平深部煤岩冲击倾向性组合试验研究[J]. 岩石力学与工程学报, 2004, 23(14): 2402-2408.

[61] 李以虎. 承压水上含硬夹矸薄煤层工作面高产高效技术研究与应用[D]. 青岛: 山东科技大学, 2011.

[62] 陈绍杰. 深部条带煤柱长期稳定性基础实验研究[D]. 青岛: 山东科技大学, 2009.

[63] 毛久海. 综放沿空巷道围岩控制及其支护技术研究[D]. 西安: 西安科技大学, 2008.

[64] 曾佑富. 石嘴山一矿深部高应力松软复杂围岩巷道联合支护研究[D]. 西安: 西安科技大学, 2006.

[65] 徐小兵. 浅埋近距离煤层群回采巷道变形机理及其控制技术研究[D]. 西安: 西安科技大学, 2012.

[66] 李锋, 杨战旗. 综放面覆岩破裂数值模拟及高位钻场参数优化[J]. 中国煤炭, 2012, 38(1): 99-102.

[67] 刘传义. 演马矿顶板抽采巷水力压裂增透技术研究[D]. 焦作: 河南理工大学, 2012.

[68] 薛晓刚. 平煤十一矿深孔爆破防治冲击地压技术研究[D]. 焦作: 河南理工大学, 2012.
[69] 孟凡迪. 巨厚松散层下地表移动规律研究[D]. 焦作: 河南理工大学, 2012.
[70] 鲁岩, 方新秋, 柏建彪. 基于模拟优化确定深井软岩巷道锚杆支护技术的应用[J]. 煤炭工程, 2007, (4):25-28.
[71] 尹希文. 寺河煤矿 5.8～6.0m 大采高综采面矿压规律研究[D]. 北京: 煤炭科学研究总院, 2007.
[72] 周贺灿, 靳苏平, 李显斌, 等. 王庄煤矿一次采全高地表沉陷规律数值模拟研究[J]. 煤, 2014, (6): 18-20.
[73] 郝志军. 大断面破碎顶板回采巷道支护技术研究[J]. 山西焦煤科技, 2011, 35(2):15-18.
[74] 田取珍, 张爱绒, 路全宽, 等. 厚煤层大采高综采工作面煤壁稳定性研究[J]. 太原理工大学学报, 2012, 43(1):73-76.
[75] 阎立宏. 杨庄煤矿煤物理力学性质研究与相关性分析[J]. 煤, 2001, (3): 34-37.
[76] 田花永. 芦岭煤矿Ⅱ水平地应力场特征及其对巷道变形影响研究[D]. 淮南: 安徽理工大学, 2010.
[77] 孙建. 倾斜煤层底板破坏特征及突水机理研究[D]. 徐州：中国矿业大学, 2011.
[78] 许明能. 刘店煤矿太原组灰岩水对 10 煤层安全开采的影响及突水水源判别研究[D]. 淮南: 安徽理工大学, 2008.
[79] 陈文俊, 赵雷, 傅强. 深井软岩巷道锚杆支护数值模拟研究[J]. 能源技术与管理, 2010, (2): 20-22.
[80] 阚甲广. 典型顶板条件沿空留巷围岩结构分析及控制技术研究[D]. 徐州: 中国矿业大学, 2009.
[81] 赵明明. 潘二煤矿高抽巷穿层孔卸压增透技术研究[D]. 焦作: 河南理工大学, 2012.
[82] 陈善成. 潘三煤矿西翼 8 煤水文地质特征研究[D]. 淮南: 安徽理工大学, 2010.
[83] 段昌晨. 厚硬顶板直覆采场覆岩破断及支架工作阻力研究[D]. 淮南: 安徽理工大学, 2013.
[84] 范书凯, 武强, 崔海明, 等. 新集二矿 1 煤层底板破坏深度模拟研究[J]. 矿业安全与环保, 2012, (4): 9-11.
[85] 朱强, 高明中, 孙超, 等. 急倾斜煤层开采地表移动规律数值模拟研究[J]. 安徽理工大学学报(自科版), 2012, 32(3):75-78.
[86] 尚红林, 徐鲁勤. 基于 FlAC～(3D)模型的新集一矿岩溶水危险性研究[J]. 中国煤炭地质, 2011, (3): 31-33.
[87] 杜宝同. 薄煤层近距离重复开采动下覆岩移动规律及留巷围岩控制研究[D]. 淮南: 安徽理工大学, 2010.
[88] 高明松. 上保护层开采煤岩变形与卸压瓦斯抽采技术研究[D]. 淮南: 安徽理工大学, 2011.
[89] 秦波. 基于 ABAQUS 的深部巷道围岩变形破坏规律及应用研究[D]. 青岛: 青岛理工大学, 2013.
[90] 王炯. 唐口煤矿深部岩巷恒阻大变形支护机理与应用研究[D]. 北京: 中国矿业大学(北京), 2011.
[91] 刘贵. 古城煤矿深部厚煤层条带开采煤柱稳定性及对村庄的影响研究[D]. 北京：煤炭科学研究总院, 2007.
[92] 吴圣林. 崩塌-推覆滑移地质体成因机理及其稳定性研究[D]. 徐州: 中国矿业大学, 2008.
[93] 梁继新. 东滩煤矿三采区地应力测量及应力场分析[D]. 青岛: 山东科技大学, 2005.
[94] 王琦. 深部厚顶煤巷道围岩破坏控制机理及新型支护系统对比研究[D]. 济南: 山东大学, 2012.
[95] 向龙, 肖均, 陈寿根. 采空区上覆岩体离层发展规律研究[J]. 公路隧道, 2009, (3):13-16.
[96] 吴祥. 利民煤矿 16#煤层巷道围岩控制措施实验研究[J]. 内蒙古煤炭经济, 2013, (4): 53-54.
[97] 曹树刚, 邹德均, 白燕杰, 等. 近距离“三软”薄煤层群回采巷道围岩控制[J]. 采矿与安全工程学报, 2011, 28(4):524-529.
[98] 覃俊, 黄庆享, 刘玉卫. 石屏矿三软煤层回采巷道的破坏机制与支护研究[J]. 矿业安全与环保, 2011, (3): 39-42.
[99] 刘国磊. 山地浅埋煤层开采覆岩运动规律与结构特征研究[D]. 青岛: 山东科技大学, 2010.
[100] 李树清, 罗卫东, 解庆雪, 等. 煤层群下保护层开采保护范围的数值模拟[J]. 中国安全科学学报, 2012, 22(6):34.
[101] 朱克仁. 高预应力让压锚杆支护巷道稳定性数值分析[J]. 江西煤炭科技, 2010, (3):95-97.
[102] 张枚润, 杨胜强, 程健维, 等. 马依西保护层开采理论分析及数值模拟研究[J]. 采矿与安全工程学报, 2013, (1): 123-127.

[103] 王永. 复杂高应力软岩巷道围岩控制理论研究[D]. 湘潭: 湖南科技大学, 2011.

[104] 熊令. 高地应力作用下比德煤矿软岩巷道支护技术研究[D]. 重庆: 重庆大学, 2011.

[105] 陈绍杰, 郭惟嘉, 杨永杰, 等. 煤层冲击倾向性试验研究[J]. 矿业安全与环保, 2007, 34(2):10-11.

[106] 刘绍山. 昌汉沟矿综采工作面围岩活动与矿山压力规律模拟研究[D]. 阜新: 辽宁工程技术大学, 2008.

[107] 陈千. 高家梁煤矿巷道加固与数值模拟研究[D]. 阜新: 辽宁工程技术大学, 2009.

[108] 李福胜, 张勇, 许力峰. 基载比对薄基岩厚表土煤层工作面矿压的影响[J]. 煤炭学报, 2013, 38(10): 1749-1755.

[109] 杨志军. 酸刺沟煤矿地表沉陷综合评价及其数值模拟分析[D]. 西安: 西北大学, 2011.

[110] 黄汉富, 闫志刚, 姚邦华, 等. 万利矿区煤层群开采覆岩裂隙发育规律研究[J]. 采矿与安全工程学报, 2012, (5): 619-624.

[111] 吴燕飞, 待大军. 浅埋深煤层大采高工作面液压支架选型及应用研究[J]. 山东煤炭科技, 2013, (1): 97-99.

[112] 马俊. 凉水井煤矿综采面矿压规律及顶板管理研究[D]. 西安: 西安科技大学, 2012.

[113] 张京超, 续文峰. 复杂地质条件近距离煤层上行开采技术研究与实践[J]. 煤矿开采, 2014, (5): 33-35.

[114] 唐治, 潘一山, 阎海鹏, 等. 急倾斜煤柱开采后对巷道影响的数值模拟[J]. 中国地质灾害与防治学报, 2010, 21(2):64-67.

[115] 李渊海. 王家山矿大倾角综放工作面平巷锚网支护技术研究[D]. 西安: 西安科技大学, 2007.

[116] 黄侃, 程国明, 宁柯. 北露天煤矿最终境界边坡的稳定性分析[J]. 煤炭科学技术, 2003, 31(3): 12-14.

[117] 罗浩, 李忠华, 王爱文, 等. 深部开采临近断层应力场演化规律研究[J]. 煤炭学报, 2014, 39(2):322-327.

[118] 张寅. 深部特厚煤层巷道冲击地压机理及防治研究[D]. 徐州: 中国矿业大学, 2010.

[119] 苏发强. 新义煤矿三软煤层巷道围岩稳定与支护技术研究[D]. 焦作: 河南理工大学, 2010.

[120] 徐学锋. 煤层巷道底板冲击机理及其控制研究[D]. 徐州: 中国矿业大学, 2011.

[121] 王琳华. 大佛寺煤矿采动覆岩裂隙演化规律研究及应用[D]. 西安: 西安科技大学, 2013.

[122] 蔡怀恩. 彬长矿区地面塌陷特征及形成机理研究[D]. 西安: 西安科技大学, 2008.

[123] 卓青松. 彬长矿区胡家河煤矿软岩巷道底膨机理及控制技术研究[D]. 西安: 西安科技大学, 2012.

[124] 武建勇. 亭南煤矿煤巷围岩变形规律及其支护技术研究[D]. 西安: 西安科技大学, 2010.

[125] 刘庆利, 陈江, 任建喜, 等. 深部软岩巷道底鼓机理与控制技术研究[J]. 煤炭技术, 2014, 33(8):95-98.

[126] 王红胜, 李树刚, 张新志, 等. 沿空巷道基本顶断裂结构影响窄煤柱稳定性分析[J]. 煤炭科学技术, 2014, 42(2): 19-22.

[127] 李星亮. 陈家沟煤矿综放开采覆岩移动破坏规律研究[D]. 西安: 西安科技大学, 2012.

[128] 韩颂. 红石岩煤矿回采巷道变形破坏机理与治理研究[D]. 西安: 西安科技大学, 2013.

[129] 董震雨. 黄陵矿区采煤工作面地面塌陷特征及覆岩破坏规律研究[D]. 西安: 西安科技大学, 2010.

[130] 郭长生, 徐延峰. 黄陵一号煤矿围岩工程分类研究[J]. 西安矿业学院学报, 1998(02): 41-44.

[131] 徐泽. 双龙煤矿2#煤采煤工作面矿压显现规律及支架适应性研究[D]. 西安: 西安科技大学, 2013.

[132] 王林. 铜川焦坪矿区顶板走向高抽巷合理层位研究[D]. 焦作: 河南理工大学, 2009.

[133] 蓝航, 娄金福. 焦坪矿区覆岩破坏规律及致灾研究[J]. 煤矿开采, 2010, 15(5):78-81.

[134] 蔡世忠. 软岩底板煤层支架选型及顶板控制研究[J]. 中国矿业, 2009, 18(6):100-103.

[135] 王旭宏. 大同矿区"三硬"煤层冲击地压发生机理研究[D]. 太原: 太原理工大学, 2010.

[136] 刘纯贵. 同家梁矿采区煤柱回收煤岩层的冲击性测试研究[J]. 太原理工大学学报, 2011, 42(3): 252-254.

[137] 张文明. 数值模拟永胜煤矿巷道支护设计[C]//全国煤矿机械安全装备技术发展高层论坛暨新产品交流会, 张家界, 2012.

[138] 祝景忠, 高谦. 伊敏河露天煤矿—露天区边坡稳定性分析及优化设计[J]. 岩石力学与工程学报, 1992, 11(3): 265-274.

[139] 张克春, 李刚. 软岩巷道变形规律的数值模拟研究[J]. 矿业研究与开发, 2009, (3): 15-16.

[140] 窦世文, 兰天伟, 张春营. 六家煤矿软岩回采巷道联合支护技术研究[J]. 矿业快报, 2008, 24(7): 58-59.

[141] 李三川. 元宝山露天煤矿东帮边坡稳定性评价与防治措施[J]. 辽宁工程技术大学学报(自然科学版), 2014, (7): 898-901.

[142] 陈海波, 吴祥业, 董玉书. 含夹矸厚煤层综放开采顶煤运移规律数值模拟[J]. 黑龙江科技大学学报, 2012, 22(5):456-460.

[143] 郭志飚, 李国峰. 兴安煤矿深部软岩巷道底膨破坏机理及支护对策研究[J]. 煤炭工程, 2009, (2): 66-69.

[144] 孙广义, 陶凯, 陈刚, 等. 深井回采工作面覆岩运动及煤体应力分布规律[J]. 黑龙江科技大学学报, 2011, 21(5): 368-372.

[145] 张西斌, 张勇, 刘传安, 等. 近距离煤层群采动卸压规律及瓦斯抽采技术[J]. 煤矿安全, 2011, 42(12): 22-25.

[146] 李永明. 水体下急倾斜煤层充填开采覆岩稳定性及合理防水煤柱研究[D]. 徐州: 中国矿业大学, 2012.

[147] 秦涛, 齐宏伟, 刘永立. 桃山煤矿薄煤层群切顶巷区域应力特征数值分析[J]. 黑龙江科技学院学报, 2012, 22(5): 461-465.

[148] 唐世斌, 唐春安, 梁正召, 等. 采动诱发灵新煤矿上覆岩层垮落过程的数值试验[C]//全国岩石力学与工程学术大会, 威海, 2008.

[149] 李开放. 上覆含水层软岩巷道破坏机制及支护时机研究[D]. 西安: 西安科技大学, 2009.

[150] 马金明. 羊场湾煤矿大断面软岩巷道支护研究[D]. 西安: 西安科技大学, 2010.

[151] 田坤. 枣泉煤矿近浅埋煤层首采工作面覆岩破坏规律研究[D]. 西安: 西安科技大学, 2008.

[152] 于朝辉. 红柳煤矿软岩巷道矿压观测及变形特征研究[D]. 西安: 西安科技大学, 2012.

[153] 孟志强, 纪洪广, 孙利辉, 等. 梅花井矿601大采高工作面覆岩关键层及来压步距研究[J]. 煤炭工程, 2013, 45(10): 72-75.

[154] 宣以琼. 薄基岩浅埋煤层覆岩破坏移动演化规律研究[J]. 岩土力学, 2008, 29(2): 512-516.

[155] 唐皓. 陕北空洞型采空区稳定性评价——以讨老乌素煤矿采空区为例[D]. 西安: 西安科技大学, 2011.

[156] 雷薪雍. 韩家湾矿综采面矿压规律研究[D]. 西安: 西安科技大学, 2010.

[157] 洪兴. 浅埋煤层开采引起的地表移动规律研究[D]. 西安: 西安科技大学, 2012.

[158] 黄庆享, 杨兴田, 孟青山, 等. 刀柱式长壁工作面合理开采参数模拟分析[J]. 陕西煤炭技术, 1997, (4):34-37.

[159] 张沛. 浅埋煤层长壁开采顶板动态结构研究[D]. 西安: 西安科技大学, 2012.

[160] 张建忠. 何家塔煤矿上行开采研究[D]. 西安: 西安科技大学, 2011.

[161] 杨晓科. 榆神矿区榆树湾煤矿覆岩破坏规律与支护阻力研究[D]. 西安: 西安科技大学, 2008.

[162] 李军. 南梁煤矿综采工作面矿压规律研究[D]. 西安: 西安科技大学, 2010.

[163] 陈云鹏. 水平煤层开采引起地面沉陷预测及控制效果研究[D]. 西安: 长安大学, 2012.

[164] 王猛, 柏建彪, 王襄禹, 等. 迎采动面沿空掘巷围岩变形规律及控制技术[J]. 采矿与安全工程学报, 2012, 29(2):197-202.

[165] 张朋. 综采矿压显现规律与巷道支护效果数值模拟研究[D]. 包头: 内蒙古科技大学, 2011.

[166] 桂祥友, 马云东, 张立新. 五虎山煤矿9号煤层巷道支护设计及模拟[J]. 煤炭学报, 2006, 31(6): 752-756.

[167] 郭景忠. 白音华一号露天煤矿南帮软岩边坡稳定性研究[D]. 阜新: 辽宁工程技术大学, 2012.

[168] 李荣伟. 白音华三号露天煤矿首采区非工作帮边坡稳定性研究[D]. 西安: 西安科技大学, 2008.

[169] 张玉军. 综放采场覆岩破坏特征的 FLAC～(3D)数值模拟研究[C]//采矿工程学新论——北京开采所研究生论文集, 北京: 煤炭工业出版社, 2005.

[170] 白国良. 大兴煤矿北一东采区 2_(-3)煤上行开采数值模拟[J]. 辽宁工程技术大学学报, 2014, (2): 157-161.

[171] 赵丽明, 潘启新, 王宏伟, 等. 煤矿软岩巷道支护技术研究[J]. 中国矿业, 2008, 17(4): 79-82.

[172] 孙洪峰. 晓南矿煤层巷道围岩控制技术研究[D]. 阜新: 辽宁工程技术大学, 2005.

[173] 王戈, 鞠巍, 石兴龙, 等. 工作面上覆岩层活动规律的数值模拟分析[J]. 煤矿安全, 2012, 43(4): 146-149.

[174] 张兆鹏. 老虎台矿煤岩冲击失稳的发生机理及数值模拟研究[D]. 长春: 吉林大学, 2013.

[175] 郭守泉. 矿井深部开采矿压与支护技术研究[D]. 阜新: 辽宁工程技术大学, 2005.

[176] 肖波. 红菱煤矿倾斜多煤层开采地表移动的数值模拟研究[D]. 阜新: 辽宁工程技术大学, 2005.

[177] 刘冰蕾. 薄及中厚煤层群开采地表沉陷的数值模拟研究[D]. 包头: 内蒙古科技大学, 2011.

[178] 尹璟友. 沈北矿区深部煤巷破坏机理及支护对策研究[D]. 北京: 中国矿业大学(北京), 2012.

[179] 杨启楠. 板石煤矿工作面两巷支护技术研究[D]. 阜新: 辽宁工程技术大学, 2012.

[180] 朱金来, 李广杰, 尤冰. 覆岩层破坏理论在采区地基稳定性评价中的应用——以吉林九台营城煤矿为例[J]. 世界地质, 2012, 31(3): 584-588.

[181] 李强. 新安煤矿初始地应力场反演模拟与特征分析[J]. 煤炭与化工, 2014, (4): 1-4.

[182] 袁野. 集贤煤矿冲击地压综合防治技术研究[D]. 阜新: 辽宁工程技术大学, 2011.

[183] 王洋飞, 刘国磊, 袁承录, 等. 北皂煤矿油页岩上行开采对软岩巷道的影响分析及支护对策[J]. 煤炭工程, 2011, (7): 53-55.

[184] 夏洪春, 郑学军, 李金奎, 等. 三软煤层超长工作面采场矿压显现规律研究[J]. 大连大学学报, 2008, 29(3): 124-128.

第3章　液态二氧化碳相变煤层致裂技术

比较各种煤层致裂技术，包括水力压裂、水力冲孔、高压水射流切割煤层等，可知爆破是这些煤层致裂技术中效率最高、使用最方便的技术，然而炸药爆破作为一种化学反应过程所产生的高温和由此可能导致的明火是对煤矿井下生产安全最直接的威胁。

目前，无论是乡镇小煤矿还是国家重点大型煤矿，钻眼爆破法仍然是破碎岩石，甚至采煤的主要手段。由此导致炸药爆破成为煤矿主要的安全事故类别之一。中华人民共和国成立以来，煤矿爆破方面的事故突出表现在两个方面：其一，放炮引起瓦斯、煤尘爆炸。据1949~1995年数据统计，我国国有重点煤矿一次死亡3人以上的361起重大瓦斯、煤尘爆炸的事故中，有108起是放炮引起的。其二，由爆破直接导致的死亡人数占全国煤矿生产事故死亡人数的3.35%[1]。以2001~2005年数据为例，煤矿由于爆破导致的死亡事故共有138次。其中，2001年10次，2002年31次，2003年46次，2004年41次[2]，2005年10次[3]，平均每月大于两次。

根据煤矿爆破事故分析，导致爆破事故有多种原因。其中，技术方面主要是杂散电流的存在、瞎炮、空炮、残爆和缓爆及储运过程违章等，人为因素则包括操作人员的培训与资质、违章作业和违章指挥等。

井下杂散电流包括电机车运输产生杂散电流，即电流经架线流出，通过电机车后由铁轨流回牵引变电所。因为铁轨和大地不绝缘，所以一部分电流流入大地，在大地内经不同的方向流回牵引变电所，于是形成杂散电流。

交流电产生杂散电流。巷道或采区内的交流电网和电缆漏电是产生这类杂散电流的原因之一。由于杂散电流的存在，给放炮工作带来了很大的威胁。如果电雷管的一根脚线与轨道接触，而另一根与管路接触，就会有杂散电流通过电雷管，当电流大于引爆电流时就有可能爆炸。此外电气设备的漏电也会不同程度地产生杂散电流，电雷管与这些设施接触，也存在引爆的可能。

放炮过程中，完全拒爆的装炮眼称为瞎炮（也称为拒爆），瞎炮中往往也有未爆破的电雷管。掘进和回采过程中产生瞎炮是安全生产的最大隐患。

由于回采工作面是煤尘和瓦斯的聚集区域，因此，工作面的爆破作业同样存在许多风险。因为在一个工作面内连续多次起爆，工作面内瓦斯、煤尘来不及吹散，在通风和洒水不充分情况下开始下一次爆破很容易被后次爆破产生的空气冲击波、炽热的固体颗粒、高温爆生气体及二次火焰引爆[4]。

炸药会带来许多安全问题，因炸药是国家管控产品，因此管理十分严格。

根据我国《民用爆物品安全管理条例》和《煤矿安全规程》，在炸药的管理方面要求如下[5]。

(1)炸药、雷管的保管，必须经取得合格证的专人保管。

(2)必须设立炸药库房和雷管库房，炸药、雷管分开存放，分库保管。

(3)炸药库和雷管库房必须设立保管箱，一次入库的炸药、雷管不得大于保管箱的容量。

(4)回收不能使用的炸药、雷管，必须妥善保管，待后销毁。

在炸药的运输管理方面要求如下。

(1)地面运输：炸药、雷管购买过程中，必须专车拉运，由专职押运员押运，拉运炸药、雷管的车辆不得在途中停留，必须直接运送到库房，交保管员清点入库。

(2)井下运输：井下运送炸药、雷管，必须避开上、下班时间，使用专用的炸药箱、雷管箱，分箱加锁运送。由专职放炮员直接送到使用地点，按规定使用，不得在途中停留。

在炸药、雷管的使用方面要求如下。

(1)炸药、雷管的运送、领退、储存必须符合规定要求。

(2)购买炸药、雷管必须严格执行国家对民用爆炸物品管理和使用规定，持许可证办理有关手续到指定单位部门购买。途中运输必须派专车指定专人押运，途中不准停留，运到后必须及时入库并作好相关登记手续。

(3)井下运送炸药、雷管必须分箱加锁由放炮员亲自运送，亲自管理和使用。

(4)井下使用的炸药必须是安全等级不低于三级的含水炸药，雷管采用毫秒延期电雷管。

(5)严禁挪用炸药、雷管进行施工以外任何爆炸行为。

(6)购买炸药、雷管必须严格执行国家对民用爆炸物品管理和使用规定，矿井使用的炸药、雷管一律不准自购、外借、索要及擅自出售，更不能以此物作任何交易，否则，要追究当事人的法律责任。

炸药、雷管的领退管理制度要求如下。

(1)发放工作在专用炸药、雷管库房或硐室中进行，由持有爆破证的人员领取，并作好领料登记。

(2)发放雷管在铺有非导电软质垫层并有绝缘突起的卓子上进行，由持有爆破证的人员领取，并作好领料登记。

(3)放炮员、放炮证、雷管编码三者相符，方可发放，任何人的发放批条都无效。

除此之外，炸药、雷管的运输也受到极大限制，国家相关规定极大限制了炸药的跨省运输。同时，即便在省内运输，其运输成本也因为技术要求和安全要求而明显增加。

由以上炸药、雷管的技术和管理规范可以看出：一方面，炸药在煤矿生产中起着十分重要的作用；另一方面，其使用不仅给煤矿安全和生产带来潜在安全风险，同时在炸药的存储、运输和使用等方面还受到许多严格的管理、限制和制约。

因此，为了获得与炸药相同的效果，同时又能避免由于使用炸药所带来的诸多技术风险和管理困难，故引进非爆破煤层致裂技术-液态二氧化碳相变致裂技术，用于煤层致裂、强化增透，以提高煤层透气性及消除煤层突出危险性。

3.1　液态二氧化碳相变煤层致裂技术

液态二氧化碳相变致裂技术是利用液态二氧化碳受热后由液态转化为气态的相变过程中体积急剧增加，产生高压气体，并瞬间释放冲击、破碎煤体或岩体的技术装备。

液态二氧化碳相变致裂技术是由英国 CARDOX 公司发明的。20 世纪二三十年代在欧美国家的煤矿中使用，其主要目的是为了替代炸药。首先在煤矿使用该技术是在 30 年代，并于 50 年代得以广泛应用，每年的用量达 2.5 百万次[6]。主要使用国家包括美国[7-11]、德国[12,13]、英国[14]和法国[15,16]。近几年，哥伦比亚和土耳其也在使用该技术。这些应用中，最主要的应用是采煤，除此之外还用于薄煤层开采[17]和局部灭火[18]。随着煤矿开采机械化程度的不断提高，这一技术在煤矿的用量逐年递减，1979 年以后，主要被用于水泥厂和钢厂的清淤。

1989 年 10 月，CARDOX 公司向英国健康与安全执行局(Health and Safety Executive, HSE)再次申请允许将该设备用于南威尔士有生产资质的无烟煤煤矿，其主要的原因是炸药爆破容易将煤粉碎，而 CARDOX 系统则更容易保持煤的块体率。

3.2　二氧化碳的物理特性

3.2.1　二氧化碳的物理和相变特性

二氧化碳在气体状态下有着不可燃烧的性质，轻微溶于水，密度大于空气。液态二氧化碳的体积是气体状态的 1/500，同样，其密度大于空气。通常情况下，二氧化碳的物理参数能够通过斯潘-瓦格纳模型(Span-Wagner model)和韦索维奇模型(Vesovic model)确定。

对于斯潘-瓦格纳模型，无量纲的亥姆霍茨(Helmholtz)自由能可以够通过密度和温度两个变量来表示：

$$\phi(\delta,\tau) = \phi^0(\delta,\tau) + \phi^r(\delta,\tau) \tag{3-1}$$

式中，ϕ^0 为理想的部分；ϕ^r 为残余部分；$\delta = \rho/\rho_c$ 为降低的密度；$\tau = T_c/T$ 为降低的温度；ρ_c 和 T_c 分别为临界密度和温度。在此，理想部分的无量纲的亥姆霍兹自由能（ϕ^0）能够由式（3-2）确定：

在此理想部分的无量纲的亥姆霍兹自由能（ϕ^0）能够由下式确定：

$$\phi^0(\delta,\tau) = \ln\delta + a_1^0 + a_2^0\tau + a_3^0\ln\tau\sum_{i=4}^{8}a_i^0\ln[1-\exp(-\tau\theta_i^0)] \tag{3-2}$$

式中，a_1^0、a_2^0、a_3^0、a_i^0 均为系数。

残余部分的无量纲的亥姆霍兹自由能（ϕ^r）为

$$\begin{aligned}
\phi^r = &\sum_{i=1}^{7}n_i\delta^{d_i}\tau^{t_i} + \sum_{i=8}^{34}n_i\delta^{d_i}\tau^{t_i}\mathrm{e}^{-\delta^{c_i}} + \sum_{i=35}^{39}n_i\delta^{d_i}\tau^{t_i}\mathrm{e}^{-a_i(\delta-\varepsilon_i)^2-\beta_i(\tau-\gamma_i)^2} \\
&+ \sum_{i=40}^{42}n_i\Delta^{b_i}\delta\mathrm{e}^{-c_i(\delta-1)^2-D_i(\tau-1)^2}
\end{aligned} \tag{3-3}$$

式（3-2）和式（3-3）中的系数，a_1、a_2、a_3、a_i、d_i、t_i、b_i、c_i 等均为二氧化碳新状态转换方程中的可调节参数，参数详情可从斯潘和瓦格纳原文中获得[19]，在此不再详述。其中

$$\Delta = \left\{(1-\tau) + A_i[(\delta-1)^2]^{1/(2\beta)_i}\right\} + B_i[(\delta-1)^2]^{a_i} \tag{3-4}$$

韦索维奇模型能够被用于计算液态二氧化碳的黏度和导热系数，一般性方程为

$$X(\rho,T) = X_0(T) + \Delta X(\rho,T) + \Delta_c X(\rho,T) \tag{3-5}$$

式中，$X_0(T)$ 为在无密度条件下的两个分子相互作用的属性；$\Delta_c X(\rho,T)$ 为被用于校正临界点附加的波动值；$\Delta X(\rho,T)$ 代表所有其他相互的作用。

基于这两个模型，二氧化碳的性质能够被确定如下[20]：

当温度为 $-20\sim20℃$ 时，二氧化碳的密度随着压力的增加而明显增加；当温度分别为 $40℃$、$60℃$ 和 $80℃$ 时，在同样压力条件下，密度增加缓慢。在临界温度条件下，二氧化碳将由气态转变为液态，当施加一定压力时，其密度明显增加。

在不同温度条件下，二氧化碳的热容量随压力增加表现出初期增加之后降低的趋势，因此，热容量的最大值能够被清楚地确定。另外，随着温度的增加，对应最大热容量值的压力也随之增加。

在不同温度条件下，二氧化碳的黏度随着压力的增加而增加。通常，当温度设置在正负 20℃ 时，当二氧化碳由气态转变成液态时，其黏度显著增加。

对于二氧化碳的三相状态，当压力为 3～5MPa 时，为气态。在这个状态下，温度的影响十分有限。当压力达到或超过 7.37MPa 时，为固体状态，密度大于气态时的密度，且随着温度的降低而减小。一般而言，二氧化碳不同于许多其他材料，其物理特性受温度和压力影响明显。图 3-1 为二氧化碳的相变情况。

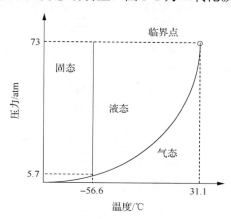

图 3-1　二氧化碳各相的压力与温度
1atm=1.01×10⁵Pa

3.2.2　二氧化碳的热膨胀

液体在容器中被加热后通常会膨胀。如果容器内充满了液体，膨胀时将对容器造成破坏。因此，受限于容器中的液态一旦被加热则变成一个危险的能量源，若这个能量能够被用于致裂煤层，提高煤层的瓦斯抽放效率。

根据单相状态下流体的热动力学可知，压力 P 和温度 T 是相互独立的参数。可以将这两个参数视为一个特定体积的函数 $v = v(T, P)$，对该函数微分方程为

$$dv = \left(\frac{\partial v}{\partial T}\right)_P dT + \left(\frac{\partial v}{\partial P}\right)_T dP \tag{3-6}$$

与微分方程中出现的偏导数有关的两个热动力学参数，被称之为热膨胀系数 β 和恒温压缩系数 κ，其表达式分别为

$$\beta = \frac{1}{v}\left(\frac{\partial v}{\partial T}\right)_P \tag{3-7}$$

$$\kappa = -\frac{1}{v}\left(\frac{\partial v}{\partial P}\right)_T \tag{3-8}$$

热膨胀系数的单位是温度的倒数，同样，恒温压缩系数的单位为压力的倒数。

体积膨胀表示当温度变化而压力不变时的体积变化。恒温压缩系数表示当温度不变时，当压力变化而导致的体积变化[21]。表 3-1 给出了不同液体的恒温压缩系数和热膨胀系数，图 3-2 表示在密封容器中，不同物质压力和温度的关系。

表 3-1　不同液体的恒温压缩系数和热膨胀系数

液体	温度/℃	压力/bar	β/℃$^{-1}$	κ/bar^{-1}	β/κ/(bar/℃)
水	20～80	0～2000	4.5×10^{-4}	3.64×10^{-5}	12.4
燃油	27～44	28～165			9.30
二氧化碳	−40～18	28～69	4.0×10^{-3}	4×10^{-4}	100
丙烷	−183～27	10～30	1.56×10^{-3}	6.18×10^{-4}	2.50
丙烷硅油	25～150	0～55	10^{-3}	1.5×10^{-4}	6.7

注：1bar=0.1MPa。

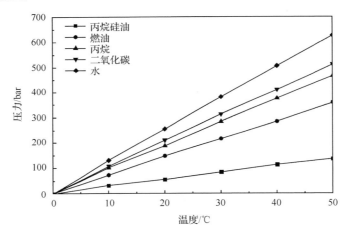

图 3-2　不同物质压力与温度的关系

3.2.3　高压气体的释放过程

高压二氧化碳气体从释放管被释放出来后的变化过程可以用图 3-3 中的几个阶段加以描述。首先是射流、膨胀阶段。在该阶段，二氧化碳流程的热动力学和流体动力学特征最为重要；然后是液态二氧化碳夹带的空气湍流自由射流阶段；再然后为固体颗粒形成阶段；最后是气压弥散阶段，即二氧化碳消失在空气中[22]。

如前所描述，在数毫秒时间内，二氧化碳气体从 276MPa 的压力降低到空气大气压。这一现象被认为是物理膨胀或恒定体积物理膨胀。在这个过程中，密封在容器中的高压二氧化碳气体被释放并转换成动能，这个动能被用作煤层致裂。因此能够通过容器的膨胀参数近似计算二氧化碳气体的膨胀参数[23]。

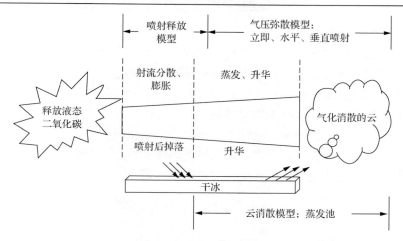

图 3-3　高压二氧化碳气体的释放后的主要变化过程[22]

3.2.4　释放气体的压力与速度的关系

最大的压力和速度对煤层致裂而言是最重要的参数。在此，最大释放压力由致裂系统的剪切片几何参数决定（厚度和直径），已经为 276MPa。释放速度能够根据压力容器气体释放速度计算[23]：

$$v = \left\{ \frac{2\gamma}{\gamma-1} \frac{P}{\rho} \left[1 - \left(\frac{P_0}{\rho} \right)^{\frac{\gamma-1}{\gamma}} \right] \right\}^{1/2} \tag{3-9}$$

式中，v 为气体释放速度；ρ 为气体密度；P 为气体释放压力；P_0 为容器内部压力；γ 为气体的等熵。

简化式 (3-9)，可建立气体释放压力与释放速度的关系[24]：

$$v = \left\{ \frac{2\gamma}{\gamma-1} P_1 V_1 \left[1 - \left(\frac{P_2}{P_1} \right)^{\frac{\gamma-1}{\gamma}} \right] \right\}^{1/2} \tag{3-10}$$

式中，P_1 为大气压力，Pa；P_2 为气体释放压力，Pa；V_1 为气体体积，m³。

3.3　液态二氧化碳相变致裂技术的基本原理和技术特征

液态二氧化碳相变煤层致裂技术是利用液态二氧化碳加热后由液态瞬间转变为气态的相变过程中体积急剧增加，由此产生高压气体，并瞬间释放冲击和破碎煤层或岩层的技术装备。

　　液态二氧化碳被存储于一个密封的可重复使用的容器中，被称之为储液管，当储液管中的加热器启动后，储液管内的液态二氧化碳被加热并膨胀，当储液管内的压力达到设计水平时，安放在储液管和释放管之间的剪切片破坏，高压气体通过释放管释放出来，以致裂岩层或煤层。

　　在这个过程中，存储在储液管内的液态二氧化碳液体将在 20ms 内膨胀到原有体积的 600 倍，产生压力根据不同的设计需要能够达到 160~270MPa。由液态二氧化碳相变致裂系统所提供的能量可以用下式表示[25]：

$$E = \frac{1}{2}V^2 + \left(\frac{n}{n-1}\right)\left(\frac{P}{g_0}\right)\left(\frac{P_0}{P}\right)^{1/2} \tag{3-11}$$

式中，E 为能量，J；V 为气体释放的速度，m/s；P 为释放压力，MPa；P_0 为储液管内压力，MPa；g_0 为储液管内的气体密度，g/L；n 为常数，取 1.4。

　　根据其基本原理，液态二氧化碳相变致裂系统的技术特征包括以下几个方面：

　　(1) 不自燃。

　　(2) 二氧化碳遇热由液态转变为气态。

　　(3) 原体积瞬间膨胀 500~600 倍。

　　(4) 致裂压力 270MPa。

　　(5) 整个过程为物理变化(膨胀)而非化学变化(爆炸)。

3.4　液态二氧化碳相变致裂系统的组成

　　液态二氧化碳相变致裂系统是由三个分系统组成的，包括充填系统、推送系统和致裂系统。

　　充填系统的功能是通过施加一定的压力，将液态二氧化碳充装入一个合金储液管内。充填系统由充填架、气压泵、夹紧部件和液态二氧化碳瓶等组成(图 3-4)。

　　与水泥行业不同，在煤矿使用中，通常需要致裂的煤层距离致裂操作的地点有一定的距离，而且这个距离施工人员无法达到。因此，必须有专门的输送系统。这个系统的功能是将致裂系统快速、方便和安全地输送到希望致裂的位置。在致裂过程中，输送系统具有控制和稳定系统的作用。在致裂后，输送系统还有撤出致裂系统的功能。目前，输送系统由用户现场使用的钻机和与之配套的特殊钻杆组成。由于致裂系统中的加热管通过电流启动，因此，推送系统中所使用的钻杆，还需要具有传导电流的功能。

　　致裂系统是整个液态二氧化碳相变致裂装备的技术核心。这个系统由多个部件组成，包括储液管、加热管、释放管和一些连接部件组成。其致裂工艺是加热

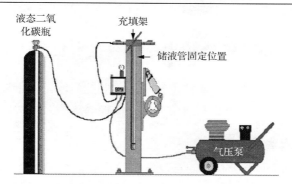

图 3-4　充填系统(引用并修改自 Cardox UK 用户手册)

管(图 3-5)接通电流后(可采用煤矿井下使用的起爆器),电阻丝将加热管内的化学材料启动,这些材料将储液管内的液态二氧化碳加热并气化、膨胀。当膨胀压力大于剪切片(图 3-5)压力时,剪切片破坏,释放出聚集于储液管(图 3-6)内的膨胀气体,这些气体从致裂要求设计的释放管(图 3-7)中喷出以致裂和/或破坏煤层或岩层。

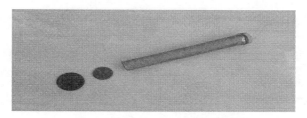

图 3-5　加热管及剪切片

图 3-6　储液管

图 3-7　释放管

3.5 液态二氧化碳相变致裂技术装备的安全性

安全是任何一种应用于煤矿技术装备最重要的问题。对于液态二氧化碳变致裂技术，涉及安全问题的主要有两个部件，即加热管和储液管。

3.5.1 加热管的安全性能

加热管由 125g 混合的化学固体材料组成，放置在直径 27mm，长度 225mm 的硬纸管内，一端由金属片封口，另外一端由经过加工的木塞封口。埋置于化学混合物中的电导线一端通过木塞的中心伸出，另外一端与固定在加热管口的薄金属环连接。

加热管内的化学混合材料的安全性是确保加热管在使用过程中不自行启动，及在启动后不会对煤矿安全造成危害。为了达到目的，加热管被设计成在无压力环境中不启动。换句话说，加热管只有在一定的设计压力条件下才会启动。另外，由于煤矿井下的特殊环境，加热管启动后是否会在富含瓦斯的工作环境存在安全隐患，即是否在启动时会导致瓦斯燃烧或爆炸是加热管在煤矿井下是否安全的重要考量。

为了确认这些安全问题，首先对加热管进行了不同压力条件下的启动试验。其压力为 0~40bar，试验结果如表 3-2 所示[6]，其结果表明，能够使加热管启动的最小压力为 20~25bar。

表 3-2 不同压力下加热器起爆性

压力	0bar	10bar	15bar	20bar	25bar	40bar
结果	N	N	N	IN	IIII	I

注：N 表示不起爆；I 表示起爆，其个数表示起爆或不起爆的次数。

为了确保加热管在富含瓦斯环境中不会引起瓦斯灾害，Pickering[6] 对加热管在瓦斯浓度为 9% 的环境中进行启动试验。试验中，特设置一个密封罐，其内注满浓度为 9% 的瓦斯，分别对 10 个加热管进行测试。

试验结果表明，加热管内的化学混合物在未在特设的环境中启动，也未在这一环境中出现燃烧的情况。

3.5.2 储液管的安全性能

储液管用于存储液态二氧化碳。如果储液管内没有完全注满液态二氧化碳，启动后产生的压力也许无法达到预期的水平，因而无法达到设计的剪切强度使剪切片破坏。此时，由于加热管的作用，将会出现相对较高的温度。在这样的温度下，是否能够正常应用于富含瓦斯的环境中是进行这一试验需要回答的问题。

因此，对储液管进行了一系列不同注液量情况下的启动试验。其注液量从 60g 到注满的 1250g 不等。每一次试验，密闭的试验容器中都充满了 9%的瓦斯，并使其处于含水率小于 0.75%的干燥状态。试验中，分别对 5 个储液管充填了最低起爆量（60g）的储液管和 5 个充满储液量（1250g）的储液管在瓦斯浓度为 9%的环境中进行起爆试验。试验结果显示，未完全充满液态二氧化碳的储液管所产生的压力只能够使剪切片变形而不能够发生瞬间剪切破坏，由此导致释放管压力逐渐释放。另外，还对 5 个充满 1250g 的储液管在浓度为 9%的环境中进行了试验。结果表明，所有的试验都产生了正常的瞬间压力释放。

比较不同充填量的起爆特征显示，能够产生最小破坏剪切片压力的充填量为 700~800g。表 3-3 给出了不同液态二氧化碳的释放情况及在瓦斯为 9%的环境中的危险性测试结果。表 3-4 给出了不同储液管的几何参数产液量，表 3-5 是剪切片的几何参数和破坏压力。

表 3-3　储液管试验结果[6]

充填入储液管的二氧化碳量/g	结果	在瓦斯环境中燃烧次数
60	NNNNN	0
250	N	0
350	N	0
550	N	0
700	DNN	0
850	DNDDD	0
1050	D	0
1250	DDDDD	0

注：D 表示储液管压力释放（启爆）；N 表示储液管压力未释放（未启爆），其个数表示对应启爆和未启爆的次数。

表 3-4　储液管几何参数[26]

型号	长度/mm	外径/mm	内部容积/L	最小充液量/g
B20	530	45	0.33	284
B37	960	45	0.65	595
C74	900	65	1.10	1060
F57	1080	54	1.00	880
F57（L）	1480	54	1.27	1248

表 3-5　剪切片技术参数[26]

型号	适用的储液管	破坏压力/MPa	直径/mm	厚度/mm
SD75	B37/B20	140	30	2.0
SD100	B37/B20	190	30	2.8
SD150	B37/B20	236	30	3.6
SD300	F57	126	35	2.4
SD350	F57	190	35	3.6
SD370	F57	236	35	4.4
SD390	F57	276	35	5.2
SD200	C74	126	47	4.8
SD250	C74	190	47	3.2

图 3-8 为未使用的剪切片(图 3-8 中的 A)及在不同液态二氧化碳充填量的情况下启动时剪切片(图 3-8 中的 B、C、D、E、F)的破坏情况。可以看出,随着充填量的增加,启动时储液管内压力随之增加,因此剪片的破坏也随之完全。

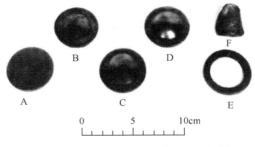

图 3-8　不同压力下剪切片破坏形状[6]

3.6　液态二氧化碳相变致裂技术在煤矿生产中的用途

根据液态二氧化碳相变致裂的特性和煤矿安全和生产的需求,该技术可望在以下几个方面应用于煤矿。

3.6.1　回采工作面浅孔致裂消突

由于回采工作面瓦斯涌出量将增加,导致工作面回风流中的瓦斯浓度常处于报警的临界状态,从而严重制约了综采工作面的安全、高效生产。因此,许多煤矿为了解决瓦斯大量涌出,采用工作面浅孔高压注水技术[27]。

在回采有突出危险性煤层时,为了避免在回采期间发生突出,工作面浅孔松动爆破是强化消突的常用措施[28]。比较而言,高压注水将明显增加回采作业时间，降低生产效率。而在回采工作面进行浅孔松动爆破作业则存在潜在的安全隐患。因此，采用液态二氧化碳相变致裂技术，一方面能够提高消突效率，同时还能够避免炸药爆破所带来的安全隐患。图 3-9 所示为九里山矿 14121 工作面浅孔液态二氧化碳相变致裂消突试验效果。

(a) 致裂前 　　　　　　　　　　(b) 致裂后

图 3-9　回采工作面液态二氧化碳相变煤层浅孔致裂效果

3.6.2　综放工作面顶煤弱化

与工作面消突相同，顶煤弱化主要采用煤层注水和爆破的方法。前者是通过长钻孔顺层向煤体预注水，利用水压对煤层弱面的压裂、冲刷作用，使煤体裂隙扩大，从而破坏煤层的整体性，降低强度。注水时间一般一个月以上。后者是利用炸药在煤体内爆炸形成空腔、压碎和松动区使煤体预先破碎、松动。通过合理爆破设计，使两爆破孔之间裂隙贯通，增加煤层裂隙密度，从而达到弱化坚硬顶煤的作用。

一般而言，煤体的强度与煤层含水率呈正比。裂隙孔隙发育，煤层透水性强，注水效率高，否则即使采用较高的注水压力，也难以达到预期的弱化效果。因此，通常在注水前先采用微差松动爆破增加煤层的裂隙率然后再注水。当然也可以直接采用爆破弱化顶煤。从实践效果上讲，爆破的实用性和效果优于注水[29]。

根据注水和爆破等顶煤弱化技术特点可知，采用液态二氧化碳相变致裂技术进行顶煤弱化，能够避免低透气性煤层注水困难的问题，同时还能够降低使用炸药带来的潜在安全风险，但是液态二氧化碳相变致裂系统目前还处于人工操作阶段。回采工作面作为煤矿生产的第一线，除了安全外，实施效率也是需要考虑的因素。因此，在回采工作面，如何能在有限空间条件下实现机械化操作是液态二氧化碳相变致裂技术装备需要解决的问题。

3.6.3　构造应力和/或回采应力导致的巷道底鼓控制

目前，我国煤矿开采深度正以每年 8～12m 的速度增加，东部矿井开采深度正以每年 10～25m 的速度发展，可以预计在未来 20 年内我国很多煤矿将进入 1000～1500m 的深度。随着开采深度的增加，巷道围岩变形量大，巷道维护普遍比较困难。当围岩应力达到一定条件时，巷道底板破坏。随着围岩应力的增加，底鼓也将越来越严重。因此，深部开采、残留煤柱下或受采动影响的巷道也往往出现比较严重的底鼓现象[30]。

尽管底鼓有多种成因，其成因类型如挤压流动性造成的底鼓、挠曲褶皱性底鼓、剪切错动性底鼓、遇水膨胀性底鼓等，但底鼓的成因主要包括底板岩性、围岩应力、水的作用和支护强度。其中围岩应力主要来自于构造应力和回采应力。因此，利用液态二氧化碳相变致裂技术，能够对巷道围岩卸压，以降低围岩应力，特别是降低底板应力，达到控制底鼓的目的。

3.6.4　快速石门揭煤

石门揭煤是指石门自底（顶）板岩柱穿过煤层进入顶（底）板的全部作业过程。在这一过程中，最容易引发煤与瓦斯突出事故。突出煤层石门揭煤在矿井生产中可能发生突出强度最大、危险性最高的煤与瓦斯突出现象。因此，揭煤前，需要对煤层采取相应措施，以降低直至消除煤层内部应力和瓦斯压力。传统揭煤前的措施是在石门周围打钻，并对煤层瓦斯进行抽放。通常这个过程要持续相当长的时间，而影响抽放效率的因素包括抽放负压、抽放钻孔的有效抽放时间和钻孔间距等[31]。

液态二氧化碳相变致裂技术能够更高效地提高煤层的致裂范围和致裂效果，其膨胀致裂作用还能够对煤层起到卸压的作用。因此，该技术是石门揭煤过程中十分有效的消突技术手段。

除上述技术之外，引进液态二氧化碳相变致裂技术主要是用作煤层致裂，以提高低透气性单一煤层的瓦斯抽放效率和/或消除煤层的突出危险性。

3.6.5　煤层致裂强化增透提高瓦斯抽放效率

煤层致裂是提高瓦斯抽放效率的先决条件，特别是对于那些低透气性单一煤层。液态二氧化碳相变煤层致裂技术的主要特点在于其安全性。即该技术能够用于无法使用炸药，或使用炸药存在潜在风险的地方。

图 3-10 为液态二氧化碳相变致裂技术的施工工艺。首先，需向准备致裂煤层打钻，同时，将充装好的致裂系统和推送系统运输至实施地点。完成打钻后进行退钻、清孔、观测瓦斯情况，当满足安全规定时，使用钻机通过推送杆将致裂系统送入致裂位置，并固定钻机。然后，依据安全操作过程，确定是否满足安全启动致裂的要求，并将所有施工人员撤到安全规程要求的位置或地点，并启动致裂。致裂后根据安全操作过程规定的时间，进入实施地点，退出致裂系统和推送杆，并准备下次致裂。

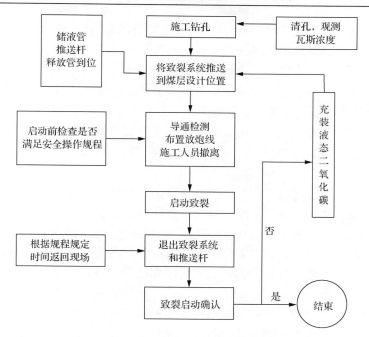

图 3-10　液态二氧化碳相变致裂实施工艺

3.7　液态二氧化碳相变致裂技术的 TNT 当量与计算

当量是指与特定或俗成的数值相当的量，属于化学专业用语，用作物质相互作用时的质量比值的称谓。当量可分为化学当量、热工当量、TNT 当量。

当量也被用于炸药爆炸能量水平的描述和比较。爆炸当量又称"黄色炸药爆炸当量"，是用来衡量炸药的爆炸造成的威力，即相当于多少质量单位的黄色炸药(TNT)爆炸所产生的威力。质量单位通常以千克(kg)或吨(t)来计量。由于黄色炸药每单位质量所产生的爆炸程度基本相同，所以以该种炸药作为爆炸当量的参考系[32]。

用释放相同能量的 TNT 炸药的质量表示不同装置释放能量的能力是行业中的一种习惯计量方式，也表示成为 TNT 当量。由于 1g TNT(黄色炸药)爆炸会释放出来约 4250J 的能量，即 1g TNT = 4250J 能量。

3.7.1　液态二氧化碳相变致裂当量计算的意义

第一，尽管液态二氧化碳相变技术在 20 世纪 30 年代就已在煤矿中应用，但从未有人给出可靠的当量计算方法。另外，炸药的物理力学性能及在煤矿的应用已经有了相当长的历史，并有着十分完善的理论和丰富的使用经验。因此，对液态二氧化碳相变致裂技术进行相对于炸药的当量计算，并基于此，使该技术的致裂威力能够被清晰地度量是进行当量计算的首要目的。

第二，通过对液态二氧化碳相变致裂当量的计算，将有助于进一步研究和解释该技术的煤层致裂机理和作用。由液态二氧化碳相变致裂技术在矿井中的实践可知，该技术提供了一个安全、有效的煤层致裂方法，由此，增加煤层的透气性，提高瓦斯抽放的效率。建立液态二氧化碳相变致裂当量计算方法，能够量化液态二氧化碳相变致裂煤层的能力，从而建立与煤层透气性及煤层瓦斯抽放效率的定量关系。

第三，与爆破煤层致裂相同，液态二氧化碳相变煤层致裂的效果与钻孔设计参数，包括钻孔直径、钻孔间距、钻孔数量和钻孔过煤层的深度等有着十分密切的关系。因此，确定液态二氧化碳相变煤层致裂当量的计算方法，量化该技术对煤层致裂的能力，将为液态二氧化碳相变煤层致裂提供设计和参数优化的依据。

第四，如上所述，炸药作为煤层致裂技术已经被煤矿的工程技术人员做熟悉和掌握，并积累有了大量的使用经验。因此，通过建立炸药和液态二氧化碳相变技术的当量关系，有助于给现场使用者一个更加清晰的致裂能力概念和判断的方法，并将有利于该技术的准确把握和推广应用。

3.7.2　液态二氧化碳相变 TNT 当量计算方法

目前，还没有专门针对液态二氧化碳相变致裂技术的当量计算方法。基于该技术的基本原理可知，其能量来源于气体瞬间膨胀，因此有以下几种方法可以借鉴。

1. 液化气体与高温饱和水爆破能量计算法

液化气体和高温饱和水一般在容器内以气、液两态存在，当容器破裂发生爆炸时，除了气体的急剧膨胀做功外，还有过热液体的蒸发过程，即容器在高温、高压气体作用下导致壳体破裂后，气体急速膨胀，以极高的速度释放内能。

在大数情况下，这类容器内的饱和液体占有容器介质量的绝大部分，它的爆破能量比饱和气体大得多，一般计算时考虑气体膨胀做的功。过热状态下液体在容器破裂时释放出的爆破能量为[33]

$$E = [(H_1 - H_2) - (S_1 - S_2)T]W \tag{3-12}$$

式中，E 为过热状态液体的爆破能量，kJ；H_1 为爆炸前饱和液体的焓，kJ/kg，对液态二氧化碳，其值为 346.451kJ/kg；H_2 为在大气压力下饱和液体的焓，kJ/kg，取 20.68kJ/kg；S_1 为爆炸前饱和液体的熵，kJ/(kg·K)，取 1.89kJ/(kg·K)；S_2 为大气压力下饱和液体的熵，kJ/(kg·K)，取 0.0791kJ/(kg·K)；T 为介质在大气压下液态二氧化碳的沸点，K，取 216.55K；W 为饱和液体的质量，kg，在此取值为 1kg。

根据式(3-12)计算得爆破能量 E 为 66.38kJ。根据式(3-13)，并取 Q_{TNT}(1kg 炸药的爆破能量)为 4250kJ/kg，可得出其爆炸当量为 15.6g：

$$W_{TNT} = \frac{E}{Q_{TNT}} \tag{3-13}$$

液化气体与高温饱和水容器爆破与液态二氧化碳相变致裂技术的相同之处在于容器内物质的存在状态，即容器内是以气、液两态共存，液态为主。不同之处为容器内物质的性质，因此，该计算方法更适用于过热液体(水)，即当容器发生爆炸时，除了气体的急剧膨胀做功外，还伴随着过热液体的蒸发过程。

2. 液态二氧化碳储液罐爆炸计算方法

液态二氧化碳存储罐爆炸是由于液态二氧化碳储存条件改变，导致液态二氧化碳物态转变所致。由于液态二氧化碳转变为气态，其体积发生膨胀，对储罐内壁产生极大的压力，当这一压力大于储液罐材料强度时，储罐的破裂，膨胀的二氧化碳气体瞬间向四周扩散产生冲击力。

液态二氧化碳储罐的爆炸同液态二氧化碳相变致裂的发生过程非常相似，两者同属物理膨胀的范畴，而唯一区别是储液量。因此，液态二氧化碳储液罐爆炸时的当量计算方法也可用于计算液态二氧化碳相变致裂的当量计算[34]：

$$E = \frac{P_1 V}{K-1} \left[1 - \left(\frac{P_2}{P_1} \right)^{\frac{K-1}{K}} \right] \times 10^3 \tag{3-14}$$

式中，E 为气体的爆破能量，kJ；P_1 为容器内的绝对压力，MPa；P_2 为大气压力，MPa；V 为容器的体积，L；K 为气体的绝热指数。

理想气体可逆绝热过程的指数称为绝热指数，用 K 表示，是定压比热容(C_p)与定容比热容(C_v)之比，即[35]：

$$K = \frac{C_p}{C_v} \tag{3-15}$$

对于二氧化碳气体，其绝热指数为 1.295。1kg 液态二氧化碳储液管容积(V)为 2.16L，爆破过程中容器内的绝对压力(P_1)为 276MPa，大气压力(P_2)取 0.101325MPa，则液态二氧化碳相变致裂的爆破能(E)为 1687.43kJ。根据式(3-13)，可得 1kg 液态二氧化碳相变致裂的 TNT 当量为 397g。

3. 高压容器爆炸能量计算法

压力容器是近代工业中常见的重要设备。如核动力中反应堆压力壳，化工设备中的各种反应器与各种锅炉等。从广义上讲压力容器应包括所有承压的密闭容器。一般来说，压力容器发生爆炸事故，其危害程度是与工作介质的物态、工作压力及容器的容积有关。压力容器在高温高压气体作用下造成壳体破裂后急速膨胀，并以极高速度释放内在能量（即爆炸能量）。工业中常见高压容器爆炸的原因是容器内介质的压力增大，超出了容器的最大可承受的压力，从而发生爆炸。高压容器爆炸能量计算方法推导如下[36]。

设气体在破裂前状态参数为 (P_0, V_0)。P_0 为容器内气体的压强；V_0 为爆破时刻的容器的容积；K 为气体的绝热指数。$P_0 = P_1 + P_a$，其中 P_1 为塑性极限压强，P_a 为大气压强。在绝热过程中到达终态 (P_a, V_a)。其中 V_a 表示达到大气压时的体积，设气体任意时刻压强为 P，体积为 V，介质的爆破能量 A_K 为

$$P_0 V_0^K = P_a V_a^K = P V^K \tag{3-16}$$

得

$$P = \frac{P_0 V_0^K}{V^K} \tag{3-17}$$

一般来说，各种形式的功都可以看成是由两个因素，即强度因素及广度因素。功等于强度因素与广度因素变化量的乘积[37]。膨胀功的强度因素为压强 P，广度因素为气体体积的改变 $\mathrm{d}V$。因此有

$$A_K = \int_0^a \mathrm{d}A = \int_{V_0}^{V_a} P \mathrm{d}V = P_0 V_0^K \int_{V_0}^{V_a} \frac{1}{V^K} \mathrm{d}V = \frac{P_0 V_0^K}{K-1} \left(\frac{1}{V_a^{K-1} - V_0^{K-1}} \right) \tag{3-18}$$

又因为 $\dfrac{V_0}{V_a} = \left(\dfrac{P_a}{P_0} \right)^{\frac{K-1}{K}}$，所以

$$A_K = \frac{P_0 V_0}{K-1} \left[1 - \left(\frac{V_0}{V_a} \right)^{K-1} \right] = \frac{P_0 V_0}{K-1} \left[1 - \left(\frac{P_a}{P_0} \right)^{\frac{K-1}{K}} \right] \tag{3-19}$$

$$A_K = C_K V \tag{3-20}$$

$$C_K = \frac{P_1}{K-1}\left[1 - \left(\frac{P_2}{P_1}\right)^{\frac{K-1}{K}}\right] \tag{3-21}$$

$$W_{\text{TNT}} = \frac{A_K}{Q_{\text{TNT}}} \tag{3-22}$$

式(3-18)~式(3-22)中，A_K 为介质的爆破能量，kJ；C_K 为介质的爆破系数；P_1 为容器内气体的绝对压力，MPa；V 为容器的体积，m³；K 为气体的绝热指数，即气体的定压比热与定容比热之比；Q_{TNT} 为 1kg 气体爆炸的能量，取 4250kJ。

从以上计算方法和计算过程可以看出，尽管涉及的参数较多，公式推导的途径不同，但从最终推导出的计算公式与液态二氧化碳储罐爆炸能量计算方法基本相同。因此，在此不再做计算。

3.7.3　液态二氧化碳相变致裂 TNT 当量的计算结果验证

为了验证液态二氧化碳相变致裂 TNT 当量计算方法的合理性和可靠性，采用了三种不同的方法，包括振动波测试与分析、爆炸能量分析和小波分析方法。依据这些方法所得结果与计算结果进行比较，从而确定液态二氧化碳相变致裂 TNT 当量的计算方法。

1. 震动波的观测结果与特征分析

震动试验采用了地质勘探中使用的检波器对重量为 0.5kg 和 1kg 的炸药及 1kg 的液态二氧化碳起爆时所产生的震动进行了测试[38]，并对获得的震源测试数据进行分析。

检波器是检测震动波动信号的常用仪器，能够用于识别波、振荡或信号的存在或变化，类型分三种，包括陆地检波器、沼泽检波器和水中检波器。从工作原理上看，前两种是一致的，其传感器均采用磁电传感。为便于在潮湿的环境下工作，沼泽检波器做了防水处理。

基于电磁感应定律设计而成的传感器称为磁电式传感器。它是一种将运动速度转换成线圈中的感应电势输出的传感器，主要由磁路系统(永久磁铁)和线圈组成。磁电式传感器的工作频率不高，输出信号较大，性能稳定。其不足在于振动中产生的电流随着温度的变化而变化。除此之外，磁电式传感器还存在着非线性误差，即当传感器线圈中有电流通过时，会产生一个与永久磁铁反向的磁通，减弱了工作磁通。因此，当线圈的灵敏度越高，电流越大时，其非线性误差越严重[39]。

沼泽检波器主要应用在油田物探。仪器采用爆炸振动的方式对地下含油点位置、规模进行勘探。探测中，采用振荡探头接收爆炸后的反射波，并利用电磁感应原理将机械振动转换成线路中电动势或电流送入控制器，经处理后显示所需数据[40]。本章呈现的数据均采用沼泽检波器测得。测试共分三组，包括液态二氧化碳一组，不同量的炸药各一组(表 3-6)。

表 3-6　实验分类

参数	液态二氧化碳	TNT 炸药	TNT 炸药
用量/kg	1	1	0.5

　　通过使用沼泽检波器分别观测 1kg 液态二氧化碳及 0.5kg 和 1kg 炸药在不同时间区段的振动特征，并对其震动频谱进行比较可以看出，无论是液态二氧化碳还是不同量的炸药，振动频率主要分布在 50Hz 以下。在 1300ms 之后，1kg 炸药的振幅最大，0.5kg 次之，最后是 1kg 液态二氧化碳。另外，液态二氧化碳的波形图与 TNT 炸药爆炸的波形非常接近，由此说明，液态二氧化碳相变煤层致裂技术具有普通炸药爆破煤层致裂的基本特征(图 3-11～图 3-13)。

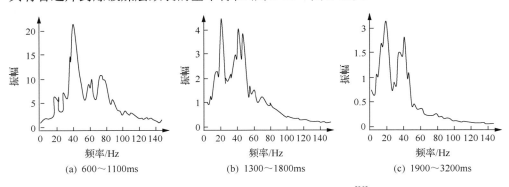

(a) 600～1100ms　　　　　(b) 1300～1800ms　　　　　(c) 1900～3200ms

图 3-11　1kg 液态二氧化碳相变致裂频谱[38]

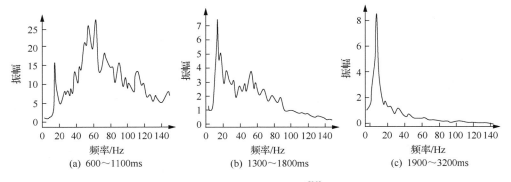

(a) 600～1100ms　　　　　(b) 1300～1800ms　　　　　(c) 1900～3200ms

图 3-12　1kg 炸药频谱[38]

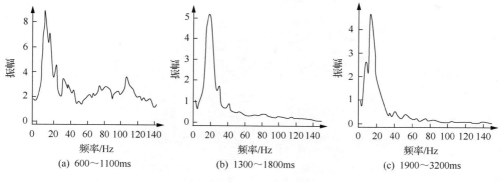

(a) 600~1100ms　　　　(b) 1300~1800ms　　　　(c) 1900~3200ms

图 3-13　0.5kg 炸药频谱[38]

2. 爆炸能量分析

通过检波器观测到的随机信号由于携带着振动信息，因此是一种非常重要的信号。这种信号能够用多种参数进行表达，包括平均值、方差及均方值。其中，随机信号的均方值由式 (3-23) 定义：[41]

$$\varphi_x^2 = E[x^2] = \lim_{t \to \infty} \frac{1}{t} \int_0^t x^2(t)\mathrm{d}t \tag{3-23}$$

式中，$E[x^2]$ 为变量 x 的数学期望值；t 为观测时间，$x(t)$ 为样本函数。

式 (3-23) 给出的随机信号的均方值描述的是信号的强度。在振动分析中，它的正均方根值，即均方根 (RMS) 常被用以表示信号的能量[42,43]。

均方根值在物理上也称作为有效值或均方根振幅 (RMS amplitude) 即为振幅的有效值，由式 (3-24) 确定[44]：

$$\mathrm{RMS} = \sqrt{\frac{\sum_{i=1}^n f_i^2}{n}} \tag{3-24}$$

式中，f_i^2 为第 i 个振幅样本的平方值；n 为样本号。

由此，在获得所有上述试验的振动信号后，使用均方根 (RMS) 方法对 1kg 液态二氧化碳、1kg TNT、0.5kg TNT 所产生的爆炸能量进行分析。

图 3-14 所示为 1kg 液态二氧化碳、1kg TNT 和 0.5kg TNT 炸药爆炸时在 0~4000ms 的均方根振幅，其值说明最大的能量是由 1kg TNT 炸药产生的，0.5kg TNT 炸药的能量次之，最后是 1kg 的液态二氧化碳。

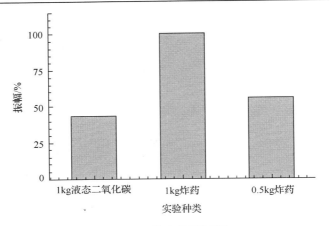

图 3-14　均方根振幅[38]

从图 3-11 中可知，1kg 和 0.5kg 炸药能量比为 0.53，约等于 0.5，其误差或许来自于地质条件的不同。因此，0.5kg 的 TNT 炸药的当量为 0.5kg。同样，1kg 液态二氧化碳和 1kg TNT 炸药的能量比为 0.43，因此，1kg 的液态二氧化碳爆炸后的 TNT 当量为 0.43kg，即 430g。

3. 小波变换能量分析

由于振动信号代表着能量，因此，利用某种数值方法或借助特制的设备从各种信号中提取有用的信息是信号分析和处理的主要内容和目的。常用的方法是傅里叶变换及在此基础上发展形成的小波分析。

理论上，归一化的振动能量能够由时域确定，并由此给出无量纲振动能量值[45]：

$$E = \int_{t_1}^{t_2} f(t)^2 \mathrm{d}t \tag{3-25}$$

式中，t 为时间；$f(t)$ 为振幅值。另外，无量纲振动能量值还可以通过频域确定，其无量纲能量值为

$$E = \int_{-\infty}^{\infty} \left| f(t) \right|^2 \mathrm{d}t = \frac{1}{2\pi} \int_{-\infty}^{\infty} F(\omega)F(\omega)\mathrm{d}\omega = \frac{1}{\pi} \int_{0}^{\infty} [F(\omega)]^2 \mathrm{d}\omega \tag{3-26}$$

式中，ω 为频率；$F(\omega)$ 为频率值。

傅里叶变换技术经常被用于现代振动仪器中，如检波器等，将时域变换成频域，以此给终端用户提供方便。

图 3-15 为 1kg 液态二氧化碳、1kg TNT 炸药和 0.5kg TNT 炸药爆炸的振动频谱图。通过使用式(3-26)，能够确定三种爆源的归一化爆破能量(表 3-7)。

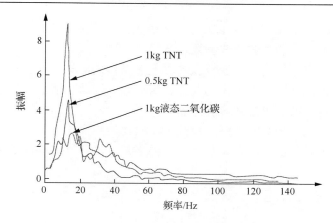

图 3-15　液态二氧化碳与炸药振动对比

表 3-7　爆破能量

爆炸材料	0.5kg TNT	1kg TNT	1kg 液态二氧化碳
无量纲归一化能量	15.2	30.7	11.7

比较表中结果可知，0.5kg 和 1kg TNT 的能量比为 0.5，这说明频谱分析的结果与科学常识相吻合。相同的，1kg 液态二氧化碳和 1kg 炸药的比是 0.38，由此可知，1kg 液态二氧化碳的爆破当量为 380g TNT。

3.7.4　液态二氧化碳相变的当量计算方法

根据理论计算、爆破震动测试、均方根振幅分析、小波能量分析等多方面的研究，可以确定式(3-13)和式(3-14)能够用于计算液态二氧化碳相变的当量。

基于此，1kg 液态二氧化碳相变的 TNT 当量为 397g，1.5kg 的液态二氧化碳的 TNT 当量为 595.5g。表 3-8 为计算结果与试验结果的比较。

表 3-8　TNT 计算结果与试验结果比较

TNT 计算方法	TNT 当量/g	计算结果与实测结果差异/%
式(3-13)和式(3-14)	397	0
均方根振幅	430	8.8
频谱能量分析	380	4

3.8　炸药的爆容与液态二氧化碳膨胀气体体积的比较

气体膨胀体积是炸药致裂煤层的一个重要参数。这一参数可以用炸药的爆容描述，即 1kg 炸药爆炸生成的气体产物换算成标准状态(压力为 1.01×10^5Pa，温度为 0℃)下的体积，其单位为 L/kg。爆容越大，炸药做功能力越强。因此，爆容是衡量炸药爆炸做功能力的重要参数之一[46]。

另外，从液态二氧化碳相变致裂的原理可以知道，其对煤层致裂的能量来自于二氧化碳由液态变为气态产生的高压膨胀气体。因此，液态二氧化碳相变产生的气体体积同样反映了煤层致裂能力的大小。

因此，计算和比较炸药的爆容和液态二氧化碳相变所生成气体的体积能够从另外一个角度评估液态二氧化碳相变致裂的当量，理解其对煤层致裂的机理、作用和能力。

3.8.1　液态二氧化碳的热膨胀体积

一定质量二氧化碳相变气体体积可由以下公式求出：

$$n = \frac{m}{M} \tag{3-27}$$

$$V = nV_m \tag{3-28}$$

式中，n 为二氧化碳物质的量，mol；m 为二氧化碳质量，g；M 为二氧化碳的摩尔质量，g/mol；V_m 气体摩尔体积，标准状态下为 22.4L/mol；V 为二氧化碳体积，L。

根据式(3-27)和式(3-28)计算可知，1kg 液态二氧化碳的热膨胀体积为 509L。

3.8.2　炸药的爆容

计算炸药爆炸爆容的第一步是确定炸药通式($C_aH_bN_cO_d$)，之后利用通式分析炸药的氧平衡，选择适用的爆炸反应方程式。为建立近似的爆炸反应方程式，根据炸药含氧量的多少，可根据炸药通式将炸药分为三类：①第一类，正氧或零氧平衡炸药，$d \geqslant 2a + b/2$；②第二类，只生成气体产物的负氧平衡炸药，$2a + b/2 > d \geqslant a + b/2$；③第三类，可能生成固体产物的负氧平衡炸药，$d < a + b/2$，并按照最大放热原理，分别建立炸药的爆炸反应方程式。

第一类炸药：生成产物应为充分氧化的产物，即 H 氧化成 H_2O、C 氧化成 CO_2、N 与多余的游离 O。这类炸药的爆炸反应方程式为

$$C_aH_bN_cO_d \rightarrow aCO_2 + 0.5bH_2O + 0.5(d - 2a - 0.5b)O_2 + 0.5cN_2 \tag{3-29}$$

第二类炸药：含氧量不足以使可燃元素充分氧化，但生成产物均为气体，无固体碳。爆炸反应方程式为

$$C_aH_bN_cO_d \rightarrow aCO_2 + 0.5bH_2O + 0.5(d - a - 0.5b)O_2 + 0.5cN_2 \tag{3-30}$$

第三类炸药：由于严重缺氧，有可能生成固体碳。爆炸反应方程式为

$$C_aH_bN_cO_d \rightarrow (d-0.5b)CO + 0.5bH_2O + (a-d+0.5b)C + 0.5cN_2 \quad (3-31)$$

炸药爆炸反应方程式确定后，按阿伏伽德罗定律计算炸药爆容。若炸药的通式（$C_aH_bN_cO_d$）是按 1mol 写出的，则爆容为

$$V_0 = \frac{1}{M} \times 22.4 \times \Sigma n_i \times 1000 \quad (3-32)$$

式中，V_0 为炸药的爆容，L/kg；Σn_i 为炸药爆炸气体产物的总物质的量，mol；M 为炸药的摩尔质量，g/mol。

为了充分确定炸药爆容和液态二氧化碳相变体积，特选取 1kg 液态二氧化碳、1kg TNT 炸药和 1kg 煤矿用炸药进行对比。

根据 TNT 炸药的通式为 $C_7H_5N_3O_6$，可以判断出 TNT 炸药氧平衡为第三类，因此其爆炸的反应方程为

$$C_7H_5N_3O_6 \rightarrow 3.5CO + 2.5H_2O + 3.5C + 1.5N_2 \quad (3-33)$$

又由于 TNT 炸药的摩尔质量为 227g/mol，1mol TNT 爆炸生成气体产物的总物质的量为 7.5mol，由式（3-32）可计算出 1kg TNT 炸药的爆容为 740L/kg。

常用的矿用炸药-抗水煤矿硝铵炸药的成分和比例为：硝酸铵（68.6%）、TNT（15%）、木粉（1%）、食盐（15%）、沥青（0.2%）和石蜡（0.2%）。其中，硝酸铵（NH_4NO_3）的摩尔质量为 80g/mol，TNT[$C_6H_2(NO_2)_3CH_3$]的摩尔质量为 227g/mol。因此，1kg 的煤矿用炸药中硝酸铵和 TNT 的物质的量分别为 686/80=8.575mol、150/227=0.66mol，由此确定煤矿用炸药的通式为

$$0.66(C_7H_5N_3O_6) + 8.575(H_4N_2O_3) = C_{4.62}H_{37.6}N_{19.13}O_{29.685} \quad (3-34)$$

根据煤矿许用炸药通式，可知抗水煤矿硝铵炸药为第一类正氧或零氧平衡炸药，其爆炸的反应方程式为

$$C_{4.62}H_{37.6}N_{19.13}O_{31.33} \rightarrow 4.62CO_2 + 18.8H_2O + 1.645O_2 + 9.565N_2 \quad (3-35)$$

炸药的通式可得炸药的摩尔质量 $M = 835.82$g/mol，由式（3-35）计算可得 1mol 矿用炸药爆炸生成气体产物的总物质的量是 34.63mol。将数据代入式（3-32）可得 1kg 抗水煤矿硝铵炸药的爆容为 928L/kg。

由以上计算可知（表 3-9），1kg 液态二氧化碳相变后生成高压气体为 509L 和 1283L，1kg TNT 炸药和矿用抗水煤矿硝铵炸药的爆生气体分别为 740L 和 928L。前者与后两者在膨胀气体体积的差距分别为 31%和 45%。

表 3-9　同等重量和当量的爆容比较　　　　　　（单位：L）

爆炸材料	爆容	
	同等重量（1kg）	同等 TNT 当量（1kg）
TNT 炸药	740	740
水胶炸药	928	1002
液态二氧化碳	509	1283

3.9　液态二氧化碳相变煤层致裂机理

液态二氧化碳相变致裂技术是以高压气体瞬间从特殊的装置中释放出来以致裂煤层。其煤层致裂机理包括高压气体聚能切割机理、热膨胀致裂机理、卸压增透机理。

3.9.1　高压气体聚能切割机理

描述炸药爆炸涉及压力、速度和温度三个指标，而炸药爆破的致裂能力则是用压力和速度来评价。高压二氧化碳气体致裂属于等温降压膨胀过程。与炸药相比，其主要作用体现于二氧化碳由液相向气相转变过程中的气体膨胀作用。因此，在其致裂过程中，除温度与炸药有区别外，其他两个方面的与炸药有类似的作用。

从液态二氧化碳相变致裂系统的性能可知，剪切片的最大破坏压力为276MPa。因此，在致裂过程中，二氧化碳气体射流的初始脉冲所产生的弹性应力波在煤层中传播、反射，以此对煤体结果造成破坏。另一方面，当气体通过释放管时，由于特别设计的释放管具有提高高压气体的聚能和切割作用的功能，从而更进一步提高了液态二氧化碳相变致裂技术对煤层的致裂能力。

聚能技术是指在炸药爆破过程中利用一定的装药结构设计出特定的聚能药包对爆破对象起到更大破坏作用的一种爆破方法。这种方法的特点是能量集中、方向性强、穿透力大、能量密度大等[47]。

1923 年，苏联就对聚能效应进行了系统的研究，确定了无罩聚能装药的侵彻效果与装药参数的关系。1939 年，法国科学家莫豪普特利用带有药型罩空穴装药原理，设计了许多与之相应的军事装置。

我国对聚能效应的研究是从 20 世纪 50 年代开始，其主要工作涉及装药结构的各种参数对破甲效果影响等。70 年代初期，我国投入了大量人力、物力，并辅以大型计算机对聚能爆破进行了更加深入和系统地研究，从而使我国学术和工程界对聚能爆破的特性认识有了明显提高。80 年代中期，聚能研究的重点放到了聚能药包切割机理和应用，并由此研制出了线性聚能切割器，将聚能爆破用于露天矿排水管的切割。另外，针对岩石二次破碎的需求，利用聚能药包的聚能原理，测试了不同聚能药包形状产生的不同爆破破坏效果，从而确定了较适合于岩石二次破碎的药包形状。试验结果表明不同形状的聚能穴将对爆破漏斗的深度、体积有较大影响。此外，还对金属聚能罩进行了研究。由于金属射流的作用，爆破破碎深度比普通聚能穴更大，由此加强的径向约束将使爆破漏斗的直径、深度和体积均有所增加。

从聚能技术的发展可以看出，最初聚能技术主要用于军事方面。20 世纪 70 年代后，随着我国工程技术人员和科研人员在这方面所获得的成果，该技术被广泛应用于土木和采矿工业，包括光面爆破[48]、控制爆破[49]、卸压爆破[50]、深孔爆破[51]和高能气体致裂[52]等方面。

特别设计的液态二氧化碳相变致裂释放管具有聚能、增压和定向的作用，因而在输出压力不变的情况下，能够最大限度地提高其释放压力和速度。

根据爆破理论，爆炸瞬间释放的总能量(U)致使钻孔周围形成了破碎区和裂隙区，爆炸瞬间释放的总能量由动态能量(U_d)和静态能量(U_s)两部分组成：

$$U = U_d + U_s \qquad (3\text{-}36)$$

在爆破过程中，产生的爆破能量包括动态能量和静态能量，另外，动态能量和静态能量所起的作用截然不同。动态能量在钻孔周围裂隙形成的初始阶段起到关键作用，静态的能量是使由静态能形成的裂隙得以传播和扩展的主要因素。

由于聚能的作用，液态二氧化碳致裂系统的动态能量，即喷出气体的能量(E)得到了有效提高，由此提高了该技术的切割能力，高压液态二氧化碳气体的能量为[53]：

$$E = \frac{P_0 V}{k-1} \left[1 - \left(\frac{P}{P_0} \right)^{(k-1)k} \times 10^5 \right] \qquad (3\text{-}37)$$

式中，V 为容器的体积，L；P 为释放压力，MPa；P_0 为容器的压力，MPa；k 为气体的绝热指数，为定压比热容与定容比热容之比，取 1.4。

根据气体平衡方程 $P_1 V_1 = P_2 V_2$，得出气体喷出的速度为

$$v = \sqrt{\frac{2k}{k-1} R T_0 \left[1 - \left(\frac{P}{P_0} \right)^{\frac{k-1}{k}} \right]} \qquad (3\text{-}38)$$

式中，T_0 为爆破后气体的温度，K；R 为气体连续常数，J/(mol·K)。

由式 (3-37) 和式 (3-38) 可知，在一定的工况条件下，优化气体喷嘴的几何结构和参数可以增加气体喷出的速度，即提高气体的切割能力。另外，增大液态二氧化碳储液管的容积可以提高膨胀气体体积。

当由液态二氧化碳相变高压膨胀气体产生的径向应力大于煤层的抗拉强度时，致裂孔的周围就会逐渐产生裂隙。由孔壁扩张和初始裂隙区域组成的破碎区半径为[54]：

$$r_c = \left(\frac{P}{K_c \sigma_c}\right)^{\frac{1}{\alpha}} r \qquad (3-39)$$

其中

$$\alpha = 2 + \frac{\mu}{1-\mu} \qquad (3-40)$$

式 (3-39) 和式 (3-40) 中，P 为液态二氧化碳致裂管释放的压力，270MPa；K_c 为煤层动载荷条件下的抗压强度系数；r 为致裂孔周围裂隙的半径，m；σ_c 为煤的单轴抗压强度，MPa；α 为煤层的应力衰减系数；μ 为煤的泊松比。

由于聚能切割能力取决于致裂系统预先设置的致裂压力，因此，液态二氧化碳相变致裂的聚能切割功能将不会随液态二氧化碳的用量变化而变化。

3.9.2　热膨胀致裂机理

相对于高压气体的切割作用，气体的膨胀作用持续时间较长，并在全部压力释放后达到最大膨胀体积。由于这一特性，膨胀气体能够以相对较长的时间作用于煤层钻孔局部区域，并使之产生流变和裂隙。另外，高压膨胀气体还具有一定的剪切作用，这一作用使得本身存在大量自然裂隙和弱面的煤层在高压气体的剪切作用下产生破坏。

由物理学可知，当物质被加热后，其分子通常以很快的速度做分离运动，致使物质随着温度的变化而改变体积的现象被定义为热膨胀。热膨胀正是液态二氧化碳相变致裂技术的基础。

热膨胀能够用热膨胀系数进行量化描述，即物体的尺寸随温度变化而变化。热膨胀系数描述在恒定压力下，每一度温度的变化而导致的物质体积的微小的变化。根据热膨胀理论，有许多热膨胀系数被应用，包括体积膨胀系数、面积膨胀系数和线膨胀系数。其中，体积膨胀系数是最基本的膨胀系数。一般而言，固体、液体和气体的体积膨胀系数表示为[52]：

$$a_v = \frac{1}{V}\left(\frac{\partial V}{\partial T}\right) \tag{3-41}$$

式中，a_v 为体积膨胀系数；V 为体积，L；$\partial V / \partial T$ 为物体的体积变化和温度变化的比值。

对于理想气体来说，不规则高速运动的分子撞击容器内壁而产生压力解释了气体压力、温度和密度之间的关系。

气体热膨胀产生的压力被广泛应用于岩层和煤层的致裂，例如，高压气体油气井压裂技术，其岩体爆破过程中，高压气体通过周围岩中的已经存在裂隙而起到扩展作用。液态二氧化碳相变致裂的扩展裂隙半径为[54]

$$r_f = \left(\frac{bP}{K_t \sigma_t}\right)^{\frac{1}{\alpha}} r_c \tag{3-42}$$

其中

$$b = \frac{\mu}{1-\mu} \tag{3-43}$$

式(3-42)和式(3-43)中，K_t 为煤的动态抗拉强度系数；σ_t 为煤的静态抗拉强度系数；b 为侧应力系数。

根据液态二氧化碳热膨胀气体体积与炸药爆容体积的比较可知，液态二氧化碳体积膨胀是 TNT 炸药的爆容体积的三分之二，略大于是矿用硝铵炸药爆容体积的一半。由此可以看出，液态二氧化碳相变所产生的膨胀气体在煤层致裂、强化煤层增透过程中起着十分重要的作用。同时，液态二氧化碳相变产生的气体膨胀体积将随着使用的液态二氧化碳的用量的增加而增加。

3.9.3　卸压增透机理

瓦斯以游离状态和吸附状态存在于煤体中具有庞大的自由空间和自由表面的孔隙裂隙和节理内。游离状态的瓦斯量符合玻意耳-查理混合气体定律。吸附瓦斯量的大小取决于煤的孔隙特点、煤的组分(瓦斯吸附常数 a、b)、瓦斯压力和温度。煤对瓦斯吸附量的大小能够按照范德瓦耳斯吸附原理和朗缪尔等温吸附方程进行计算，而瓦斯的游离状态和吸附状态是一定温度和压力条件下的动态平衡结果。当压力降低或温度升高时，一部分瓦斯就由吸附状态解析成游离状态，反之，一部分瓦斯将由游离状态转化成吸附状态[55]。

　　煤层的透气性是煤层瓦斯抽放的关键。煤层透气性系数是描述煤层中的瓦斯流动难易程度指标。研究表明，煤层透气性与地应力有关。当地应力增加时，煤层裂隙透气性按负指数规律降低，而煤层的有效透气性则随着有效应力的增加而降低[56]，煤层透气性与应力的关系可以用下式表示[57]：

$$k = k_0 e^{-3c_f \Delta \sigma} \tag{3-44}$$

式中，k 为煤层透气性，$m^2/(MPa^2 \cdot d)$；k_0 为压力 P_0 时的煤层透气性，$m^2/(MPa^2 \cdot d)$；c_f 为体积压缩系数；$\Delta \sigma$ 为煤层应力。

　　由式 (3-44) 可以看出，随着应力的增加，煤层透气性随之降低，反之亦然。因此，为了提高煤层瓦斯抽放效率，普遍采用区域卸压增透技术，包括层间的区域卸压增透技术和层内的区域卸压增透技术。前者主要是保护层开采技术，该技术已趋于成熟并取得了良好的卸压效果。而对于单一煤层，层内的区域卸压增透技术主要有水力割缝、水力压裂、深孔松动爆破等均是十分有效并经常采被用的层内卸压增透技术[58]。

　　同理，液态二氧化碳相变致裂技术与松动爆破相同，能够通过对煤层钻孔周围煤层致裂，降低或转移煤层钻孔周围的应力，从而增加煤层透气性，提高瓦斯抽放效率。

　　由于泄压面积的大小取决于液态二氧化碳的致裂强度和膨胀做功的大小，因此，泄压增透的效果将随着液态二氧化碳的用量的增加而增加。

3.9.4　振动致裂机理

　　炸药在岩石中爆炸后波的传播可分为三个阶段。首先是爆炸冲击波阶段；然后随着爆炸能量的降低，形成压力波；最后，随着爆炸能量的继续降低，形成振动波。振动波是能量在地层中传播的波，最具代表性的就是人造爆炸物所形成的低频率的声波能。

　　与炸药类似，液态二氧化碳起爆后也同样形成类似的波。其中，该装置启动后形成的振动在煤层致裂过程中扮演着重要的角色。

　　前期已有许多学者对振动对煤层的致裂进行了研究，其结果如下：

　　(1) 振动将降低煤体强度，造成煤层裂隙扩展[59]。

　　(2) 振动将增加和扩展煤层内部的裂隙[60]。

　　(3) 声波振动能够造成含瓦斯煤体内部的结果破坏，增加和扩展煤体裂隙，因此提高煤层的渗透性[61]。

　　(4) 根据对煤层在振动条件下的模拟试验研究，并分析了微振信号和加速度等数据发现随着振动强度的增加，煤体的自然频率降低，该现象说明裂隙的煤体内部的形成和扩展[62]。

基于此，笔者相信液态二氧化碳相变致裂装备启动所产生的振动将对煤层致裂和固有裂隙的再启裂产生影响。

在爆破设计和实施过程中，在被保护物体和爆破作业位置之间需要保留一定的安全距离，以避免在爆破作业时被保护物体不会受到爆破震动波的破坏。

这个距离说明了两个问题：①在振动的影响下，在这个距离内被保护物体会因振动而破坏；②在这个区域内的地层也会因振动而产生破坏或位于。

理论上，这个安全距离能够通过经验公式加以确定。最常用的方法是计算爆破时质点运动的最大速度（PPV）或质点运动的最大位移（PPD）。一般来说，前者比后者更常被用于作为一个参数以评价振动所造成的破坏。质点运动的最大速度取决于不同的参数变化，包括爆破的延时设计、爆破的振动频率、地层岩石特性等。质点运动的最大速度与换算距离的关系为[63]

$$v = kD^{-b} \tag{3-45}$$

式中，v 为质点运动的最大速度，m/s；D 为换算距离，$m/kg^{1/2}$，其值被定义为爆炸点到被保护物体的距离与等效 TNT 炸药当量（Q）的平方根之比，即 $D = R/Q^{1/2}$；k 和 b 均为爆破现场参数，由爆破试验确定。

根据文献综述，发现与式（3-45）类似的用于技术质点运动最大速度的经验公式大约有 20 多个，都是具有前人不同的侧重点推导出来。在此，笔者更愿意借鉴我国的标注计算公式来计算质点运动的最大速度[64]：

$$r = \left(\frac{k}{v}\right)^{1/a} Q^{\frac{1}{3}} \tag{3-46}$$

式中，r 为爆破震动的安全距离，m；v 为安全质点最大振动速度，cm/s，其临界值参考表 3-10；Q 为炸药重量，kg；a 为阻尼系数；k 为与被爆破介质和条件有关的系数，其值参照表 3-11。

表 3-10　爆破安全振动速度[64]

材料/结构类型	安全质点最大振动速度/(cm/s)
土体、泥砖结构	1
砖块结构	2~3
混凝土结构	5
水力隧道	10
公路隧道	150

表 3-11　参数 k 与 a 的对应关系[64]

岩石类型	k	a
硬岩	50~150	1.3~1.5
中硬岩	150~250	1.5~1.8
软岩	250~350	1.8~2.0

在式(3-46)中，对于炸药爆破，其安全质点最大振动速度在确定安全距离方面起着重要的作用，并能够通过表 3-8 和表 3-9 确定。对于液态二氧化碳装置，其安全质点的最大振动速度则可通过修改式(3-46)中的参数 Q 获得[38]：

$$r = \left(\frac{k}{v}\right)^{1/a} Q_{\mathrm{CO_2}}^{\frac{1}{3}} \tag{3-47}$$

式中，$Q_{\mathrm{CO_2}}$ 为液态二氧化碳相变致裂的 TNT 当量，kg。

比较表 3-8 给出的参数可知，土体最为接近煤层的物理力学特性，因此，对于临界质点最大振动速度(v)可取值为 1。换句话说，当煤层的最大质点振动速度大于 1cm/s 时，煤层将发生破坏。

根据式(3-47)，并且当 $k = 250$，$a = 2$，$v = 1$，$Q = 0.5955$kg(1.5kg 液态二氧化碳的 TNT 当量)时，计算可知液态二氧化碳相变致裂装置启动时的振动影响半径为 13.2m，这一值在现场实际观察数据 10~15m 的范围之内。

3.10　液态二氧化碳相变煤层致裂技术的优化

如前所述，液态二氧化碳相变致裂煤层的机理之一是高压气体通过设置在释放管上特别设计的喷嘴切割、致裂煤层。由此可见，释放管上喷嘴的几何结构和相应的参数将会直接影响液态二氧化碳相变致裂煤层时的聚能和喷射作用，因此，需要对释放管上的喷嘴的几何结构和几何参数进行优化。

3.10.1　优化方法

涉及优化必将首先考虑优化的方法。理论上，液态二氧化碳相变煤层致裂技术装备的优化的方法可以采用现场试验、理论分析与计算、实验室试验或相似材料的模拟试验和数值模拟。

现场试验可以通过在同一试验段将不同参数分组，并测试对应不同参数的煤层致裂效果，通常可以比较直观地考察煤层瓦斯浓度和流量的变化。现场试验的结果是现场各种条件和因素(甚至有些因素并未被研究者察觉)的综合反映，因此数据更加客观、全面和可信，但由于受工作条件、生产条件、施工条件和测试设备的限制，不可控因素相对较多；另一方面，如果希望对其涉及的参数进行更加详细地全面考察，更是耗时耗资，对现场生产影响较大，且由于许多参数相互影响，会给数据分析以及得出客观和正确的结论带来困难。

理论分析法的主要思想是应用自然科学(物理学等)中已证明的正确理论、原理和定律，对被研究系统的有关因素进行分析、演绎、归纳，从而建立数学模型。这种方法比较适用于工艺比较成熟，对机理又有较深入了解的系统[65]。由于液态二氧化碳相变致裂技术在国内尚属于试验研究阶段，对其破坏机理尚不明确，且对煤层的致裂过程相当复杂，所涉及的流场变化单从理论方面分析非常片面，因此单采用理论分析很难完全解决几何结构和参数的优化问题。

实验室相似模拟试验研究是一种重要的研究手段。这种方法是在实验室内按相似原理制作与原型相似的模型，借助测试仪表观测模型内力学参数及其分布规律，利用在模型上的研究结果，借以推断原型中可能发生的力学现象。这种方法具有直观、简便、经济、快速及实验周期短等优点[66]。具体针对优化液态二氧化碳相变致裂装备的释放管结构及参数的问题，笔者关心的是二氧化碳由液态转变为气态产生的膨胀气体通过释放管及喷嘴后的压力、速度等物理量的变化与这些几何结构和参数之间的关系。实验室中很难实现与其原理及原型相似的相似材料、设备和测量仪器。更重要的是高压气体具有一定的危险性，考虑到上述问题的复杂性与存在的困难，实验室的相似模拟实验方法将不作为首选。

在许多工程问题分析中，如固体力学中的位移场和应力场分析、电磁学中的电磁场分析、传热学中的温度场分析、流体力学中的流场分析等，都可归结为在给定边界条件下求解其控制方程(常微分方程或偏微分方程)的问题，但用解析方法求出精确解的只是方程性质比较简单，且几何边界相当规则的少数问题。对于大多数的工程技术问题，由于物体的几何形状较复杂或问题的某些特征是非线性的，则很少有解析解。这类问题解决通常有两种途径：一是引入简化假设，将方程和边界条件简化为能够处理的问题，从而得到它在简化状态的解。这种方法只在有限的情况下是可行的，因为过多的简化可能导致不正确甚至错误的结果。因此，人们在广泛吸收现代数学、力学理论的基础上，借助于现代科学技术的产物——计算机来获得满足工程要求的数值解，这就是数值模拟技术[67]。数值模拟技术是现代工程学形成和发展的重要推动力之一。利用数值模拟的方法来解决工程问题，不仅省时高效，且不存在安全问题。此外，数值模拟还能够将大家关心的某些问题形象、直观、准确地展现出来，有助于对问题进行进一步的深入理解。

3.10.2　数值模拟软件

对于液态二氧化碳由液态转变为气态，并通过释放管上的喷嘴喷出可以看作为可压缩流体在高压状态下的流场仿真问题。

Fluent 是用于计算流体流动和传热问题的商业化工程技术模拟软件。软件以计算流体动力(computational fluid dynamics，CFD)为基础，提供了多种计算模型以解决可压缩与不可压缩、稳态与非稳态流动问题，包含有流体流动和热传导等相关物理现象的分析。

CFD 的基本思想可以归结为：把原来在时间域及空间域上连续的物理量的场，如速度场、压力场，用一系列有限离散点上的变量值的集合来代替，通过一定的原则和方式建立起关于这些离散点上场变量之间关系的代数方程组，然后求解代数方程组获得场变量的近似值[68]。Fluent 软件是当今世界 CFD 仿真领域最为全面的软件包之一，具有广泛的物理模型，而且它提供了完全的网格灵活性，用户根据模型的复杂程度选用结构化网格、非结构化网格或混合型网格，以此用户可以快速准确地得到 CFD 分析结果。软件由以下几个模块组成。

(1)Fluent 前处理软件 Gambit，它包含了几何建模和网格划分功能。

(2)Fluent 用于进行流动模拟和计算的求解器。

(3)Fluent 后处理器能对 Fluent 数值计算之后的数据和流场进行处理，包括等值线图、等值面图、流动轨迹图和速度矢量图，同时可以对用户关心的参数，如模型中的温度、压力、流量和模型的受力情况等进行综合分析。

基于这些功能，选用 Fluent 软件，进行高压气体释放管喷嘴的几何结构和几何参数优化。

3.10.3　数值模拟控制方程及流程

数值模拟能够提供在不同几何参数和气体参数条件下详细的膨胀变化特征。模拟过程通过运行计算流体力学软件 Fluent 进行和完成。该软件具多种模拟流体及流体之间相互作用所需的模拟能力，故此选用做模拟液态二氧化碳高压气体喷嘴的几何参数模拟。计算流体力学依据三个控制方程，包括质量、动量和能量守恒以计算流体的流动特征，包括以下方程。

可压缩流体质量守恒方程：

$$\frac{\partial \rho}{\partial t} + \frac{\partial (\rho u)}{\partial x} + \frac{\partial (\rho v)}{\partial y} + \frac{\partial (\rho w)}{\partial z} = 0 \tag{3-48}$$

可压缩流体动量守恒方程：

$$\frac{\partial(\rho \boldsymbol{u})}{\partial t} + \text{div}(\rho \boldsymbol{U}\boldsymbol{u}) = \text{div}(\eta \,\text{grad}\boldsymbol{u}) + S_u - \frac{\partial \rho}{\partial x} \tag{3-49}$$

$$\frac{\partial(\rho \boldsymbol{v})}{\partial t} + \text{div}(\rho \boldsymbol{U}\boldsymbol{v}) = \text{div}(\eta \,\text{grad}\boldsymbol{u}) + S_v - \frac{\partial \rho}{\partial y} \tag{3-50}$$

$$\frac{\partial(\rho \boldsymbol{w})}{\partial t} + \text{div}(\rho \boldsymbol{U}\boldsymbol{w}) = \text{div}(\eta \,\text{grad}\boldsymbol{u}) + S_w - \frac{\partial \rho}{\partial z} \tag{3-51}$$

式中，ρ 为流体密度；t 为时间；$\boldsymbol{U}$ 为速度矢量；$\boldsymbol{u}$、$\boldsymbol{v}$ 和 $\boldsymbol{w}$ 均为速度矢量方向的分量；η 为动态黏性度，其中 S_u、S_v 和 S_w 分别由式(3-52)～式(3-54)确定：

$$S_u = F_x + s_x \tag{3-52}$$

$$S_v = F_y + s_y \tag{3-53}$$

$$S_w = F_z + s_z \tag{3-54}$$

在此，F_x、F_y、F_z 均为元素上的体积力，s_x、s_y、s_z 分别能够被表示为

$$s_x = \frac{\partial}{\partial x}\left(\eta \frac{\partial \boldsymbol{u}}{\partial x}\right) + \frac{\partial}{\partial y}\left(\eta \frac{\partial \boldsymbol{v}}{\partial x}\right) + \frac{\partial}{\partial z}\left(\eta \frac{\partial \boldsymbol{w}}{\partial x}\right) + \frac{\partial}{\partial x}(\lambda \,\text{div}\boldsymbol{U}) \tag{3-55}$$

$$s_y = \frac{\partial}{\partial x}\left(\eta \frac{\partial \boldsymbol{u}}{\partial y}\right) + \frac{\partial}{\partial y}\left(\eta \frac{\partial \boldsymbol{v}}{\partial y}\right) + \frac{\partial}{\partial z}\left(\eta \frac{\partial \boldsymbol{w}}{\partial y}\right) + \frac{\partial}{\partial y}(\lambda \,\text{div}\boldsymbol{U}) \tag{3-56}$$

$$s_z = \frac{\partial}{\partial x}\left(\eta \frac{\partial \boldsymbol{u}}{\partial z}\right) + \frac{\partial}{\partial y}\left(\eta \frac{\partial \boldsymbol{v}}{\partial z}\right) + \frac{\partial}{\partial z}\left(\eta \frac{\partial \boldsymbol{w}}{\partial z}\right) + \frac{\partial}{\partial z}(\lambda \,\text{div}\boldsymbol{U}) \tag{3-57}$$

其中，λ 为第二黏度。

可压缩流体能量守恒方程：

$$\frac{\partial(\rho T)}{\partial t} + \text{div}(\rho \boldsymbol{U}T) = \text{div}\left(\frac{k}{c_p}\,\text{grad}T\right) + S_T \tag{3-58}$$

式中，c_p 为比热容；T 为温度；k 为流体的热传递系数；S_T 为黏性耗散项。

对于气体模拟，还有另外一个方程，即状态方程，它定义了 P 和 ρ 的关系：

$$P = \rho RT \tag{3-59}$$

式中，R 为摩尔气体常数。除此之外，在模拟过程中将遵循如图 3-16 所示的计算流程。

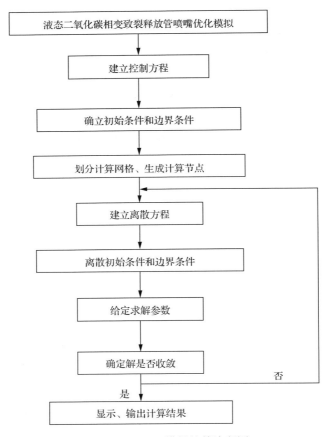

图 3-16　Fluent 模拟计算流程图

3.10.4　流体特征及流动状态

在确定模型边界条件和选择合适的计算方法前，需要首先弄清流体的特征和流动状态。理论上，由于不同速度的两层相邻流体之间存在摩擦力，因此流动的流体具有黏性特征，其黏性取决于流体的特性和温度。流体的黏性应力与两流体之间的相对速度呈正比。

当液体之间的阻力很小时，则可认为是液体为非黏性或理想流体，如水和空气等。考虑到液态二氧化碳相变致裂系统的工作特性，喷射出的高压二氧化碳气体既不存在层流，也不存在层间不同流速。因此，在模拟中流体被认定为是理想状态。另外，在模拟中，基于流体密度的是否发生变化可将流体分为可压缩和不可压缩流体。如果流体的密度发生变化，则是可压缩流体，反之亦然。由于所模拟的高压气体系统在启动前后气体密度有着显著变化，因此，在模拟流体为可压缩。

当考虑流体的流动状态时，软件有两种状态可供选择，包括层流和湍流。在流体力学中，当流体存在层的层间相互平行，不相互影响时，其流动为层流。湍流是指在流动区域内存在混合特性，即在一定时间和空间内低动量扩散，高动量对流，快速压力变化和流动速度变化等特征。

基于高压气体致裂系统的工作特征，在模拟中选择湍流为其启动后高压气体的流动状态。

3.10.5　计算方法选择

由于模拟涉及可压缩流体，因此选用密度求解器求解。密度求解器是基于密度算法编制的技术程序，适用于高速和可压缩流体模拟。

尽管实际工况下高压气体在很短的时间内释放出来，但该部分工作仅研究最终的压力和速度特征，因此，模拟计算中选用稳定模型。这一模型的优点是中等运算时间和相对精确的计算结果。

3.10.6　模拟结果及分析

目前，可选的喷嘴形式如图 3-17 所示，其相应的几何参数，包括喷嘴长度 L、入口直径 ϕ_1、出口直径 ϕ_2、锥形喷嘴和锥直型喷嘴收缩角 α。喷嘴模型几何参数如表 3-12 所示。为了提高高压气体的聚能和切割效果，对不同几何结构和几何尺寸的喷嘴在不同压力的动压特性进行模拟，以确定最佳喷嘴的几何结构和最佳几何参数。

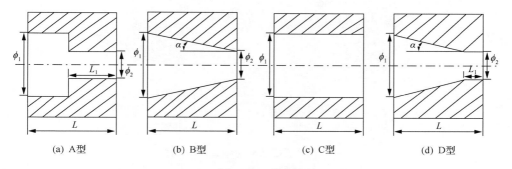

(a) A型　　　　(b) B型　　　　(c) C型　　　　(d) D型

图 3-17　喷嘴类型

表 3-12　喷嘴模型几何参数

参数	喷嘴类型			
	A	B	C	D
喷嘴长度 L/mm	15	15	15	15
喷嘴圆柱段长度 L_1/mm	9			5
收缩角 α/(°)		23		23
入口直径 ϕ_1/mm	15	15	15	15
出口直径 ϕ_2/mm	7	7	15	7

1) 喷嘴几何模型建立

除了流体特性外，确定合适的模型边界条件类型是建立模型非常重要的一部分。

软件包含三种类型的入口边界条件：①速度入口；②压力入口；③质量流量入口。其中，类型一适用于不可压缩流体，其他两类适用于可压缩流体。另外，考虑到已知出口压力，因此，在此选择压力出口为出口边界条件。

同样的，软件也包括三种类型的出口边界条件：①速度入口；②压力入口；③流出量。其中速度出口和流出量适用于不可压缩流体，因此只有压力出口能够在模拟中被采用。详细的边界条件和网络设置如图 3-18 所示。

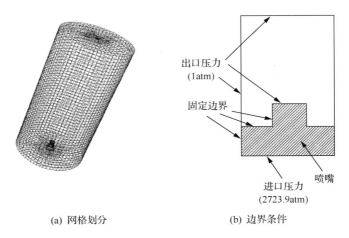

出口压力
(1atm)

固定边界

进口压力
(2723.9atm)

喷嘴

(a) 网格划分　　　　　　(b) 边界条件

图 3-18　模型网格划分及边界条件

2) 喷嘴几何结构对气体喷射效果的影响

高压气体释放管的喷嘴共有四种结构可供选择(图 3-17)。本节的目的是在气体压力为 276MPa 的条件下，确定喷嘴的几何结构对喷射时气体动压的影响。为了更清楚展示不同喷嘴结构下动压分布和变化，故给出二维截面图形。图 3-19 表示不同喷嘴结构对应的动压力云图。图 3-20 给出了动压力沿喷嘴中心线的变化特征。观测图 3-19 和图 3-20 可以看出：

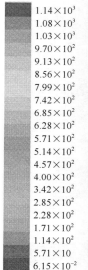
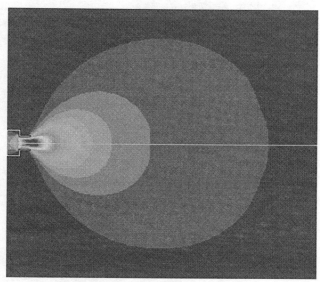

(a) A 型喷嘴

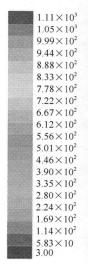
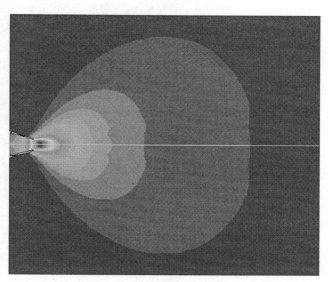

(b) B 型喷嘴

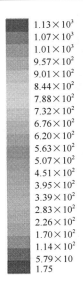
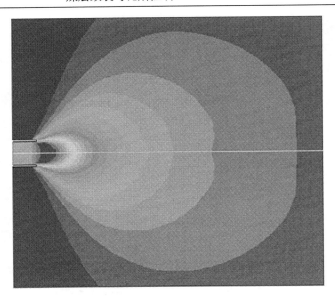

(c) C型喷嘴

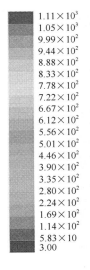
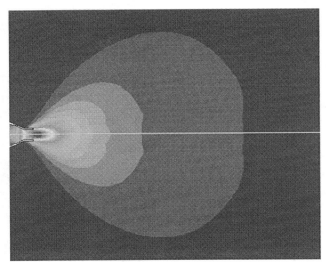

(d) D型喷嘴

图 3-19　不同几何结构喷嘴的动压力云图(单位：atm)

(1)喷嘴的几何结构对最大动压及压力衰减的影响十分有限。

(2)D 型喷嘴显示了出两个压力峰值。

(3)C 型喷嘴的最大动压略微大于其他喷嘴结构，但影响范围明显大于其他喷嘴。

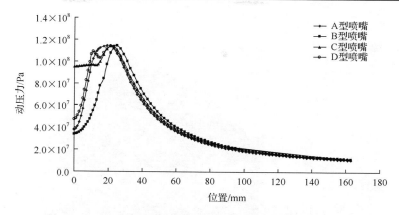

图 3-20　不同几何结构喷嘴沿喷嘴中心线的动压变化特征

　　基于这些特征，C 型喷嘴被认为最合适的喷嘴结构。图 3-21 为模拟残差曲线，用以表征模拟计算的收敛特征和模拟结果的可靠性。计算流体动力学的计算残差一般在 10^{-3} 以下则说明此次计算已经收敛。

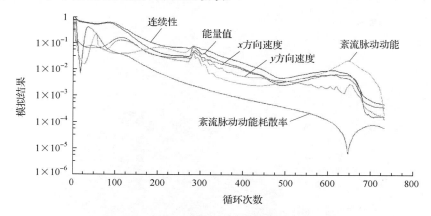

图 3-21　不同几何结构喷嘴的计算残差迭代图

3）喷嘴直径（ϕ_2）对气体喷射效果的影响

　　根据试验可知，喷嘴出口直径的大小直径影响高压气体的喷射和切割效果，由此，在喷嘴长度和喷射压力确定并保持不变的情况下，研究不同喷嘴直径的喷射气体流场变化特征。其中，喷嘴出口直径分别取 15mm、18mm、20mm、24mm。

　　从各压力云图中可以发现，动压并不随喷嘴直径的变化而变化（图 3-22），由此可知，喷嘴直径在对所取参数范围内（15~24mm）不是一个十分敏感的几何参数。比较喷嘴直径对应的动压变化曲线（图 3-23），喷嘴直径 24mm 略优于其他直径。

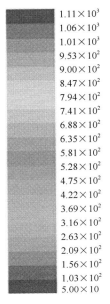
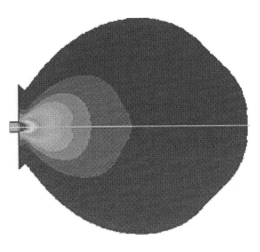

(a) ϕ_2=15mm

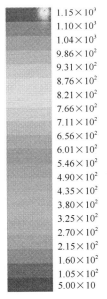
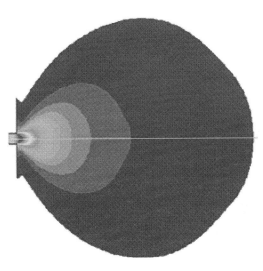

(b) ϕ_2=18mm

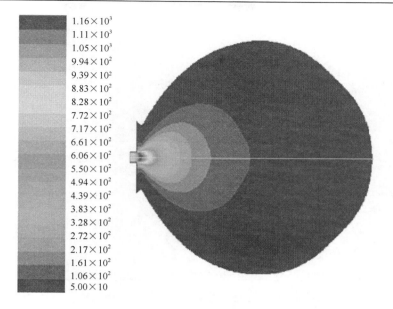

1.16×10^3
1.11×10^3
1.05×10^3
9.94×10^2
9.39×10^2
8.83×10^2
8.28×10^2
7.72×10^2
7.17×10^2
6.61×10^2
6.06×10^2
5.50×10^2
4.94×10^2
4.39×10^2
3.83×10^2
3.28×10^2
2.72×10^2
2.17×10^2
1.61×10^2
1.06×10^2
5.00×10

(c) $\phi_2 = 21\text{mm}$

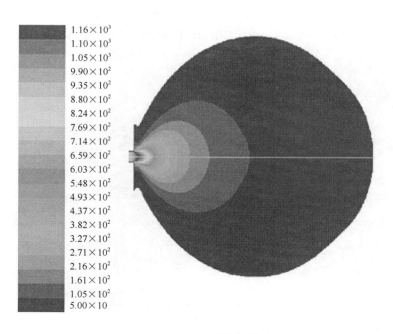

1.16×10^3
1.10×10^3
1.05×10^3
9.90×10^2
9.35×10^2
8.80×10^2
8.24×10^2
7.69×10^2
7.14×10^2
6.59×10^2
6.03×10^2
5.48×10^2
4.93×10^2
4.37×10^2
3.82×10^2
3.27×10^2
2.71×10^2
2.16×10^2
1.61×10^2
1.05×10^2
5.00×10

(d) $\phi_2 = 24\text{mm}$

图 3-22 不同直径喷嘴的动压力云图(单位:atm)

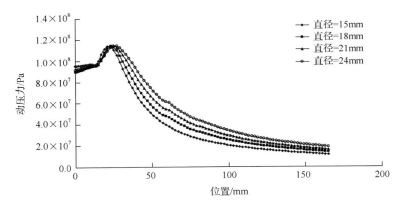

图 3-23　不同直径喷嘴沿喷嘴中心线的动压变化特征

4) 释放压力对气体喷射效果的影响

高压气体的释放压力是系统最重要的参数，因此在喷嘴的几何结构和直径确定之后，对不同等的释放压力进行模拟，以了解不同释放压力时喷射流场的变化特征和变化程度。对此，特设定释放压力为五个水平，包括 126MPa、140MPa、190MPa、236MPa 和 276MPa。

与传统认识相同，对高压气体系统而言，释放压力是最敏感的参数。随着释放压力的增加，最大动压和影响范围随之增加(图 3-24、图 3-25)。

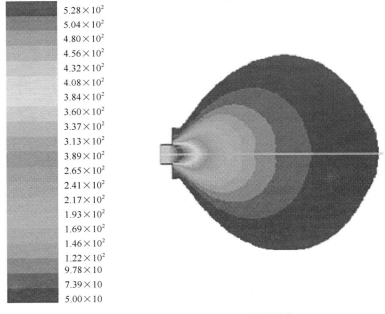

(a) 126MPa

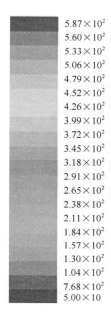
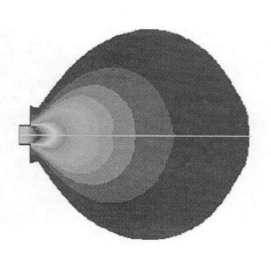

(b) 140MPa

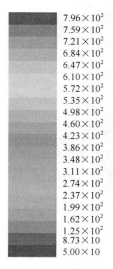
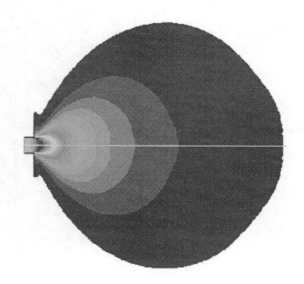

(c) 190MPa

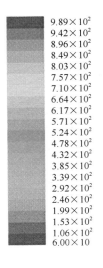
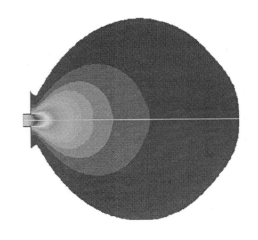

(d) 236MPa

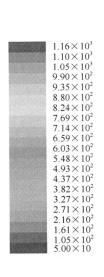
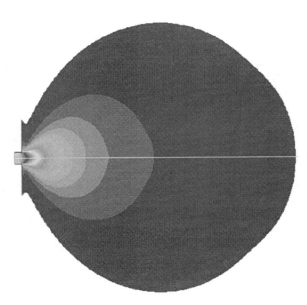

(e) 276MPa

图 3-24　不同压力条件下喷嘴的动压力云图（单位：atm）

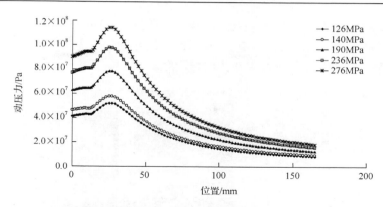

图 3-25 不同释放压力条件下沿喷嘴中心线的动压变化特征

5) 喷嘴沿释放管的分布对气体喷射效果的影响

高压气体通过安装在释放管上的喷嘴释放到煤层中使煤层致裂。在传统的采煤及现状水泥行业的清淤作业中，只沿释放管端部径向设置一组（四个）喷嘴，间距 90°。在煤层致裂作业中，考虑到煤层的厚度、喷嘴的组数随之增加。目前最多的设计为四组。从之前的试验和井下作业的经验得知，喷嘴组数很可能会对高压气体的喷射效果产生影响。在此，对四种设计，即一到四组喷嘴进行模拟，详细参数如表 3-13 所示。模型的边界条件如表 3-14 所示。以了解和确定最佳组数及不同组数对高压气体动压特征的影响。

表 3-13　释放管的几何参数设置

参数	释放管类型			
	类型 1	类型 2	类型 3	类型 4
喷嘴组数	1	2	3	4
喷嘴长度/m	1	1	1	1
喷嘴组间距/mm		330	250	200
喷嘴入口直径ϕ_1/mm	24	24	24	24
喷嘴出口直径ϕ_2/mm	24	24	24	24
喷嘴长度/mm	15	15	15	15

表 3-14　模型边界条件

边界条件	边界类型	参数值
释放管入口	压力入口	2723.91atm
释放管壁	壁	1000mm
计算边界	压力出口	1atm

图 3-26 所示为不同数量喷嘴组对应的动压云图。从中可以看出一组喷嘴的喷射影响范围优于其他［图 3-26(a)］。对应多组设计，其喷射动压力明显降低，是因

为多组喷射时喷射气体之间的相互影响和干扰所致，从而导致能量相互抵消，最终喷射压力降低[图 3-26(b)～(d)]。从云图中还注意到，多组设计最大的动压发生在释放管内，这也是降低喷射压力的原因之一。

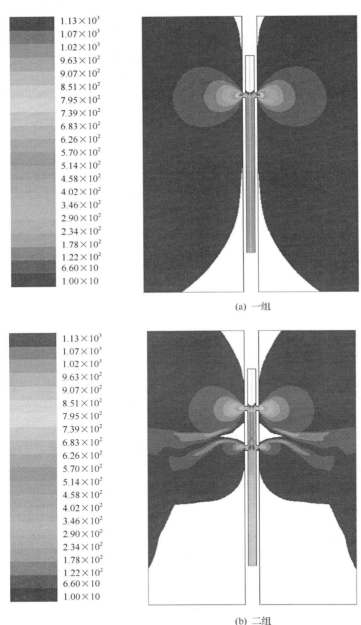

(a) 一组

(b) 二组

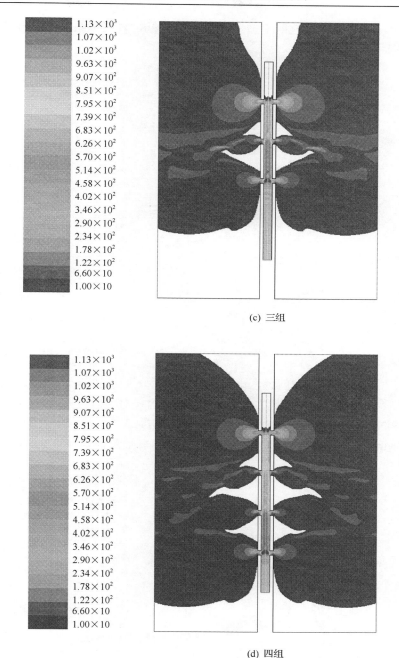

(c) 三组

(d) 四组

图 3-26　多组喷射的动压分布特征(单位：atm)

从图 3-27 清楚地看到，从喷射动压大小判断，单组喷嘴设计明显优于多组喷嘴设计。随着喷嘴组数的增加，喷射动压降低，说明多组喷嘴分散了喷射气体的能量。

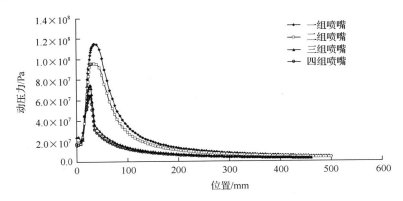

图 3-27 多组释放的动压分布特征

另外，由图 3-26 注意到，在多组喷嘴情况下，最大能量分布于释放管内，即主要能量消耗于管内。因此，新的问题由此提出：释放管的内径和长度是否会对喷射压力产生影响？

6) 释放管内径对气体喷射效果的影响

为了回答上面提出的问题，设置释放管内径分别为 20mm、30mm、40mm 和 50mm，管长为 1m 时进行模拟，以确定释放管内径对喷射效果的影响。

图 3-28 为不同内径下的动压力云图。模拟结果表明，释放管内径对高压气体动压影响明显，且随着内径增加而增加。因此，释放管内径在设计时应尽量取为大值。

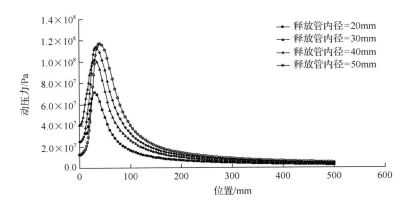

图 3-28 释放管内径对喷射压力的影响

7) 释放管长度对气体喷射效果的影响

为了明确释放管长度对高压气体喷射动压的影响,分别对长度为 0.2m 和 1m,内径为 50mm,单组喷嘴的释放管进行模拟。模拟结果显示,释放管长度对喷射动压力基本没有影响(图 3-29)。

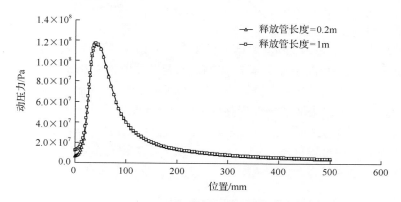

图 3-29　释放管长度对喷射压力的影响

基于模拟结果可知,喷嘴的几何结构对最大动压及压力衰减的影响十分有限,D 型喷嘴显示了出两个压力峰值,C 型喷嘴的最大动与气体喷嘴所产生的动压基本相同,但影响范围明显大于其他类型喷嘴。因此,C 型喷嘴被确认为最合适的高压气体致裂喷嘴类型。与传统认识相同,对高压气体致裂系统的致裂能力与系统释放压力的大小呈正比,设计的释放压力越大,致裂效果越好。

从致裂动压大小判断,单组喷嘴致裂效果优于多组喷嘴。这是因为多组喷射时喷射气体之间的相互影响,从而导致能量相互抵消,致裂压力降低。另外,喷嘴多组分布时,最大的动压发生在释放管内,这也是降低喷射压力的原因之一。总体而言,喷射动压力与喷嘴组数呈反比。另外,释放管内径对高压气体动压力影响明显,且随着内径增加而增加。因此,释放管内径在设计时应尽量取为大值。除此之外,释放管长度和喷嘴直径对喷射动压基本没有影响。

3.11　案例一：液态二氧化碳相变单点煤层致裂技术的应用

煤层的单点致裂是在致裂钻孔中放置一个致裂系统对煤层进行致裂。通常,一套致裂系统使用 1.2~1.5kg 的液态二氧化碳。为了验证液态二氧化碳相变对煤层致裂的可行性和对提高煤层瓦斯抽放的效果,在平煤集团十三矿进行了底抽巷穿层钻孔煤层相变致裂的应用。

平煤十三矿位于平顶山市东北 17km 处,距襄城县 9km,郏县县城东南 18km

处,辖区属许昌市襄城县紫云镇。井田东西走向长 15km,南北倾斜宽 2.3~5.0km,井田面积 53.6km²。主要可采煤层为己组,设计服务年限 74.6 年,截至 2012 年年底剩余工业储量 3.49 亿 t,可采储量 1.9 亿 t,剩余服务年限 65.5 年。2008 年由河南省煤炭工业局核定生产能力为 210 万 t,2012 年矿井实际生产能力为 200.6 万 t。

矿井开拓方式采用一对立井,两个水平(−525~−700m)分区开拓,采区上、下山开采,目前仅开采−525m 水平。

矿井总进风 21761m³/min,总排风量 22356m³/min,矿井有效风量率为 95.3%,东风井负压 2930Pa,西风井负压 2500Pa,己四风井负压 980Pa。

己一采区−450m 标高以上区域为无突出危险区域,−450m 及以下标高区域为突出危险区域;己二采区−530m 标高以上区域为无突出危险区域,−530m 及以下标高区域为突出危险区域;己三采区为突出危险区域;己四采区己 15 煤层−339m 标高以上为无突出危险区域,−339m 标高以下为突出危险区域,己 16-17 煤层−285m 标高以上区域为无突出危险区,−285m 标高以下为突出危险区域。

3.11.1　平煤集团十三矿的瓦斯状况及治理措施

主采煤层为己 15-17 煤层,其中己一采区瓦斯含量为 2.89~16.97m³/t,瓦斯压力 0.2~3.6MPa。己二采区瓦斯含量为 1.76~5.2m³/t,瓦斯压力 0.11~1.7MPa。己三采区瓦斯含量为 3.3~11.53m³/t,瓦斯压力 1.32~3.7MPa。煤体硬度系数为 0.1~0.5,煤层透气性系数为 0.0096m²/(MPa²·d)。2012 年 7 月份,对矿井瓦斯等级和二氧化碳涌出量进行了鉴定,全矿井瓦斯绝对涌出量为 36.17m³/min,二氧化碳绝对涌出量为 15.96m³/min。全矿井瓦斯相对涌出量为 9.83m³/t,二氧化碳相对涌出量为 4.34m³/t。

根据记录,煤层钻孔期间发生多次喷孔,具体如下。

2012 年 10 月 27 日,800kg 煤从穿层钻孔中喷出,底抽巷瓦斯浓度升高到 3.5%。

2012 年 11 月 9 日,5t 煤及 594m³ 的瓦斯从穿层钻孔中喷出,导致底抽巷瓦斯浓度达到 4.68%。

2013 年 2 月 7 日,5t 煤及 371m³ 的瓦斯从穿层钻孔中喷出,导致底抽巷瓦斯浓度达 12.1%,数小时后,第二次喷孔,共 3t 煤和 793m³ 瓦斯从钻孔中喷出,底抽巷瓦斯浓度达 15.88%。

以上记录说明该对煤层为高瓦斯突出煤层。基于此,该矿制定了瓦斯治理技术路线,包括低位巷穿层预抽(图 3-30)和本煤层预抽+采空区抽采为主,地面压裂井抽采为辅。预抽钻孔实行大直径,取消了 ϕ94mm 以下孔径钻孔所施工的钻孔全部采用 ϕ94mm 的钻头配 ϕ73mm 钻杆施工,增大卸压效果。

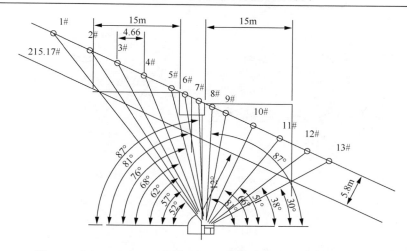

图 3-30　己 15,17-11111 机巷底抽巷穿层抽放钻孔布置剖面示意图

　　液态二氧化碳相变煤层致裂技术正是基于煤层瓦斯的现状和瓦斯治理的方案而选用的一种新的煤层致裂技术，以期强化煤层透气性，进一步提高瓦斯抽放效率。

3.11.2　液态二氧化碳相变单点煤层致裂强化增透的应用

　　为了研究液态二氧化碳相变致裂技术的强化增透作用和机理及由此对瓦斯抽放产生的影响，在平煤十三矿 11111 工作面底抽巷(图 3-31)进行了穿层钻孔液态二氧化碳相变致裂煤层增透试验研究。试验设置了三组钻孔，间距 10m，每组 13 个钻孔(图 3-32)。其中两个钻孔为致裂孔，其余为观测或抽放钻孔，表 3-15 给出了每个钻孔的参数。

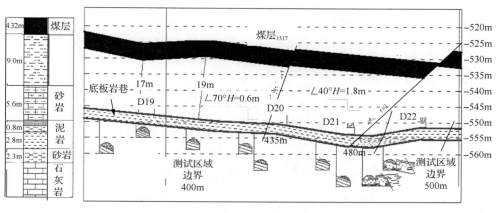

图 3-31　底抽巷位置及地质特征

D19、D20、D21、D22 均表示断层；H 表示断层落差

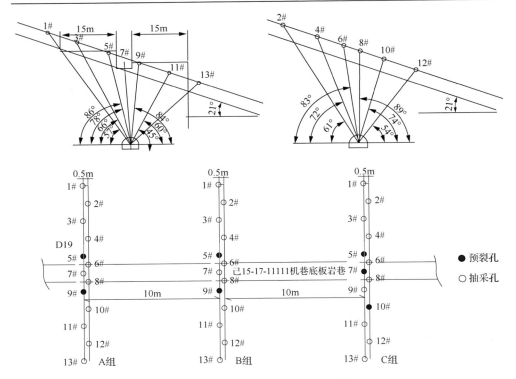

图 3-32　底抽巷穿层钻孔布置图

表 3-15　底抽巷穿层钻孔参数

孔号	孔径/mm	倾角/(°)	孔深/m	岩段孔深/m
1	94	−57	39.0	32.0
2	94	−61	35.0	30.0
3	94	−66	32.0	27.0
4	94	−71	29.0	24.5
5	94	−78	26.5	22.0
6	94	−83	25.0	21.0
7	94	−86	24.0	20.5
8	94	89	23.0	19.7
9	94	84	23.0	19.2
10	94	74	22.0	19.6
11	94	64	23.0	18.5
12	94	54	22.5	19.0
13	94	47	24.0	20.0

在试验实施过程中，首先依据设计对本组观测钻孔进行施工，完成后马上联网抽放并观测。当流量和浓度趋于平稳或下降时，实施两个致裂孔的一个，并进行致裂。致裂后继续通过观测孔对瓦斯参数进行观测。当瓦斯参数再次趋于平稳或下降时，施工第二个致裂孔并致裂，并继续观测。通过这一试验流程，以确定液态二氧化碳相变致裂技术对煤层瓦斯抽放的影响因素和特征。

3.11.3　液态二氧化碳相变致裂技术对煤层瓦斯抽放的短期影响

图 3-33 给出了致裂后 10h 之内与致裂孔不同距离观测孔的瓦斯数据。通过该组数据可以看出，致裂后，瓦斯浓度和流量成明显呈下降趋势，之后逐渐回升，而且与致裂孔和观测孔间距(L)关系十分紧密。

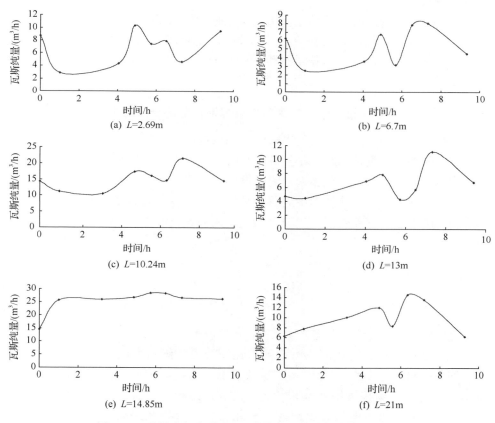

图 3-33　观测孔与致裂孔不同距离所对应的瓦斯纯量变化

根据观测瓦斯数据可知，当 $L<6m$ 时，瓦斯浓度和流量在致裂后迅速下降，

之后的 4h 内保持在低于传统抽放钻孔的抽放水平，此后随着时间而逐渐增加[图 3-33(a)、(b)]。

由这些变化可以推测，液态二氧化碳相变致裂技术启动时产生大量的高压二氧化碳气体将致裂孔周围的煤层压实，从而使抽放钻孔周围煤层的透气性大大降低。之后，随着时间的增长，被压实的煤层逐渐松弛，瓦斯参数逐渐回升。

根据三组钻孔所收集的瓦斯数据可以看出，在当前的煤层地质条件下致裂后钻孔周围形成的平均压缩半径约为 5m。在该半径范围内，致裂后的 4~5h 内瓦斯抽放的效果将保持在相对比较低的水平。

当致裂孔与观测孔间的距离 $L \approx 10m$ 时，由于膨胀高压气体对煤层的压缩作用已逐渐减弱，故瓦斯纯量在致裂初期略有下降，之后在很短时间内随时间而增加[图 3-33(c)、(d)]。

当致裂孔和观测孔之间的距离 $L > 14m$ 时，液态二氧化碳相变致裂后的瓦斯纯量并无明显的变化[图 3-33(e)、(f)]，这就表明致裂后的膨胀压力对这一距离基本无影响。由此，采用该技术致裂后的有效影响半径能够保守确定为 10m 或以上。

3.11.4　液态二氧化碳相变致裂技术对煤层瓦斯抽放的长期影响特征

一般而言，瓦斯数据均表现出随时间强烈波动的特征。为了更清晰地说明液态二氧化碳相变致裂技术对瓦斯抽放较长时间周期保持的影响，采用统计学中移动平均线法分析并给出了观测期间的数据变化趋势。

移动平均线法采用统计学中的移动平均原理，将一段时期内的参数平均值连成曲线，用以表示该参数的历史波动情况，进而预测参数未来发展趋势，其数学表达式为[69]

$$\text{MA}_t(n) = \frac{1}{n} \sum_{i=t-n+1}^{t} P_i \tag{3-60}$$

式中，MA_t 为 t 时刻简单平均移动数字；n 为被平均的周期；P_i 为周期。

图 3-34 表示三组观测孔所观测的瓦斯浓度和纯流量的原始数据曲线和移动平均数据曲线。从图中看出，在超过了三个月甚至更长时间内，瓦斯浓度和纯流量一直处于保持平稳或增长状态。同时，比较第一次和第二次致裂前后瓦斯参数的变化，可以明显看出液态二氧化碳相变致裂在提高瓦斯抽放效率方面的作用。

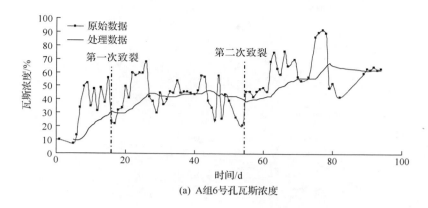

(a) A组6号孔瓦斯浓度

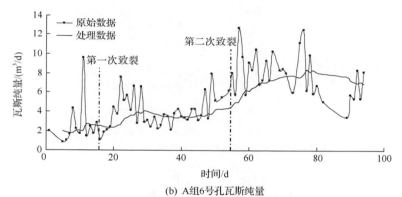

(b) A组6号孔瓦斯纯量

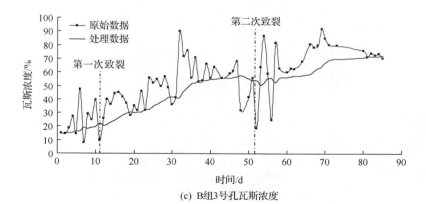

(c) B组3号孔瓦斯浓度

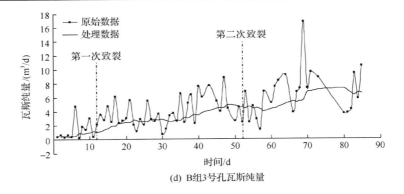

(d) B组3号孔瓦斯纯量

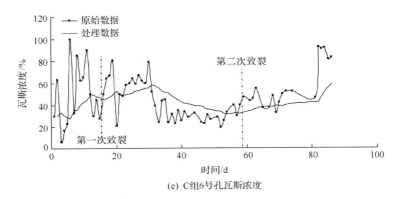

(e) C组6号孔瓦斯浓度

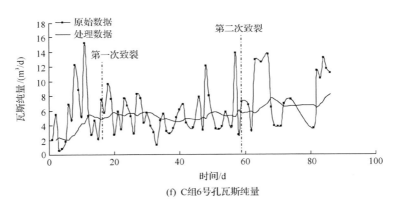

(f) C组6号孔瓦斯纯量

图 3-34 三组钻孔瓦斯浓度/纯量长期变化特征

3.11.5 液态二氧化碳相变致裂技术对煤层瓦斯抽放的作用

在整个致裂过程中，前后两次采用液态二氧化碳致裂技术致裂煤层，无论是短期还是长期的瓦斯抽放效率均得以提高，液态二氧化碳相变煤层致裂技术在提高瓦斯抽放效率方面的作用可归纳为以下几个方面[70]。

1. 改变瓦斯抽放趋势的作用

　　煤层瓦斯浓度或流量随时间变化的趋势决定了单位时间内瓦斯抽放的效率，即其变化越大，说明致裂效果越好。如图 3-35 所示，液态二氧化碳相变致裂技术

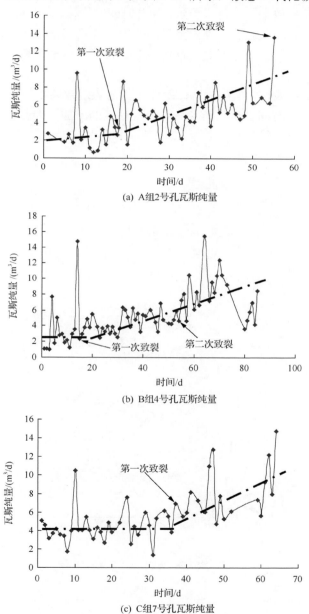

图 3-35　液态二氧化碳相变致裂技术改变瓦斯抽放趋势的作用

具有改变瓦斯纯量或浓度随时间上升趋势的作用，即瓦斯纯量在致裂后明显改变了上升趋势，从而提高瓦斯抽放效率。

2. 维持瓦斯抽放趋势的作用

在许多瓦斯抽放案例中可以看到，随着时间的推移，瓦斯抽放参数衰减明显，有些情况下甚至很快衰减。瓦斯流量衰减系数就是用来描述这一现象，并表征钻孔自然瓦斯涌出特征的重要参数，同时也是评价煤层预抽瓦斯难易程度的重要指标之一。

井下观测数据表明，实施液态二氧化碳相变煤层致裂后，瓦斯流量/浓度的衰减显著推迟。随着时间变化瓦斯纯量和浓度持续的增加。因此，液态二氧化碳相变煤层致裂技术具有维持瓦斯纯量和浓度上升趋势的作用(图3-36)。

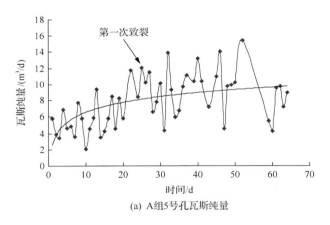

(a) A组5号孔瓦斯纯量

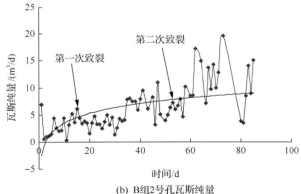

(b) B组2号孔瓦斯纯量

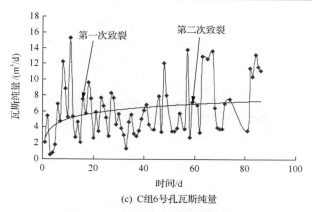

(c) C组6号孔瓦斯纯量

图 3-36　液态二氧化碳相变致裂技术维持瓦斯抽放趋势的作用

3. 提升瓦斯抽放水平的作用

通过使用液态二氧化碳相变致裂煤层，能够使瓦斯抽放效率提高到一个新的水平。图 3-37 给出了致裂后瓦斯纯量的变化特征，即液态二氧化碳相变致裂系统具有提升瓦斯抽放水平的作用。

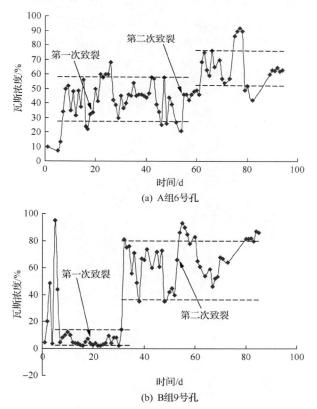

(a) A组6号孔

(b) B组9号孔

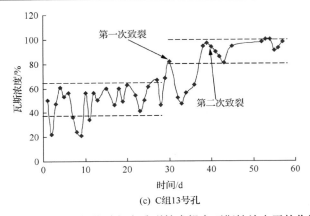

（c）C组13号孔

图 3-37　液态二氧化碳相变致裂技术提高瓦斯抽放水平的作用

3.11.6　液态二氧化碳相变煤层致裂的影响半径

根据爆破理论，炸药在煤层中爆炸后，在钻孔周围主要产生三个区域，包括扩孔区、破碎区和裂隙区，裂隙区之外为震动区和/或原岩区（图 3-38）。同理，液态二氧化碳相变煤层致裂技术也将产生同样的效果。这三个区域的大小决定了对煤层致裂的效果和效率。同时，确定这些区域的范围还将为致裂钻孔和抽放钻孔的布置提供理论依据。

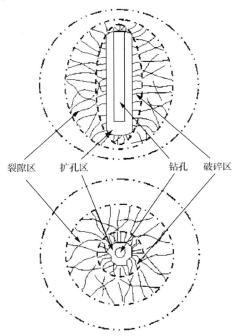

图 3-38　爆破致裂在煤层中产生的不同区域示意图

1. 破碎区半径的计算

为了确定液态二氧化碳相变所造成的破碎区半径，可以通过式(3-61)和式(3-62)计算：

$$r_c = \left(\frac{P}{K_c \sigma_c}\right)^{\frac{1}{\alpha}} r \qquad (3\text{-}61)$$

$$\alpha = 2 + \frac{\mu}{1-\mu} \qquad (3\text{-}62)$$

式中，P 为液态二氧化碳致裂管释放的压力，276MPa；K_c 为煤层动载荷条件下的抗压强度系数，该系数与爆炸的有关，此处取 $K_c=10$；r 为致裂孔半径，取 $r=0.047$m；σ_c 为煤的单轴抗压强度，取 1MPa；α 为煤层的应力衰减系数；μ 为煤的泊松比，取 0.14。将以上数据代入式(3-61)和式(3-62)可得破碎区半径为 0.22m。这与现场实际观测的数据吻合。

虽然液态二氧化碳相变致裂技术会使孔壁周围煤层孔隙率和透气性在相对短的时间内降低，但聚能致裂却可以有效降低这一负面影响，增大致裂的初始裂隙的长度和宽度，为裂隙在膨胀气体作用下进一步扩展奠定基础。

2. 裂隙区半径的计算

将上节计算结果代入式(3-63)和式(3-64)，能够确定液态二氧化碳相变煤层致裂的裂隙区半径：

$$r_f = \left(\frac{bP}{K_t \sigma_t}\right)^{\frac{1}{\alpha}} r_c \qquad (3\text{-}63)$$

$$b = \frac{u}{1-u} \qquad (3\text{-}64)$$

式中，K_t 为煤的动态抗拉强度系数，取 1；σ_t 为煤的静态抗拉强度系数，取 0.009；b 为侧应力系数。通过计算，裂隙区半径为 10.96m，该结果所观测的致裂半径 10m 吻合。

理论上，聚能切割作用使致裂孔周围产生初始裂隙，而液态二氧化碳受热膨胀产生的高压膨胀气体使这些初始裂隙继续扩展。因此，增加了煤层的透气性，从而煤层瓦斯抽放效率得以提高。

3.12 案例二：液态二氧化碳相变厚煤层多点致裂技术的应用

煤层厚度随赋存特征的不同变化很大。同时，在穿层钻孔煤层致裂的应用中，钻孔穿过煤层的长度还会随着角度的不同而不同，通常从几米到几十米，甚至更长。当煤层厚度较大时，单点致裂将无法满足对厚煤层致裂的需求。因此，在晋煤长平矿进行了厚煤层液态二氧化碳相变多点致裂的应用。

晋煤长平矿是由晋城无烟矿业集团有限责任公司王台铺煤矿在收购原高平市赵庄乡丹河煤矿的基础上，并向西扩充部分公共资源后形成的新矿井，该矿于2003年正式投产，随后对原生产系统进行了升级和改造，目前实际生产能力为210万 t/a，可采煤层为3号煤。

长平井田位于高平市西北17km处，隶属高平市寺庄镇管辖。南北长约7.6km，东西宽约9km，面积43.5099km^2。

3.12.1 长平矿的地质构造

区域地层井田位于沁水煤田南段东部，区域地层自下而上为：太古界、元古界、古生界(寒武系、奥陶系、石炭系、二叠系)、中生界(三叠系)、新生界(古近系和新近系、第四系)。主要构造包括太行山复式背斜隆起带、武(乡)-阳(城)凹褶带和晋(城)-获(鹿)褶断带。

井田内主要出露地层为二叠系上石盒子组，西部部分出露二叠系石千峰组及三叠系刘家沟组。长平井田处于晋-获褶断带南部西侧，沁水盆地南缘东西——北东向断裂带的东北部。井田地层东部受晋-获褶断带影响，总体走向北北东，倾向北西西，倾角5°~12°，在倾向上发育次一级的向斜、背斜及断裂构造；西部受沁水盆地南缘东西向构造影响变为东西向，局部受局部构造应力作用变得弯曲。

3.12.2 长平矿的煤层特征

井田内主要含煤地层为石炭系上统太原组与二叠系下统山西组，含煤地层总厚135~171m，一般厚为140m，含煤多达19层。其中，2号煤层位于山西组中上部，在三盘区内本煤层厚度0~1.07m，平均为0.73m，结构简单。

3号煤层位于山西组下部，平均为8.97m；煤层厚4.60~6.83m(长补58孔的10.54m为异常点，不予统计)，平均为5.76m，纯煤厚度3.35~6.32m，平均为5.44m；含泥岩、炭质泥岩夹矸0~2层，厚度为0.10~0.90m，以距底板约1m的一层较为稳定。该煤层属于层位稳定、全区可采煤层。

8号煤层煤厚为0.00~2.85m，平均为1.22m，属不稳定的大部可采煤层。煤层结构简单，夹0~2层泥岩夹石，厚0~0.30m。

15 号煤层厚 2.20～6.48m，平均为 5.47m，纯煤厚 2.05～5.43m，平均为 3.62m。煤层稳定、厚度较大，结构为简单-复杂，含 0～5 层泥岩夹石、一般为 2～3 层，厚 0.15～1.10m。

3.12.3　三号煤层顶底板岩层力学特征

三盘区内 3 号煤层顶板影响范围内的岩性为粉砂岩、细粒砂岩、砂质泥岩、泥岩及中粒砂岩。其中煤层直接顶板多为泥岩(平均抗压强度为 46.7MPa)、砂质泥岩(平均抗压强度为 51.7MPa)，局部为粉砂岩(平均抗压强度为 51.6MPa)、细粒砂岩及中粒砂岩(平均抗压强度为 61.3MPa)，厚 1.10～10.80m。厚度稳定性差，结构松软，吸水易软化，强度相对较低。

3 号煤层底板以泥岩、砂质泥岩(平均抗压强度为 51.3.3MPa，平均含水率为 0.66%)为主，局部为中-厚层状，岩相变化大的粉砂岩或细粒砂岩(平均抗压强度为 61.5MPa)。向下以细粒砂岩(平均抗压强度为 61.5MPa)为主。

3.12.4　长平矿的瓦斯特征

长平矿井深部 3 号、15 号煤层瓦斯含量高，总体呈向西增高趋势(图 3-39)，煤层埋藏深度、断裂构造、褶曲构造是控制该井田瓦斯含量的主要因素，由于随着煤层埋藏深度增大，煤层本身及围岩透气性降低，加之上覆盖层厚度加大，造成瓦斯运移路线长、阻力大、气体自然释放难，有利于瓦斯的聚集和保存。

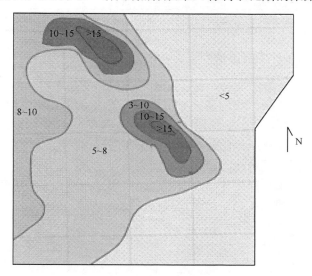

图 3-39　三号煤层瓦斯含量等值线图(单位：m³/t)

井田内以宽缓的背斜、向斜为主，煤层产状平缓，断裂是瓦斯运移的通道，断层面附近的瓦斯容易逸散，远离断层地段瓦斯则容易聚集。

3.12.5　采取瓦斯

长平矿 3 号煤层为近水平煤层，但煤层总体埋藏为东高西低，矿井目前采掘区域原始瓦斯含量为 3.5～15.09m³/t，具体为：一盘区 3.5～5.5m³/t，二盘区 3.5～11.186m³/t，四盘区 4.5～15.09m³/t。根据地质钻井资料，目前矿井正在开拓的三盘区瓦斯含量最大将超过 20.89m³/t。

矿井瓦斯赋存受地质条件影响较大，影响最明显的为四盘区南翼及二盘区北翼：四盘区南翼发育有泮沟南向斜，43042/43043 双巷掘进开口段瓦斯含量仅为 6m³/t 左右，但掘进至向斜轴部及其附近区域时，瓦斯含量剧增，最大达到 15.09m³/t；二盘区北翼巷道掘进开口段瓦斯含量为 5.5m³/t 左右，但巷道掘进一直下山掘进、埋深不断增加(开口处与巷道顶端高度落差达到 100m 以上)，瓦斯含量实测最大达到 11.186m³/t。另外，由于长平矿高瓦斯区煤层松软、透气性差，抽放钻孔衰减快的特点，进一步增大了矿井瓦斯治理的难度，长平矿 3 号煤层瓦斯参数如表 3-16 所示。

表 3-16　3 号煤层瓦斯参数

煤层原始瓦斯含量/(m³/t)	原始瓦斯压力/MPa	煤层坚固性系数	瓦斯放散初速度/(mL/s)	透气性系数/[m²/(MPa²·d)]	钻孔瓦斯流量衰减系数/d⁻¹
3.5～15.09	0.38～0.55	0.44～0.56	14.3～20.6	0.0116～0.0520	0.1101～0.1147

3.12.6　矿井瓦斯治理主要方法

由于矿井被鉴定为高瓦斯矿井，除采用通风治理瓦斯外，长平矿主要采取了地面钻井抽采煤层瓦斯，底抽巷穿层钻孔抽采掘进条带瓦斯、本煤层顺层钻孔模块抽采掘进前方瓦斯，顺层钻孔预抽采面瓦斯，高位钻孔抽采采空区裂隙带瓦斯、采空区封闭埋管抽采瓦斯等抽放方式，并正在进行保护层开采试验。

瓦斯抽采方面，采用地面和井下抽采相结合的方法。长平矿井田范围内的地面井抽采，共有蓝焰煤层气集团有限责任公司以及中联煤层气有限责任公司施工的抽采井 160 口，但由于长平矿煤层松软、透气性差，地面抽采井数量虽多，但出气量小、出气率低。

井下抽采方面，对于瓦斯含量大于 9m³/t 的掘进区域，采用穿层钻孔条带预抽。首先施工底抽巷，在底抽巷内施工穿层钻孔抽采煤巷条带瓦斯，穿层钻孔排距为 5m，每排布置 5 个钻孔，控制顺槽及其轮廓线外 15m 范围(图 3-40)。

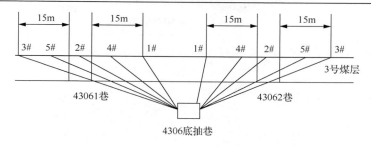

图 3-40　底抽巷穿层钻孔布置

3.12.7　液态二氧化碳相变多点煤层致裂强化增透的应用

根据长平矿的生产状况，应用安排在 4306 采区的底抽巷进行，试验巷道总长度共计 100m。4306 底抽巷的北部为胶轮车大巷(已掘)、东部为 4304 工作面，南部为矿界，西部尚未布置工作面。43061 巷标高在 +485～+550m。

底抽巷煤层总厚 5.67m，煤层倾角平均值为 3°，黑色，厚层状，上部以块状煤为主，下部为粉煤，成分以亮煤为主，夹少量暗煤，内生裂隙发育，属光亮型煤，强玻璃光泽，结构简单，夹矸为泥岩。巷道整体北高南低，中部起伏较大，巷道相对高差为 76m。

1. 实验方案

实施巷道共计 100m，在实施过程中，沿巷道每隔 5m 设置一组钻孔，共计 19组(图 3-41)，图 3-42 为每组钻孔分布，表 3-17 给出了各钻孔与 3#孔的间距。

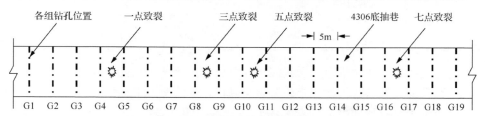

图 3-41　底抽巷试验段各组钻孔分布平面图

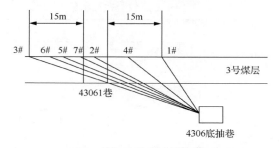

图 3-42　底抽巷穿层钻孔位置图

表 3-17 钻孔相对距离

孔号	间距/m
3# 至 6#	3.74
3# 至 5#	7.50
3# 至 7#	12.4
3# 至 2#	17.3
3# 至 4#	27.1
3# 至 1#	34.6

2. 液态二氧化碳相变多点致裂的有效影响半径

为了了解并量化不同致裂点数对煤层致裂半径的影响，分别采用一个、三个、五个和七个致裂点沿试验区段不同的位置、不同的时间进行致裂。以确定不同致裂点数对致裂半径的影响。

首先，施工试验区段的所有钻孔，并对每个钻孔的瓦斯参数进行观测，包括瓦斯浓度和流量等，直至瓦斯参数稳定。这时，施工第一个致裂钻孔，其钻孔位置位于第 4 和第 5 组钻孔之间，钻孔参数如表 3-18 所示，并采用一个致裂点进行致裂。

表 3-18 一点致裂钻孔参数

钻孔参数	参数值
钻孔长度/m	39
钻孔岩石段长度/m	22
钻孔煤层段长度/m	17
钻孔角度/(°)	19
致裂点位置	距钻孔底 9m

之后在致裂钻孔内进行煤层致裂，并对已施工的各个钻孔进行瓦斯参数观测。当这些钻孔的瓦斯参数再次稳定或开始衰减后，开始施工第二个致裂孔，钻孔位于第 8 和第 9 组钻孔之间参数如表 3-19 所示，并对该孔采用三个致裂点进行致裂。

表 3-19 三点致裂钻孔参数

钻孔参数	参数值
钻孔长度/m	37
钻孔岩石段长度/m	23
钻孔煤层段长度/m	14
钻孔角度/(°)	19
致裂点位置	钻孔底

以此类推，分别进行第三个致裂钻孔(五点致裂)，钻孔位置位于第 10 和第 11 组钻孔之间和第四个致裂钻孔(七点致裂)，钻孔位置位于第 16 和第 17 组钻孔之间，并进行钻孔瓦斯参数观测，钻孔参数由表 3-20 和表 3-21 所示。

表 3-20　五点致裂钻孔参数

钻孔参数	参数值
钻孔长度/m	39
钻孔岩石段长度/m	23
钻孔煤层段长度/m	16
钻孔角度/(°)	19
致裂点位置	钻孔底

表 3-21　七点致裂钻孔参数

钻孔参数	参数值
钻孔长度/m	41
钻孔岩石段长度/m	23
钻孔煤层段长度/m	18
钻孔角度/(°)	19
致裂点位置	钻孔底

为了准确确定多点煤层致裂的有效影响半径，在瓦斯数据分析过程中将使用所有的观测数据，并对这些数据进行统计分析。图 3-38 分别表示不同致裂点数的致裂孔两边临近钻孔组平均瓦斯浓度增量的变化。

根据这些数据可以看出，有效致裂的影响半径并没有随致裂点数的增加而增加，而保持相对稳定。这可能是由于以下原因所致。

(1)多点致裂系统是由多个单点致裂系统组成的，因此，每个致裂管之间存在一定的间距，通常这个距离为 1～1.5m，或更多。因此，与炸药爆破不同，钻孔中液态二氧化碳多点致裂时，起爆点并不集中在一个位置，故爆破能量不会产生叠加效应。换句话说，多点致裂所产生的能量并不会集中在一点或接近的位置释放。

(2)液态二氧化碳相变所产生的能量远小于炸药所产生的能量，因此，更容易在煤层中形成水平裂隙而不是层间垂直裂隙，当考虑到煤层的沉积特征和水平层理裂隙时更是如此。由此，煤层阻断了液态二氧化碳各点之间致裂能量的叠加和集中。

(3)考虑以上特点，无论使用几个致裂点，液态二氧化碳相变煤层致裂的影响半径自然会保持不变。

（4）由图 3-43 可知，液态二氧化碳多点致裂的有效影响半径在 10～15m 范围内。

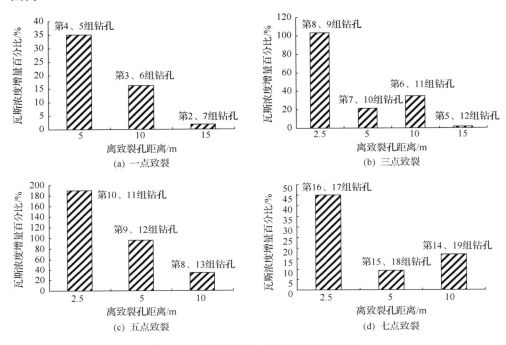

图 3-43　煤层钻孔多点致裂瓦斯浓度增量

3. 液态二氧化碳相变多点致裂的有效影响半径理论验证

根据液态二氧化碳相变致裂机理及相关计算公式和长平矿煤层物理力学性质，对多点致裂影响半径进行理论验证。其中，破碎区半径（r_c）和裂隙区半径（r_f）分别由式（3-61）、式（3-62）和式（3-63）、式（3-64）进行计算。其中，$P=276$MPa，$K_c=9$，$r=0.037$m；$\sigma_c=0.5$MPa，$\mu=0.1$。将这些数据代入式（3-61）和式（3-62）可得破碎区半径（r_c）为 0.257m。

将上面计算结果代入式（3-63）和式（3-64），可确定液态二氧化碳相变多点煤层致裂的裂隙区半径。其中，$K_t=0.95$，$\sigma_t=0.0085$。通过计算，裂隙区半径为 12.4m，该结果与所观测的致裂半径 10～15m 吻合。

4. 煤层瓦斯衰减特征及多次致裂对瓦斯抽放的影响

根据项目实施方案，在进行煤层致裂前，对煤层进行一段时间的观测，以确定煤层瓦斯的衰减特性。图 3-44 为钻孔瓦斯变化特征。

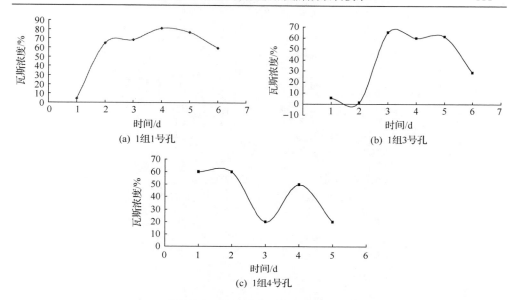

(a) 1组1号孔　　(b) 1组3号孔

(c) 1组4号孔

图 3-44　未致裂钻孔瓦斯变化特征

通过图 3-44 可以看出，煤层瓦斯衰减时间在第 5 天开始。即瓦斯抽放浓度衰减相对较快，不利于煤层瓦斯抽放。

为了改变煤层瓦斯抽放快速衰减的特性，采取对煤层进行多次液态二氧化碳相变致裂的方法。井下试验数据显示，通过对煤层进行不同时间、不同位置和不同致裂点数的致裂，达到强化增透的作用。即通过液态二氧化碳相变致裂技术，在 60 天的时间内（受限于生产安排），保持煤层单孔瓦斯浓度在一定水平或逐渐增加的趋势（图 3-45），由此说明液态二氧化碳相变致裂技术对提高煤层瓦斯抽放有显著效果，其主要体现在以下三个方面：

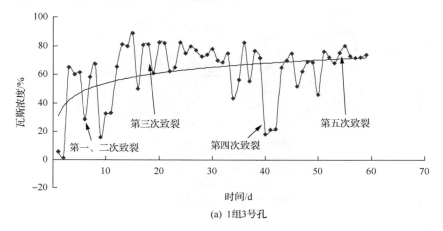

(a) 1组3号孔

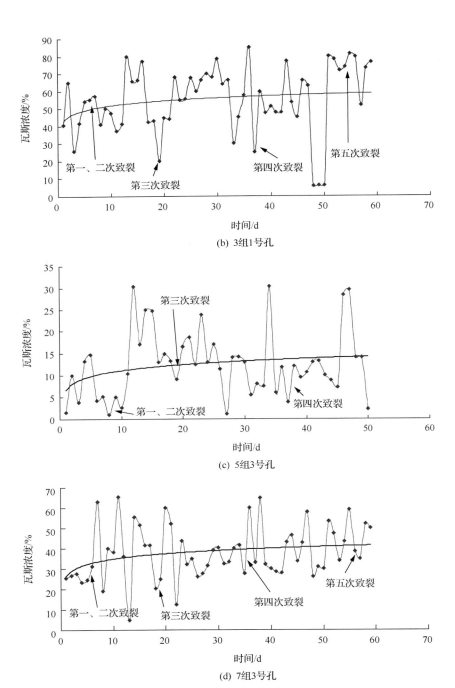

(b) 3组1号孔

(c) 5组3号孔

(d) 7组3号孔

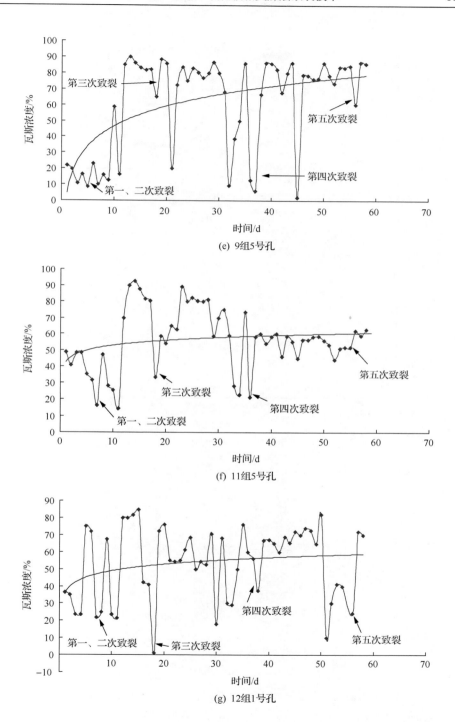

(e) 9组5号孔

(f) 11组5号孔

(g) 12组1号孔

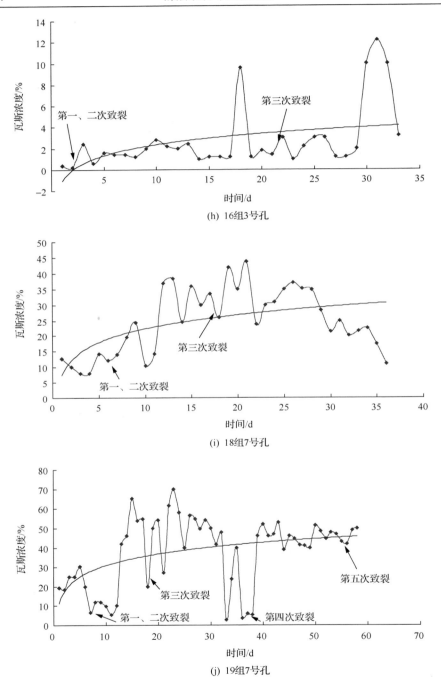

(h) 16组3号孔

(i) 18组7号孔

(j) 19组7号孔

图 3-45　沿试验段巷道多次致裂对钻孔瓦斯浓度的影响趋势

(1)能够在较长时间(2个月)保持低透气性煤层瓦斯的抽放浓度水平,而不是在短期(5天)内衰减。

(2)由于瓦斯抽放受许多因素影响,致使抽放期间瓦斯浓度变化很大。但通过沿煤层不同位置进行定期致裂,能够在较长时间内保持瓦斯抽放浓度,并有缓慢增加的趋势。

(3)对于如长平矿这样钻孔瓦斯抽放浓度衰减较快的煤层,可以采用沿巷道走向定时或不定时致裂的方法,以保持瓦斯抽放效率。

5. 多点致裂对钻孔瓦斯抽放效率的影响

尽管多点致裂无法增加煤层致裂的影响范围,但沿钻孔轴向裂隙随着致裂点数的增加而增加,因此致裂孔附近(影响半径范围内)的钻孔都将因此而受到影响,即瓦斯抽放效率会因此而提高。

为了量化致裂点个数与钻孔瓦斯浓度的关系,取四个致裂孔相邻钻孔组的钻孔瓦斯参数,并以此建立致裂点个数与瓦斯浓度增量的统计关系。

基于该矿煤层物理力学特征,平均瓦斯浓度增量与致裂点个数的关系如图 3-46 所示,其关系如下:

$$g = 7.58n - 3.53 \tag{3-65}$$

式中,g 为平均瓦斯浓度增量百分比,%;n 为致裂点个数。

在数据拟合过程中,幂指数函数的拟合效果优于图3-46中所采用的直线函数。但是考虑到裂隙点数的增加与钻孔壁裂隙区域的大小呈正比,因此,直线函数更能够表现其实际情况。采用直线函数的误差应该是来自于不同段煤层的物理力学性质的影响和观测误差。

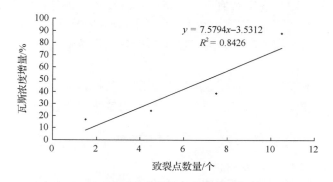

图 3-46　致裂点数与钻孔瓦斯浓度增量的关系

3.13　本章小结

对于一种矿用煤层致裂技术，除了需要具备煤矿准入的基本要求外，还需要满足三个基本条件，即安全性、有效性和可操作性。

(1)在安全性方面。设备的安全性主要体现在两个方面：①满足煤矿用设备下井所涉及的安全规范和条例；②在煤矿井下使用过程中尽量少甚至不存在任何潜在的安全隐患。前者只要获得国家矿用产品安全标志中心颁发的煤矿安全证书，即说明已经达到其要求，后者则取决于设备的基本特征。液态二氧化碳相变致裂技术的主要原料是液态和气态的二氧化碳。众所周知，二氧化碳为惰性气体，因此在井下任何地点使用都不会导致燃烧或爆炸，甚至还有降温和抑制火灾的作用。因此，液态二氧化碳相变煤层致裂技术是一种本质安全的煤层致裂装备。

(2)在有效性方面。液态二氧化碳相变煤层致裂技术自引入煤矿以来，已经在煤层致裂、增透和瓦斯抽放方面进行了一系列的试验和研究工作。结合实验室试验和井下观测数据可知，该技术具有：①维持煤层钻孔瓦斯抽采浓度的功能；②改善煤层钻孔瓦斯抽采浓度趋势的功能；③将煤层钻孔瓦斯抽采浓度提升到一个更高水平的功能。

通过其机理和作用可以看出，该技术具有很好的煤层增透效果，有效提高了煤层瓦斯抽放效率，其技术特点是对诸多现有煤层致裂技术的补充。

(3)在可操作性方面。液态二氧化碳相变煤层致裂系统是由致裂系统、推送系统和充填系统组成。其中，操作过程中，主要涉及致裂系统和推送系统。由于推送系统主要由钻机和导电钻杆组成，因此需要人工操作，工作与普通钻进相同，即每节钻杆连接并送入钻孔。由于致裂系统的储液管和释放管都将承受液态二氧化碳的膨胀压力，因此均由高质量钢管制成，故较重。另外，致裂管和释放管共计1.5m左右，如果钻孔与储液管和致裂管不同心的情况下，安装有一定的难度，通常会耗费较多的时间。除此之外，由于储液管和释放管的长度，该技术对操作空间有一定的要求。

最后，该技术以液态二氧化碳膨胀为煤层致裂提供能量，相比炸药，其能量水平有限，由此硬度较高的岩层难以达到预期的破坏和致裂目的。

参 考 文 献

[1] 曹宝岩. 煤矿爆破事故的防治[J]. 煤炭技术, 2005, (2): 63-64.

[2] 滕威. 2001-2004年间全国煤矿爆破事故简要[J]. 煤矿爆破, 2005, (1): 38-39.

[3] 国家安全生产监督管理总局. 2005年全国煤矿爆破事故简要[J]. 煤矿爆破, 2006, (1): 32.

[4] 薛为真. 采煤工作面爆破方式的探讨[J]. 煤炭科技, 2007, (1): 79-80.

[5] 威远县彬树煤矿. 雷管、炸药使用管理制度[OL/J]. 2011-1-5. http://www.chinadmd.com/file/wxzwwcaouiie3o axxeouwtt6_1.html. 2011.

[6] Pickering D H. Tests on Cardox for the reinstatement of approval for use in coal mines[R]. Research and Laboratory Services Division, Health and Safety Executive, 1990.

[7] Weir P, Edwards J H. Mechanical loading and Cardox revolutionize an old mine[J]. Coal Age, 1928, (33): 288-290.

[8] Kirkpatrick R R. Application of Cardox blasting to mechanical loading at standard coal company property in Utah[J]. Rocky Mountain Coal Mining Institute-proceedings, 1935: 18-20.

[9] Anon. Progress of Cardox in America[J]. Iron and Coal Trades Review, 1938, (137): 807-810.

[10] Anon. 350-ton daily output with 35 men and 2 conveyors from 35-in Seamin Oklahoma[J]. Coal Age, 1939, (44): 41-44.

[11] Anon. Cardox system brings benefits in the mining of large coal[J]. Coal International, 1995, 243(1): 27-28.

[12] Jahre G V F. Cardox Zeitschrift fuer das Berg[J]. Huetten-und Salinenwe-sen, 1932: 299-308.

[13] Gaertner H J. Application of Cardox in mining[J]. Glueckauf, 1952, (87): 729-738.

[14] Wilson H H. Coal augers: Development and application underground[J]. Transaction Institute Mining Engineering, 1954, (113): 524-539.

[15] Delbecq. Experiments with Cardox blasting in coal mines of Lievin, France[J]. Revuedel' Industrie Minerale, 1936, (371): 541-547.

[16] Clairet J. Use of Cardox in coal mining in Sarre[J]. Revuedel' Industrie Minerale 1952, (33): 846-854.

[17] Anon. Use of Cardox in thin seams[J]. Iron Coal Trades Review, 1942, (144): 305-306.

[18] Rose H C, Skinner E C. Small mine fires extinguished with carbon dioxide at operations of Pittsburgh coal company[J]. Coal Age, 1941, (46): 59.

[19] Span R, Wagner W. A new equation of state for carbon dioxide covering the fluid region from the triple-point temperature to 1100K at pressures up to 800MPa[J].Journal of Physical & Chemical, 1996,25: 1509-1596.

[20] Zeng Y, Tan Y L. Physical parameters calculation and analysis of carbon dioxide[J]. Science and Technology Information, 2014, (9): 8.

[21] Moran M. Shaprio H. Fundamentals of Engineering Thermodynamics. 6th[M]. Hoboken: Wiley, 2008.

[22] Molag M, Dam C. Modeling of accidental releases from a high pressure CO_2 pipelines[J]. Energy Procedia, 2011, (4): 2301-2307.

[23] Zhao H Y. Principle of Gas and Dust Explosion[M]. Beijing: Beijing Institute of Technology Press, 1996.

[24] Li W, Zhang Q. Numerical simulation of high pressure gas jet and diffusion[C]// Proceeding of Annual Conference, China Occupational Health Association, 2008: 314-320.

[25] 高云. 煤仓堵塞空气炮疏松技术[J]. 煤矿爆破, 2000, (1): 7-9.

[26] Cardox International. Blockage clearing system technical manual[R]. Land cashire UK.

[27] 周拥军. 工作面浅孔高压注水排挤瓦斯的效果分析[J]. 煤矿开采, 2009, (4): 86-87.

[28] 王建国, 苗河根, 常现联. 综合防突措施在九里山矿的试验与应用[J]. 煤矿安全, 1996, (10): 7-11.

[29] 王运生. 炮放开采的顶煤弱化技术[J]. 煤矿现代化, 2005, (6): 21.

[30] 姜耀东, 赵教鑫, 刘文岗, 等. 深部开采中巷道底鼓问题的研究[J]. 岩石力学与工程学报, 2004, (14): 2396-2005.

[31] 卢平, 李平, 周德永, 等. 石门揭煤防突抽放瓦斯钻孔合理布置参数的研究[J]. 煤炭学报, 2002, (3): 242-248.

[32] Scchet I. Blast effects of external explosions[R]. Eighth International Symposium on Hazards, Prevention, and Mitigation of Industrial Explosions, 2010, Yokohama.

[33] 杨勇, 姜振锋, 吴菲. 高压容器爆炸能量计算[J]. 苏州大学学报(自然科学版), 2000, (1): 80-84.

[34] 李文炜, 狄刚, 王瑞欣. 船运液态二氧化碳储罐爆炸事故的原因分析[J]. 安全与环境工程, 2010, 17(1): 95-98.

[35] 陈漓. R-K 气体绝热指数与声速关系的分析[J]. 广州化工, 2015, 43(24): 190-241.

[36] 钱振军. 高压容器爆炸能量的近似计算[J]. 苏州教育学院学报, 2001, (1): 80-83.

[37] 傅献彩, 沈文霞, 姚天扬, 等. 物理化学(上册)[M]. 北京: 高等教育出版社, 2008.

[38] Lu T K, Sun H L, Guo B H, et al. TNT equivalence and fragmentation mechanisms of high pressure gas fracturing technique[J]. Blasting and Fragmentation, 2017, 11(1): 56-84.

[39] 杨海. 常用检波器原理浅谈[J]. 物探装备, 2001, (4): 281-282.

[40] 王玉泽, 徐延飞. 关于《SZJ-10 型沼泽检波器》主要技术指标的测试[J]. 大学物理实验, 2000, 16(1): 80-84.

[41] 赵庆海. 测试技术与工程应用[M]. 北京: 化学工业出版社, 2010.

[42] Wang X L, He M, Zhang W M. A study on the characteristics of vibration in non-linear cutting processes[J]. Acta Armamentarii, 2002, 23(1): 98-103.

[43] Zhang Z G, Duan Z Q, Qiang X W. Design of the macro-thermal sensor based on true RMS converter[J]. Computer Measurement & Control, 2012, 20(9): 2577-2580.

[44] Saravanan T J, Gopalakrishnan N, Rao N P. Damage detectin in structural element through propagating waves using radically weighted and factored RMS[J]. Measurement, 2015, (73): 520-538.

[45] 何继爱. 信号和线性系统分析[M], 北京: 北京理工大学出版社, 2014.

[46] 徐文源. 组分加和法计算工业炸药的爆热和爆容[J]. 爆破器材, 1996, (3): 1-5.

[47] 石连松, 宋衍, 吴陈斌. 聚能爆破技术的发展及研究现状[J]. 山西建筑, 2010, (5): 155-156.

[48] 秦健飞. 聚能预裂爆破技术[J]. 工程爆破, 2007, (2): 19-24.

[49] 罗勇, 崔晓荣, 沈兆武. 聚能爆破在岩石控制爆破技术中的应用研究[J]. 力学季刊, 2007, (2): 234-239.

[50] 陈清运, 邓雄, 刘美山. 采用聚能爆破技术治理岩质灾害的试验研究[J]. 黄金, 2011, (3): 29-32.

[51] 王孝雷, 杨凯. 岩巷高效聚能爆破施工工艺探讨[J]. 价值工程, 2013, (2): 117-118.

[52] 吴飞鹏, 蒲春生, 陈德春. 高能气体压裂载荷计算模型与合理药量确定方法[J]. 中国石油大学学报, 2011, (3): 94-98.

[53] 宋秀索. 大型煤仓用空气炮的计算原理分析[J]. 选煤技术, 2006, (2): 11-12.

[54] 孔令强, 张翠云, 孙景民. 煤矿内部爆炸作用的探究与爆破分区的论计算[J]. 煤矿爆破, 2010, (1): 14-16.

[55] 包剑影, 苏燧, 李贵贤, 等. 阳泉煤矿瓦斯治理技术[M]. 北京: 煤炭工业出版社, 1996.

[56] Alexis D A, Karpyn Z T, Ertekin T, et al. Fracture permeability and relative permeability of coal and their dependence on stress conditions[J]. Journal of Unconventional Oil and Gas Resources, 2015, (10): 1-10.

[57] Shi J Q, Durucan S, Shimada S. How gas adsorption and swelling affects permeability of coal: A new modeling approach for analyzing laboratory test data[J]. International Journal of Coal Geology, 2014, (42): 128-134.

[58] 林柏泉, 李子文, 翟成, 等. 高压脉动水力压裂卸压增透技术及应用[J]. 采矿与安全工程学报, 2011, (3): 452-455.

[59] Litwiniszyn J. A model for the initiation of coal and gas outbursts[J]. International Journal of Rock Mechanisms, Mining, Science & Geomechanic Abstracts, 1985, 22(1): 39-46.

[60] Yan J P, Li J L. Experimental study of acoustic effects on coal gas permeability[J]. Journal of the China Coal Society, 2010, 35(1): 81-85.

[61] Nie B, Li X. Mechanism research on coal and gas outburst during vibration blasting[J]. Safety Science, 2012, (50): 741-744.

[62] Li C W, Hu P, Gao T B, et al. An experiment monitoring signals of coal bed simulation under forced vibration conditions[J]. Shock and Vibration, 2015: 1-23.

[63] Kumar R, Choudhury D, Bhargava K. Determination of blasting-induced ground vibration equations in rocks using mechanical and geological properties[J]. Journal of Rock Mechanics and Geotechnical Engineering, 2016, （8）: 341-349.

[64] 爆破安全规程（GB6722-2014）[S]. 北京: 中国标准出版社, 2014.

[65] 王庚. 实用计算机数学建模[M]. 安徽: 安徽大学出版社, 2003.

[66] 李晓红, 卢义玉, 康勇, 等. 岩石力学实验模拟技术[M]. 北京: 科学出版社, 2007.

[67] 王国强. 实用工程数值模拟技术机器在 ANSYS 上的实践[M]. 西安: 西北工业大学出版社, 2000.

[68] 王福军. 计算流体动力学分析-CFD 软件原理与应用[M]. 北京: 清华大学出版社, 2004.

[69] 沈浩. 基于移动平均线的股票交易新规则及其在中国股市的有效性研究[D]. 上海: 复旦大学, 2013.

[70] Lu T K, Wang Z F, Yang H M, et al. Improvement of coal seam gas drainage by under panel cross strata stimulation using highly pressurized gas[J]. International Journal of Rock Mechanics and Mining Sciences, 2015: 300-312.

第4章 静态爆破煤层致裂

4.1 静态爆破技术及发展

静态爆破技术也称为静态破裂技术、无声破碎技术或无声膨胀技术。静态爆破过程中因为无振动、无噪声、无飞石、无粉尘和无毒、不燃烧及对未爆破部分无损失等特征，被认为是一种无公害绿色环保破碎技术，从而使该技术成为特定条件下的爆破致裂选择方案。表4-1给出了静态爆破与其他爆破技术的比较。

在管理上，由于静态破碎剂为非爆炸危险品，因此，无论从运输还是施工管理都无须办理使用许可。

爆破致裂技术作为岩石类材料具有十分广泛的应用，其中包括以下几个方面。

混凝土构筑物的破碎、拆除方面：主要应用于建筑、城区改造、市政、水利、铁路、隧道、港口、码头、桥梁、公路、大型设备等的拆除和改造扩建中，大体积混凝土桩、柱、墩、台、座、基础的破碎与拆除。

石料的开采方面：主要应用于岩石、矿石等的开采、石料切割，以及在边坡处理、采矿和煤层致裂等方面均广受欢迎。

煤矿开采中，主要应用于煤层致裂，卸压消突等方面。

静态爆破的核心是静态破碎剂，其性能和破碎能量决定了静态爆破的效果。因此，静态爆破技术的研究与发展和静态破碎剂的研究与发展紧密相关。

表 4-1 三种爆破技术的比较

爆破技术	炸药	二氧化碳相变致裂	静态爆破
破碎原理	气体膨胀	气体膨胀	固体膨胀
爆炸时间/s	$10^{-5} \sim 10^{-6}$	6×10^{-2}	$10^4 \sim 10^5$
爆破压力/MPa	$1000 \sim 10000$	270	120
爆破温度/℃	$2000 \sim 4000$	<100	$70 \sim 100$
破碎特点	高压、瞬间	中高压、瞬间	低压、较慢

4.1.1 静态破碎剂的基本性能特征

1. 静态破碎剂的基本化学反应式

静态破碎剂的主要成分为氧化钙。氧化钙遇水发生化学反应生成氢氧化钙，反应过程中，释放大量的热量并伴随体积增加。静态破碎剂就是利用氧化钙与水的化学反应和氢氧化钙结晶发育时所产生的膨胀压力来破碎煤和岩石材料，基本化学反应式如下，并由此可以看出，其化学反应为放热反应：

$$CaO+H_2O \rightarrow Ca(OH)_2 +62.8(J) \tag{4-1}$$

2. 反应物质的转移

氧化钙和水混合后，两类物质的转移过程随即发生：①水分子进入氧化钙粒子内部，并与之发生水化反应；②水化反应产物向原来充水空间转移。当水化速度与水化转移的速度相同时，氧化钙-水体系的体积不会发生膨胀。当氧化钙水化速度大于水化产物转移的速度时，则发生体积膨胀，产生膨胀压力，破坏约束介质。

3. 氧化钙水化反应前后的体积变化

静态破碎剂膨胀压力的产生由水化反应后体积增加引起。氧化钙和水反应时，生成氢氧化钙的固相体积在一定条件下要比氧化钙的固相体积增加 97.92%。随着固相体积增加，固相体积和孔隙体积增加之和超过氧化钙-水体系的空间体积时，引起氧化钙体积增加，对约束体产生膨胀压力。

特定约束条件下，如没有约束时，氧化钙水化后自由膨胀，其体积增加 2～3 倍。有约束的条件下，体积膨胀变小。在约束力非常大的条件下，体积无变化，即不对约束介质产生破坏。这是因为在外界约束力很大的情况下，迫使生产的氢氧化钙的容重接近比重，故产生的体积变化就越来越小，甚至不膨胀。

4. 水化反应的放热特征

静态破碎剂的化学反应主要为放热反应，放热量随温度的变化而变化。当温度小于 100℃时，温度升高，放热量增加。当温度大于 100℃时，氧化钙与水蒸气发生反应能够释放出更多的热量。当温度进一步升高时，放出的热量逐渐减小。由此可知，反应一旦开始，热量将不断增加。如果热量的散失小于所产生的热量时，反应温度升高，反应速度加快，伴随着喷孔现象的发生[1]。

5. 影响氧化钙水化速度的因素

影响氧化钙水化的速度主要包括以下五个方面，了解这些因素有助于研发高质量的静态破碎剂[2]。

1) 煅烧温度和氧化钙晶体尺寸的影响

随着煅烧温度的提高，氧化钙晶体尺寸逐渐增加，从 800℃提高到 1400℃，氧化钙晶体尺寸从 0.3μm 增加到 13～20μm。氧化钙的煅烧温度和结晶尺寸对其水化速度影响明显。

2) 氧化钙粉末细度的影响

石灰磨得越细，水化得到的氢氧化钙也越小，这是因为氧化钙分散度大大加快了其水化速度，因而导致过饱和溶液的出现，这种溶液中大量的氢氧化钙结晶中心的迅速形成，会产生大量的细晶体。因此，细度对水化速度产生很大影响。

3) 消化温度的影响

在 1～100℃温度范围内，温度每升高 10℃，石灰的消化速度增加一倍，换句话说，当温度由 20℃提高到 100℃时，石灰的消化过程加快 2^8 倍，即 256 倍。

4) 外加剂的影响

一般而言，凡是和石灰相互作用能够生成比氢氧化钙易溶的化合物的外加剂，能够加速石灰的消化，如绿盐、碳酸钠等。相反，凡是和石灰生成难溶化合物的外加剂，会降低氧化钙的水化速度，如磷酸盐、硫酸盐等。

5) 有机表面活性物的影响

有机表面活性物，如木质磺酸钙等，这类物质吸附于氢氧化钙晶体胚上，阻止它们长大，也阻碍了氧化钙的溶解，降低了氧化钙的水化速度。

4.1.2　国内外静态破碎剂的研究与发展

1. 国外静态破碎剂的研究与发展

静态爆破技术的研发始于 1965 年的日本。研究人员将水化膨胀物质氧化钙和氧化镁用于破碎混凝土。其研究成果在 1973 年申请专利，预期膨胀压力为 30～35MPa。尽管如此，由于膨胀剂的反应控制、施工和经济等多方面的因素，依然无法达到商业使用的标准。

直到 20 世纪 70 年代末期，发现了生石灰系列的水泥膨胀材料可以作为静态破碎剂，才使这一技术有了突破性进展。1979 年，日本首先将其研发的静态破碎剂商业化。

20 世纪 80 年代，多种型号的静态破碎剂正式商业化。这些破碎剂大多需要充填一天后，才能产生膨胀压力并破碎目标，其一天的膨胀压力可达 30MPa。同时，日本政府开始对静态破碎剂进行规范管理，制定了相关标准。之后，随着技术的不断改进，其主要技术指标，包括致裂时间由以前的一天变成为半天，产品价格较有了大幅度的较低，破碎能量得以显著提高。然而，随着破碎速度或破碎剂反应速度的增加，使充填孔内的温度也随之增加，其孔内温度可达 100℃。由于游离水快速气化，产生高压蒸汽，使孔内的破碎剂随高压气体一并喷出，发生喷孔现象。为了解决这一问题，研究人员利用铝热剂的反应热，在短时间内局部加热孔内的破碎剂，使其依次进行水化反应，产生的部分蒸汽通过数个毫米级直径的小孔释放出来，成功抑制了喷孔现象。采用这种方法，虽然孔内温度大约在5min 时间达到 200℃的水平，但不会出现喷孔现象，并且由于依次进行生石灰的水化反应，使破碎剂能够在 10min 作用的时间，膨胀压力达到 100MPa。另外，为了防止喷孔现象，有研究人员将破碎剂做成颗粒状，当孔内压力出现时，其压力能够通过颗粒间的孔隙释放出来，由此避免了喷孔。

1982 年，美国公司开始生产破碎剂，至此，世界上生产的破碎剂均属于散装型，在常温下开裂时间为 18～24h。

1983 年，日本公司共同研制了卷装型静态破碎剂。该卷装破碎剂浸泡时间 4～5min 的吸水率为 26%，在钻孔内产生的膨胀压力比普通散装破碎剂高出 10%～15%。与此同时，开裂时间也相应缩短，并分冬季和夏季两种型号。

1984 年，日本厂家成功研发了热敏电阻加热破碎剂的方法。该方法是将有引线的发热剂与药卷型静态破碎剂一同送入钻孔中，当接通电源后，发生金属氧化反应，对静态破碎剂进行加热，能够使静态破碎剂的体积膨胀过程迅速完成。采用这种技术能够将开裂时间缩短到 30min 左右。但发热剂为可燃物质，由此带来的生产、运输等安全隐患抵消了静态破碎剂本身的优势。

2. 国内静态破碎剂的研究与发展

我国静态破碎剂的研发始于 1980 年，主要由高等院校和相关部委的科研院所进行研发，并于 1982 年研制成功，1983 年正式投入生产。其优点是安全性能突出，缺点是价格高、致裂能力有限、破碎时间长等。

基于上述问题，1985 年，有科研院所开始研发能够在 3～10h 内致裂岩石或混凝土的高效无声破碎剂，并于 1987 年取得成功和投产。与此同时，破碎时间在1h 左右的静态破碎剂由我国高校研发成功。

4.1.3　静态破碎剂存在的问题与发展方向

对于煤层致裂而言，静态破碎剂目前存在两个方面的问题，影响更广泛的应用。一是反应速度缓慢，且速度不易于控制。一般需要较长时间才能使被致裂介质开裂。特别是受到环境温度的影响，如果温度较低时，反应速度漫长，甚至无法产生致裂效果。二是静态破碎剂的膨胀压力有限，因此限制了钻孔的间距。一旦钻孔间距较大时，无法产生致裂作用。

就未来发展而言，最期待的是静态破碎剂能够部分取代炸药应用于煤矿井下。这取决于对静态破碎剂的理论研究，包括配方、组分、原材料等方面的研究，使其功能多元化、原材料多元化、生产和使用环境生态化、应用技术标准化，以满足市场的需求，更重要的是满足煤层致裂的要求[3]。

4.2　静态破碎剂的水化和膨胀机理

4.2.1　静态破碎剂的水化

静态爆破依赖于静态破碎剂。静态破碎剂主要的主要组成为氧化钙或生石。图 4-1 为对静态破碎剂水化后进行 X 射线衍射物相分析结果。由此可知，静态破碎剂水化后的主要水化产物是氢氧化钙，次要成分是水化硅酸钙凝胶和少量碳酸钙[4]。

通过氧化钙与水产生化学反应，生成氢氧化钙，即熟石灰。熟石灰的主要物理化学性质：体积密度为 $1.5\sim1.8g/cm^3$，烧结的生石灰体积密度为 $2.8g/m^3$。为了达到最大的水化体积膨胀比，破碎剂尽量使生石灰达到烧结程度，但是硬烧的生石灰膨胀压力大且水化反应速度缓慢，而轻烧的生石灰膨水化反应速度快，但膨胀压力小，甚至无法达到需要的致裂压裂。正因为生石灰有着这样截然相反的特性，因此，静态破碎剂的研究也就是基于提高膨胀压力的同时，提高水化反应速度进行的[5]。

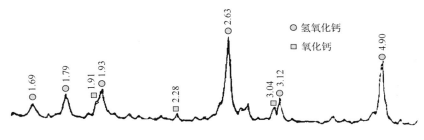

图 4-1　某种静态破碎剂水化体的 X 射线衍射分析[4]

当氧化钙晶体表面矿物水化后，氧化钙颗粒立即水化，生成氢氧化钙，并以微细状态的固体形式析出，即生成凝胶体，并强烈放热。由于石灰颗粒内部吸水，使胶粒子靠近，紧密黏结，因而发生凝结现象。随着水分的蒸发，氢氧化钙溶液过饱和，促进氢氧化钙结晶和硬化，从而完成水化和硬化全过程。

4.2.2　静态破碎剂的膨胀机理

静态破碎剂最主要的膨胀力来自于生石灰，即

$$CaO+H_2O \rightarrow Ca(OH)_2+Q \qquad (4-2)$$

式中，Q 为水化热。

一般情况下，CaO 水化引起体系体积膨胀的机理有两个模型，即固相体积扩展模型和孔隙体积增长模型。

1. 固相体积扩展模型

该模型的核心是认为当氧化钙遇水后生成氢氧化钙，其固体体积增加，从而对其约束的周边物体产生膨胀压力，并将其致裂、破碎。氧化钙的分子量为 56.08，密度为 3.375g/cm³、计算摩尔体积为 16.62cm³/mol。当 1mol 氧化钙生成 1mol 氢氧化钙时，其体积增加 16.37m³，相对体积增加 98.5%。

2. 孔隙体积增长模型

该模型认为氧化钙遇水过程中，随着固相体积的增加，孔隙体积也相应增加，因此对周边的约束物体产生膨胀。如果认为氧化钙粒子为最紧密堆积的球形等大颗粒，水化后的原位形成的氢氧化钙颗粒也为最紧密堆积的等大球，则由 6 个球形颗粒围成的一个八面体孔隙的变化，水化前后孔隙率没有变化，但随着球形颗粒的体积增加，所围成的孔隙体积相应增加。

另外，静态破碎剂的膨胀机理也可以通过膨胀机理模型加以解释(图 4-2)，破碎剂的主要成分为氧化钙，当与水混合后生成氢氧化钙，在自由状态下，氢氧化钙体积膨胀为氧化钙的 2 倍，孔隙率也随之增加，体积增加但不会产生膨胀压力。当在有约束的状况下，氢氧化钙体积增加，相互挤压，孔隙率变形，此时产生膨胀压力，这一固体膨胀成为破碎煤层和岩层的动力。基于此，破碎剂的膨胀压力机理包括以下几个方面[4]。

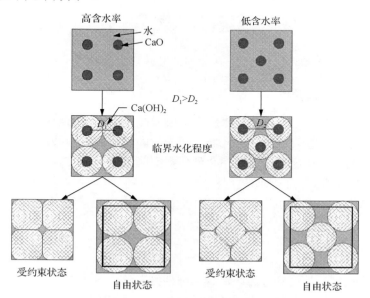

图 4-2　破碎剂的膨胀机理模型

D_1 为自由状态下两膨胀氢氧化钙分子的间距；D_2 为约束状态下两膨胀氢氧化钙分子的间距

(1)膨胀压是有氧化钙的水化反应本身导致。

(2)氢氧化钙在氧化钙粒子周围生成边缘状物质,随着水化进展,边缘状物质增厚,由此挤压周边的约束介质而产生膨胀。

(3)生成的氢氧化钙密实体是以微晶质不定形的微粒子存在,不会成长为大的六角板状晶体。

(4)由于氧化钙与水反应的理论体积减小,而氢氧化钙的生成致使内部孔隙增加,使宏观体积增加,故此对约束介质产生膨胀压力。

(5)内部孔隙增加的量越小,产生的膨胀压力越高。

4.3　静态破碎剂的破碎机理分析

理论上,膨胀压力作用下煤/岩破坏或致裂可分为三个阶段,包括微裂隙阶段、膨胀压力传递阶段和致裂破坏阶段[2]。

4.3.1　微裂隙阶段

该阶段分为弹性阶段和非线性弹性阶段。煤/岩层在破碎剂的作用下,0~10h之内符合弹性规律,钻孔周边围岩可被看成为厚壁筒。当厚壁筒受内压作用时,厚壁周边的径向应力(σ_r)和切向应力(σ_θ)为

$$\left\{ {\sigma_r \atop \sigma_\theta} \right\} = P_{ex} \frac{R^2}{(R+d)^2 - R^2} \left[1 + \frac{(R-d)^2}{r^2} \right] \tag{4-3}$$

式中,P_{ex}为膨胀压力,MPa;R、d分别为钻孔内径和壁厚,mm。

4.3.2　膨胀压力传递阶段

当约束介质在第一阶段的膨胀压力下形成微裂隙,即出现损伤区后,该区域内部的应力得以释放,膨胀阻力降低。随着时间的增加,膨胀量逐渐增加,因此膨胀压力增加,并从这一区域向钻孔外传播膨胀压力。如果假设静态破碎剂在以R为半径的钻孔内缓慢膨胀时的静压力为P_{ex},在时间t后传递到距离r处时的膨胀压力为P,当忽略压力损失时,膨胀压力为

$$P = P_{ex} \frac{R}{r} \tag{4-4}$$

此处,r由R扩展到破坏区,直至弹性区。这一过程中产生损伤、裂隙扩展直至开裂。根据断裂力学理论,内压圆孔两边有裂隙时的应力强度因子(K_{IC})为

$$K_{IC} = FP\sqrt{\pi a} \tag{4-5}$$

当 $a/R = 1 \sim 1.4$ 时，形状因子 $F = 0.1 \sim 0.34$。式中，a 为裂隙长度，即孔中心至裂隙尖端的距离；R 为钻孔半径。因此，裂隙的起裂条件为

$$FP\sqrt{\pi a} \geqslant K_{IC} \tag{4-6}$$

由此可知，裂隙扩展的膨胀压力为

$$P_{ex} = \frac{K_{IC}}{FP\sqrt{\pi a}} \tag{4-7}$$

4.3.3　致裂破坏阶段

一旦在前面阶段形成的裂隙扩展到自由面时，则形成致裂或破坏。图 4-3 为自由面上的应力部分特征。由图 4-3 可知，膨胀压力 P 的作用半径为 r，孔心至自由面的距离为 $f = 1.5r$，当 $f/r = \sqrt{3}$ 时，D 点和 A' 点的切向应力最大，并有 $\sigma_{\theta D}/P = \sigma_{\theta A'}/P = 2$（$\sigma_{\theta D}$ 为 D 点切向应力，$\sigma_{\theta A'}$ 为 A 点切向应力），$\sigma_{rD} = 0$（σ_{rD} 为 D 点径向应力）。当考虑破坏条件为 $\sigma_{\theta}/\sigma_t - \sigma_r/\sigma_c = 1$ 时（σ_t 为抗拉强度，σ_c 为单轴压缩强度），钻孔中心距自由面的距离为

$$f = 2\sqrt{3}R\frac{P_{ex}}{\sigma_t} \tag{4-8}$$

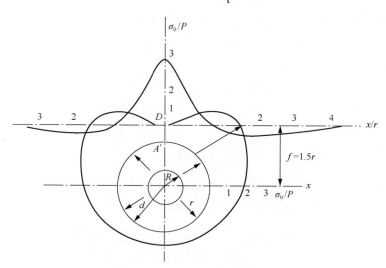

图 4-3　自由面上的应力分布

当 r 为致裂影响半径时(图 4-4)，其面上的膨胀压力为

$$P = 2P_{ex}\frac{R}{L} \tag{4-9}$$

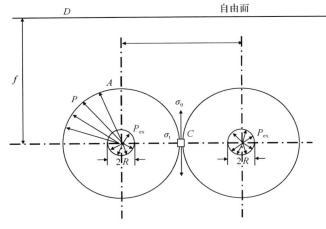

图 4-4　两孔之间的作用

C 点的应力则为

$$\left\{\begin{array}{c}\sigma_\theta\\\sigma_r\end{array}\right\} = \pm P \tag{4-10}$$

当破坏条件为 $\sigma_\theta/\sigma_t - \sigma_r/\sigma_c = 1$ 时，钻孔致裂间距为

$$2L = 4RP_{ex}\frac{(\sigma_c - \sigma_t)}{\sigma_c\sigma_t} \tag{4-11}$$

当在一定时间内，一定温度条件下，静态破碎剂在不同介质中所做的功是一定的，就可以得出膨胀压力 (P_{ex}) 与钻孔直径 (d)、膨胀时间 (t)、介质弹性模量 (E) 之间的函数关系：

$$P_{ex} = f(d,\ t,\ E) \tag{4-12}$$

根据实验数据，上述函数为

$$P_{ex} = Wdt \times 4\sqrt{E} \tag{4-13}$$

式中，W 为与致裂介质特性和静态破碎剂有关的常数，取值为 2～3。

需要指出的是，以上计算公式会随被致裂材料、采用的静态破碎剂的性能及施工技术参数的变化而变化，在此列出的目的是希望给读者基本概念。因此，在使用过程中，需要结合具体情况进行相应的调整甚至改变。

4.4　影响静态破碎剂膨胀压力的因素

静态破碎剂的关键参数是膨胀压力。破碎剂的膨胀压力会随着不同因素的变化而改变。

4.4.1　时间对破碎剂膨胀压力的影响

当破碎剂与水混合后，膨胀压力逐渐变化。不同类型的破碎剂的膨胀压力与时间的关系不同。

破碎剂按膨胀时间可分为普通破碎剂和速效破碎剂两种。无论普通破碎剂还是速效破碎剂，静态破碎剂的膨胀压力与时间的变化关系都有着相似之处，即开始时压力增长的速度较快，之后压力增加趋于平缓。两类破碎剂的主要区别在于达到最大压力的时间。普通型静态破碎剂的水化反应较慢、时间长，膨胀压力在水化反应后的一天内压力变化增加较快，之后增长缓慢。因此这类静态破碎剂大约需要使用 24h 之后才能够起到致裂效果。对于速效型破碎剂，其膨胀压力一般在 0.5h 内急速增加，0.5h 后增长速度变缓，因此此类破碎剂在 1h 之内能够起到致裂破碎的效果。

4.4.2　温度对破碎剂膨胀压力的影响

环境温度越高时，破碎剂的水化反应越快，膨胀压也越高。根据文献记载的试验数据可知，当环境温度为 13℃时，膨胀压力为 20MPa；当环境温度为 20℃时，膨胀压力为 40MPa；当环境温度低于 15℃时，膨胀压力发展延迟明显；当温度高于 30℃时，破碎剂的膨胀压力迅速增加。图 4-5 为环境温度为 15℃和 26℃时静态破碎剂的膨胀压力变化特征。由此可见，对静态破碎剂而言，环境温度是一个十分敏感的参数，其变化直接影响致裂效果。

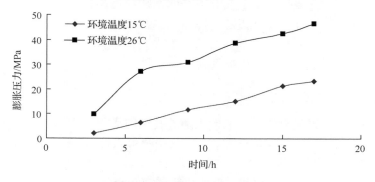

图 4-5　温度对静态破碎剂的膨胀压力的影响[6]

4.4.3 水灰比对破碎剂膨胀压力的影响

所谓水灰比是指水遇破碎剂混合时所用的水重量与破碎剂重量之比。破碎剂的膨胀压力与水灰比呈反比关系，即在一定时间区间内，水灰比越大，膨胀压力越小。这是因为随着水灰比增加，单位重量浆液中破碎剂的含量就相对降低，但考虑到施工的方便性和破碎效果等方面的因素，水灰比不能太大或太小。因为水灰比太小，膨胀压力较大，但流动性差；水灰比太大，流动性好，但达不到破碎煤层的膨胀压力水平。因此，水灰比的范围一般取 0.2～0.38。另外同类型的破碎剂在施工环境温度较高时，水灰比可以大些，反之小些(图 4-6)[7]。

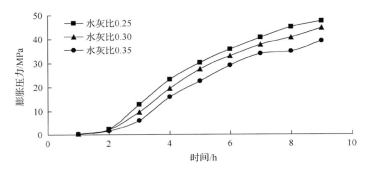

图 4-6 水灰比对静态破碎剂的膨胀压力的影响[6]

4.4.4 钻孔尺寸对破碎剂膨胀压力的影响

钻孔尺寸包括钻孔直径和钻孔深度。钻孔的这两个参数都会对静态膨胀剂的膨胀压力产生影响。

1. 钻孔孔径对膨胀压力的影响

静态破碎剂的膨胀压力随着钻孔孔径的增加而增加。因为孔径越大，单位长度装药量就越多，因此，水化过程中释放出的热量相对增加，进一步促进了水化反应，使其产生的膨胀压力增加。当然，如果孔径过大，装药量过多会导致水化热聚集而来不及释放，从而发生喷孔现象。因此，钻孔直径一般不宜大于 60mm。

2. 钻孔深度对膨胀压力的影响

孔口处的破碎剂没有约束，其约束随着孔深的增加而增加。图 4-7 为速效静态破碎剂的膨胀压力沿孔深的分布特征。从图中可以看出，孔口处膨胀压力为零，当孔深为 100mm 时，膨胀压力达到最大值的 80%。一般当孔深超过 200mm 时，膨胀压力达到最大值。由此可见，当孔深超过 200mm 时，膨胀压力并不随着孔深的增加而增加。只是这一特性对煤层致裂而言无关紧要，因为煤层钻孔的深度远大于图中所标深度。

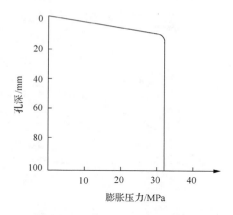

图 4-7　速效静态破碎剂的膨胀压力与孔深的关系[7]

4.4.5　充填密度对破碎剂膨胀压力的影响

当充填密度越高时，充填量也就越大，因此，膨胀压力也随之增加。图 4-8 为充填密度分别为 $1.59g/cm^3$ 和 $1.91g/cm^3$ 时，膨胀压力随时间的变化特征。

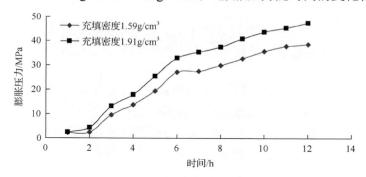

图 4-8　充填密度对膨胀压力的影响[6]

4.4.6　被致裂介质刚度对膨胀压力的影响

在许多研究文献中，影响静态破碎剂膨胀压力的因素主要为钻孔直径、约束介质的抗压强度和抗拉强度，往往忽略了被约束介质的刚度。为了弄清约束介质的刚度对静态破碎剂膨胀压力的影响，特对充填静态破碎剂的中空厚壁圆柱形岩石进行数值模拟，其中，三种采用了三种岩石弹性模量，包括 100GPa、50GPa 和 20GPa。

图 4-9 为不同刚度的岩体与静态破碎剂的膨胀压力影响的数值模拟结果。结果表明静态破碎剂的致裂能力随被致裂介质的弹性模量的增加而增加，即静态破碎剂产生的张拉应力取决于岩石和破碎剂之间的相互作用。在坚硬岩层中，静态

破碎剂压力的增长率高压在软弱岩层中的增长率。从图 4-9 中还可以观测到，随着岩层刚度的增加，静态破碎剂压力随之增加并逐渐趋于稳定[8]。

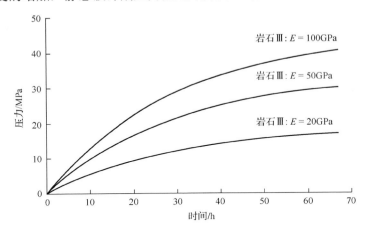

图 4-9　被致裂介质的刚度对静态破碎剂膨胀压力的影响[8]

4.5　静态爆破裂隙扩展过程和特征

确定膨胀压力作用下裂隙的启裂和扩展机理和特性是静态爆破技术用于煤/岩层致裂的基础。其市场价值较差也是由于没有很好地对这些基本特性进行研究和揭示的结果。

与爆破致裂和水力压裂不同，静态爆破致裂展现出了可控特征。通过采用这一技术能够达到人们预期的裂隙形式，包括裂隙尺寸和裂隙间距[9]。静态爆破裂隙的形成与水力压裂机理有相似之处。水力压裂能够通过将岩石试件一劈为二，产生单一裂隙，而静态爆破致裂的岩石试件则能够在钻孔壁上形成多个径向裂隙（图 4-10）。

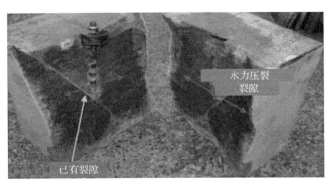

(a) 水力压裂形成的单一裂隙

(b) 静态爆破裂形成的多组径向裂隙

图 4-10　裂隙形式比较[10]

用于描述静态爆破致裂的裂隙模型为理解裂隙网络的形成提供了有价值的信息。岩石的破坏主要是由温度和压力控制。韧性破坏通常发生在井下的砂岩类岩层中，而无空隙的硅酸盐类岩石则是在非常高的压力下发生破坏（100～400MPa）[11]。显然，静态爆破裂隙扩展遵循脆性岩石的裂隙扩展和破坏特性。

4.5.1　脆性岩石的破坏

许多人研究过岩石的脆性破坏特性，其五个主要的破坏阶段由图 4-11 所示。从图中，在原有裂隙闭合阶段，岩石内部裂隙闭合，使岩石能够被假定为无破坏线弹性材料，并具有线性应力-应变关系（阶段Ⅱ）[12]；之后为非线性阶段，并伴随着随机裂隙的形成、裂隙扩展和裂隙滑移[13]；随之裂隙稳定增长阶段出现（阶段Ⅲ），一般情况，这一阶段的应力为岩石最高强度的 50%，裂隙扩展开始[图 4-11(b)]。

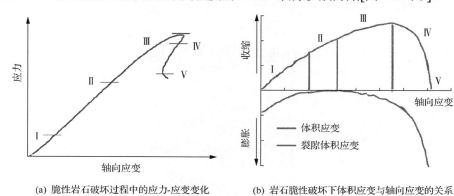

(a) 脆性岩石破坏过程中的应力-应变变化　　　(b) 岩石脆性破坏下体积应变与轴向应变的关系

图 4-11　脆性岩石的应力应变关系

裂隙平行于最大荷载方向，并需要更大的荷载使其进一步扩展，可是随着裂隙密度的增加，最终会达到裂隙扩展的水平，使岩层变得不再稳定，此时为阶段

Ⅳ的起点。在这一阶段，应变随着裂隙面滑移开始增加，进一步增加荷载会造成短暂的应变硬化效应，最终导致最终破坏。图 4-11(b)表明在脆性岩石条件下，应力各阶段的定义遵从总的体积应变(ε_{vol})和裂隙体积应变(ε_{creak})，这些应变可以由式(4-14)和式(4-15)确定：

$$\varepsilon_{vol} = \varepsilon_{creak} + 2\varepsilon_{lateral} \tag{4-14}$$

$$\varepsilon_{creak} = \varepsilon_{vol} - \frac{1-2V}{E}(\sigma_1 - \sigma_3) \tag{4-15}$$

式中，$\varepsilon_{lateral}$为侧应变；V为岩石体积，m^3；E为弹性模量，GPa；σ_1和σ_3分别为最大和最小主应力。

基于不同的受力条件，岩石开裂可以用三个模型表示，即张开(张拉模型Ⅰ)、滑移(剪切模型Ⅱ)及错位(撕裂模型Ⅲ)。有试验证明岩石的破坏取决于岩石阻止裂隙扩展的能力，因此评估岩层裂隙韧性成为建立最新的岩石破坏模型的基础[14]。所以岩石韧性也成为建立岩石致裂模型最主要的参数。

除了上述岩石三种破坏模型外，由于圆周应力的作用，岩石在静态破碎剂的作用下，其破坏以张拉为主。应力强度因子用于描述裂隙尖端的应力场，这个应力场被用于建立由于裂隙存在而导致材料破坏的准则[15]。根据上述三种岩石破坏模型，应力强度因子被定义为张拉(模型Ⅰ)和剪切(模型Ⅱ)。由于裂隙开启于岩石的张拉破坏，在模型Ⅰ中的应力强度因子(K_I)可以用裂隙尖端的变形特性加以解释[16]。另外，由与径向压力方向呈一定角度的微裂纹促进了岩层的开裂，这主要由剪切应力造成(剪切模型Ⅱ)。因此，基于模型Ⅰ和模型Ⅱ的应力强度因子建立的岩层破坏模型，将被用于评估静态爆破作用下的岩石致裂。

4.5.2　准静态裂隙扩展

在钻孔中，静态破碎剂产生的膨胀径向压应力和张拉应力对钻孔的切线方向在钻孔的内表面造成裂隙(图 4-12)。当切线应力达到岩石的张拉强度时，在钻孔表面开始出现裂隙。此时裂隙并不会扩展，因为在裂隙尖端的瞬时张拉应力

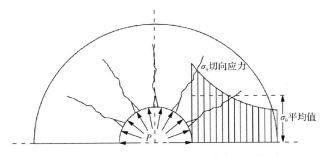

图 4-12　静态破碎剂作用下的裂隙扩展模型

并未超过岩石的张拉强度，这是由于施加的切向应力 (σ_θ) 随着与钻孔的距离增加而降低。

　　曾有研究者采用内外径比 (k) 大于 5 的圆柱形试件研究和观察静态破碎剂作用下，钻孔内壁的 I 类岩石破坏模型的应力强度因子变化与裂隙扩展之间的关系[17]，如图 4-13 所示，应力强度因子 (K_I) 随着裂隙长度的增加而变化。对于一个装满静态破碎剂的钻孔 ($k > 5$)，达到峰值后，应力强度因子和裂隙长度曲线为出负斜率，表明只有在附加荷载作用下裂隙才有可能进一步扩展。换句话说，只有随着应力的增加，稳定的裂隙扩展才会出现。图 4-13 也很清楚地表明，在 $L = 0.05\text{mm}$ 的裂隙应力强度随着内外径比的增加呈降低趋势。这个不断增加钻孔内部压力的试验表明，增加钻孔内部压力并不会直接提高正在扩展的裂隙尖端的压力。该试验验证了钻孔中静态破碎剂的作用。

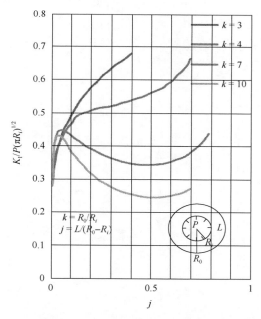

图 4-13　静态爆破时应力强度因子与对应的裂隙长度关系[18]
k 为外径内径之比；K_1 为应力强度因子；j 为裂纹长度 (L) 与环宽 (R_0–R_i) 之比；P 为钻孔内的膨胀压力

　　静态破碎剂产生的膨胀压力来自钻孔壁的约束。裂隙最初形成时岩石释放了其约束力，从而导致压力下降。使用理想的压力曲线图可以解释静态破碎剂作用下裂隙稳定扩展特征 (图 4-14)，此处，P_0 和 t_0 分别对应静态破碎剂的作用下初期裂隙形成的压力和时间。当静态破碎剂的膨胀压力继续增加，并且产生的拉应力施加于裂隙上时，裂隙将继续扩展。

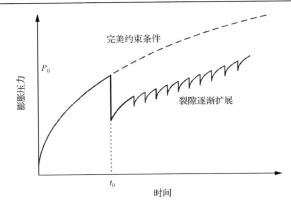

图 4-14　静态破碎剂作用下压力与时间的关系[19]

与水力压裂不同，当水压作用于裂隙尖端的同时形成裂隙。对于静态破碎致裂，其裂隙在静态破碎剂的作用下能够稳定扩展。图 4-15 表明静态破碎剂作用下岩石裂隙可能的扩展方式。在静态破碎剂的作用下，煤/岩层裂隙以稳定和缓慢的方式扩展，此时岩层处于准静态状态。

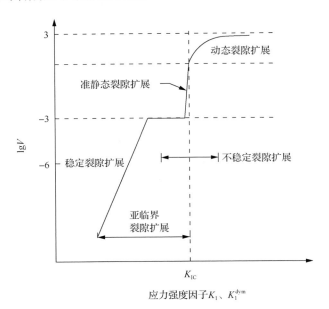

图 4-15　岩石类材料的裂隙扩展状态[14]

V 为裂隙速度，单位为 m/s

4.6　静态爆破技术：一种安全环保的煤层/岩层致裂方法

以上章节中详细介绍了静态爆破技术的核心——静态破碎剂的组成、特性、水化机理和膨胀机理、影响膨胀的因素及致裂机理。同时，可注意到静态爆破技术或静态破碎剂在以往的使用中多以土木工程的拆除为主，换句话说，多以致裂和破碎混凝土为主。

随着世界各国对能源的需求不断增加，导致对大量深部能源资源的开采，其中包括石油、天然气和煤炭资源。与此同时，随着人们对环境保护要求的提高，是否应该沿用现有的煤层/岩层致裂方法，或是否应该采用更加绿色的煤/岩层致裂技术的问题被不断提出。那么，静态爆破技术是否能够在能源开采和环境保护这一矛盾体系中扮演十分重要的作用。

煤/岩层致裂与能源和矿业开采有关系密切，传统的方法包括爆破致裂、水力压裂、电解体致裂等技术。在深部资源开采过程中，由于经常导致环境破坏，通常在公众中的认可度较低，但由于能源需求，更多的深部资源开采依然在继续。根据对世界能源需求的预测，到 2040 年世界能源消耗将增加 56%[20]，是否继续使用对环境有危害的致裂方法则成了一个关键的需要斟酌的问题，因此许多学者开始研究静态爆破煤层致裂的可行性。

4.6.1　静态爆破煤层致裂的可行性

静态爆破煤层致裂的基本特性是安全、环保，同时也是最重要的特性。

1. 静态爆破煤层致裂的可行性

静态爆破很早就被考虑用作为煤层致裂，并认为该技术是未来潜在的煤层致裂技术[21]，最重要的原因就是它的安全性和环保性。因此，许多学者对静态破碎剂煤层致裂的可行性展开研究。

研究工作采用实验室试验的方法，对从煤矿井下获取的粉碎煤(煤粉粒径为 1～3mm)通过与石膏和水泥混合，加工成正方体试件(混合比例为煤：石膏：水泥＝2∶1∶1)，对其进行静态破碎试验。试件尺寸为 150mm×150mm×100mm，中间设置一直径为 20mm，深度为 90mm 的圆柱孔心体，以放置静态破碎剂。

通过正交试验的方法，研究不同氧化钙、减水剂、葡萄糖酸钠、水泥含量比例，以及不同平均裂隙宽度和最大裂隙宽度等参数影响下的静态爆破致裂效果(图4-16)。与此同时，利用 X 射线衍射分析对静态破碎剂的生成成分进行分析，以确定不同时间的水化成分及所对应的裂隙状态。另外研究获得了静态破碎剂煤层致裂的最佳组成比例，即氧化钙(90)：萘系减水剂(3)：葡萄糖酸钠(5)：硅酸盐水泥(7)[22]。

　　这一研究工作再次说明，静态爆破技术用于煤层致裂的可行性和潜在的发展空间。

图 4-16　静态破碎剂煤层致裂特征[22]

2. 静态爆破石门揭煤的可行性

　　开拓巷道石门揭煤之前，必须对煤层采取消突和防突措施，其核心是对即将通过的煤层进行预抽瓦斯，使煤层的瓦斯含量降低到安全标准范围之内，但由于大多数煤层的透气性较低，导致抽放时间长、预抽率低，无法有效消突，石门揭煤施工无法按生产计划进行，影响煤矿正常的生产接续。

　　目前，煤层增透、强化预抽的技术中，尽管包括压裂、爆破等行之有效的技术，但对于石门揭煤而言，仍是一道危险性较大的生产工序。由于松动爆破通常具有较大的动力过程，对煤体的扰动极大，在有突出危险性的工作面使用存在一定的安全隐患，有时甚至会诱发突出。另外，煤体爆破波及的范围较大，对于石门揭煤的爆破很可能会影响到一定厚度的岩层。

　　因此，静态爆破煤层致裂用于石门揭煤或许是一个更合理的选择。以利用静态破碎剂深孔压裂煤体，增加煤体内部的裂隙密度，提高煤层透气性[23]。

　　1) 静态爆破煤层致裂的钻孔布置

　　在煤矿瓦斯抽放松动爆破设计中，主要涉及爆破孔和控制孔。爆破孔用于放置爆破材料，对煤体实施爆破；控制孔用于控制爆破能量的作用方向，诱导裂隙发展的作用，并补偿产生破碎区和裂隙区所需的空间，使爆破后煤体裂隙发展更均匀。

　　根据《防治煤与瓦斯突出规定》的要求，石门揭煤工作面排放钻孔的控制范围需要在石门揭煤工作面两侧和上部轮廓线外 5m、下部至少 3m 的位置。当石门揭煤采用静态爆破技术致裂煤层时，基于煤层的条件，钻孔直径选择为 100mm[23]；钻孔间距最终参数(*w*、*l*)取决于前期静态爆破效果(图 4-17)。

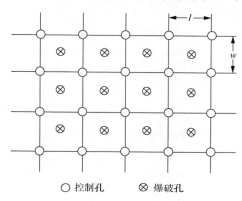

○ 控制孔　　⊗ 爆破孔

图 4-17　石门揭煤静态爆破钻孔预布置

2) 静态破碎剂的选择

有三种静态破碎剂可以选择，其区别是适用于不同的季节和环境温度条件下(表 4-2)。破碎剂分为散装和药卷两种类型，由于煤层致裂过程中，钻孔通常水平或倾斜，因此选择药卷型更适合施工需要。

表 4-2　可选择的静态破碎剂的性能[23]

型号	适用温度/℃	8h 膨胀压力/MPa	24h 膨胀压力/MPa	48h 膨胀压力/MPa
I	35±5	≥30	≥55	≥90
II	25±5	≥20	≥45	≥60
III	10±5	≥10	≥25	≥55

采用静态爆破技术致裂石门工作面煤体具有安全性高，便于操作，施工中具有无毒、无害、不产生明火等优点。

在致裂过程中，由于致裂速度相对缓慢，因此不会对煤层产生振动和冲击作用，既能使煤层致裂，又有利于保持煤层周围岩层的稳定性，极大地降低了诱导煤与瓦斯突出的危险性[23]。该技术适合于高突危险煤层的强化预抽作业，对防治煤与瓦斯突出和冲击地压等动力灾害起着积极的作用。

4.6.2　静态爆破的局限和有待改进的地方

目前，深部下使用静态爆破技术依然存在许多局限，这些局限非常值得人们进行研究。

1. 富含水地层的应用问题

尽管深部采矿过程中有许多使用静态爆破技术的机会，但人们关心的主要问题是其在饱和咸水岩层中或富含水的煤层中的适用性。静态破碎剂与水混合后生成黏稠的浆液，就如同许多水泥浆液一样。因此，在富含水的地层中应用时，很容易被水冲洗掉。目前，还没有更好在富含水的环境中使用静态破碎剂的先例。对应于这样的环境条件，或许可以考虑使用黏性增强掺合剂，从而降低水冲洗的影响。

对波特兰水泥混以 0.05%～0.2% 的黏性增强掺合剂的试验结果表明，这样做能够提高抗冲洗阻力，但静态破碎剂与黏性增强掺合剂混合还无法证实是可行的，因为不能够确定它是否会对其膨胀性能产生影响及影响到什么程度。另外，如果地层水含盐，那么含盐水对静态破碎剂工作性能的影响也值得进一步研究。

2. 流动性和可注性

当与水混合后，静态破碎剂很快失去其流动性。这是因为采用较低的含水量能够获得更大的膨胀压力。如果静态破碎剂被注入钻孔中致裂煤层或岩层，泥浆状态的静态破碎剂必须维持一定时间的可流动性，以便于施工操作。

通常情况下，静态破碎剂与减水剂混合使用能够满足这一需求。只是增加这些外加剂的组分可能会在水化过程中降低钙矾石晶体尺寸，由此对静态破碎剂的膨胀压力产生负面影响。因此，研究和确定使用这些减水剂的最佳组分将有利于静态爆破技术的更广泛使用。

3. 静态破碎剂在深部地层的工作性能

深部地层资源多处于较高盐分和较高温度的环境下。如上所述，盐分对静态破碎剂的影响还没有被系统地研究过，但盐分和高温对水泥的影响试验已经完成。通过水泥和静态破碎剂矿物成分的相似性，可以推测静态破碎剂在高盐分环境中的工作性能。研究者发现，随着盐分的增加，波特兰水泥的水化效果大打折扣[24]，可以推测，静态破碎剂的水化也会因此而受影响，因此其膨胀压力也将由于盐分的影响而降低。

在深部资源开采中，由于地应力的影响，致裂钻孔将承受很大的侧向压力，但是目前关于静态破碎剂在三维高应力条件下的工作状态还没有明确的答案。与此同时，在评估静态破碎剂在深部环境中的工作状态时，随着深度的增加而产生的温度变化的影响也需要被考虑进去。因为温度的提高将有助于静态破碎剂的水化，从而提高其膨胀压力。统计数据显示，世界平均地热梯度变化为 20～30℃/km[25]。在深部资源开采的过程中，需要对静态破碎剂由于深度对其工作性能造成的波动和变化进行研究。即在上述温度变化的环境中，在上述地应力变化的条件下，静态破碎剂是否还能够在数小时内(5～9h)产生预期的膨胀压力，以便破碎或致裂岩层或煤层。

4.7　静态爆破技术的操作安全及防护

尽管静态爆破技术和静态破碎剂是一种安全、环保的技术和材料，但不当的操作同样会对操作人员造成伤害。

4.7.1　静态爆破施工的主要危害

静态爆破操作主要涉及三种危害。

第一种危害是一旦静态破碎剂被放入钻孔与水混合，则温度马上升高，释放烟雾，并且很快凝结。这些现象表明，破碎剂处于边缘沸腾状态，内部含有的水蒸气会与钻孔中的细碎材料一起沿着钻孔快速喷射到空气中，由此会导致身体伤害，防护眼镜损伤和视力丧失。这种情况可能是由以下几个原因所致：①被致裂介质的温度与静态破碎剂的温度不匹配；②将破碎剂放入钻孔时，由于钻孔刚形成，温度依然很高；③搅拌使破碎剂发热，在为冷却时放入钻孔。

第二种危害是当静态破碎剂与水混合后，破碎剂开始产生水化反应，释放热量。从钻孔中溢出的沸腾和飞溅的高温液体将会造成烧伤和严重的眼睛损失。这种事故可能是由于破碎剂在搬运或混合过程中带有一定的热量或存在在较热的地方导致。

第三种危害是来自于运输中和混合过程中。此时，由于搬运或搅拌导致的粉尘与汗水和眼泪混合将形成高碱性环境，这可能会导致皮肤和黏膜发炎、烧伤及严重的眼部损伤。

4.7.2　降低静态爆破操作中可能造成的危害

无论使用什么类型的静态破碎剂，首先需要获取并仔细阅读产品的介绍。了解产品性能和基本数据，熟知最新的产品安全操作程序和说明。这一工作需要指派有能力和责任心的人去完成。以确保所有的操作人员熟知产品性能，理解和记住操作规程和安全防护措施。

在安排施工时，需要明白当某一部分煤层或岩体发生致裂时，可能会导致临近的煤层或岩体不稳定甚至发生垮塌。为避免造成安全事故，要确保在施工现场总储存有清洁水，以保证一旦静态破碎剂进入眼睛或伤害到皮肤时可以得到及时清理。

在使用静态破碎剂过程中，不能够配戴隐形眼镜，同时必须采取皮肤防护措施，如涂抹皮肤防护软膏，在致裂前后保持双手清洁。必须使用个人安全防护装备，除必需的工作服外，还需要配戴防护眼镜，防化学腐蚀手套，防尘口罩和安全帽等。随时调整静态破碎剂的种类、钻孔直径及混合水温度，使之与被致裂介质的温度相匹配。

当开始新一轮的工作时，要确保所有使用的容器、工具都是清洁的，没有上次操作的残留物质。将静态破碎剂与水混合时，注意观察是否有过热、冒烟和快速凝固的现象，如果发现类似现象，应该马上停止操作。如果被致裂煤/岩层温度较高(在深部施工时)，需要考虑使用温度较低的水混合静态破碎剂，以避免喷孔。使用合适的方法遮盖注入静态破碎剂的钻孔，无论什么情况下，不得裸眼观察钻孔。确保静态破碎剂总是放置在干燥的地方。

4.7.3　静态爆破操作事故的急救措施

如果静态破碎剂进入眼睛，必须马上使用流动的干净水清洗眼睛数分钟，并马上接受医生的后续治疗。

如果静态破碎剂接触到皮肤，用水和肥皂清洗被接触的皮肤，之后用水彻底冲洗干净。

一旦吸入静态破碎剂，需要将受影响人员护送到无尘区并寻求医疗救助。

如果入口，则马上用水漱口，少量饮用干净水，并立即寻求医疗帮助。

4.8　本　章　小　结

静态爆破技术及静态破碎剂早已广泛应用于土木行业的拆除施工作业，其无公害和环保的特性是该技术/产品的主要特征和优点。

在煤炭行业，已经由学者开始对这一技术应用于煤矿，应用于煤层致裂进行相关的研究工作。随着国家对环保的要求不断提高，以及煤矿安全水平的不断提高，特别是随着静态爆破技术性能的不断改进，静态爆破技术将与爆破、水力压裂、水射流切割等煤层致裂技术一样，成为煤矿煤层致裂技术的重要组成部分。

参 考 文 献

[1] 林传仙, 白正华, 张哲儒, 等. 矿物及有关化学热力学数据手册[M]. 北京: 科学出版社, 1985.

[2] 游宝坤. 静态爆破技术——无声破碎剂及其应用[M]. 北京: 中国建材工业出版社, 2008.

[3] 孙立新. 静态破碎剂的研制与应用[D]. 西安: 西安建筑科技大学, 2005.

[4] 游宝坤. 静态爆破技术[M]. 北京: 中国建筑出版社, 2008.

[5] 王玉杰. 静态破裂技术及机理研究[D]. 武汉: 武汉科技大学, 2009.

[6] 李鹏. 本地化静态破碎剂的研制及破岩机理初探[D]. 恩施: 湖北民族学院, 2012.

[7] 倪红娟. 影响静态破碎剂性能的因素模型试验研究[D]. 淮南: 安徽理工大学, 2013.

[8] Tang S B, Huang R Q, Wang S Y, et al. Study of the fracture process in heterogeneous materials around boreholes filled with expansion cement[J]. International Journal of Solids and Structures, 2017, 112 (1) : 1-15.

[9] Gomez C, Mura T. Stresses caused by expansive cement in borehole[J]. Journal of Engineering Mechanics, 1984, 110 (6) : 1001-1005.

[10] Guo T, Zhang S, Ge H, et al. A new method for evaluation of fracture network formation capacity of rock[J]. Fuel, 2015, 140: 778-787.

[11] Mogi K, Baud P, Reuschle T, et al. Mechanical behaviour and failure model of bentheim sandstone under triaxial compression[J]. Physical & Chemistry of the Earth A Solid Earth & Geodesy, 2015, 26 (1-2) : 21-25.

[12] Martin C, Chandler N. The progressive fracture of lac du bonnet granite[J]. International Journal of Rock Mechanics, Mining Science and Geomechanical Abstract, 1994, 31 (6) : 643-659.

[13] Brace W F. Brittle Fracture of Rocks, in State of Stress in the Earch's Crust[M]. Amsterdam: Elsevier, 1964.

[14] Silva R V D, Gamage R P, Perera M S A. An alternative to conventional rock fragmentation methods using SCDA: A Review[J]. Energy, 2016, 9 (11) : 1-31.

[15] Irwin G R. Analysis of stresses and strains near the end of a crack traversing a plate[J]. Journal of Apply Mechanics, 1957, 24: 361-364.

[16] Atkinson B K. Introduction to fracture mechanics and its geophysical application[C]//Fracture Mechanics, Rock 1987, 1987: 1-26.

[17] Harada T, Idemitsu T, Watanabe A, et al. The design method for the demolition agents[C]//Fracture Concrete and Rock, Berlin: Springer, 1987.

[18] Clifton R J, Simonson E R, Jones A H, et al. Determination of the critical-stress-intensity fractor kic from internally pressurized thick-walled vessels[J]. Experimental Mechanics, 1976, 16 (6) : 233-238.

[19] Dowding C H, Labuz J F, Clousure to "fracturing of rick with expansive cement"[J]. Journal of Geotechnical Engineering, 1976, 109: 1208-1209.

[20] Energy Information Administration. 2016 Internatinal Energy Outlook[R]. Washinton D C: Energy Information Administration, 2016.

[21] Hinze J, Nelson A. Enhancing performance of soundless chemical demolition agents[J]. Journal of Construction Engineering and Management, 1996, 122 (2) : 193-195.

[22] Tang Y, Yuan L, Xue J, et al. Experimental study on fracturing coal seams using CaO demolition materials to improve permeability[J]. Journal of Sustainable Mining, 2017, 16 (2) : 47-54.

[23] 李忠辉, 宋晓艳, 王恩元. 石门揭煤静态爆破致裂煤层增透可行性研究[J]. 采矿与安全工程学报, 2011, 28 (1) : 86-89.

[24] Zhou X, Lin X, Huo M, et al. The hydration of saline oil-well cement[J]. Cement & Concrete Research, 1996, 26 (12) : 1753-1759.

[25] Suggate R. Relations between depth of burial, vitrinite reflectance and geothermal gradient[J]. Journal of Petroleum Geology, 1998, 21 (1) : 5-32.

第5章 爆破煤层致裂技术

地球物理学是一门以地球为研究对象的应用物理学。其中，对固体地球的研究于 20 世纪 60 年代获得极大发展。它已成为地球科学的重要组成部分，并且渗透到地学中的许多分支中。

采矿地球物理学是采矿科学中一个新的分支，是利用岩体中自然或人工激发的物理场来监测岩体的动态变化和揭露已有的地质构造的一门学科。采矿地球物理学的最大特点是在更深层次上认识地下岩层的特点及运动规律。

目前，世界采矿业正广泛地应用着地球物理方法来解决采矿生产实际中的问题，而且应用范围将越来越广泛。可以预计，21 世纪采矿地球物理方法将是采矿安全技术及有益矿物的经济、高效开采方面应用的最基本的测量工具。就像其他测量方法一样，采矿地球物理方法也有自身的优点和局限性，是否具有良好的效果取决于其是否得到正确的应用。

5.1 爆破相关理论

5.1.1 爆炸的定义

爆炸现象可分为三类，包括爆炸时仅发生物态的急剧变化，物质的化学成分不变，叫物理爆炸，如锅炉爆炸。由某些物质的原子核发生裂变或聚变引起的爆炸，叫核爆炸。爆炸时不仅发生物态变化，而且物质的化学成分也发生变化，叫化学爆炸，如炸药爆炸。炸药爆炸可以使用多种定义来描述，其中包括如下几种。

第一种，爆炸包含着能量的释放，而且这个释放足够快，并发生在相对很小的空间，产生一种人们可以听到的压力波[1]。换句话说，一个爆破能够产生爆炸波，其基本特征是非常快速且集中释放能量。

第二种，化学爆炸是一种材料正常情况下处在亚稳态平衡状态，但是具有剧烈的放热反应的能力。化学爆炸包含快速的可燃元素的氧化反应。爆炸的反应波可分为为爆燃波和爆轰波两种[2]。

第三种，爆炸是一种以极端方式迅速增加和释放能量的爆炸，通常伴随着高温和气体的释放。超音速爆炸的炸药创造了被称为爆炸和超声冲击波的传播。亚音速爆炸是由低炸药通过较慢的燃烧过程，称为爆燃[3]。

第四种，由于物质急剧氧化或分解反应产生温度、压力增加或两者同时增加的现象，被称之为爆炸。爆炸是由物理变化和化学变化引起的。在爆炸时，势能（化学能和机械能)突然转变为动能,有高压气体生成或释放出高压气体[4]。

5.1.2　炸药及分类

在采矿工程中,主要应用的是化学爆炸的炸药。这类炸药是在一定条件下能够发生快速化学反应,放出能量,生成气体产物,其主要元素包括碳、氢、氧和氮。炸药爆炸过程即炸药中氢、碳原子的氧化过程。氧化时所需要的氧,不是来自于周围空气,而是炸药本身所包含的,这也是炸药和燃料的重要区别。另外,炸药具有燃料所没有的高能量密度,单位体积的炸药放出的热量远比燃料的多。例如,每升石油(包括燃烧所需的氧)燃烧时放热 17.46kJ,每升硝化甘油爆炸时放热 9964.6kJ 的热量。

1. 炸药按组成分类

(1)单质炸药。它是各组成元素以一定的化学结构存在于同一分子中的炸药。

(2)混合炸药。它是由两种以上分子组成的混合物。工业炸药多为混合炸药,它可以根据对的药性能的要求,调配不同的组分。

2. 炸药按用途分类

(1)起爆药。这类炸药的特点是在很小的外界能量(如火焰、摩擦、撞击等)作用下就能爆炸,故常用作雷管的起爆药。起爆药有雷管、氮化铅、二硝基重氮酚等。由于二硝基重氮酚[$C_6H_2(NO_2)N_2O$]的原料来源广、生产工艺简单、安全、成本较低,而且具有良好的起爆性能,所以我国从 20 世纪 60 年代以后,在工业雷管中,基本都采用它作起爆药。

(2)猛炸药。这类炸药对外能的敏感程度比起爆药低,但爆炸威力大,主要用作起爆器材的加强药和作为改善炸药性能的附加成分。

(3)发射药(火药)。在军事上,利用火药稳定燃烧时产生的推力发射火箭、炮弹等;在工业上,主要用来制造起爆器材,如用黑火药作导火索药芯等。

3. 矿用炸药

矿用炸药几乎全部都是混合炸药,为了改善混合炸药的爆炸性能,在配方中经常加入一些单质猛炸药。

1)单质猛炸药

(1)硝化甘油,即三硝酸酯丙三醇。它是淡黄色油状液体,不溶于水,在水中不失去爆炸性。密度为 1.6g/cm³ 时硝化甘油爆热为 6352.9kJ/kg。它的爆炸威力大,爆力为 600mL,猛度为 22.5～23.5mm。硝化甘油的机械感度和火焰感度均较高。

(2)TNT,即三硝基甲苯。它是黄色晶体,吸湿性很小,几乎不溶于水。TNT

的热安定性好，在常温下不分解，180℃才显著分解。TNT 爆热为 4229kJ/kg，爆速为 7000m/s，爆力为 300mL，猛度为 18mm。它的机械感度较低。TNT 主要用作硝铵类炸药的敏化剂，单独使用时是重要的军用炸药。

(3) 黑索金，即环三次甲基三硝铵。它是白色晶体，不吸湿，几乎不溶于水。50℃以下，长期储存不分解。黑索金的机械感度比 TNT 高。当密度为 $1.66g/cm^3$ 时，黑索金爆力为 520mL，猛度为 29mm，爆速为 8300m/s。由于它的威力和爆速都很高，常用作导爆索的药芯及雷管中的加强药。

(4) 太恩，即季戊四醇四硝酸酯。它是白色晶体，几乎不溶于水。当密度为 $1.74g/cm^3$ 时，爆热为 6225kJ/kg。太恩的爆炸威力高，慢速为 8000~8200m/s，爆力为 580mL，猛度为 23~25mm。

2) 硝铵类炸药

硝铵类炸药是以硝酸铵为主要成分的混合炸药。

硝酸铵是白色或略带黄色的结晶，含氮量高达 35%，可作化肥使用。也是一种正氧平衡的弱性炸药。硝酸铵易溶于水，也最易吸湿受潮。长期储存、温度转变都会造成晶粒联结而成硬块。受潮和硬化以后爆炸性能显著恶化。

硝酸铵起爆感度很低，一般不能直接用雷管或导爆索起爆，需用强力的起爆药卷起爆。起爆后，爆速可达 2000~2500m/s，爆力 160~230mL。

硝酸铵的原料来源丰富，价格低廉，安全性好，所以多以它为主要原料制成混合炸药。

(1) 铵梯炸药(又叫硝铵炸药)。铵梯炸药是我国目前使用最广泛的工业炸药，它由硝酸铵、TNT、木粉三种成分组成。硝酸铵是主要成分，在炸药中起氧化剂的作用，为炸药爆炸反应提供所需的氧元素。TNT 为敏化剂，用以改善炸药的爆炸性能，增加炸药的起爆感度，它还兼可燃剂的作用。木粉在炸药中起疏松作用，使硝酸铵不易结成硬块，并平衡硝酸铵中多余的氧，故称松散剂或可燃剂。此外，防水品种炸药还要加入少量防水剂，如石蜡、沥青等。煤矿许用品种还必须加入适量的食盐作为消焰剂，以吸收热量、降低爆温，防止沼气爆炸。

硝铵炸药用途分为煤矿、岩石、露天三类。前两类可用于井下，其特点是氧平衡接近于零，有毒气体产生量受严格限制。煤矿硝铵炸药是供有沼气或煤尘爆炸危险的矿井使用的炸药，必须检验它对沼气引爆的安全性。露天炸药以廉价为特征，故硝酸铵含量较高，TNT 含量较低，木料也多一些。

岩石硝铵炸药、煤矿硝铵炸药一般均制成直径 32mm、35mm、38mm，重 100g、150g、200g 药卷，药卷长度随直径不同，有 190mm 和 170mm 等规格。药卷一端为平顶，另一端向内凹入，称为聚能穴，爆炸能量在聚能穴所指方向上比较集中，有利于传爆，在装药时应予注意。岩石硝铵炸药有效使用期限为 6 个月，煤矿硝铵炸药有限使用期限为 4 个月。

(2) 铵油炸药。这类炸药因不含 TNT，故原料来源丰富，加工简单，使用安全，其价格特别低廉，因此在露天矿、金属矿、水利铁道等工程中使用较多。

简单的铵油炸药是硝酸铵与柴油的混合物。硝酸铵约占 95%，现场混合以使用多孔粒状者为好；柴油约占 5%，一般选用 10 号轻柴油。为改善其爆轰性能，可加一些木粉、松香以提高爆轰感度，加一些铝粉以提高威力，加一些表面活性剂(如十二烷基磺酸钠)以利于拌和均匀，使爆轰更为稳定，加少许明矾及氯代十八烷胺以降低吸湿结块性。煤矿许用的铵油炸药还必须加入适量的食盐以降低爆温。这类炸药的不足之处是爆炸威力较低，比较钝感，易吸湿结块，储存期短。

上述两类炸药当含水量超过 0.5%时，井下放炮不能使用。当硬化到不能用手揉松时也禁止使用。

(3) 高威力硝铵炸药。上述炸药的威力都属于中等或中等偏低，在煤矿井下通常能够满足使用要求，但是随着采矿工业的发展，进行硬岩深孔爆破、大断面一次成巷、坚硬岩石顶板的强制放顶等都需要有威力更高的炸药。

为此，需要提高硝铵炸药威力，其途径主要有三种，包括增加密度、加入铝粉和加入猛炸药。

3) 浆状炸药和水胶炸药

浆状炸药是以细化剂水溶液、敏化剂和胶凝剂为基本成分的混合炸药。浆状炸药的氧化剂主要采用硝酸铵，有时可加入少量硝酸钠或硝酸钾。制造浆状炸药时，须将硝酸铵溶解于水中成为饱和水溶液，这样可使氧化剂与还原剂混合得更均匀，接触更良好，增加了炸药密度，从而改善了炸药爆炸性能，并为爆轰波的传播提供连续的液相，增加炸药可塑性。但加水以后会使炸药感度降低，所以必须加入适量敏化剂。另外，爆炸时水的汽化热的损失大，因此浆状炸药中水分含量以占炸药总量的 15%～20%为宜。

浆状炸药的优点是炸药密度高，具有较好的可塑性，可以装入孔底并填满炮孔，抗水性强；使用安全性好。缺点是感度过低，一般露天矿用浆状炸药不能直接用 8 号雷管起爆，需用猛炸药制作的药包来起爆。

水胶炸药是在原有浆状炸药基础上发展起来的含水炸药。它跟浆状炸药不同之处主要在于使用水溶性的敏化剂，这样就使氧化剂与还原剂的耦合状况大大改善，从而获得更好的爆炸性能。这类炸药的爆轰感度较高，能用雷管直接起爆。

水胶炸药的优点是爆炸性能好，如爆速和起爆感度高、抗水性强、可塑性好、使用安全，而且炸药密度、爆炸性能可在较大范围内进行调节，故适应性强；缺点则是价格较贵。

4) 乳化炸药

乳化炸药是继浆状炸药、水胶炸药之后发展起来的另一种含水炸药。它由氧化剂水溶液、燃料油、乳化剂及敏化剂四种基本成分组成。氧化剂水溶液与燃料油经乳化而成的油包水型乳状液是它的爆炸性基质。与浆状炸药相反，在乳化炸药中，传播爆轰的连续介质不是氧化剂水溶液，而是燃料油（油相）。乳化成微滴的氧化剂水溶液为分散相，悬浮在连续的油相中。薄层油膜包裹在氧化剂水溶液微滴表面，既可防止内部水分蒸发，又可阻止外部水分浸入，使其具有非常好的抗水性能。

乳化炸药分为煤矿许用乳化炸药、岩石乳化炸药和露天乳化炸药三类。其优点是密度可调，因而适用范围广、爆炸性能好。其爆速一般可达 4000～5000m/s。另外，乳化炸药比浆状炸药与水胶炸药抗水性更强，生产与使用安全，不需要添加猛炸药，且原料来源广。

5）硝化甘油类炸药

硝化甘油炸药是在液状硝化甘油内溶入 3%～5%的硝化棉，使它变为柔性的胶状体，具有可塑性，故通常称为胶质炸药。

硝化甘油炸药的优点是威力高，其爆速达 5500～6500m/s，猛度 15～18mm，爆力 360～400mL，而且耐水（可在水下爆破），密度大（1.6g/cm³），具有塑性，爆轰稳定性高。缺点是易"老化"，机械感度高，生产和使用的安全性较差。

由于硝铵炸药的抗水、高威力品种相继出现，硝化甘油炸药的使用范围越来越小，仅限于特定条件下使用。

5.1.3　爆炸的描述与特征

1．爆炸的描述

为了更好地理解爆炸过程，可以将爆炸过程通过波的传递过程呈现出来，如图 5-1 所示，当起爆 TNT 炸药时，理想状态下，爆炸波将均匀地以 6800m/s 的速

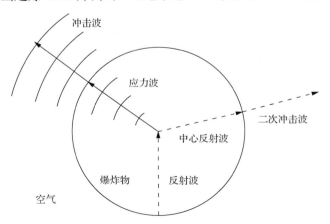

图 5-1　TNT 炸药球形装药爆炸示意图

度向爆炸中心点外扩展[5]。爆炸扩展的速度基本恒定，其值取决于炸药的密度。密度越高，起爆后传播的速度就越快。爆轰波经过爆炸范围内将产生巨大的压力和高温。对应固体炸药，压力范围通常在几千个大气压，温度为 2000～4000K。如此之高的压力和温度是超快速化学反应的结果，即在 10^{-9}～10^{-6}s 时间内完成 90%的化学反应[6]。

同时，该化学反应将在非常短的时间内产生大量的气体，这些气体快速膨胀，强大的膨胀力将周围的空气向外扩展。形成的第一层压缩气体包含着爆破绝大多数的能量，通常被称之为冲击波。随着气体向外扩展，压力逐渐降低到大气压力水平。此时为冲击波径向压裂阶段。

应力波也同时向外传播，当达到传播边界时，一些波与冲击波相同，继续向外传播，而另外一些波则反射回来，此时，冲击波反射拉伸引起自由面处的岩石片落。当反射波返回到爆炸源点后再次反射形成第二次冲击波。这个过程在爆炸全过程中将反复多次，每次往复其强度都将下降[5]，而且反射波对物体的破坏程度远小于炸药爆炸初期产生的波。

最后，爆炸气体的膨胀，岩石受爆炸气体超高压的影响，在拉伸应力和气楔的双重作用下，径向初始裂隙迅速扩大。经过上述爆炸过程后，岩体产生破坏，其破坏主要包括以下五种方式。

(1)炮孔周围岩石的压碎作用。

(2)径向裂隙作用。

(3)卸载引起的岩石内部环状裂隙作用。

(4)反射拉伸引起的片落和引起的径向裂隙的延伸。

(5)爆炸气体扩展应变波所产生的裂隙。

2. 爆炸的基本特征

放出大量热、生成大量气体产物，以及化学反应和传播的高速度，是炸药爆炸的三个基本特征，也是任何化学爆炸必须同时具备的三个条件，常称它们为爆炸三要素。

1)放出大量热

爆炸过程中释放大量热是对周围介质做功的能源，没有足够的热量放出，反应就不能自行延续，也就不可能出现爆炸过程的自动传播。

2)生成大量气体

炸药爆炸放出的热量必须借助气体介质才能转化为机械功。气体具有很大的可压缩性及膨胀系数，因而能在爆炸瞬间形成巨大的压缩能，并在膨胀过程中将能量迅速转变为机械功，使周围介质受到破坏。

3）反应过程必须高速进行

爆炸反应与一般化学反应的显著区别还在于反应过程的高速度。只有这样，爆炸反应的气体产物在尚未膨胀之前就被加热到 2000～3000℃，使之达到数千甚至数万兆帕的高压。一般燃料，如煤在空气中燃烧可放出 8918kJ/kg 的热量。这比炸药爆炸时放出的热量（2900～6200kJ/kg）多得多，然而却不能形成爆炸，原因在于一般燃料的燃烧过程缓慢，以致反应放出的热量大部分散失在空气中而无法达到较高的能量密度。相反，炸药爆炸反应速度极高，一个普通的小药卷在 10^{-6}～10^{-4}s 即反应完毕，因而可以认为爆炸反应放出的能量绝大部分聚集在爆炸前药包所占据的体积内，故其能量密度很高。

5.1.4　爆破能量及类型

当炸药在无限弹性体的岩石介质中起爆时，瞬间释放的能量有三种形式：冲击波能能量、应变能和爆破气体能量。图 5-2 给出了药卷在钻孔中起爆时，气体压力与岩石线弹性曲线在爆炸压力与气体体积平面坐标系中的关系。其中，在气体膨胀曲线之下，面积 ABE 表示的是在爆破中的总能量。在起爆后，钻孔壁上的压力将随即从大气压力增加到压力 P_1，在该压力作用下向外移动的岩石给爆破产生的气体更多的空间，因此压力随之降低到 P_2，此时爆破气体和钻孔壁上的压力达到平衡。在压力与体积曲线下的面积 ABCD 表示爆破气体对岩体所做的功[7]，面积 DCE 对应的是爆炸气体中释放到大气裂隙之前气体所保留的能量。由于岩石的弹性变形，面积 ACD 表明岩石中存储的应变能。面积 ABCD 和 ACD 之差是岩石中冲击波以弹性应变能和动能形式传播的能量。

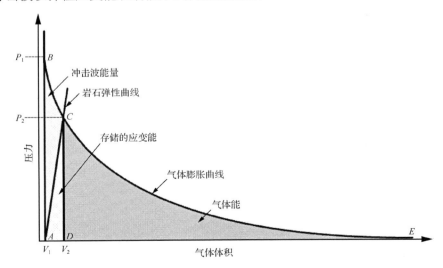

图 5-2　爆炸过程中产生的不同类型能量

在爆破破岩的整个过程中，首先，冲击波在岩石中形成初期的裂隙，之后，爆炸气体对这些初期形成的裂隙进一步扩展到能够达到的最大范围。尽管图 5-2 中时间并没有明确地表示出来，但是压力和气体体积都随时间发生变化[8]。

5.1.5　岩石爆破的力学特征

1. 岩石的动载强度

岩石对动载荷和静载荷的反应不同。岩石的动态强度极限是静态抗压强度极限的 5～10 倍，但岩石的动态、静态抗拉强度极限较接近。动载荷在介质引起的动应力脉冲是局部和瞬间的，动载作用可看做绝热膨胀或压缩过程。物理破坏是由变形的大小和应力持续时间确定，而动载荷则是通过载荷作用速度和岩石中引起的冲击波或应力波能力来定义的。由于岩石的动抗压强度远大于动抗拉强度，爆破破碎主要由拉伸破裂引起。

爆破过程岩石性质可能由脆性变为塑性，大部分岩石的泊松比为 0.2～0.3，较低泊松比的岩石表现为脆性破坏，较高泊松比的岩石表现则为塑性破坏，而岩石的动态破坏性质决定于加载速度。

岩石的微观裂缝对岩石弹性强度影响很大，波速变化一定程度反映岩石微观裂缝的分布。岩体的宏观裂缝主要表现为层面与节理，节理在爆破荷载作用下表现为明显的应力集中、波的反射和透射现象。较大节理易导致气体流失而使爆破孔压力降低，由此导致爆破能量损失严重。同时，节理的空间方向、连续性、宽度及充填物也直接影响应力波的传播。

由于岩石的微观裂隙和不均匀性对岩石抗拉强度极限比抗压强度极限影响大，岩石受压时导致微观裂隙闭合，降低了裂隙对岩石抗压强度极限的影响，故岩石的动态、静态抗拉强度极限比较接近。

变形速度也影响岩石屈服极限，不同变形速度对材料内部细观结构的畸变影响不同，宏观表现在塑性变形不同。另外，岩石的动态弹性模量与变形速度有关[9]。

2. 岩石的爆破荷载作用时间

材料的破裂一定程度上都不是瞬间发生，其破裂过程所需时间取决于爆破时的应力大小和材料的温度。爆破应力越大，破坏则越早发生。由于温度影响材料的性质，因此，温度较低时，材料表现为脆性破坏，随着温度的升高，材料的破坏表现出一定的黏性特征，这时，材料破坏过程较缓慢。一般而言，爆破荷载的作用在岩体上的时间很短，同时作用在岩体上的爆破荷载强度随时间衰减很快。

在高速率荷载作用下的材料，其力学性质将发生变化。这时，韧性材料的破裂形态将与脆性材料接近或相同。韧性材料的破坏与剪应力作用下的流动相关联，而脆性破裂是由微小裂纹在拉应力作用下扩张而产生。如果应力作用时间很短，引起的剪应力来不及产生一定数量的流动，则破裂呈脆性破坏。

3. 岩石爆破荷载作用下的破坏指标

当炸药在对介质岩体中爆炸时，将在岩体中产生应力波，根据应力波的振幅大小，从爆源开始，一般将应力波分成三段：冲击波、应力波和地震波(图5-3)。根据传播距离划分，炸爆炸荷载在岩体中传播时，近区为冲击波传播，中、远区为应力波和地震波传播。岩石中冲击波的传播速度大于声波的速度，并为陡峭波阵面。随着传播距离的增加，波阵面变成倾斜形状，应力变形，此时冲击波变为应力波，其传播速度等于声波速度。之后，随着时间的增加和能量的减少，冲击波变为振动波，强度也相对较低。

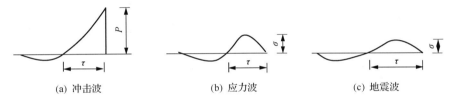

(a) 冲击波   (b) 应力波   (c) 地震波

图 5-3　岩石中传播的爆炸波

P 为压力；τ 为半波长；σ 为应力

岩石爆破破坏分区可以采用质点运动速度、冲量密度、质点初始位置位移量、能流密度等作为岩石强度破坏标准。

1) 波阵面后质点移动速度和法向应力

对于硬岩，反射面与波长比足够大和波的作用时间不小于几毫秒，当质点运动速度达到 1.3～1.5m/s 时，岩石将发生破坏。该破坏被称之为硬岩拉断的临界速度 v_{cr}：

$$v_{cr} = \rho_0 c_0 \sigma_{cr} \tag{5-1}$$

式中，ρ_0 为岩石密度；c_0 为应力光学系数；σ_{cr} 为临界拉断速度对应的应力。

采用质点运动速度的临界值与岩石条件和波的参数有关，且不是一个常数。因此，以质点运动速度的临界值作为爆破岩石破坏的判据只能够在一定的范围内使用。

2) 位移值和冲量密度

爆炸波引起的质点位移量 w 与炸药药包类型有关。爆炸波引起的质点位移量

w 能够充分反映单药包和多药包的共同作用效应，是正压作用时间的积分，描述了岩石中传递和积累的能量值：

$$w = \int_0^t v(t)\mathrm{d}t \tag{5-2}$$

冲击波引起的冲量密度为

$$I = \rho_0 c_0 \int_0^t v(t)\mathrm{d}t \tag{5-3}$$

位移值和冲量密度与岩石破坏的通用标准不同，不同的爆破条件对应不同的临界位移值和冲量密度。

3）能量密度

爆炸波的能量包含了运动量和岩石中的应力值，包括：

$$E = \rho_0 c_0 \int_0^t v^2 \mathrm{d}t \tag{5-4}$$

或

$$E = \frac{1}{\rho_0 c_0} \int_0^t \sigma^2(t)\mathrm{d}t \tag{5-5}$$

式中，σ 为应力；t 为时间。

能量密度破坏指标综合考虑了所有强度标准的概括参量，可作为大药量和小药量爆破的破坏标准[9]。

5.1.6　爆破荷载作用下材料的断裂判据

材料在爆破荷载作用下将产生破坏，其判断破坏的依据主要有三个，包括：①格里菲斯能量平衡理论；②应力强度因子理论；③动态弹塑性断裂理论。

1. 格利菲斯能量平衡理论判据

多数材料在低应力作用下表现为弹性特征。断裂判据主要有最大主应力、最大主应变、最大剪应力（最大主应力差）、最大剪应变、最大应变能、最大畸变应变能、最大保存畸变应变能。其中，最大主应力是脆性断裂的主要判断依据。图 5-4 为三种主要的断裂形式。其中，图 5-4（a）为颈缩断裂，即材料在拉伸荷载作用下发生局部拉伸塑性变形破坏。图 5-4（b）拉伸断裂，或称之为脆性断裂。为脆性材料的拉伸断裂，断裂面与拉伸方向垂直。图 5-4（c）为剪切断裂，该断裂为脆性材料的压缩断裂，发生在沿一对平面或锥形体的最大剪应力方向，且总是位于这一方向与压应力方向之间。

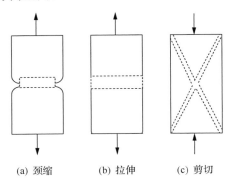

(a) 颈缩　　　　　(b) 拉伸　　　　　(c) 剪切

图 5-4　三种主要断裂破坏形式

2. 应力强度因子判据

应力强度因子 K 的数值取决于裂纹的几何形状与施加的荷载。目前常用弹性体中的位移和应力来推算裂纹尖端的应力强度因子。应力强度因子可采用直接或间接的有限单元法进行计算。

直接法首先计算裂纹尖端邻近区域内的位移和应力，然后通过公式直接得到应力强度因子。此外，还有一种计算应力强度因子的方法是针对裂纹尖端应力场的奇异性而采用特殊的单元，从而由奇异单元直接计算应力强度因子，即所谓的奇应变三角形有限单元法、等参奇应变有限单元、内嵌裂纹尖端的奇应变圆形有限单元等有限元方法。

强度因子的表达式为

$$K_{\mathrm{I}} = \sigma \sqrt{\pi a} f(a,a) \tag{5-6}$$

式中，$f(a,a)$ 为具有标本的特性量纲 a 的几何因子。对应一种特定的材料，如煤，存在一个临界应力强度因子 K_{IC}，定义为材料的断裂韧度，断裂时 $\sigma = \sigma_f$，则

$$K_{\mathrm{IC}} = \sigma_f \sqrt{\pi a} f(a,a) \tag{5-7}$$

3. 动态弹塑性断裂理论判据

试验发现，材料的内部损伤不仅依赖于应变，而且依赖于应变率。在给定的应变条件下，应变率越高则微裂纹等内部损伤就越多。因此，随着应变率增加而增加的材料损伤必将会导致某种应变率弱化或反向应变率效应。动载荷破坏不仅考虑了载荷强度，还需考虑载荷持续时间。

在众多相关理论中，Dugdale 假设弹性—理想塑性材料的塑性区长度大于薄板的厚度，将塑性区模拟为位于裂纹尖端前的屈服条带，屈服的影响相当于增加裂纹长度，一部分作用在无穷远处的均匀应力 $\sigma_{22} = \sigma$ 的无限大板中，另一部分为有限裂纹长度 γ 面上的屈服应力为 $\sigma_{22} = \sigma_y$，屈服带长度 ρ 由应力场的非奇异性条件确定。图 5-5 为 Dugdale 模型，A 点应力奇异性应消失，即 $K_{IA} = 0$，K_{IA} 由两部分组成，A 点的奇异性为零的条件为

$$K_{I\sigma} + K_{I\sigma_\gamma} = 0 \tag{5-8}$$

式中，$K_{I\sigma}$ 为均匀应力强度因子，$K_{I\sigma} = \sigma\sqrt{\pi(a+\rho)}$；$K_{I\sigma_\gamma}$ 为有限裂纹 γ 面上的强度因子；$K_{I\sigma_\gamma}$ 的表达式为

$$K_{I\sigma_\gamma} = -2\sigma_\gamma\sqrt{\frac{a+\rho}{\pi}}\arccos\frac{a}{a+\rho} \tag{5-9}$$

或

$$K_{I\sigma_\gamma} = \cos\frac{\pi\sigma}{2\sigma_\gamma} = \frac{a}{a+\rho} \tag{5-10}$$

即

$$\rho = a\left(\sec\frac{\pi\sigma}{2\sigma_\gamma} - 1\right) \tag{5-11}$$

式(5-9)～式(5-11)中，a 为裂纹长度的一半；ρ 为屈服带长度；σ_γ 为 γ 面上屈服应力。

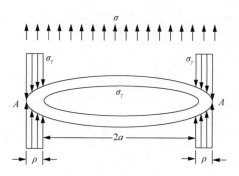

图 5-5　Dugdale 模型
σ 为远场应力；A 为裂纹尖端点

将正割函数用级数展开：

$$\rho = a\left[\frac{1}{2}\left(\frac{\pi\sigma}{2\sigma_\gamma}\right)^2 + \frac{4}{25}\left(\frac{\pi\sigma}{2\sigma_\gamma}\right)^4 + \frac{1}{720}\left(\frac{\pi\sigma}{2\sigma_\gamma}\right)^6 + \cdots\right] \tag{5-12}$$

当 $\dfrac{\sigma}{\sigma_\gamma} \ll 1$ 时，略去高价微量：

$$\rho = \frac{\pi^2\sigma^2 a}{8\sigma_\gamma^2} = \frac{\pi}{8}\left(\frac{K_{\mathrm{I}}}{\sigma_\gamma}\right)^2 \tag{5-13}$$

由式(5-11)代入 J 积分式：

$$J = \frac{8}{\pi}\frac{\sigma_\gamma^2}{E}a\ln\left(\sec\frac{\pi\sigma}{2\sigma_\gamma}\right) \tag{5-14}$$

则张开位移 δ_{t} 的临界值 δ_{tc} 表示弹塑性断裂准则，即裂纹开始扩展时：

$$J = J_{\mathrm{c}} = \sigma_\gamma\delta_{\mathrm{tc}} \tag{5-15}$$

5.1.7 炸药爆炸后波的传播特征

炸药爆破后引起的振动以波的形式从爆源向各个方向传播而形成振动波。这种波是一种弹性波，它包括可以通过地球本体的体波；只限于地表面附近沿一个层面(地表面、节理面、裂隙面)传播的表面波，波体可以在地球内部传播，具有周期短、振幅小和衰减快的特点，依据波性质的不同，可以分为 P 波(primary wave)，又叫纵波或压缩波，其性质与声波相似，质点运动与波的传播方向一致，且速度最快。S 波(shear wave 或 secondary wave)，又叫横波或剪切波，其质点运动与波的传播方向垂直，产生前后左右在水平方向的振动，速度次之。表面波(surface wave)，一般是波体经过地层介质面多次反射形成的次生波，表面波沿地球表层或地球内部界面传播，特点是周期长、振幅大、传播速度慢，且衰减慢和携带能量大，它包括勒夫波(Love wave)和瑞利波(Rayleigh wave)。瑞利波传播时，岩土质点在波的传播方向和自由面法线方向组成平面内作椭圆运动，而与该平面相垂直的水平方向上没有振动，如在地面上呈滚动形式。勒夫波的振幅较大、周期长、频率较低、衰减较慢，在与传播方向相垂直的方向上做剪切形振动，即地面水平运动或地面呈蛇形运动。

体波，特别是纵波能够使岩石产生压缩或拉伸变形，它是爆破时造成岩石破碎的主要原因。表面波，特别是瑞利波，由于它的频率低、衰减慢、携带较大的能量，也是造成爆破震动破坏的主要原因，其质点运动如图 5-6 所示[10]。

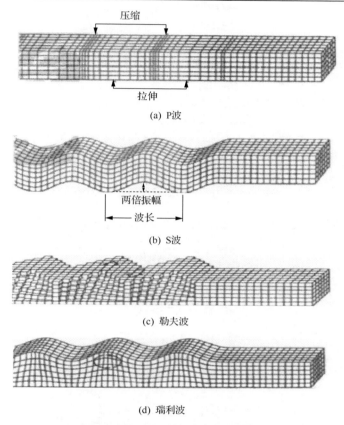

图 5-6　振动质点运动示意图(波向由左向右传播)

从爆炸波的传播距离而言，可分为近区传播、中远区传播和远区传播。从波类型上，近区域为冲击波，中远区域为应力波(压缩波)，远区域为地震波(振动波)。

1. 爆破近区冲击波的传播特征

冲击波是一种不连续峰在介质中的传播，这个峰导致介质的压强、温度、密度等物理性质发生跳跃式改变。在自然界，所有的爆发情况都伴有冲击波，冲击波总是在物质膨胀速度变得大于局域声速时发生[11]。

1)冲击波阵面前后物理量的关系

当一个冲击波以速度 D 在物质中传播时，用下标"O"表示冲击波阵面前方的物理量，用下标"H"表示冲击波阵面后方的物理量(图 5-7)，其前后物理量遵守能量守恒定律[12]：

$$\rho_{\mathrm{H}}(D - \mu_{\mathrm{H}}) = \rho_{\mathrm{O}}D \tag{5-16}$$

$$P_H - P_O = \rho_O D \mu_H \tag{5-17}$$

$$P_H \mu_H = \rho_O D \left[(e_H - e_O) + \frac{1}{2} \mu_H^2 \right] \tag{5-18}$$

式中，ρ 为密度；μ 为粒子速度；P 为压裂；e 为内能。

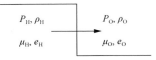

图 5-7　冲击波阵面前后物理量的关系[3]

通过式(5-16)～式(5-18)可获得雨贡纽关系或冲击绝热关系：

$$e_H - e_O = \frac{1}{2}(P_H + P_O)\left(\frac{1}{\rho_O} - \frac{1}{\rho_H}\right) \tag{5-19}$$

由此可以求得冲击波速度 D 和粒子速度 μ_H：

$$D = V_O \left(\frac{P_H - P_O}{V_O - V_H}\right)^{\frac{1}{2}} \tag{5-20}$$

$$\mu_H = \left[(P_H - P_O)(V_O - V_H)\right]^{\frac{1}{2}} \tag{5-21}$$

式中，$V = 1/\rho_O$。

式(5-19)～式(5-21)中必须同时知道 P_H 和 V_H 才能求得 e_H、D 和 μ_H，如果只知道 P_H 或 V_H，要求出 e_H、D 和 μ_H，则需要借助于一个与材料有关的关系式：

$$P = f(e, V) \tag{5-22}$$

式(5-22)为材料状态方程。材料状态方程有多种形式，最常用的熵状态方程：

$$P = A\rho^\gamma + B \tag{5-23}$$

该状态方程中，材料的压力只与材料的密度有关，A、B 和 γ 对某一种材料都是常数。

2)冲击波的形成与做功

冲击波的波速、压力和能量随距离快速衰减，在钻孔直径 10～15 倍处，脉冲传播速度等于声速。在岩石中，此时，冲击波转化为应力波。冲击波由压缩区和稀疏区组成。压缩区面积为该点压力冲量密度：

$$I = \int_0^t P(t)\mathrm{d}t \tag{5-24}$$

式中，P 为冲击波的超压，kg/cm^2；t 为压缩区的作用时间，s。

在半径为 R 的球面上，冲击波做功（W）为

$$W = \int_0^t 4\pi R^2 Pv\mathrm{d}t \tag{5-25}$$

$$\frac{W}{4\pi R^2} = \int_0^t Pv\mathrm{d}t \tag{5-26}$$

式中，vdt 为时间 dt 内表面的位移，m。

岩石中爆炸后形成冲击波和爆轰气体，W 包括冲击波的能量和半径为 R 的球面以外周围质点的动能和势能。研究表明，在离爆破中心 1～5 倍钻孔距离上，硬岩中冲击波能量达到总爆能的 60%～80%，形成的空腔体积较小。空腔扩张结束时，爆轰气体的剩余压力远大于岩石的抗压强度极限，后期导致岩石向心运动，冲击波的形成持续到空腔停止扩展，此时冲击波的前陈面已传播到很远的位置。

3）岩石中的冲击波参数

在爆破近区域对冲击波参数进行测量或观测不是件容易的事情。通常是由试验确定一个或两个参数，以此为依据并基于相关理论计算其他参数。一般测试的参数包括压力和质点运动速度与时间的变化关系，即：$P = f(t)$，$v = f(t)$ 积分得到能流密度，由此计算炸药爆轰后传递到岩石的总能量。由动量守恒、质量守恒和能量守恒得到冲击波初始参数，包括 P（压力）、v（质点运动速度）、$\bar{\rho}$（冲击压缩性）、N（冲击波总能量）、U（单位质量比能），其具体计算方法和计算公式在此不再赘述。

4）岩石中冲击波的衰减特征

爆破后，受冲击材料质点运动的速度、压力、冲击压缩性、单位质量动能及冲击波总能量都将随距离爆炸点的距离增加而衰减。特别是在爆破孔半径 2～3 倍的范围内衰减最快。当传播距离与爆破孔半径相同时，冲击波总能量是炸药爆炸总能量的 50%～60%；当传播距离是爆破孔半径的 3 倍时，冲击波将损耗大部分的能量。其数量与被爆破材料有关，如果是油母页岩，其损耗约为 35%；如果是大理岩，损耗约为 20%。在距离爆破中心 4 倍爆破孔半径距离时，单位质量动能不到冲击波初始值的 10%。另外，传播速度也随着与爆破点的距离的增加而降低。

在软岩中，质点运动的速度较大，但在爆破近区，硬岩的冲击波能量比软硬较大。硬岩中，冲击波压力随距离的变化为[11]

$$P(\sigma) = \frac{P_B}{r^{-n}} \tag{5-27}$$

式中，P_B 为炸药包与岩石界面上的压力；n 为衰减指数，其表达式为

$$n = 2 \pm \frac{\mu}{1-\mu} \tag{5-28}$$

其中，μ 为泊松比。

衰减指数是炸药性质、岩石性质和炸药包形状三个条件的函数。式(5-28)中的"+"对应冲击波的传播区域，"−"则对应应力波的传播区域。在塑性变形区，$\mu = 0.5$ 时，$n = 3$；弹性变形区，不同的岩石 $\mu = 0.1\sim0.4$，则有 $n = 1.9\sim1.35$。

爆破近区的压力在空气、土和水中随距离的增加，以衰减指数 3.9～2.9 快速衰减；在硬岩中，则以衰减指数 3.0～1.9 较慢衰减。但在绝大多少矿井岩石爆破中，形成的压力和应力都要超过岩石的单轴抗压强度极限 10 倍以上。

2. 爆破中远区应力波的传播特征

爆破发生后，随着时间的推移，冲击波能量逐渐降低，转化成应力波，也称之为压缩波，向中远区扩展。

在气体动力学中，波是扰动区和未扰动区的分界面。若穿过此界面，扰动使气体的压强升高，则此波称为压缩波。

1) 应力波的波动方程

炸药爆炸后在岩石中应力波主要以弹性应力波为主。弹性应力波有两种主要的形式：无旋波和等容波，其波动方程的统一形式为

$$\frac{\partial^2 \psi}{\partial t^2} = C^2 \nabla^2 \psi \tag{5-29}$$

式中，ψ 表示波的位移势函数；C 表示弹性波的波速，对于无旋波，$C=C_1$，对于等容波，$C=C_2$。C_1、C_2 表达式分别为

$$C_1 = \sqrt{\frac{E(1-\mu)}{(1+\mu)(1-2\mu)\rho}} \tag{5-30}$$

$$C_2 = \sqrt{\frac{E}{2(1+\mu)\rho}} \tag{5-31}$$

式(5-30)和式(5-31)中，E 为弹性模量；μ 为泊松比；ρ 为介质密度。

2）应力波反射叠加引起的破坏

入射到自由面的压缩波经过反射会形成拉伸波。这些反射回来的拉伸波将与入射压缩波的后续部分相互作用，其结果有可能在邻近的自由表面附近造成拉应力，如果形成的利用率满足某种动态断裂准则，则将在该处引起材料的破坏。当裂口足够大时，整块的裂片将会携带着动量飞离。

离层的过程中，在第一层离层出现时，也形成了新的自由表面，继续入射的压力脉冲在此新的自由表面反射，从而有可能造成第二层的离层，并以此类推，在一定条件下形成多层离层破坏。

3）应力波的传播特征

弹性应力波在介质中的传播速度（v_p 为纵波速度，v_s 为横波速度）只与介质的密度 ρ 和动量变形参数 E_d 和 μ_d 有关：

$$v_p = \sqrt{\frac{E_d(1-\mu_d)}{\rho(1+\mu_d)(1-2\mu_d)}}$$ （5-32）

$$v_s = \sqrt{\frac{E_d}{2\rho(1+\mu_d)}}$$ （5-33）

因此，通常可以通过测定岩体中的弹性波速度来确定岩体的动力变形参数。其测定方法包括地震法和声波法。

4）岩石中的应力波速及影响因素

岩石中的压力波速大小是岩石孔隙率、弹性模量和岩体完整性的综合体现。通常，通过在实验室测试岩石内传播的纵波和横波速度，可以计算出岩石的动态弹性模量和动态泊松比：

$$\mu_d = \frac{v_p^2 - 2v_s^2}{2(v_p^2 - 2v_s^2)}$$ （5-34）

$$E_d = 2v_s^2 \rho_r (1+\mu_d)$$ （5-35）

$$G_d = \rho_r v_s^2$$ （5-36）

$$K_d = \rho_r (v_p^2 - \frac{4}{3}v_s^2)$$ （5-37）

$$\lambda_d = \rho_r (v_p^2 - 2v_s^2)$$ （5-38）

式中，μ_d、E_d、G_d、K_d 和 λ_d 分别为岩石的动态泊松比、岩石的动态弹性模量、动态剪切模量、动态体积弹性模量和动态拉梅常数。

众所周知，岩石是由各种造岩矿物组成并含有孔隙和微裂隙等结构缺陷的非均质体，岩石的物理力学性质取决于造岩矿物成分、胶结程度及孔隙和微裂隙的发育程度。岩石造岩矿物包括石英、云母、长石等，其相对含量、矿物的胶结程度及孔隙和微裂隙的发育程度不同，岩体中传播的纵波速度就不同。一般情况下，岩体越致密、坚硬，波速越大，反之亦然。

岩石所处地质环境（如含水饱和程度）的差异，对纵波速度影响也不同。早期的试验表明，饱和水的岩样声波信号能量衰减较快，尾波不发育；干燥的岩样声波信号能量衰减较慢，尾波较发育[13]。

当波沿着岩体的结构面传播时，其速度大于垂直于岩体的结构面传播时的波速。另外，岩体在压应力的作用下也会对应力波的传播速度产生影响。

根据应力和波速的试验可知，砂岩试件在单轴全过程加载过程中，其应力与波速的变化基本趋于一致，两者具有近似同步变化的特征。在轴向应力应变变化的过程中，试样的波速主要呈现出三个阶段的变化，包括波速增加阶段、波速降低阶段和波速平稳阶段。波速的增长阶段与波速的降低阶段的分界点对应的轴向应变值与单轴应力最大值对应的轴向应变值近似一致，而波速降低阶段和波速平稳阶段的分界点对应轴向应变值则与单轴应力峰值后下降阶段与平稳阶段的转折点应力所对应的轴向应变近于一致[14]。总体而言，当岩体中的压应力增加时，应力波的传播速度也随之增加，但波幅减少。而岩体在拉应力作用下，其应力的增加波速降低，并快速衰减。

岩体处于常温时，波速随温度的增加而降低。对特定的岩石试验表明，当温度从室温增加到 120℃时，波速稳定下降；当温度为 120～200℃时，波速急速下降；当温度为 200～400℃时，波速稳速下降；当温度为 400℃左右时，波速停止下降，并略有回升[15]。以此可见，岩石的温度对波速的传播有十分明显的影响。

5）岩石中爆破应力波的传播特征和衰减规律

应力波在岩石中传播的能量消耗程度与炸药、岩石性质有关。炮孔装药、药包形状及装药条件，包括装药间隙、堵塞程度和装药直径、装药长度与装药直径比值和多孔起爆的时差等都将对岩石中应力波参数产生显著影响。当爆破威力增加时，应力波参数也随之增加。岩石的声阻抗越小时，近区质点运动速度就越大。

在爆炸源近区，应力波的衰减规律为

$$P = \sigma_r = P_0 \bar{r}^{-a} \tag{5-39}$$

式中，$\bar{r}$ 为比距离（距离药室中心的距离与药室半径的比）；σ_r 为径向应力峰值；a 为压力衰减指数；P_0 为爆破空腔压力峰值，MPa。

对于应力波，其压力衰减指数为

$$a = 2 - \frac{\mu}{1-\mu} \qquad (5\text{-}40)$$

式中，μ 为泊松比。

3. 爆破远区振动波的传播特征

一般而言，超过一倍最小抵抗线以远的区域被定义为爆破远区。爆破工程中，选择最小抵抗线距离一般为 30～90 倍的炮孔直径。当进行群药包爆破时，最小抵抗线的折算距离 $\bar{R}$ 为

$$\bar{R} = \frac{R}{\sqrt[3]{G}} \qquad (5\text{-}41)$$

式中，R 为离爆破中心的距离，m；G 为单药包或同时起爆药包的重量，kg。

爆破远区的应力波被称之为地震或振动波，该波能够使矿岩产生一定程度的破坏，是具有非正弦性质的小振幅振动。

不同爆破形式的爆破震动波频谱不同，频率越高，爆破震动波的能量衰减越快。爆破远区的破坏作用在岩石深部逐渐减弱，深部岩石的质点运动速度比表面岩石的质点运动速度要小。

根据爆破震动的数值模拟分析可知，爆破震动波振动速度峰值在距离爆源较近区域的衰减速度远大于距离爆源较远区域的衰减速度。同时，沿深度方向的衰减速度大于沿水平方向的衰减速度。另外，质点振动速度的主频率随距离爆源距离的增加而减小。当与爆源距离确定后，质点振动主频率随爆破药量的增加而减小[16]。

5.1.8　爆破破岩机理

1. 爆破破岩机理的发展

爆破破岩机理与其他理论一样，经历了不同的发展阶段。早期阶段，以德国人马林（Marlin）和韦格尔（Weigel）为代表，其最主要的贡献是建立了炸药量的计算方法或计算理论。自从人们以经验为爆破施工的基础逐渐变为以爆破计算理论为依据。只是在这个阶段，人们并未揭示爆破的全过程，更没有对此过程进行实质性的阐述。

直至 20 世纪 60 年代，美国采矿局（US Bureau of Mine）的工程师提出了冲击波拉伸破坏理论；日本的村田勉提出了爆炸气体喷嘴压破理论。70 年代，爆破破岩机理的三个假说才被正式提出，其详细内容将在下节详述。

爆破理论的最新发展阶段开始于 20 世纪 80 年代，其主要标志是裂隙介质爆破机理的产生，并相继提出了多种岩石爆破理论模型。爆破理论的发展阶段包括：①弹性理论阶段；②断裂裂隙阶段；③损伤理论阶段；④分型损伤理论阶段。这些发展阶段中，深入研究了裂隙岩体爆破理论，并引入了断裂力学和损伤力学。另外，随着计算机技术的不断发展和广泛应用，采用技术对爆破破坏过程进行数值模拟已成为研究煤/岩层爆破破坏机理的一个重要手段。在这期间，一些新的研究方法，包括分型、混沌理论相继被应用于爆破理论研究。

2. 爆破破岩机理

由于爆破作用的高速、高压及高温，加之岩性多变，迄今为止研究这一过程尚无统一名称，因此又称爆破机理或爆破原理。研究者各以载荷、力学过程、破坏形式为论点，已有近十种论点之多，具代表性的包括：①爆轰气体膨胀压力作用破坏理论；②应力波反射拉伸破坏理论；③冲击波和爆轰气体综合作用破坏理论。

1) 爆炸气体膨胀压力作用破坏理论

炸药爆炸时，产生大量高温高压气体，这些爆炸气体迅速膨胀，并以极大的压力作用于药卷周围的岩/煤壁，引起岩石质点的径向位移。由于作用力不均，因此，引起径向位移的不均，导致在岩石中形成剪切压力。当这种剪切应力超过岩石的抗剪强度时，岩石将会发生剪切破坏。当爆轰气体的压力足够大时，这一气体将推动破碎岩石作径向抛物运动。

这一理论的不足之处在于：从裸露药卷破碎大块来看，岩石破碎主要依靠冲击波的动压力作用，而爆破膨胀气体的准静压力只有冲击波阵面压力的 25%～50%。

2) 应力波反射拉伸破坏理论

该理论以爆炸力学为基础，认为应力波是引起岩石破碎的主要原因，但该理论忽略了爆轰气体的破坏作用，其基本点包括：冲击波冲击和压缩爆孔周围的岩壁，在岩壁中激发形成冲击波并很快衰减成应力波。该应力波在周围岩体内形成裂隙的同时向前传播，当应力波传播到自由面时，产生反射拉应力波。

当拉应力波的强度超过自由面处岩石的动态抗拉强度时，从自由面开始向爆源分析产生拉伸破坏，当拉伸波的强度低于岩石的动态抗拉强度时停止。

该理论只考虑了拉应力波在自由面的反射作用，不仅忽视了爆轰气体的作用，而且忽视了压应力的作用，也未考虑对拉应力和压应力的环向作用。

3) 冲击波和爆炸气体综合作用破坏理论

该理论认为，岩石的破坏是应力波和爆轰气体共同作用的结果。该理论综合考虑了应力波和爆轰气体在岩石破坏过程中其作用，基本观点如下。

爆轰波波阵面的压力和传播速度远大于爆轰气体成为的压力和传播速度。因此，爆轰波首先作用于药卷的岩壁上，在岩石中形成冲击波并很快衰减，冲击波在药卷附近的岩石中产生"压碎"现象，应力波则在压碎区域之外产生径向裂隙。

之后，爆轰气体成为继续压缩冲击波压碎的岩石，爆轰气体"楔入"应力波作用下产生的裂隙中，使其继续延展和张开。当爆轰气体的压力足够大时，爆轰气体将继续推动破碎岩石作径向抛掷运动。对于不同性质的岩石和炸药，应力波与爆轰气体的作用程度不同有所不同。

对于坚硬岩石，高猛度炸药，耦合装药或装药不耦合系数较小的情况下，应力波对岩石的破坏起主要作用。对于松软岩石，低猛度炸药，装药不耦合系数较大的条件下，爆轰气体对岩石破坏起主导作用。

5.1.9　炸药爆炸对煤炭的损伤特性

煤体作为一种脆性地质材料，内部存在着不同大小不等并随机分布的空隙、裂隙和层理等缺陷。基于损失力学，煤体等脆性材料的损失过程主要是微裂纹的形成、扩展和贯通，导致煤体宏观力学性能的降低直至破坏。在炸药爆炸荷载作用下，煤体中已经存在的大量结构弱面将会被激活，同时，形成新的破裂面[17]。因此在爆破荷载作用下，煤体的动态断裂破坏是一个连续损伤演化的累积过程，其微观损失断裂机制可归结为煤体内部各裂微裂隙的动态演化。对此，有研究认为爆炸激活的裂隙服从体积拉伸应变的 Weibull 分布[18]：

$$C_{\mathrm{d}} = \alpha N a^3 \tag{5-42}$$

$$N = k \varepsilon_{\mathrm{v}}^m \tag{5-43}$$

$$\alpha = \frac{\lambda}{2} \left(\frac{\sqrt{20} K_{\mathrm{IC}}}{\rho C_{\mathrm{p}} \varepsilon_{\max}} \right)^{2/3} \tag{5-44}$$

式中，C_{d} 为体积裂隙密度，条/m³；N 为被激活的裂隙数量；ε_{v} 为煤体体积拉伸应变；k、m 均为 Weibull 分布参数；α 为裂隙形态影响系数，$\alpha \approx 1$；a 为爆炸应力波作用下的微裂隙平均半径，m；K_{IC} 为煤体断裂韧性，N/m³/²；$\varepsilon_{\max}$ 为煤体爆破最大体积拉伸应变率，s⁻¹；λ 为比例系数，一般 $\lambda = 1$。

根据等效应变原理，损伤变量 D_{b} 可由煤体介质的体积模量 K 来定义：

$$D_{\mathrm{b}} = 1 - \frac{K'}{K} \tag{5-45}$$

式中，$K = E / (1 - 2\mu_{\mathrm{d}})$，此处，$E$ 为煤体的弹性模量；μ_{d} 为煤体的动态泊松比。

根据以往的经验总结[19]，在工程爆破的加载率范围内，$\mu_{\mathrm{d}} = 0.8\mu$，$\mu$ 为煤体的泊松比，而有效体积模量 K' 为[20]

$$K' = K\left[1 + \frac{1.78(1 - \mu_d^2)}{(1 - 2\mu_d)}C_d\right] \tag{5-46}$$

5.2　煤体爆破裂隙扩展特征

5.2.1　煤层爆破裂隙扩展特征及影响

煤体爆破致裂的特征和变化规律多借鉴岩石爆破致裂的相关理论确定。煤体在构造应力和采动应力的作用下，其内部存在许多弱面，节理裂隙发育，孔隙裂隙结构复杂，而且在裂隙内还含有瓦斯和水分。由于瓦斯吸附或游离于煤层裂隙内，因此，含瓦斯煤体是固、液、气三相介质。基于这样的特性，其爆破后的裂隙变化规律和特征与岩层存在一定区别。

更准确地描述和确定煤层爆破后的裂隙扩展规律和特性将有助于煤层瓦斯抽采设计和实施。煤体在爆破冲击荷载作用下，应力-应变展现出不同的特征关系。这些特征可以被归纳为以下四个阶段(图 5-8)[21]。

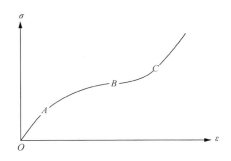

图 5-8　爆破荷载作用下煤体应力-应变曲线[21]

1. 弹性变形阶段

该段从 O 点开始到 A 点结束，A 点为屈服点。该段煤体应力应变为线性关系，变形模量为常数，$E = \mathrm{d}\sigma/\mathrm{d}\varepsilon$，与扰动强度无关，波速等于未扰动煤体中的声速 c：

$$c = \sqrt{\frac{E}{\rho}} \tag{5-47}$$

式中，ρ 为密度。这一阶段传播的应力波为弹性应力波。

2. 弹塑性变形阶段

这一阶段(从 A 点开始到 B 点结束)由于弹性模量不再是常数，而是随着压力的增加而减小，应力波在传播过程中波阵面逐渐变缓，传播速度小于未扰动煤体的速度。因此，该阶段内传播的应力波为弹塑性应力波。

3. 似流体变形阶段

这一阶段开始于 B 点，结束于 C 点。当压力值超过 B 点后，固体的变形现在类似于流体，变形模量随应力增加而增加，因此，高应力处波速要比低应力处波速传播快，其结果就是形成陡峭波头，但由于在这一阶段煤体变形模量仍然小于弹性区的变形模量，因此应力波传播速度小于声速。在这个阶段内传播的应力波为非稳态冲击波。

4. 超临界应力阶段

当煤体的应力超过临界点 C 后，此时波阵面的所有状态参数均发生突变，煤体内形成稳态冲击波，其波速以超音速传播，并且快速衰减。

总体而言，煤体应力应变关系遵循广义胡克定律，在爆破荷载作用下进入流体状态前呈脆性特征。

5.2.2　煤层裂隙的起裂与扩展

1. 宏观裂隙起裂条件

宏观上，当煤层中的应力波切向拉应力超过煤体的抗拉强度时，煤体开始出现裂隙，其裂隙起裂准则为

$$\sigma_{\theta\max} \geqslant S_{\mathrm{T}} \tag{5-48}$$

式中，S_{T} 为煤体的静态抗拉强度。

切向拉应力造成煤体中的径向宏观裂隙：一方面为爆生气体的楔入创造条件；另一方面也是煤体透气性增加的主要原因。

2. 微观裂隙起裂模型与条件

1) 煤体爆破的损失断裂模型

煤层中原生裂隙端部由于爆炸应力波的影响，裂隙原生应力场增强，导致裂隙煤层裂隙扩展。根据断裂裂隙理论，裂隙端部的位移为[22]

$$u = \frac{K_{\mathrm{I}}}{4G}\sqrt{\frac{r}{2\pi}}\left[(2k-1)\cos\frac{\theta}{2} - \cos\frac{3\theta}{2}\right] \tag{5-49}$$

$$v = \frac{K_{\mathrm{I}}}{4G} \sqrt{\frac{r}{2\pi}} \left[(2k-1)\sin\frac{\theta}{2} - \sin\frac{3\theta}{2} \right] \tag{5-50}$$

式中，u、v 分别为与裂隙平行和垂直方向的位移；K_{I} 为裂隙的动态应力强度因子；r 为裂隙尖端附近一点到尖端的距离；k 为与泊松比有关的参数，对于平面应力问题，$k = (3-\mu)/(1+\mu)$，对于平面应变问题，$k = 3\mu \sim 4\mu$；θ 为裂隙尖端附近一点与尖端的连线和裂隙的夹角。

煤层中含有大量原生裂隙，这些裂隙的长度与方位在煤层中的空间分布是随机的，在爆破冲击荷载的作用下，其中一些裂隙被激活并扩展。单位体积内被激活的裂隙数量服从指数函数分布：

$$N(\varepsilon) = k\varepsilon^m \tag{5-51}$$

式中，k、m 均为材料常数；ε 为体积应变。

2）煤体爆破裂隙的起裂

基于断裂力学理论，当裂隙端部应力场动态强度因子 K_{I} 大于材料的动态断裂韧性 K_{IC} 时，煤层起裂并扩展，其裂隙起裂判据为

$$K_{\mathrm{I}} = K_{\mathrm{IC}} \tag{5-52}$$

由于煤体的损失会影响煤层的特征参数，损失煤体的动态强度因子为

$$K_{\mathrm{I}}^* = \frac{K_{\mathrm{I}}}{1-D} > K_{\mathrm{I}} \tag{5-53}$$

式中，D 为损失变量，其值由煤体的原始体积模量（K_{v}）和有效体积模量（K_{ev}）确定，即 $D = 1 - K_{\mathrm{ev}}/K_{\mathrm{v}}$。

3）裂隙的扩展

爆破远区域煤层裂隙的扩展主要是受爆炸应力波远区局部拉应力场的作用。因此，采用最大主应力准则确定裂隙的扩展。依据裂隙尖端附近产生的集中应力场分别特征，其最大主应力为

$$\sigma_1 = \frac{K_{\mathrm{I}}}{\sqrt{2\pi r}} \cos\frac{\theta}{2} \left(1 + \sin\frac{\theta}{2} \right) \tag{5-54}$$

当裂隙被激活后，其致裂由裂隙扩展应力场的最大主应力 σ_1 和煤体的动态抗拉强度 σ_{td} 决定。如果同样考虑煤体损失的影响，其损失煤体动态抗拉强度为

$$\sigma_{\mathrm{td}}' = (1-D)\sigma_{\mathrm{td}} \tag{5-55}$$

5.2.3 影响裂隙扩展的因素

在瓦斯抽采中，为了增加煤层瓦斯抽放的通道，减少瓦斯抽放阻力，提高抽采效率。采用爆破对煤层进行致裂，以尽可能地增加煤层裂隙密度，形成煤层裂隙网络系统，但煤层裂隙及裂隙网络的形成受到许多方面的限制和制约，其主要影响煤层裂隙扩展的因素包括以下几个方面[23]。

1. 煤体的初始应力影响

煤层裂隙的扩展过程中，煤体初始应力将产生不利于裂隙扩展的阻裂作用，使裂隙尖端应力强度因子降低，当爆生气体压力衰减到与煤层初始应力同一数量级时，阻裂作用更加明显，裂隙扩展宽度也显著减小。由此可知，初始应力影响裂隙扩展，当单向初始应力场增强时，裂隙的平均长度增加，裂隙数量减少。

2. 入射应力波角度的影响

当入射应力波与裂隙扩展方向平行时，由于对裂隙的作用较小，因此，裂隙尖端的应力变化相对较小；垂直入射应力波会造成裂隙尖端应力集中，更容易使裂隙扩展。

3. 原岩应力的影响

在炮孔附近，由于爆炸应力波比原岩应力大，因此可以不考虑原岩应力对裂隙扩展方向的影响。随着爆炸应力波和爆生气体准静态压力的衰减，原岩应力对裂隙扩展方向会产生明显的影响和控制作用。通常裂隙会沿着切向拉应力最大的方向发展。

4. 径向裂隙数量与长度的影响

在爆破过程中，爆生气体占炸药总能量的 50%～60%，爆生气体准静态应力作用是引起爆炸裂隙进一步扩展的主要原因。爆炸应力波作用使炮孔壁上形成一定数量和长度的初始径向裂隙，这些初始裂隙对准静态应力引起的径向裂隙扩展有很大影响。当裂隙长度一定时，裂隙数量越多，裂隙尖端的应力强度因子就越小；当裂隙数量一定时，随着裂隙长度的增加，裂隙尖端应力强度因子逐渐减小。由于煤层的不均匀性，爆炸应力波作用下产生的初始裂隙长度不会相同，因此爆生气体作用下孔壁的径向裂隙不会等长度扩展，由此导致长裂隙继续扩展，短裂隙闭合。

5. 应力波作用时间及加载速率的影响

爆破荷载作用下，裂隙尖端的动态强度因子 K_I 为时间的函数。只有当爆炸应力波的持续作用时间大于最小作用时间时，裂隙才会扩展。加载速率的增加将引起断裂韧度的增加，因此加载速度越大，裂隙越容易扩展。

6. 瓦斯压力的影响

煤层中含瓦斯气体时，瓦斯气体受到扰动后将与爆生气体一起作用在裂隙上，但由于瓦斯压力的数量级大大低于爆生气体，因此在爆炸近区，由瓦斯压力造成的裂隙扩展可以被忽略，但爆炸远区，瓦斯压力越大，裂隙越容易扩展，由此形成的裂隙区范围也就越大。

5.2.4　含瓦斯煤体爆破隙扩展规律

试验结果表明，含瓦斯煤体中爆破裂隙扩展包括初期爆炸应力波作用下的快速衰减、中期爆生气体与瓦斯气体作用下缓慢衰减和后期近似均速扩展三个阶段。随着爆炸应力波峰值的增加，初期裂隙扩展速度有所提高，且在裂隙扩展的后期阶段由于反射波的作用将产生局部波动现象。

另外，含瓦斯煤体中爆破裂隙的形成是爆炸应力波、爆生气体和瓦斯气体以及反射波共同作用的结果。瓦斯气体有利于爆破裂隙的形成与扩展，可以在一定程度上增加裂隙扩展速度，但主要作用在后期裂隙的形成与扩展过程中体现[24]。

5.3　爆破煤层致裂技术、工艺与案例

广义而言，土木和矿业工程中使用的爆破技术都可称为控制爆破技术。所谓控制爆破是指根据工程要求，采取一定的措施，合理地利用炸药的爆炸能量，使其既能满足爆破工程的具体要求，又能将爆破造成的各种潜在危害控制在一定范围以内的爆破技术。控制爆破的种类和相对应的作用如表 5-1 所示。

表 5-1　控制爆破分类[25]

类型	特点与用途
微差爆破	降低振动，增加一次爆破量，改善块度，飞石少，单次爆破消耗低
挤压爆破	改善块度，改善爆堆，不过分分散
预裂爆破	多用于露天，降震，保护边坡，包括路堑、坝基未开挖部分
光面爆破	多用于井巷，保护围岩，减少超挖和支护工作量
聚能爆破	多用于军事，但目前也用于煤层致裂
拆除爆破	包括水压爆破，用于拆除各建筑物、构筑物，高效、安全、飞石少、地震危害可控，定向倒塌

5.3.1　深孔预裂爆破煤层致裂技术

爆破孔深度在 10m 以上，为增加煤岩体裂隙而在实体煤岩体中进行的非落煤岩的爆破，称为深孔预裂爆破[26]。

20 世纪 60 年代初，不耦合装药、高密度炮孔齐发等预裂爆破技术首先应用于美国 Niagara 水电站建设中，之后在露天采矿的工程爆破中得到了进一步的发展。70 年代中期，预裂爆破在我国露天矿开始大量应用，随着煤矿生产机械化程度的不断提高，作为传统采煤方法的爆破落煤已逐渐被机械采煤代替。然而，爆破方法作为一种手段，煤矿井下仍广泛使用，特别是用于煤层致裂，提高煤层瓦斯抽放效率和控制煤与瓦斯突出等方面依然是一种十分有效的技术手段。

1. 深孔预裂爆破煤层致裂原理简述

预裂爆破的作用机理是炸药在钻孔内爆炸后产生的应力波和高温高压气体在钻孔近区形成压缩粉碎区，使煤体固体骨架发生变形和破坏，形成爆炸空腔。在爆破中区，应力波过程，爆生气体产生准静态应力场，并楔入空腔，使裂隙张开和扩展。因此在钻孔周围形成径向交叉裂隙网。在爆破的远区，由于扩展孔的作用，形成反射拉伸波与径向裂隙尖端处应力场相互叠加，促使径向裂隙和环向裂隙进一步扩展，从而增加了裂隙区的范围[27]。通过上述裂隙形成过程，使煤体内形成以爆破孔为中心的连通裂隙网络。

2. 深孔预裂爆破的理论计算方法和参数选择

根据 Mises 准则，如果介质中任意一点的压力强度 σ_i 满足式(5-56)和式(5-57)时，则岩石破坏[28]：

$$\sigma_i \geqslant \sigma_0 \tag{5-56}$$

$$\sigma_0 = \begin{cases} \sigma_{cd} \\ \sigma_{td} \end{cases} \tag{5-57}$$

式中，σ_0 为岩石单轴受力条件下的破坏强度。当这一强度等于岩石的单轴动态抗压强度(σ_{cd})时，压缩区域形成；当等于岩石的单轴动态抗拉强度(σ_{td})时，裂隙区域形成。

在无限介质中不耦合装药的情况下，岩石中的柱状药包爆炸后，透射冲击波的压力为[29]

$$P = \frac{1}{2(1+\gamma)} \rho_0 D_v^2 K^{-2\gamma} l_c n \tag{5-58}$$

式中，P 为透射入岩石的冲击波初始压力，MPa；ρ_0 为炸药的密度，kg/m^3；D_v 为爆炸的爆速，m/s；K 为装药径向不耦合系数，$K = d_b/d_c$，其中，d_b、d_c 分别为炮孔半径和药卷半径，mm；l_c 为装药轴向系数，$l_c = 1$ 表示轴向不留空气柱；γ 为爆轰产物的膨胀绝热指数，一般取 $\gamma = 3$；n 为炸药爆炸产物的膨胀碰撞炮孔壁时的压力增大系数，一般取 $n = 10$。

　　岩石中的透射冲击波不断向外传播而衰减，在压碎区的衰减指数为 α，$\alpha = 2 + \mu_d / (1 - \mu_d)$。在压碎圈以外，爆炸荷载以应力波的形式继续向外传播，其衰减系数为 β，$\beta = 2 - \mu_d / (1 - \mu_d)$，其中，$\mu_d$ 为岩石的动态泊松比。根据式(5-56)和式(5-57)在压碎区和裂隙区的分界面上：

$$\sigma_R = \frac{\sqrt{2}\sigma_{cd}}{B} \tag{5-59}$$

其中

$$B = \left[(1+b)^2 + (1+b^2) - 2\mu_d (1-\mu_d)(1-b)^2 \right]^{\frac{1}{2}} \tag{5-60}$$

式中，b 为侧向应力系数，$b = \mu_d / (1 - \mu_d)$；σ_R 为压碎区与裂隙区分界上的径向应力，MPa。

　　由于采取不耦合装药，当不耦合系数较小时，裂隙圈半径能够估算为

$$R_p = \left(\frac{\sigma_R B}{\sqrt{2}\sigma_{td}} \right) \left[\frac{\rho_0 D_v^2 n K^{-2\gamma} l_c B}{2\sqrt{2}(1+\gamma)\sigma_{cd}} \right] \tag{5-61}$$

3. 深孔预裂爆破裂隙扩展理论

　　对于爆破煤层致裂，其煤层裂隙的扩展是受爆炸应力波和煤层瓦斯压力共同作用的结果。压剪应力来自于爆炸应力波，渗透应力则是由爆炸后煤层瓦斯解析渗透压力所致。深孔预裂爆破后，煤层以爆破钻孔为中心，向外扩展，主要形成三个区域，包括粉碎区、裂隙发育区和裂隙区。

1) 深孔预裂爆破粉碎区

　　爆炸初期，作用于钻孔壁周围的应力波使钻孔壁煤层形成破碎区。根据质量守恒定律、动量守恒和能量守恒[30]：

$$\rho_m D_c = \rho_c (v_c - u_c) \tag{5-62}$$

$$P_c = \rho_m v_c u_c \tag{5-63}$$

$$\Delta E = \frac{1}{2} P_c \left(\frac{1}{\rho_m} - \frac{1}{\rho_c} \right) \tag{5-64}$$

式中，ρ_m 为煤的密度，kg/m^3；ρ_c 为冲击波阵面上煤的密度，kg/m^3；P_c 为冲击波阵面上峰值压力，Pa；u_c 为冲击波阵面上质点运动速度，m/s；v_c 为冲击波在煤层中的传播速度，m/s；ΔE 为单位质量煤体内部的能量变化，J。

粉碎区外界面上，冲击波迅速衰减为应力波，波速衰减为弹性纵波波速，此时，其峰值压力为

$$P_r = \rho_m v_p u_r \tag{5-65}$$

式中，v_p 为弹性纵波波速，m/s；u_r 为粉碎区界面质点移动速度，m/s，其表达式为

$$u_r = \frac{v_p - a}{b} \tag{5-66}$$

其中，a、b 均为常数，由 $D = a + bu$ 确定。

2) 深孔预裂爆破裂隙发育区

迅速衰减的冲击波在粉碎区外转变为应力波。当其压力超过煤体的抗压强度时，将使得煤体破坏。这一破坏区域被定义为压坏区。当应力波径向压应力值小于煤体强度时，该区域不再继续扩展。当同时考虑煤体结构和瓦斯压力对预裂爆破裂隙影响时，使用损伤因子概念，则有[31]：

$$R_c = \frac{R_0 (P_r + P_w)^{1/1.43}}{1 - D} = \frac{R_0 \left[\dfrac{\rho_m v_p (v_p - a) + b P_w}{b S_c} \right]^{1/1.43}}{1 - D} \tag{5-67}$$

式中，R_c 为压坏区半径，m；D 为损伤因子；S_c 为煤体抗压强度，MPa；P_r 为峰值压力，MPa；P_w 为煤层内部的瓦斯压力，MPa；R_0 为粉碎区半径，m。

3) 深孔预裂爆破裂隙区

在应力波径向压缩时，同时产生切向拉应力是煤层产生径向裂隙的主要因素。当切向拉应力小于煤体的抗拉强度时，裂隙不再扩展，径向裂隙的扩展半径为[31]

$$R_{\mathrm{r}} = \frac{R_{\mathrm{b}} \left(\dfrac{kP_{\mathrm{r}} + P_{\mathrm{w}}}{S_{\mathrm{r}}} \right)^{1/1.43}}{1 - D} = \frac{R_{\mathrm{b}} \left[\dfrac{0.56\rho_{\mathrm{m}} v_{\mathrm{p}} (v_{\mathrm{p}} - a) + P_{\mathrm{w}}}{bS_{\mathrm{r}}} \right]^{1/1.43}}{1 - D} \tag{5-68}$$

式中，k 为爆破孔峰值压力系数；S_{r} 为煤体抗拉强度，MPa；R_{b} 为炮孔半径，m。

4) 预裂爆破的参数选择

预裂爆破参数主要有不耦合系数、炸药品种、线装药密度及孔径和孔间距等。影响预裂爆破特征参数选择的主要因素是岩体的节理、裂隙状况、抗压强度和特征阻抗。另外，前述的这些预裂爆破参数之间又相互影响，对于每种岩石，当孔径确定之后，需要配以合适的炸药品种、合理的不耦合系数、线装药密度和孔距，以期取得预期的预裂爆破效果。

(1) 孔径。预裂爆破钻孔孔径应尽量选用小直径，其直径的变化范围为 150～250mm。

(2) 孔距。合理的孔距应使相邻钻孔的炸药爆炸后产生的应力波相互影响和叠加，以保证沿炮孔中心线拉开一条平整的裂缝。一般影响孔距大小的主要因素是孔径、岩石的特征阻抗和岩石的抗拉强度。通常，孔距与孔径的比值为 6～15。岩石的特征阻抗及岩石的强度大且完整性好，孔距与孔径的比值可选取较大值；而岩石的特征阻抗及岩石强度小且节理裂隙多，孔距与孔径的比值可选取较小值。另外，孔距和不耦合系数存在一定的函数关系，对于不同孔径，其关系也不同[32]：

$$a = 19.4D(K - 1)^{-0.523} \tag{5-69}$$

式中，a 为钻孔间距，cm；D 为钻孔直径，cm；K 为不耦合系数。

(3) 不耦合系数。在预裂孔爆破中，不耦合装药系数是影响爆破效果的重要因素，直接影响到预裂效果的好坏。影响不耦合系数的主要因素是岩体的抗压强度、预裂孔径和炸药品种。不耦合系数可以根据下列经验公式计算[32]：

$$K = 1 + 18.32S_{\mathrm{c}}^{-0.26} \tag{5-70}$$

式中，S_{c} 为岩石极限抗压强度，kg/cm²。

(4) 线装药密度。影响线装药密度的主要因素是岩石抗压强度和孔径。若岩石的抗压强度大、孔径大，则线装药密度大。根据经验，各矿线装药密度变化范围一般为 0.6～3.5kg/m。各种岩石的线装药密度如表 5-2 所示。对于孔内有水时线装药密度可降低 45%～60%[32]。另外，表 5-3 给出了线装药密度与炸药种类和钻孔间距的对应值，以供参考。

表 5-2　不同孔径和岩石抗压强度对应的线装药密度[32]

孔径/mm	抗压强度				
	600kg/m²	800kg/m²	1000kg/m²	1200kg/m²	1400kg/m²
100	1.40	1.75	2.15	2.52	2.90
150	3.00	3.80	4.50	5.20	5.90
170	4.15	5.00	5.85	6.00	7.55
200	5.35	6.30	7.28	8.25	9.25
250	6.70	8.60	10.5	12.4	14.4

表 5-3　不同孔径下铵油炸药的预裂孔间距和线装药密度[32]

孔径/mm	预裂孔间距/m	线装药密度/(kg/m)
50	0.5～0.8	0.2～0.35
80	0.7～1.5	0.4～1.0
100	1.0～1.8	0.7～1.4
125	1.2～2.1	0.9～1.7
150	1.5～2.5	1.1～2.0

4. 节理对预裂缝的影响

煤层和岩层中均存在节理裂隙。如上节所述，煤层节理对预裂爆破效果产生主要影响，其主要表现在对炸药爆破后的应力波传播造成影响。由于节理、爆破钻孔和控制钻孔之间连线方向难以形成有效的拉应力，而导致在理想状态下本应形成裂隙贯通无法实现。

造成裂隙无法贯通，裂隙网络无法形成的因素很多，其中包括煤层节理的走向、倾向、倾角、节理间距、节理刚度、节理摩擦角、节理膨胀角、节理的抗拉强度、节理的充填物性质等。这些因素中，又以节理的几何因素，包括节理的走向、倾角、倾向和间距影响最大[33]。因为这些因素将使爆破应力波的传播改变方向，造成炮孔间拉应力位置的改变，影响预裂裂隙的形成。

如果将炸药爆破简化为二维平面问题，两炮孔之间节理如图 5-9 所示[33]，其中 B 点单元体在爆破时的受力如图 5-10 所示[33]。

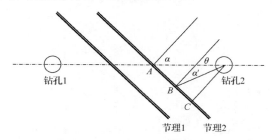

图 5-9　爆破孔与节理关系图(引自文献[33]，有修改)

α 为节理法线与炮孔连线的夹角；B 为节理上任意一点，其与钻孔 2 中心连线与节理法线夹角为 α′；
θ 为 B 点与炮孔 2 中心连线和两炮孔中心连线的夹角

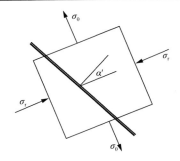

图 5-10　B 点单元应力状态图 (引自文献[33]，有修改)

σ_r 为径向应力；σ_θ 为切向应力

B 点节理面单元体的正应力和剪应力分别为[34]

$$\sigma_{\alpha'} = \frac{\sigma_r + \sigma_\theta}{2} + \frac{\sigma_r - \sigma_\theta}{2}\mathrm{con}2\alpha' \tag{5-71}$$

$$\tau_{\alpha'} = \frac{\sigma_r - \sigma_\theta}{2}\sin 2\alpha' \tag{5-72}$$

$$\sigma_\theta = -b\sigma_r \tag{5-73}$$

式中，σ_r 为径向压应力；σ_θ 为环向拉应力；$b = \mu/(1-\mu)$，其中 μ 为泊松比。

把式 (5-73) 代入式 (5-71)：

$$\sigma_{\alpha'} = \frac{\sigma_r}{2}\big[(1-b) + (1+b)\cos 2\alpha'\big] \tag{5-74}$$

根据图 5-10 可知：

$$\alpha' = \alpha - \theta \tag{5-75}$$

如果定义拉伸应力为正，压缩应力为负，并令 $\sigma_{\alpha'} \leqslant 0$，则有 $(1-b) + (1+b)$ $\cos 2\alpha' \geqslant 0$，即

$$-\frac{1}{2}\cos^{-1}\left(\frac{b-1}{b+1}\right) \leqslant \alpha' \leqslant \frac{1}{2}\cos^{-1}\left(\frac{b-1}{b+1}\right) \tag{5-76}$$

将式 (5-75) 代入式 (5-76) 得

$$\alpha - \frac{1}{2}\cos^{-1}\left(\frac{b-1}{b+1}\right) \leqslant \theta \leqslant \alpha + \frac{1}{2}\cos^{-1}\left(\frac{b-1}{b+1}\right) \tag{5-77}$$

基于上式可知，当节理出任意点 B 满足式 (5-77) 所确定的范围时，节理处所

受应力状态为压应力，而范围之外的其余部位为拉应力。当这些部位的拉应力达到一定程度时，节理张开，由此导致压缩波无法通过。也就是说，如果当满足下列条件时，应力波有可能无法通过两个钻孔的连线方向上的节理面，故此，无法形成预期的裂隙。

$$\frac{1}{2}\cos^{-1}\left(\frac{b-1}{b+1}\right) \leqslant \alpha \leqslant 90° \tag{5-78}$$

当满足下列条件：

$$0° < \alpha < \frac{1}{2}\cos^{-1}\left(\frac{b-1}{b+1}\right) \tag{5-79}$$

并基于式 (5-74) 可知，当 $\cos 2\alpha' = 1$，$\alpha' = 0$，即 $\theta = \alpha$ 时，$\sigma_{\alpha'}$ 为最大值，此时，节理面上任意点 B 与钻孔 2 的中心连线即为节理面的法线，故在有节理存在且节理法线与钻孔连线夹角在式 (5-79) 确定的范围内时，沿炮孔与垂直于节理面方向出现裂隙的可能性最大。

5. 深孔预裂爆破煤层致裂案例

1) 矿山背景和地质概况

鹤壁矿区西依太行山新华夏系隆起带，东临华北平原新华夏系沉降带，走向长 30km，倾向宽 20km。矿区主采煤层二煤为单一低透气性特厚煤层，平均煤厚 8m；煤层倾角 8°～30°，局部可达 50°。煤尘具有爆炸性，爆炸指数 17.2%。煤层的自然发火期为 4～6 个月。煤质为贫煤或贫瘦煤。鹤壁二矿于 1958 年建成投产，生产能力为 60 万 t/a，南、北翼开采井田二$_1$煤层，1978 年建立了瓦斯抽放系统。爆破实施地点为二矿 36061 工作面，工作面平均埋深为 450m，走向长为 490m，倾斜长为 107.5m。煤层平均厚度为 6.65m，煤层瓦斯含量为 11m^3/t 左右[35]。

2) 深孔预裂爆破技术设计方案与实施

(1) 工艺及设备。打钻采用 TXU-75 型钻机，干式打钻 (风压为 0.5～0.6MPa) 方式施工爆破孔和控制孔，孔径均为 ϕ79mm，钻进速度为 1.5m/min。爆破孔装药采用抗静电阻燃塑料管压风方式装药。为了提高炮孔利用率、爆破效果和装药速度，克服深孔爆破时存在的管道效应、间断装药所引起的拒爆、爆燃现象和瞎炮等潜在的问题，设计采用连续耦合装药，孔内加导爆索，正向起爆，引药用双雷管引爆的装药结构。装药工艺采用 BQF-50A 型压风装药器与抗静电阻燃塑料管配合进行装药。封孔时采用装药器封孔，封孔材料为黄泥。

(2) 预裂爆破参数的选择。预裂爆破参数主要涉及爆破孔和控制孔的孔间距和爆破孔封孔长度。

对于爆破孔和控制孔的孔间距，当煤层条件一定时，孔间距需要与孔径相匹配，以利于裂隙的形成与扩展，提高煤层透气性。随着孔间距的增大，透气性系数迅速降低，当孔间距大到一定程度时，透气性已接近原始煤体，这时孔间就不能形成贯通裂隙。反之，孔间距越小，透气性就越大，但工程量就越大，成本就越高。因此在保证良好的预裂爆破效果前提下，尽可能加大孔间距。为了确定合理的孔间距，选择了6m、8m、10m三种孔间距进行考察。

对于爆破孔封孔长度，合理的爆破孔封孔长度不仅能保证爆破效果，而且能保护巷帮煤体不受破坏，满足抽放要求。爆炸瞬间应力波将集中向结构弱面-封孔段作用。在实施过程中，封孔材料为略潮的黄泥，其优点是塑性变形好，能够有效地吸收爆炸应力波。另外，由于采用正向起爆方法，爆轰波传播方向是由孔口向孔底传播，爆炸应力波相对地对孔口作用较小。爆破孔两边设计有控制孔，控制孔作为自由面存在于爆破孔的同一水平面上，引导爆炸能量向控制孔方向作用，从而减轻了爆炸应力波对巷帮煤体的破坏。通过试验确定封孔长度为10～18m较合适。

实施过程中共设计了十三个钻孔，其中爆破孔六个，辅以七个控制孔，钻孔参数如表5-4所示[35]。

表 5-4　爆破钻孔参数[35]

孔号	类型	孔间距/m	装药量/kg	孔深/m	封孔长度/m
1	控制孔	6		69.8	
2	爆破孔	6	72	51.8	18
3	控制孔	6		70.0	
4	爆破孔	6	72	51.2	11
5	控制孔	8		69.0	
6	爆破孔	8	90	50.0	9.0
7	控制孔	8			
8	爆破孔	10	84	51.0	13
9	控制孔	10		50.2	
10	爆破孔	10	76	50.0	13
11	控制孔	10		54.5	
12	爆破孔	10	78	47.2	14.5
13	控制孔			51.5	

试验目的是为了考察预裂爆破技术的爆破参数、布孔参数及预裂爆破后的抽放效果，并与该地区其他普通钻孔进行对比。

实施过程中，12号爆破孔由于故障未能顺利起爆，10号爆破孔爆破效果不理想。除此之外，依次顺利地起爆了2号孔、4号孔、6号孔、8号孔、10号孔。另外，在钻孔过程中，9～13 号孔的成孔质量不好，抽放时，导致 9 号孔、10 号孔、12 号孔、13 号孔测不出流量。

与此同时，在试验时，还在下顺槽的普通抽放钻孔(每 3m 一个钻场，每个钻场两个钻孔)与预裂爆破作了对比试验。

为了确认预裂效果，爆破后，将爆破孔的封孔段打开，与控制孔一样进行封孔抽放。封孔采用水泥砂浆封孔，封孔长度为 5m。预裂爆破后的抽放钻孔采用玻璃浮子流量计观测单孔流量，抽放钻孔的总流量用固定式孔板流量计观测。整个瓦斯数据观测共进行了三个月，测得的总体钻孔瓦斯浓度变化范围为 10%～15%。

3) 深孔预裂爆破技术实验结果分析

综上所述，爆破后，爆破孔爆破近区煤体严重破坏、充分卸压，使煤体内大量吸附瓦斯变成游离瓦斯。在爆破中远区，由于爆破的影响，形成的大量裂隙促进了煤层瓦斯抽放。另外，控制孔周围的煤体由于受爆炸应力波的影响，也产生大量裂隙，导致大量瓦斯解吸，因此，抽放初期的流量较大。随着抽放时间的延长，爆破近区的瓦斯含量降低，所抽瓦斯主要来自于爆破中远区。此时，瓦斯抽采进入衰减阶段。根据观测数据，预裂爆破抽放初期瓦斯流量较大，在较短时间内能抽出大量瓦斯，从而达到了缩短抽放时间、实现快速抽放的目的。

6. 深孔预裂爆破的技术特征

煤层深孔预裂爆破应力波传播和介质的破坏特点与岩层爆破破坏存在显著差异，其主要表现在以下几个方面[36]。

(1)由于煤层松软，煤介质对应力波能量的吸收比岩石大得多，因此，较大部分能量在爆破近区被吸收，近区压碎破坏效果明显。

(2)煤层的压碎破坏发生在炸药爆破初期。

(3)在煤层爆破时，应力波衰减较岩石更快。

(4)对煤层深孔爆破，将导爆索单点起爆等同于整个炮孔同时起爆的观点存在一定的误差。研究发现，炸药和导爆索传爆速度不同所带来的应力动态存在较大的差异，因此必须对单点起爆药包进行单独设计计算。另外，同时起爆较单点起爆具有更好的爆破效果，但考虑到实际施工条件，有时仍需采用单点或多点起爆技术。

(5)在爆破对瓦斯抽放影响时段内(在松软煤层条件下)，其抽放影响半径不超过 10m，超过这一距离的抽放效果不明显。

5.3.2　聚能爆破煤层致裂技术

由于炸药在煤岩层中爆炸会产生放射状的裂纹，当炸药使用量过大时会对煤层顶板产生破坏，而炸药使用量过少时，爆破产生的裂纹较少又会影响煤层致裂的效果，降低瓦斯抽采效率。另外，炸药爆破时产生的能量较大一部分消耗在粉碎圈，致裂带的扩展范围反而较小。同时，爆破后被压碎的煤粉容易堵塞裂缝，或者形成爆炸空腔，影响顶、底板稳定性。

采用定向聚能爆破增透技术可有效解决该问题。定向聚能爆破能够实现射流侵彻和爆炸能量的叠加，产生极大的能量射流，控制预定方向的裂隙扩展，减少其他方向随机裂隙的生成，从而使爆破聚能方向上煤体裂纹的数量和深度有所增加，形成范围较大的径向和环向裂隙交叉网络，在达到提高煤层透气性的同时，提高炮孔的利用率，确保煤层顶板的稳定性。因此，定向聚能爆破是煤矿较为常用的一种煤层致裂技术，其主要特点是在同等条件下，能够提高煤层的致裂效率。

1. 聚能爆破的聚能效应

聚能效应又称为空心效应或诺尔曼效应。它是利用装药一端特殊的孔穴提高特定方向的破坏作用。通常，普通的球状或柱状装药爆炸后，爆炸产物沿着装药表面向四周扩散，如在装药一端切一聚能穴，爆炸产物将向穴的轴线方向积聚。聚能气流的能量由气流的动能和势能组成：

$$E = \frac{1}{8}\rho_0 D^2 + \frac{1}{24}\rho_0 D^2 \tag{5-80}$$

式中，ρ_0 为炸药的密度，kg/m³；D 为爆速，m/s。其中，等式的右边第一项为势能，第二项为动能。

定向聚能技术是利用爆破过程中动能能够被聚集的特点(势能无法聚集)，使高压的爆炸产物在沿轴线汇聚，形成更高的压力区，迫使爆炸产物向周围的低压区膨胀，并释放能量。为了更好利用爆轰产物的聚能作用，在聚能穴内装上金属罩，将能量尽可能转换成动能，从而提高能量的集中程度。基于煤矿的特殊性，定向聚能爆破通常采用乳化炸药，聚能罩则采用铝材。

2. 聚能装药的发展历史和结构

1) 发展历史

空心聚能爆破最早是 1792 年德国采矿工程师 Baader 在采矿杂志上提到的，在爆破药包的前端增加一个锥形空间，以增加炸药的效果，从而节省炸药[37]。该方法被挪威和德国的矿山采用，虽然当时的炸药还不是高性能的炸药，因此还无法产生冲击波的聚能效应。

第一个真正的空心装药的聚能爆破是由德国的 Foerster 在 1883 完成的。1886年，德国杜塞尔多夫的 Bloem 就具有集中于轴向爆炸的效果的半球形金属起爆装置正式申请了美国专利。

聚能效应是由美国工程师 Munroe 发现，并以此而命名，因此也被称之为芒罗效应(the Munroe effect)。图 5-11 给出了标准的聚能结构。

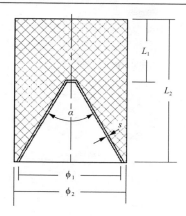

图 5-11　标准聚能结构示意图

L_1 为圆切面长度；L_2 为聚能结构长度；ϕ_1 为锥形孔端面直径；ϕ_2 为聚能结构长度；

α 为聚能结构的夹角；s 为其厚度

2) 线性聚能结构

线性聚能有着 V 形剖面和不同长度的衬。衬里被炸药包围，同时炸药被包裹在适当的材料中，用来保护炸药并在爆炸时限制它的爆轰(波)方向。使其在爆炸时，爆炸产生的压力波能够集中起来，破坏线性聚能结构的金属内衬，使其产生切削力对被爆炸物体产生破坏。这些爆炸的碎片形成连续的类似于刀切式的射流。这样的射流切入任何被爆破的物理内部，其深度取决于聚能爆破结构使用的材料和尺寸。为了获得更加复杂的切割效果，工程师们设计了不同聚能结构(如铅或高密度的材料)的罩和不同材料韧性/柔性内衬材料。线性聚能爆破是最常用的一种聚能爆破装置(图 5-11)。在土木工程中，线性聚能技术经常被用于建筑物控制爆破。在航天工业，被用于多级火箭分离。

3. 聚能爆破机理

基于爆破的聚能效应，在定向聚能爆破中，影响煤体裂隙起裂和扩展的外界因素主要包括聚能罩、爆轰产物、爆炸冲击波、爆生气体和煤层瓦斯等因素。由于爆破孔周围煤体对上述因素响应不同，可将煤体划分为不同的爆破影响区[38]：①1#，弹塑性区；②2#，裂隙区；③3#，粉碎区；④4#，裂隙扩展区；⑤5#，炮孔(图 5-12)。

在粉碎区(3#)，煤体受瞬间高压，并发生粉碎性破坏，在聚能方向(图 5-12炮孔 x 轴方向)，爆轰产物积聚的能量一部分转化为聚能罩侵彻煤体的动能，使 x 轴方向上粉碎半径变小。在粉碎区外围是裂隙区(2#)，在该区域非聚能方向上(图 5-12 炮孔 y 轴方向)，产生径向裂隙与环向裂隙，并相互交叉，由于在粉碎区 y 轴方向上爆破能量过多消耗在粉碎煤体上，使裂隙区在 y 轴方向扩展范围小。在 x 轴方向上聚能罩和爆轰产物侵彻煤体形成宏观裂缝，在受应力波和爆轰气体作用下，裂隙扩展范围要大于其他方向裂隙扩展范围。在裂隙扩展区(4#)，炮孔内爆生气体是裂缝起裂和扩展的驱动力。由于炮孔中的爆炸应力波和爆生气体压力改变了煤体初始应力状态，煤体内原始裂隙体形状和尺寸也随之改变，并使相互独立的裂隙相互沟通，进而连通形成裂隙网。

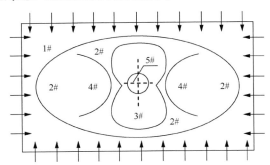

图 5-12　煤体在聚能爆破荷载作用下形成的区域

煤层瓦斯压力对煤体裂隙扩展的作用主要表现为降低煤体的围压，产生次生裂隙，因此，相对于爆炸产生的爆生气体而言，其作用较小。

从煤体裂隙扩展微观角度看，聚能爆破的作用主要集中在以下几个方面[38]。

(1)聚能药包起爆后聚能罩直接撞击相对的孔壁，被撞击的孔壁附近煤体在较大的动能作用下形成定向裂缝。

(2)离孔壁相对较远处，爆轰能流密度降低，此时，作用于煤体的能量也随之降低，在沿聚能方向的煤体中形成叠加应力场，因此，在聚能方向的煤体将受到更大的动能作用。

(3)在非聚能方向上，在后续高温、高压的爆生气体准静态作用下，煤体再次受到相同能量增量的作用。

(4)在聚能方向上，作用于煤体的能量增量大于非聚能方向。因此，沿聚能方向更容易形成定向裂缝。

与普通煤层深孔爆破相比，聚能爆破能量能够更有效地施加于煤体裂隙扩展的方向上，使这个方向上的裂隙得以扩展，使煤层深孔聚能爆破粉碎区范围变小、断裂带范围变大，使爆破孔临近的大量微裂隙贯通，最终形成裂隙网络，进而提高煤体渗透性。

4. 煤层深孔聚能爆破致裂增透的参数设计与工艺

将聚能定向爆破技术应用于煤层中，制定了聚能爆破工艺，并将工艺分为选址、打钻、装药、封孔、引爆五个步骤。

1)钻孔位置选择

聚能爆破工艺中钻孔的选择是整个工程实施的第一步，科学合理地选择钻孔位置不仅能够使致裂成功率大幅提高，而且可以提高爆破的安全性。煤层深孔聚能爆破钻孔位置选择需要考虑以下两个关键因素[38]。

（1）安全因素。在选择爆破钻孔位置时，尽量使预期的爆破影响半径内不存在瓦斯地质和水文地质隐患。由于聚能爆破影响半径较大，因此，需要避免由此诱发的矿井事故。

（2）施工因素。聚能爆破涉及打钻、装药等工序，在实施过程中需要一定的操作空间，因此，一般不选择在煤层坡度较大、巷道较狭窄的地方，以避免破坏巷道设施。

2）钻孔

爆破钻孔涉及三个参数，包括爆破孔直径、孔深和间距。

爆破孔直径与药卷直径相互匹配为好。

爆破孔深取决于装药长度和封孔长度及爆破后钻孔中可能存在煤渣在孔底的堆积等因素综合设计爆破孔的深度。

聚能爆破孔间距的大小取决于聚能爆破的影响范围。如果两个爆破孔间距过大，钻孔之间的爆破裂隙无法贯通；如果间距过小，则裂隙扩展范围重合，造成爆破能量的浪费。理论上，聚能爆破的影响范围包括两个部分：一是爆破产生的金属碎片在煤层中的切割深度[39]和爆生气体导致的裂缝扩展长度。前者有聚能爆破在孔壁上形成的切槽深度远小于裂隙扩展的长度，因此，可忽略不计。后者由爆生气体的压力和岩体的段落强度因子 K_1 决定[40]：

$$K_1 = 2P_b r_b \left(1 - \frac{r_b^2}{b^2}\right) \bigg/ (\pi b)^{\frac{1}{2}} \tag{5-81}$$

式中，P_b 为裂隙止裂时炮孔内爆生气体压力，与炸药量、药包结构及被爆破岩体性质等因素有关；r_b 为炮孔半径；b 为裂隙扩展长度。由式(5-81)求 K_1 对 b 的偏导可知，当 $b = \sqrt{5}r_b$ 时，K_1 为最大值，结合致裂条件可得，裂隙尖端压力强度因子随裂隙扩展的变化趋势(图 5-13)。

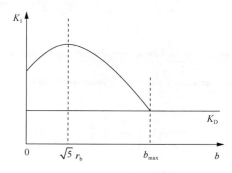

图 5-13　应力强度因子随裂隙扩展变化曲线[38]

在钻孔内，孔壁主要受爆生气体作用，随着裂隙的扩展，炮孔内准静态压力很快达到峰值，之后逐渐下降，裂隙尖端的应力强度因子降低，其降低速度与切缝数目有关。切缝数目越多，压力和压力强度因子降低速度越快。当满足 $K_1 = K_D$（K_D 为岩石的动态段落韧度）时，裂隙停止扩展[41]，用 K_D 取代 K_1，则有：

$$K_D = 2P_b r_b \left(1 - \frac{r_b^2}{b_2} \right) \bigg/ (\pi b)^{1/2} \qquad (5\text{-}82)$$

令 $\lambda = b / r_b$，$F(\lambda) = 2(r_b / \pi)^{1/2}(1 - \lambda^2)\lambda^{-1/2}$，则式（5-82）为

$$K_D = P_b F(\lambda) \qquad (5\text{-}83)$$

将裂隙扩展到最大长度 $b_{\max}$ 所对应的 λ 值，即为 λ_c，则最大裂隙长度为

$$b_{\max} = \lambda_c r_b \qquad (5\text{-}84)$$

因此，炮孔间距为

$$a = 2b_{\max} \qquad (5\text{-}85)$$

3）装药

首先是制备聚能药包。聚能爆破炸药通常采用矿用炸药，药卷以串联方式连接，聚能槽按方式装入设定的 PVC 管中。在 PVC 管中部开三角形槽，雷管以两个一组并联入药卷中，药卷之间的雷管按照串联方式连接。

其次是装药。装药前首先需要清除炮孔中的煤粉，以防止装药过程中煤渣积累阻碍药卷进入预定的位置。在第一根 PVC 管顶端安装木质锥形导向梭，聚能药卷之间通过套接方式连接，药卷中每根炮线的接头必须使用绝缘胶布包裹，脚线与放炮母线沿孔顶煤壁引出炮孔，避免淋水和其他导电体。将聚能药卷连接完成后依次送入炮孔，安装过程中必须进行雷管和放炮点的导通检测，直至所有药卷送入炮孔。图 5-14 为聚能爆破药卷在钻孔中安装方式示意图。

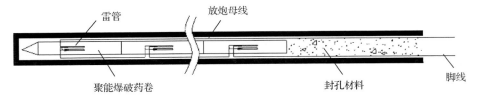

图 5-14　钻孔中聚能药卷结构剖面图[38]

4）封孔

封孔工艺是聚能爆破技术的关键环节之一，主要工艺包括封孔材料的选择和

封孔长度的确定。一般而言，深孔爆破的封孔长度与装药量、孔深、孔径和爆破区域的环境有直接关系。当聚能爆破孔设计装药量较大时，如果煤壁松软则容易发生冲孔。通常根据实践经验，封孔长度为 8m 或以上则能够保证封孔质量。封孔材料通常采用黄泥卷，将黄泥制备成与钻孔直径匹配，长度为 100～200mm 的卷封，风干一段时间后堵钻孔。

5）起爆方式

封孔完毕后再次进行导通，用起爆器测量爆破网路的电阻值。如果爆破网路电阻远小于起爆器准爆能力，则可安全起爆；如果爆破网路电阻接近或大于起爆器允许的最大负载电阻，则不能够安全起爆。导通后所有施工人员必须撤离到安全区，并准备起爆作业。

5. 聚能爆破煤层致裂机理

聚能爆破煤层致裂是通过特定的聚能装药形式（结构），实现在预定方向上爆炸能量集中，以在同等药量条件下提高煤层爆破的致裂效果。

实践证明，炸药起爆后，爆生气体使聚能槽发生压缩效应，使得在预定方向上通过聚能槽形成高速运动的聚能流体，形成聚能射流，在这一高速聚能射流的作用下，使得药卷周围煤层产生初始导向裂隙。这个初始导向裂隙将对后续裂隙的扩展起到十分重要的控制作用[42]。

随着爆轰冲击波和应力波的作用，在爆破近区应力峰值远大于煤层的抗压强度，致使煤层内部破坏，并形成粉碎区。与此同时，由于煤层径向受到反射气体作用，在环向上继续受到拉应力的作用，当环向拉应力大于煤层的抗剪强度时，径向裂隙将出现，并压缩煤体，使其释放弹性能而产生环、径向拉应力；当拉应力超过煤体的抗压强度时，将会产生环向裂隙[43]。理论上，在爆轰波应力传播过程中，煤体处于复杂的拉压混合三向应力状态，其内任意一点的应力强度为[44]

$$\sigma_i = \frac{1}{\sqrt{2}} \left[\left(\sigma_r - \sigma_\theta \right)^2 + \left(\sigma_\theta - \sigma_z \right)^2 + \left(\sigma_z - \sigma_r \right)^2 \right]^{\frac{1}{2}} \tag{5-86}$$

式中，σ_i 为任意一点的应力强度；σ_r、σ_θ 分别为岩石中的径向应力和切向应力；σ_z 为垂直方向的应力。

在聚能爆破动载阶段，当有效应力峰值 $(\sigma_i)_{max} \geqslant S_{cd}$ 时，形成粉碎区；当 $(\sigma_i)_{max} \geqslant S_{td}$ 时，形成裂隙发育区。其中，S_{cd} 为煤体的动态抗压强度；S_{td} 为煤体的动态抗拉强度。在聚能爆破阶段，当有效应力峰值 $(\sigma_i)_{max} \geqslant (\sigma_i')_{max}$，$(\sigma_i)_{max} - \sigma'_{max} \geqslant S_t$ 时，裂隙扩展区形成。其中，$(\sigma_i')_{max}$ 为静荷载单独作用于煤体的有效应力峰值；σ' 为静荷载单独作用下稳定阶段的有效应力。

聚能爆破利用了聚能射流切割煤层形成初始导向裂隙，在爆生气体气楔作用下，促进裂隙在煤层内较大范围扩展的一个过程[42]。

6. 聚能爆破煤层致裂案例

1) 实施煤矿基本特征

平煤六矿为瓦斯突出矿井。为了改善和提高低透气性煤层的瓦斯抽放效率，选择对二叠系下石盒子组戊 8 煤层进行聚能爆破以增加煤层透气性。工作面走向长度 1796m，宽度 180m，埋深 783～882m，煤层倾角 1.8°～9.7°，工作面断层发育，评价瓦斯含量为 7.18m³/t，瓦斯压力为 0.71MPa，并且随着埋深的增加而增加，突出危险性较大[45]。

2) 聚能爆破参数设计

(1) 钻孔直径。爆破采用不耦合装药结构，即药卷直径与炮孔直径不相等，其药卷直径选择为 45mm，钻孔直径设计为 89mm，以使爆破后裂隙能够充分发育，又尽量避免煤层的粉碎性破坏。

(2) 钻孔间距。两相邻钻孔(爆破孔和抽采孔)的合理间距应为在爆破后抽采孔不发生破坏为原则。通常采用下列公式进行计算：

$$l > \left(\frac{P}{\min(\sigma_{cd}, \sigma_{td})} \right)^{\frac{1}{a}} r_1 \tag{5-87}$$

式中，P 为爆破孔孔壁的冲击压力，MPa；r_1 为钻孔的半径，m；a 为应力衰减系数；σ_{cd} 和 σ_{td} 分别为爆破过程中煤体的动态抗压和抗压强度，MPa。

基于此，钻孔间距设计为 1.5m 以上。

(3) 爆破孔与顶底板的间距。一般而言，当爆破孔与顶底板距离较近时，爆破后对顶底板造成破坏的可能性较大。因此为了避免给未来煤层开采时顶底板支护造成困难，设计其间距为 0.6m 以上。

(4) 爆破孔间距。爆破后，以爆破孔为中心将形成粉碎区、致裂区和振动区。因此，确定了振动区域的半径就能够合理设计爆破孔间距参数。通常，采用下列公式计算振动区的半径为

$$R = 1.5\sqrt[3]{Q} \sim 2.8\sqrt[3]{Q} \tag{5-88}$$

式中，Q 为装药量，kg。

根据计算，爆破孔间距设计为 15m。

（5）轴向装药长度。爆破孔装药长度通常设计为 30m。装药长度越大，爆破后产生的冲击效应就越大。在不耦合系数确定的情况下，通过调整装药长度可以获得预期的爆破效果。

3）聚能爆破安排与增透效果

根据工作面的实际条件及上述设计参数，在工作面进行 15 次聚能爆破，其中 14 次在机巷，一次在风巷。

同时，为了检验聚能爆破的增透效果，对聚能爆破前后爆破影响区及非影响区的平均瓦斯抽采浓度和纯量进行了对比。其中，爆破前瓦斯抽采浓度为 23.7%，纯量为 0.004m³/min；爆破后，浓度为 30.2%，纯量为 0.015m³/min。其浓度和纯量增量分别为 6.5% 和 0.011m³/min。爆破影响区瓦斯抽采浓度和纯量是非影响区的 1.6 和 2.2 倍。由此可见，爆破使煤层裂隙数量明显增加，瓦斯抽放效率得以显著提高。

5.3.3 松动爆破煤层致裂技术

松动爆破技术是指充分利用爆破能量，使爆破对象成为裂隙发育体，不产生抛掷现象的一种爆破技术。松动爆破又分普通松动和加强松动爆破。松动爆破后岩石只呈现破裂和松动状态，可以形成松动爆破漏斗。另外，由于松动爆破不产生抛掷作用，因此其装药量只有标准抛掷爆破的 40%～50%。因此，对周围未爆部分的破坏范围较小[46]。

在煤炭开采中，松动爆破为多种采煤方法的应用起着助采作用，属于助采工艺。

对于突出煤层巷道掘进，能够通过煤层松动爆破，迫使煤体产生裂隙以释放应力和瓦斯，达到提高煤层透气性和防治突出的目的。通过对煤层进行松动爆破，使煤体内产生大量的贯穿裂隙，提高煤层的透气性，并使煤层内的应力集中向掘进工作面的深部转移，卸除了工作面前方的煤层应力，有效防治了煤与瓦斯突出危险性[47]。

在煤层致裂方面，松动爆破能够形成更多的裂隙，增大煤体透气性，使煤体内的瓦斯大量涌出、创造更好的瓦斯排放条件，降低煤层瓦斯压力，达到快速消突，提高煤层瓦斯抽放效率的目的。

煤层深孔松动爆破的特点是在爆破孔周围增加辅助自由面-控制孔。在含瓦斯煤体进行深孔松动爆破的目的是增加煤体的裂隙长度和范围，以提高煤层的透气性。因此，在爆破时，不仅要求在临近孔连线方向形成贯通裂隙，而且要求在其他方向上尽可能多地产生裂隙，使煤体形成以炮孔为中心的相互连通的裂隙网络。另外，考虑到瓦斯压力对爆生裂隙产生的影响，因此在作用机理上与岩层松动爆破有所不同。

1. 松动爆破致裂机理

1) 松动爆破机理

由钻孔爆破学可知，钻孔中药卷（包）起爆后，爆轰波就以一定的速度向各个方向传播。同时，爆炸气体充满整个钻孔，其压力可达几千到几万兆帕的气体作用在孔壁上，使钻孔附近的煤岩体因受高温高压的作用，产生压缩变形和径向位移。与此同时，在切向方向上将受到拉应力作用，并产生拉伸变形。由于煤岩的抗拉伸能力远低于抗压能力，故在起爆后首先在径向方向上产生裂隙。在径向方向上，由于质点位移不同，其阻力也不同，因此，必然产生剪应力。如果剪应力超过煤岩的抗剪强度，则产生剪切破坏，产生径向剪切裂隙。此外，爆炸是一个高温高压的过程，随着温度的降低，原来由压缩作用而引起的单元径向位移，必然在冷却作用下使该单元产生向心运动，于是单元径向呈拉伸状态，产生拉应力。当拉应力大于煤岩体抗拉强度时，煤岩体将呈现拉伸破坏，从而在切向方向上形成拉伸裂隙，钻孔附近形成了破碎带和裂隙带。

另外，由于钻孔附近的破碎带和裂隙带的影响，破坏了煤岩体的整体性，使周围的煤岩体由原来的三向受力状态变为双向受力状态，靠近工作面时又变为单向受力状态，从而使煤岩体的抗拉强度大大降低，在顶板超前支承压力作用下，增大了煤岩的破碎程度，采煤机的切割阻力减小，加快了割煤速度，从而起到了松动煤体的作用。

2) 不耦合装药的机理

利用不耦合装药（即药包和孔壁间有环状空隙），空隙的存在消减了作用在孔壁上的爆压峰值，并为孔间提供了聚能的临空面。消减后的爆压峰值不致使孔壁产生明显的压缩破坏，只切向压力使炮孔四周产生径向裂纹，加之临空面聚能作用使孔间连线产生应力集中，孔间裂纹发展，而滞后的高压气体沿裂缝产生气刃劈裂作用，使周边孔间连线上裂纹全部贯通。

3) 松动爆破的成缝机理

松动爆破的效果体现在爆破后，沿着控制孔的连线方向形成一定宽度和相互贯通的裂隙，爆破孔周围的岩体没有明显的破坏。其目的是通过使煤层松动，达到提高瓦斯抽放效率的目的。

大多数理论研究认为，应力波和爆生气体准静态压力的相互作用是促使松动爆破裂隙形成的关键。

在松动爆破时，其损失过程主要有两个阶段：①爆炸应力波作用阶段，这一阶段爆炸应力波作用在孔壁上，形成一定数量的径向、环向和切向裂隙；②爆生气体的准静态压力作用阶段，该阶段爆生气体发挥作用，不断膨胀的气体，使已经开裂的裂隙进一步扩展。孔内爆生气体在膨胀力的作用下，不断压入径向裂隙，形成气刃效应，使裂隙进一步增加。可见，松动爆破的两个阶段中，应力波和爆生气体准静态压力分别起着十分重要的作用[48]。

2. 影响松动爆破裂隙形成的因素

松动爆破致裂的影响因素主要有以下几个方面。

1) 炸药的性质

目前，常用的松动爆破炸药包括水胶炸药、乳化炸药、硝铵炸药和铵油炸药。由于不同的炸药其爆破参数不同，包括爆速、爆轰阻抗、气体体积和能量利用率等，由此产生的爆破效果不同，即会对煤层致裂裂隙参数产生影响。

2) 岩石的性质

不同岩石/煤层的组成不同，物理力学性质也就不同，包括弹性模量、强度、泊松比、非均质性和含水率等都将会对松动爆破致裂效果产生影响。

3) 炮孔直径

孔径对松动爆破效果影响显著。在应力波的作用下，裂隙从炮孔半径 1～2 倍的范围内产生并扩展。首先沿着径向和炮孔中心连线方向发展，假设孔径与孔间距的大小相比可以忽略不计，那么孔径本身也算是裂隙的一部分，故对裂隙的扩展产生影响[49]。

4) 岩石的初始应力

在深部煤层，其初始应力较大。当爆炸拉应力小于初始煤层的初始应力时，初始应力场对爆炸效果产生影响。一般情况下，裂隙的扩展受到初始应力场的阻碍，当爆生气体压力与煤层应力在同一水平时，煤层应力场的阻碍作用更加明显，相应地，致裂后的裂隙宽度和长度都会减小[48]。

3. 松动爆破技术参数的确定

爆破参数是松动爆破的效果的理论依据，主要的爆破指标需要遵从以下的设计特点。

第一是重要性。主要爆破参数在设计中的重要性的体现，因为只要控制了主要爆破参数就可能达到预期的爆破效果，可以忽略次要参数的影响。

第二是独立性。主要爆破参数必须具有独立性，不同的主要影响指标能够分别反映出各自某一方面的独立属性，主要爆破参数之间相互独立。

第三是定量性。每个爆破参数指标需要具体化且准确定量，而不能够根据经验含糊确定。

第四是简单性。每个主要参数的指标选都需要符合现场的实际情况，易于从现场活动，并能够定量表示。

最后是通用性。主要影响参数的选择是在常规条件下得到，要排除在某些特殊情况下的出现的特例。

1) 炮孔间距

有多种理论确定松动爆破孔间距。裂隙圈是深孔松动爆破主要的控制和作用区域，当炮孔间距 R_p 接近于两倍的裂隙圈半径时，就形成松动爆破。如果钻孔间距偏小会使煤体过度破碎，偏大又不能充分预裂顶煤。爆破时，煤岩体是在应力波和爆生气体静压共同作用下破裂，其裂隙圈半径 R_p 可按爆炸应力波作用理论或爆生气体准静态作用理论来确定。

(1) 按爆炸应力波作用理论确定 R_p[50]，可采用：

$$R_p = \left[\frac{\mu_d P}{S_t (1 - \mu_d)} \right]^{\frac{1}{\alpha}} r_b \tag{5-89}$$

$$P = \frac{1}{8} \left(\frac{r_c}{r_b} \right) n \rho_0 D^2 \tag{5-90}$$

式中，μ_d 为岩体的动态泊松比，$\mu_d = 0.8\mu$，其中 μ 为泊松比；P 为应力波初始径向应力峰值，MPa；α 为应力波的衰减系数，$\alpha = (2 - \mu_d)/(1 - \mu_d)$；$S_t$ 为岩体动态抗拉强度，MPa，r_b 为炮孔半径，mm；r_c 为药卷半径，mm；n 为作用于孔壁的压力增大倍数，$n = 8 \sim 11$；ρ_0 为装药密度，kg/m³；D 为炸药爆速，m/s。

(2) 按爆生气体准静态作用理论确定 R_p 时，可采用：

$$R_p = r_b \sqrt{\frac{P_i}{S_t}} \tag{5-91}$$

式中，P_i 为作用在孔壁上的静压力，$P_i = P_b (r_c / r_b)^6$；P_b 为装药爆炸的压力，MPa。

(3) 按费先柯等人理论确定 R_p[48]。

炮孔的合理间距需要满足炮孔间距小于两个炮孔产生的裂隙半径之和。基于爆破设计理论，炮孔间距能够通过下列公式确定：

$$a = 3.2 \times \left(\frac{nP}{S_t} \cdot \frac{\mu}{1 - \mu} \right)^{\frac{2}{3}} \tag{5-92}$$

$$R_{\mathrm{p}} = ar \tag{5-93}$$

式中，a 为炮孔半径的倍数；S_{t} 为煤层的抗拉强度；n 为空气冲击波在遇到障碍物时在障碍物上的增长系数；P 为波阵面压力；r 为钻孔半径；μ 为泊松比。

根据断裂力学原因，并考虑到爆生气体的作用，有学者提出，炮孔间距为炮孔直径的 8～12 倍[48]。

2) 炮孔孔径

炮孔孔径主要取决于钻机设备。目前，我国使用的钻机其钻孔直径通常为 60～99mm。对于控制孔，在爆破孔与控制孔的水平线上，煤体受拉应力，当爆炸应力一定时，随着控制孔孔径的增大，对裂隙的形成和扩展越有利，因此，控制孔孔径越大，导向及补偿作用越显著，因而对裂隙的形成和扩展越有利。

3) 炮孔深度的确定

炮孔孔深取决于煤层与巷道的位置，并随煤层产状的变化而变化。通常孔深为 10～80m 不等。

4) 炮孔排距

炮孔排距 b 的计算公式为

$$b \leqslant \frac{2R_{\mathrm{p}}k_{\mathrm{m}}\sigma_{\mathrm{c}}}{\sigma_{\mathrm{c}} - q(x)} \tag{5-94}$$

式中，σ_{c} 为岩体的动态抗压强度，MPa；k_{m} 为顶煤破碎修正因子，$k_{\mathrm{m}} \leqslant 1.0$；$q(x)$ 为工作面前方支架承压分布函数，$q(x) = k\gamma H$，其中 k 为应力集中系数，γ 为上覆岩层平均容重(kN/m³)，H 为煤层埋深(m)。

5) 炮眼封孔长度

炮眼填塞长度 L_1 可由临界抵抗线的大小决定，临界抵抗线是装药的内部作用与外部作用的最小抵抗线的分界值。当最小抵抗线大于该值时仅产生内部作用，否则将产生外部作用。临界抵抗线决定了顶煤松动预裂爆破装药距支架顶梁面的最小距离，炮眼填塞长度要大于其临界抵抗线 W_{c}。

(1) 按爆炸应力波理论确定 W_{c}[50]：

$$W_{\mathrm{c}} = \left\{ \frac{[R(1-\mu_{\mathrm{d}})+\mu_{\mathrm{d}}]P}{S_{\mathrm{t}}(1-\mu_{\mathrm{d}})} \right\}^{\frac{1}{\alpha}} r_{\mathrm{b}} \tag{5-95}$$

式中，R 为反射系数，一般取 0.7。

（2）按爆生气体准静态作用理论确定 W_c：

$$W_c = \xi r_b \sqrt{\frac{P_i}{S_t}} \tag{5-96}$$

式中，ξ 为与煤岩体结构相关的系数，$\xi = 1.4 \sim 1.5$。

6）炮孔装药量

选用二级煤矿许用的乳化炸药，其单个炮孔装药量 Q 为

$$Q = \frac{eqgLW_c^2 n_c}{\sqrt{1 + n_c^2}} \tag{5-97}$$

式中，e 为炸药爆力系数，一般取 $1.0 \sim 1.3$；q 为标准条件下爆破单位体积所需炸药量，一般取 $0.125 \sim 0.250 \text{kg/m}^3$；$g$ 为炮孔堵塞系数，一般取 1.2；L 为炮孔长度，m；n_c 为炮孔深度对炸药消耗量的影响系数，一般取 1.3。

7）装药结构和起爆发生

炮孔正向起爆是指在单点起爆时，起爆点位于装药顶端，即孔口一端，起爆后，爆轰波向孔底传播。相反，当起爆点位于装药的孔底一端时，起爆后爆轰波由孔底向孔口传播，冲击波作用于孔口自由面。

反向爆破时，高强度应力波叠加后向自由面传播，波阵面上产生强度较高的切向拉应力，短时间内裂隙增加，应力波达到自由面后反射，使入射波的压应力变为拉应力，反射形成的高强度拉应力使煤体剥落和破坏，并使前期产生的裂隙进一步扩展。

正向爆破时，应力波大部分传向炮孔深处，传向自由面的应力波能力较少，因此，产生的径向裂隙也相对较少。与反向起爆相比较，反射波强度较低，引起裂隙扩展和剥落的能力较差。图 5-15 为正、反向起爆时，爆轰波和应力波的传播方式。

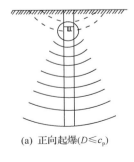

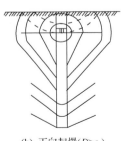

(a) 正向起爆($D \leqslant c_p$)　　　　　(b) 正向起爆($D > c_p$)

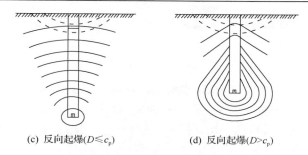

(c) 反向起爆($D{\leqslant}c_{\mathrm{p}}$)　　　　　　(d) 反向起爆($D{>}c_{\mathrm{p}}$)

图 5-15　正、反向起爆爆轰波和应力波传播方式[48]

D 为炸药爆速；c_{p} 为煤层中的纵波波速

4. 松动爆破煤层致裂应用案例

1) 工程背景

赵固二矿 11080 工作面煤层埋深–760m，工作面回风巷底板措施巷实测瓦斯含量较大，抽采后的残余瓦斯含量依然大于 8m³/t。为了提高钻孔瓦斯抽采浓度和流量，提高抽采效率，故对煤层该工作面煤层进行松动爆破卸压增透。

11080 工作面回风巷底板措施巷走向长度 496m，巷道位于煤层底板距煤层底板的最小法线距离为 10m 以上，煤层原始瓦斯含量为 11.85～16.35m³/t。

2) 爆破钻孔布置

爆破钻孔布置如图 5-16 所示，钻孔采用注浆封孔。为在爆破后确定瓦斯抽放影响半径，在两个爆破孔附近分别设置两个观测孔，其距离为 3m、4m、5m 和 6m。

首先施工两个抽采钻孔，抽采 48h 后，待煤层瓦斯稳定后，实施一个爆破孔，并进行松动爆破。爆破钻孔深度为距离煤层底板 1.5m 处。装药长度根据打钻实际煤层厚度确定，并且在距离煤层底板 0.5m 处停止装药。

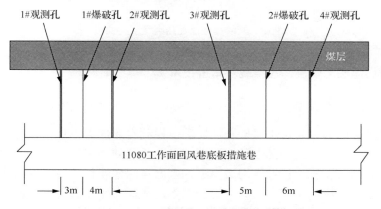

图 5-16　松动爆破钻孔布置剖面图[51]

爆破后,如果观测孔的瓦斯流量大于之前观测数据的 10%,则认为观测孔位于有效松动半径之内[51]。

3)松动爆破对瓦斯抽采的影响

由图 5-17、图 5-18 可以看出,爆破后煤层瓦斯浓度、抽采纯量明显增加,在之后的 15 天时间,仍然高于爆破前,且抽采纯量达到爆破前的 5 倍。通过观察的单孔瓦斯数据,爆破后单孔平均瓦斯浓度较爆破前增加了 81%~92%,平均抽采纯量较爆破前增加了 3.5~5 倍。由此可知,通过松动爆破,煤层透气性成倍和抽采半径增加,有效解决了低透气性煤层的增透问题。

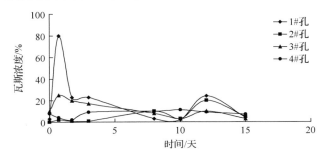

图 5-17　松动爆破后瓦斯浓度变化曲线[51]

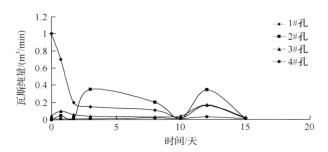

图 5-18　松动爆破后瓦斯纯量变化曲线[51]

5.3.4　卸压爆破与煤层卸压致裂、增透技术

1. 卸压爆破的发展

卸压爆破的初衷是用于煤矿和非煤矿山控制岩爆危害、片帮和底鼓等危害。卸压爆破可分为两类:一是主动卸压爆破;二是预处理卸压爆破。主动卸压爆破与掘进爆破同时实施,使巷道周边附近的围岩与深部岩体脱离,使原本处于高应力状态的岩层卸压,将应力转移到围岩深部,从而在工作面前方形成一个柱形安全区域。卸压爆破不仅能够释放岩体中所聚集的弹性变形能,而且在卸压爆破作

用下，松动圈本身受压致密，在一定时间内可以使周围岩体变形直接被卸压爆破产生的松动圈吸收，因此降低了很多围岩的变形量。当先前已经开出的区域附近存在高应力区，且需要开采时，则可使用预处理卸压爆破，使高应力区的应力得以释放[52]。

2. 卸压爆破的基本原理

1930 年，加拿大安大略省的科克兰德湖的矿山第一次进行了减压爆破试验。之后，南非第一次系统设计了卸压爆破试验，并依据莫里森提出的圆顶理论，通过卸压爆破在开挖巷道周围造成一个破碎岩体区(图 5-19)，使围岩无法存储大量能量，从而避免岩爆的发生。南非的进一步研究表明，卸压爆破的作用是使已经存在于岩体中的裂隙网络激活，并产生少量新裂隙，以此吸收和转移围岩内部的应力，从而达到卸压的作用。

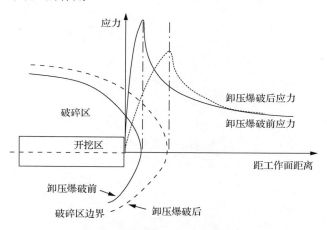

图 5-19　卸压爆破的地应力作用效果[54]

卸压爆破的原理主要包括裂隙和震动两个方面，单独或共同作用于煤、岩体。其中，裂隙降低了炮孔周围的岩石强度，震动降低了节理之间的摩擦力，两者的共同作用降低了工作面附近的应力。有学者提出了估算卸压爆破后松弛应力的公式[53]：

$$\sigma_1 = (1-\beta)\sigma_2 \tag{5-98}$$

式中，σ_1 为爆前应力；σ_2 为爆后应力；β 为应力损耗因子。

许多实验室和现场的结果并不能很好地与上述理论相吻合。因此，提出了新的松弛应力计算方法[55]：

$$\beta_{ij} = 100 \times \frac{(\sigma_{ij}bdb - \sigma_{ij}adb)}{\sigma_{ij}bdb} \tag{5-99}$$

式中，β_{ij} 为应力为 σ_i，在第 j 个笛卡儿平面的松弛应力；σ_{ij} 为在第 j 个笛卡儿平面上的第 i 个主应力；i 为主应力识别符合；j 为笛卡儿平面识别符号。

3. 卸压爆破的岩石力学概念

　　尽管卸压爆破早已成功应用于世界上的许多煤矿，但在实际爆破过程中，到底对应力、变形和能量产生了什么影响及发生了什么变化却知之甚少。对此有一个普遍的共识是卸压爆破软化了岩层，降低了岩层的有效弹性模量。与此同时，对于卸压爆破降低应力，存储应变能于卸压岩层中也存在不同的看法。对此，有学者就卸压爆破前后的应力应变状态进行研究，并提出了临界、亚临界和超临界卸压程度的假设(图 5-20)[56]。

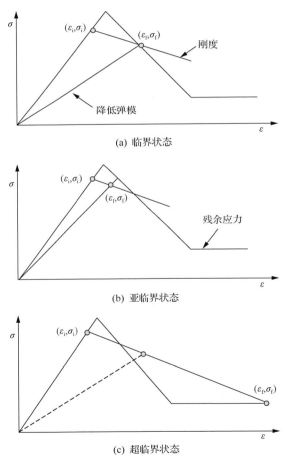

图 5-20　不同临界状态下的卸压程度假设[56]

ε_i 为初始应变；σ_i 为初始应力；ε_f 为最终应变；σ_f 为最终应力

　　在卸压之后，最终的应力应变平衡位置取决于卸压岩层弹性模量线与局部岩层刚度斜率的交点[图 5-20(a)]。如果这个交点在应力-应变包络线之内[图 5-20(b)]，即亚临界状态下，卸压爆破无效。如果这个交叉点在应力-应变包络线之外，即超临界状态，多余的能量将被释放，最终在残余强度曲线上达到平衡[图 5-20(c)]。

　　这个研究只是考虑了卸压爆破前后对应力、应变的影响，而并没有考虑在卸压爆破过程中应力、应变的状况。当炸药在钻孔中起爆时，压力或冲击波向外辐射，在钻孔周围产生径向裂隙。膨胀的气体打开并延伸这些裂缝，并造成附近岩层的位移。在卸压爆炸中，炸药受到限制，自由面通常在一定距离之外。在这样的条件下，振动波是主要的煤/岩层破坏源，大多数的爆生气体都通过钻孔口被释放。一般而言，爆炸过程中，振动波中的振动能量大约占总化学能量的50%[57]。

　　在弹性介质中，径向应力的增加可以用下列方程来表示：

$$\sigma_r = P(r/R)^2 \tag{5-100}$$

式中，P 为钻孔压力；r 为钻孔直径；R 为距钻孔的距离。

　　对于商业爆破而言，钻孔压力通常为 200～8000MPa[58]。式(5-101)表明径向应力随着距离钻孔的距离的增加而快速减小。径向应力的变化还可用式(5-101)来表示：

$$\sigma_r = \rho c_p v \tag{5-101}$$

式中，ρ 为岩石密度；c_p 为压力波速度；v 为粒子速度。

　　裂隙扩展的速度是压力波的速度的 15%～40%[58]。因此爆破初期，由于裂隙的形成，煤体将经历应力增加而弹性模量不降低的过程。

　　在爆破后，煤/岩层卸压过程将按照下列步骤依次进行(图 5-21)[59]。

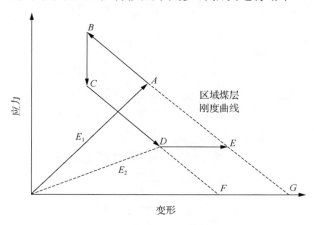

图 5-21　卸压爆破过程中煤体的应力-应变过程[4]

在爆破前，煤层处于静态应力-变形状况下，即 A 点，其弹性模量为 E_1。

起爆后，应力波向外扩展，增加了煤层的应力，这个煤层内部应力将驱使煤层沿 AB 线远离代表区域刚度的曲线（AEG）。

应力波通过后裂隙形成，此时应力突降到 C 点，其大小与爆破引起的应力增量相等，并且随着煤层变形的收敛，应力将进一步降低，此时由于裂隙到达 D 点，煤层的弹性模量也随着降低到 E_2。

至此，平衡尚未建立，变形依然沿着残余强度曲线继续，直到与区域刚度曲线相交于 E 点。

最后，直到煤层变形与区域刚度曲线交汇（收敛）于到点 G，则整个（爆破）过程达到（恢复）平衡。

4. 卸压爆破能量评估

由于采矿引起的能量再平衡能够通过下列公式表示[60]：

$$W_t+U_m=U_c+W_r \tag{5-102}$$

式中，W_t 为势能变化；U_m 为被采煤层中存储的变形能；U_c 为由于采矿在周围围岩中引起的应变能；W_r 为释放的能量。

对于卸压爆破煤层而言，释放的变形能由存储在爆破破坏的煤层中应变能（U_m）和爆破震动能（W_k）组成，故此，公式（5-102）可改写为

$$W_t+U_{m_1}+W_e=U_c+U_{m_2}+W_f+W_k \tag{5-103}$$

式中，U_{m_1} 为卸压爆破前存储在煤层中的应变能；U_{m_2} 为卸压爆破后存储在煤层中的应变能；W_e 为爆破能；W_f 为煤层致裂所消耗的能量。

这些能量组成由图 5-22 说明如下。

势能的净变化由 AE 线下方的面积表示[图 5-22(a)]。用于破坏煤层的爆炸能量由图 5-22(b)中 AB 线下的面积表示。另外还有附加的爆破能，如爆生气体，由于不影响能量平衡，在此未加考虑。卸压爆破前后存储的应变能由图 5-22(c)所示，该图分别在点 A 和 E 表示应力和弹性模量。致裂损耗的能量由应力-应变包络线下的面积表示[图 5-22(d)]。被释放的振动能量由应力-应变包络线外的面积表示[图 5-22(e)]，它包括两个部分：一部分是由于爆破使煤层产生的变形所产生的能量；另一部分是煤层中变化的势能。

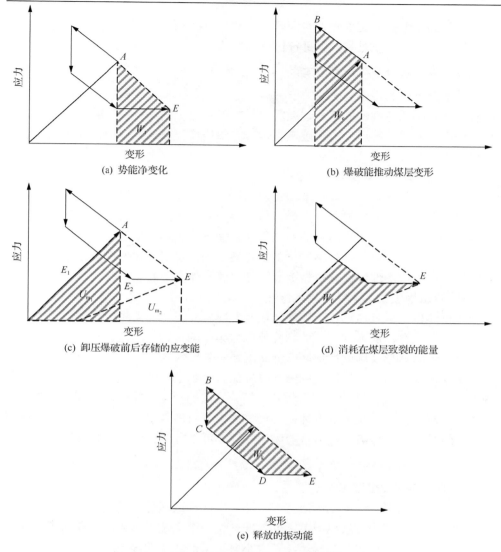

图 5-22　卸压爆破中的能量组成[60]

5. 卸压爆破的卸压影响因素及卸压效果检验方法

以往的研究表明，诸多因素会对卸压爆破的卸压效果产生影响，其中包括：①煤层埋深的影响，卸压爆破后应力峰值降低幅度随采深增加而增大；②装药量的影响，装药量与应力转移距离呈线性关系，大装药量产生的卸压效果好，但也存在相应的安全隐患；③煤层厚度的影响，厚度较大煤层的卸压爆破效果更为理想[61]。

由于卸压爆破效果受到许多因素的影响(不局限上述三个方面)，由此，在实施卸压爆破后，需要对其效果进行评价和检验。

1) 微震技术检验卸压爆破效果

频谱分析已成为微震研究的一种标准方法。采用时-频分析技术分析微震信号的功率谱和幅频特性，能够通过微震信号的变化，识别和预测矿井动力灾害。同理，微震技术也能够用于压爆破微震信号的频谱特征分析，以便对卸压爆破效果做出评价。

(1) 卸压爆破的微震机理。

在进行卸压爆破时，炸药堆积比较规则，且体积小，可以将其视为一个"点源"更为合理。在爆破过程中，煤岩体直接受到的力是正压力，即爆破直接产生压缩波(P波)，但由于煤岩体的不均匀性，使破裂过程不能沿着初始力的方向进行，从而派生出S波，即爆破产生的次生波。因此，对卸压爆破震动信号而言，其波形可以分成两部分，分别是爆轰气体和煤岩体产生的震动波。

(2) 卸压爆破微震信号的频谱特性。

卸压爆破机理是通过炸药爆炸能量激发煤岩介质中的裂隙，降低煤层的弹性模量，以释放存储的弹性能，达到降低应力集中的目的。通过微震系统捕捉该震动信号，分析波形及频谱特征，评价卸压爆破效果。

从微震信号的频谱特征及电磁辐射幅值整体水平可知，卸压爆破导致煤岩体内部形成大量的微裂纹，从而判断应力集中降低的程度，即体现其卸压效果。频谱中高频成分主要反映了煤岩体内部形成的微裂纹的数量和扩展速率。现场应用显示，过分析卸压爆破微震信号的频谱特性，可以有效评价卸压爆破的效果[62]。

2) 瞬变电磁法检验卸压爆破效果

(1) 瞬变电磁法探测原理。

瞬变电磁法属于时间域电磁感应方法，其探测原理是在发送回线上提供一个电流脉冲方波，利用方波电流关断的瞬间产生一个向地下传播的一次磁场。在一次磁场激励下地质体将产生涡流，其大小取决于地质体的导电程度。在一次场消失后，该涡流不会立即消失，它在衰减过程中又产生一个衰减的二次场向地表传播，由地面的接收回线接收二次磁场。该二次磁场的变化将可反映地下地质体的电性分布情况[63]。

(2) 卸压爆破效果探测。

通过采用该技术对现场卸压爆破前后同一区域进行探测可知，卸压爆破前后同一探测区域岩体视电阻率发生了明显变化，说明爆破造成了岩体松动与破裂，且效果明显。另外，各卸压爆破深孔形成了球形破坏区，破坏区域相互连通和重叠，其结果表明卸压爆破能够在围岩内形成连续破坏区，证明当前卸压爆破参数设计合理。

实践证明，瞬变电磁法可以作为卸压爆破效果检测的一种辅助手段，不仅操作简便、易于探测，而且成图直观、准确率高、易于分析。通过同一探测区域井下岩层爆破前后岩体视电阻率变化情况，可以分析判断卸压爆破在岩体引发的松动破裂与爆破卸压效果[63]。

3) 电磁辐射检验卸压爆破效果

(1) 弹性能释放的电磁辐射机理。

当岩石及混凝土等材料受载变形破裂时，将会向外产生以电磁能的形式释放弹性能的现象，伴随着这种现象，将会产生电磁辐射[64]。尽管在弹性场中没有考虑任何阻尼元素，但岩石损伤因子的增长过程与声发射和电磁辐射的能量释放紧密相关。即岩石的破坏情况可通过瞬间能量的释放表现出来，即产生的声发射和电磁辐射[65]。

理论上，电磁辐射幅值与煤岩体中所积聚的弹性能呈正相关关系。因此，可以把电磁辐射幅值作为检验卸压爆破效果的一个敏感指标，不同的煤岩体其指标值不同，通常可以通过煤岩体在实验室中的声电测试系统确定。它与其他因素，如煤体位置在采煤工作面、煤柱、掘进工作面等没有关系[66]。

(2) 电磁辐射检验卸压爆破效果。

实际观测结果表明，当电磁辐射幅值接近临界值时，煤体中所积聚的能量接近灾变点。同时，通过卸压爆破后，能量被释放，电磁辐射幅值回落到临界值以下[66]。这说明电磁辐射技术能够有效检验卸压爆破效果。另外，电磁辐射值的变化能够反映煤体中积聚的弹性能的变化，即能够对卸压爆破效果进行检验。

6. 卸压爆破煤层致裂案例

1) 目的与背景

该项试验的主要目的是为了把带有控制孔的深孔控制卸压爆破法应用于煤层瓦斯防突。为此在淮南矿业集团公司潘一矿 2622(3) 下顺槽掘进工作面进行了试验。试验工作面位于 C_{13-1} 煤层，下顺槽标高为 $-568m$，煤层倾角为 $5°\sim8°$，煤层平均厚度为 4.67m，坚固性系数为 1.5。煤层为煤与瓦斯突出煤层，煤层自然瓦斯含量为 $6\sim10m^3/t$[67]。

2) 爆破与抽采设计

为了解决 2622(3) 掘进工作面瓦斯问题，结合潘一矿 C_{13-1} 煤层的低透气性、瓦斯有效排放半径和瓦斯有效抽放半径、巷道破碎带范围和松动圈范围等特点及瓦斯抽放细则，进行了爆破孔和瓦斯抽放孔布置方案设计。

针对边掘边抽的 2622(3) 掘进工作面情况，爆破孔(孔 18~孔 38)孔径均为

42mm，孔深 l0m；孔 1～孔 12 为控制孔，孔径均为 75mm，其中 10 个孔的孔深为 16m，2 个起前探作用的孔(孔 6 和 7)深度为 20m。抽放孔的布置原则是钻孔在巷道断面四周煤层中 2m 范围内均匀分布。

根据该矿实际情况，采用 PT.4733 型水胶炸药，单孔用药量不小于 3kg，最大不超过 5kg，通过比较最终确定有效的爆破炸药量，炸药确定后采用长为 lm 的加长药卷。采用反向装药，反向起爆，脚线连接方式采用孔内孔间大串联。每组炸药卷之间充填长度不小于 0.25m 的水炮泥，外口封填长度不小于 0.4m 的水泡泥，水泡泥外用黏土炮泥填满，并保证黏土炮泥的封堵长度不小于 2m。药卷距离炮眼外口最小距离不小于 5.5m。选用 88 法兰壳雷管，雷管脚线长度为 12.5m，单孔使用 1～2 发雷管附以导爆索，采用 MFB.100 型放炮器进行一次起爆[67]。

3) 卸压爆破煤层致裂效果与结论

为了考察爆破效果，在爆破前后分别检测了 2622(3)工作面回风流的瓦斯涌出量、瓦斯抽量及单孔瓦斯抽放量经多次测试。爆破结果表明，爆破后工作面瓦斯涌出量增加较大，风流中的瓦斯浓度平均增值为 0.19，最大增值为 0.42，平均增长率为 263%；爆破后的瓦斯抽放量也有所增加，平均增值为 0.34m³/min，最大增幅为 0.83m³/min，平均增长率为 88%。

爆破后工作面单孔瓦斯抽放量增加较大。1 号钻孔放炮前瓦斯平均为 0.033m³/min，放炮后平均为 0.0515m³/min，平均增值为 0.0185m³/min，平均增长率为 56.1%；3 号钻孔放炮前平均为 0.0307m³/min，放炮后平均为 0.0610m³/min，平均增值 0.0303m³/min，平均增长率为 98.7%；6 号钻孔放炮前平均为 0.0345m³/min，放炮后平均为 0.0618m³/min，平均增值 0.0273m³/min，平均增长率为 79.1%。

基于上述卸压爆破煤层致裂效果可知，深孔控制卸压爆破防突措施具备松动爆破与大直径卸压钻孔两种措施的优点。

首先，通过调整孔网参数，可以使该措施既适用于地应力大、瓦斯压力大的硬煤和岩石巷道；又适用于地应力大、瓦斯压力大的松软煤层。克服了松动爆破与大直径卸压钻孔两种措施的局限性。

其次，深孔控制卸压爆破中控制孔具有补偿爆破裂缝面产生空间的作用及对裂纹扩展有定向作用，即卸压爆破的结果是在工作面前方的炮孔周围产生一柱状压缩粉碎圈和一贯穿爆破孔与控制孔的爆破裂缝面。

最后，深孔控制卸压爆破后煤体中裂缝增多，孔隙率提高，排出了大量的瓦斯，残余压力降低，减少了突出的势能，达到了防止突出或减少突出强度的目的[67]。

5.3.5　本章小结

　　本章从炸药分类入手，介绍了煤矿用炸药的基本特性和适合的使用条件。与此同时，给出了爆破的相关理论及煤层爆破致裂理论，并且对煤层爆破致裂技术进行了分类描述，其中包括深孔预裂爆破煤层致裂技术、聚能爆破煤层致裂技术、松动爆破煤层致裂技术和卸压爆破煤层致裂技术等。基于每一种煤层爆破致裂技术，给出了煤层致裂机理、设计原则和实施案例。

　　煤层爆破致裂是所有致裂技术中最直接的技术也是使用最方便的技术。整体施工效率相对较高，且成本相对较低，但由于炸药在使用中存在诸多安全隐患，因此其使用环境和条件受到极大限制。

参 考 文 献

[1] Baker W E, Cox P S, Westine P S, et al. Explotion Hazads and Evaluation[M]. New York : Elesvier Scientific Publishing Company, 1983.

[2] Fickett W. Detonation in Miniature[M]. Philadelphia: The Mathematics of Combustion, 1985.

[3] 黎忠文. 灭火过程中爆炸事故的预防[J]. 工业安全与环保, 1997, (7): 26-28.

[4] 杨柘. 爆炸与爆裂[J], 河南消防, 1997, (9): 36.

[5] Henrych J, Abrahamson. The Dynamics of Explosion and its Use[M]. Amesterdam: Elsvier Scientific Publishing, 1979.

[6] Davies W C. High explosives: The interaction of chemistry and mechanics[J]. Los Alamos Science, 1981, (2): 48-75.

[7] Hustrulid W A. Blasting Principles for Open Pit Mining[M]. Balkema: Brookfield, 1999.

[8] Banadaki M M D. Stress-wave induced fracture in rock due to explosive action[D]. Toronto: University of Toronto, 2010.

[9] 李清. 爆破致裂的岩石动态力学行为与断裂控制试验研究[D]. 北京: 中国矿业大学(北京), 2009.

[10] 林杰滨, 丁源智. 地貌模型对地震振动波影响的模拟研究分析[J]. 台湾矿业, 2012, 64(3): 9-22.

[11] Kantrowitz A R, Petschek H E. MHD characteristics and shock waves[R]. Avco-Everett Research Laborarory, Everett, Mass, 1964.

[12] 章冠人. 冲击波基础知识[J]. 爆破与冲击, 1983, 3(2): 90-94.

[13] 陈旭, 俞缙, 李宏, 等. 不同岩性及含水率的岩石声波传播规律试验研究[J]. 岩土力学, 2013, 34(9): 2527-2533.

[14] 赵永虎, 刘高, 黎亮, 等. 单轴加载条件下砂岩的波速与应力-应变相关性研究[Z]. 中国科技论文在线, 2013, www.paper.edu.cn/download /downPaper/201306-226.

[15] 李纪汉, 刘晓红, 郝晋异. 温度对岩石的弹性波速和声发射的影响[J]. 地震学报, 1986, 8(3): 293-230.

[16] 夏祥, 李俊如, 李海波, 等, 爆破荷载作用下岩体振动特征的数值模拟研究[J]. 岩土力学, 2005, 26(1): 50-56.

[17] 索永录. 坚硬顶煤弱化爆破的宏观损伤破坏过程研究[J]. 岩土力学, 2005, 26(6): 893-895.

[18] Grady D E, Kipp M L. Continuous modeling of explosive fracture in oil shale[J]. International Journal of Rock Mechanics and Geomechanics Abstract, 1987, 17(1): 147-157.

[19] 戴俊. 岩石裂隙特性与爆破理论[M]. 北京: 冶金工业出版社, 2002.

[20] 索永录. 坚硬顶板综采放顶煤开采技术[M]. 西安: 陕西科技出版社, 2001.

[21] 王志亮. 煤层深孔预裂爆破裂隙扩展机理与应用研究[D]. 徐州: 中国矿业大学, 2009.

[22] 杨小林, 王树仁. 岩石爆破损失及数值模拟[J]. 煤炭学报, 2000, 25(1): 19-23.

[23] 孙博. 煤体爆破裂纹扩展规律及其试验研究[D]. 焦作: 河南理工大学, 2011.

[24] 储怀保, 候爱军, 杨小林, 等. 含瓦斯煤体爆破裂纹扩展规律试验研究[J]. 采矿与安全工程学报, 2012, 29(6): . 894-898.

[25] 周志强, 易建政, 王波, 等. 控制爆技术技术研究现状及发展建议[J]. 四川/冶金, 2009, 31(6): 59-64.

[26] 国家安全生产监督管理总局. 煤矿井下深孔控制预裂爆破技术条件(MT 1036-2007)[S]. 北京: 中国标准出版社, 2007.

[27] Zhang Y Q, Hao H, Lu Y. Anisotropc dynamic damange and fragmentation of rock materials under explosive loading [J]. International Journal of Engineering Science, 2003, 41(8): 917-929.

[28] 陈秋宇, 黄文饶, 袁胜芳, 等.煤矿深孔预裂爆破技术应用研究[J]. 爆破工程, 2011, 17(2): 37-39.

[29] 戴俊. 岩石动力学特性与爆破理论[M]. 北京: 冶金工业出版社, 2002.

[30] 谭波, 何杰山, 潘凤龙. 深孔预裂爆破在低透气性高突煤层中的应用与分析[J]. 中国安全科学学报, 2011, 21(11): 72-78.

[31] 于不凡. 煤矿瓦斯灾防治及利用技术手册[M]. 北京: 煤炭工业出版社, 2005.

[32] 吕昌. 告成矿 25091 下副井(北段)深孔预裂爆破强化增透抽采技术研究[D]. 淮南: 安徽理工大学, 2017.

[33] 谢冰, 李海波, 王长柏, 等. 节理几何特征对预裂爆破效果影响的数值模拟[J]. 岩土力学, 2011, 32(12): 3812-3820.

[34] Bolbow J, Modes N, Belytschko T. An txtended finite element method for modeling crack grouth with frictinal contact[J]. Computer Methods in Appled Mechanics and Engineering, 2001, 190(51-52): 6825-6846.

[35] 李鸿宽, 吴继园. 深孔预裂爆破强化抽放低透气性特厚煤层瓦斯的实践[J]. 河南煤矿安全, 2003, 34(2): 12-14.

[36] 龚敏, 黄毅华, 王德胜, 等. 松软煤层深孔预裂爆破力学特征的数值分析[J]. 岩石力学与工程学报, 2008, 27(8): 1674-1681.

[37] Baader F. Versuch einer Theorie der Sprengarbeit(Investigation of a theory of blasting)[J]. Bergmännisches Journal (Miners' Journal), 1972: 1-3.

[38] 郭德勇, 宋文建, 李中州, 等. 煤层深孔聚能爆破致裂增透工艺研究[J]. 煤炭学报, 2009, 34(8). 1086-1089.

[39] 林玉印, 陆守香, 孔中. 聚能与非聚能不偶合装药模型爆炸应变测量的研究[J]. 矿业科学技术, 1993(4): 43-49.

[40] 杨永琦, 戴俊, 单仁亮, 等. 岩石定向裂隙扩展爆破原理与参数研究[J]. 爆破器材, 2000, 29(6): 24-28.

[41] Ma G W, An X M. Numerical simulation of blasting-induced rock fractures[J]. Internatinal Journal of Rock Mechanics and Mining Science, 2008, 45(6): 966-975.

[42] 刘健, 刘泽功, 高魁, 等. 深孔定向聚能爆破增透机制模拟试验研究及现场应用[J]. 岩石力学与工程学报, 2014, 33(12): 2490-2496.

[43] 郭德勇, 商登莹, 吕鹏飞, 等. 深孔聚能爆破坚硬顶板弱化试验研究[J]. 煤炭学报, 2013, 38(7): 1149-1153.

[44] 戴俊. 柱状装药爆破的岩石压碎圈与裂隙圈计算[J]. 辽宁工程技术大学学报(自然科学版), 2001, 20(2): 144-147.

[45] 葛佩富. 低透气性煤层深孔聚能爆破增透试验研究[J]. 内蒙古煤炭经济, 2016, (24): 124-125.

[46] 赵伏军. 松动爆破在煤矿开采中的应用[J]. 爆破, 2002, 19(1): 40-42.

[47] 薄剑龙. 松动爆破技术在突出煤层煤巷掘进中的应用[J]. 内蒙古煤炭经济, 2013, (5): 98-99.

[48] 胡兵. 深孔松动爆破技术的理论分析与过断层中的应用研究[D]. 淮南: 安徽理工大学, 2012.

[49] 张志呈, 肖正学, 郭学彬, 等. 断裂控制爆破裂纹扩展的告诉摄影试验研究[J]. 西南工学院学报, 2001, 16(2): 53-57.

[50] 王文才, 贺龙. 提高综放工作面顶煤冒放性的深孔松动爆破技术[J]. 煤炭科学技术, 2014, (S1): 78-80.

[51] 李辉. 深孔松动爆破卸压增透技术研究[J]. 能源与环境, 2017, 39(3): 137-141.

[52] Saharan M R, Mitri H. Destress blasting as mines safety tool: Some fundamental challenges for successful applications[J]. Procedia Engineering, 2011, 26(4): 37-47.

[53] Tang B, Mitri H S. Numberical modeling of rock preconditioning by destress blasting[J]. Ground Improvement, 2001, 5(2): 57-67.

[54] Roux A J A, Leeman E R, Denkhaus H G. Destressing: A means of ameliorating rock burst conditions. Part 1: The concept of distressing and results obtained from its application[J]. South Africa Institute of Mining and Metallurgy, 1957, (57):101-119.

[55] Saharan M R, Mitri H S. Numerical simulation for rock fracturing by destress blasting-as applied to hard rock mining condition[R]. Bergisch Gladbach: VDM Verlag Dr. Muller, 2009.

[56] Crouch S L. Analysis of rock bursts in cut-and-fill stopes[J]. Transaction of American Institute of Mining, 1974, (256): 298-303.

[57] Sedlak V. Energy evaluation of de-stress blasting[J]. Acta Montanistica Slovaca, 1997, 2(2): 11-15.

[58] Coates D F. Rock mechanics principles[M]. Chapter 8-Rock dynamics. Energy, Mines and Resources Canada, Monograph, 1966: 874.

[59] Sedlak V. Mining induced seismicity of de-stress blasting[C]//Kalab Z. Seismology and Environment. Sbor. ref. AV CR Ustav geoniky, Ostrava, 1993: 103-110.

[60] Salamon M D G. Rock mechanics of underground excavations[C]//Proceeding of 3rd Congress, International Society of Rock Mechanics, Colorado, 1974, 1(B): 951-1099.

[61] 魏明尧, 王恩元, 刘晓斐, 等. 深部煤层卸压爆破防治冲击地压效果的数值模拟研究[J]. 岩土力学, 2011, 32(8): 2539-2543.

[62] 王慧明. 微震监测评价卸压爆破效果的方法[J]. 煤矿开采, 2009, 14(3): 95-97.

[63] 孙学笃, 秦广鹏, 曹民远. 基于瞬变电磁法卸压深孔爆破效果研究[J]. 煤炭技术, 2017, 36(5): 148-150.

[64] 窦林名, 何学秋, 王恩元, 等. 由煤岩变化破坏引起的电磁辐射[J]. 清华大学学报, 2001, 41(12): 86-88.

[65] 窦林名, 何学秋. 冲击矿压防治理论与技术[M]. 徐州: 中国矿业大学出版社, 2001.

[66] 陆菜平, 窦林名. 电磁辐射检验卸压爆破效果技术[J]. 煤炭科学技术, 2004, 32(1): 15-18.

[67] 罗勇, 沈兆武. 深孔控制卸压爆破机理和防突试验研究[J]. 力学, 2006, 27(3): 469-475.

第6章 高压水射流切割煤层致裂技术

6.1 水的基本特性

水在不同温度和压力条件下呈三种不同的状态，包括液体、气态和固态，并具有三种基本特性，即可压缩性、表面张力和溶气性。

水的可压缩性是指当水承受压力时，压力与水的体积呈反比且与水的密度呈正比，这一特性称之为水的可压缩性，由水的可压缩系数表示。可压缩系数可由水的体积变化表示：

$$\beta = -\frac{1}{V}\left(\frac{\mathrm{d}V}{\mathrm{d}P}\right) \tag{6-1}$$

式中，β 为水的体积可压缩系数；$\mathrm{d}V/V$ 为水的体积的相对压缩值；$\mathrm{d}P$ 为水的压力增值。

可压缩系数还能够用水的密度变化表示：

$$\beta = -\frac{1}{\rho}\left(\frac{\mathrm{d}\rho}{\mathrm{d}P}\right) \tag{6-2}$$

式中，ρ 为水的密度。水的可压缩系数的倒数被称之为水的体积弹性模量，通常用 K 表示。

水的表面张力为水与其他液体的接触界面上，分子之间的作用力。水能够承受很小的张力，也称之为表面张力。其大小用表面张力系数 σ 表示，单位为 N/m，即单位长度上的张力。

水的溶气性是指气体溶于水的特性。溶解于水的气体的体积 (V_g) 与水的压力 (P) 呈正比，即

$$V_g = KP \tag{6-3}$$

式中，K 为比例系数，其大小随温度的增加而降低。

基于这些特性，水能够转换和携带能量，当水携带的能量达到一定水平时，则能够用于对固体材料的破坏、加工和切割。

6.2 关于高压水射流技术

高压水射流技术是近二三十年发展起来的一门新技术，主要用于清洗、除垢、切割和破岩等。水射流是通过高压发生器(高压泵)获得巨大能量的水，经由特定几何形状的喷嘴喷射出的高速水流对物体进行清洗或切割。

在最近十多年里，水射流切割技术和设备有了长足进步，其应用遍及工业生产和人们生活各个方面，已经成为在工业中广泛应用的设备。

高压水射流技术是唯一的一种冷切割工具。也正是由于高压水射流技术在切割过程中不会产生高温和火花，因此该技术也经常被军事工业用于易燃易爆物品的切割、除锈、去污等。

在民用方面，水射流技术经常用于造纸、橡胶工业等。如果加以磨料，则可以用于石材加工和金属加工。

在能源领域，水射流技术首先在石油行业被广泛应用。由中国石油大学(华东)研制的自振空化射流喷嘴钻头能够改善钻头的禁地流场，提高射流在油井下的辅助破岩作用。现场试验数据表明，相对于机械钻头，钻进速度能够提高 35%。

随着煤炭开采深度的不断增加，我国许多煤田煤层透气性显著降低，传统的煤层致裂增透方法已经无法满足这一条件下生产和安全的需要，因此高压水射流技术被引入煤矿。目前，水射流技术已大量用于煤炭行业，其最主要的应用是煤层的切割致裂、强化增透，以提高煤层透气性，从而达到提高煤层瓦斯抽放效率，降低煤层应力，消除或降低煤层突出危险性的目的。

6.2.1 水射流切割技术的分类

技术的进步使得滴水穿石这一漫长的水切割过程能够在瞬间完成。目前，水射流一般分成三种类型，包括是连续射流、脉冲射流和空化射流。尽管连续射流是最普通的高压水射流形式，但其应用却是最广泛的。脉冲射流是非连续的，具有聚能骤放、压力挤出和流量调节等各种形式。空化射流是介于在射流过程中自然产生的空化气泡的连续射流，尽管单独的空化气泡对材料的破坏程度比较小，但是连续的高压水射流会对材料产生很大的影响，因此空化射流大多应用于船体除锈和清除退役弹体内的炸药等清洗作业。

水射流切割则可以被分为纯水切割和磨料切割。顾名思义，前者在切割过程中仅采用水为切割介质，而后者则在高压水中加入固体介质，即磨料，以提高切割能力和效率。显然，纯水切割效率较磨料切割低，但当考虑设备及操作的复杂性，特别是在煤矿井下环境中使用时，纯水切割相对磨料切割更加方便。

按照水的压力，水射流切割技术能够被分为四类，包括低压力、中压力、高压力和超高压力水射流。表 6-1 给出了不同分类所对应的压力值。

表 6-1　水射流压力分类

水射流等级	压力/MPa
低压力射流	0.5～20
中压力射流	20～70
高压力射流	70～140
超高压力射流	140～400

目前，由河南理工大学研制的纯水切割技术装备的最大压力为 100MPa，可划归为高压水射流。设定这一压力主要出于两个方面的考虑：第一，水射流切割设备能够适应于我国大多数煤层；第二，考虑我国现有配套设备和部件的可靠性和安全性。

6.2.2　水射流切割工艺的特点

与机械切割、火焰切割、激光切割和等离子切割相比，高压水射流切割具有与这些切割完全不同的特点。例如，由于水作为切割介质，因此在切割过程中所产生的大部分热量被水带走，不会在切割物体的切口附近产生烧蚀、熔瘤、氧化和金相组织改变(如果切割对象是金属的话)。从理论上讲，超高压水切割可以切割任何材料，但在应用上则有所侧重。一般情况下，当能够利用激光、等离子、火焰、线切割、锯、铣削等加工方法基本满足加工工艺要求时，则不宜采用水切割加工。因为水切割的运行成本较高，喷嘴、高压密封件等都价格较贵。因此，需要具体情况具体分析。

水射流切割属于点切割，切割力小，能够很好地避免切割物体附近的变形和破坏。

高压水射流切割不会产生粉尘，因此不会导致切割区域的空气污染，如果切割作业是在封闭的环境中，如煤矿井下，这一优点则更为突出。

高压水射流切割技术有着环保、高效、便于机械化和自动化操作的特点。因此非常有利于大型工业体系使用。

6.2.3　水射流设备的工作原理

当水的压力被提高到一定水平，并从特制的喷嘴(通常为 0.1～0.5mm)中喷出时，其水束的速度可达音速的三倍。高压水射流技术就是利用这一高速运动的水束实现对不同材料的切割。

使水具有切割能力，先决条件就是必须使水具有很高的速度。根据流体力学的伯努利方程可获得高压容器小孔流速公式如下：

$$v_0 = \sqrt{\frac{2P}{\rho}} \tag{6-4}$$

式中，v_0 为水射流速度，m/s；P 为喷口前水压力，MPa；ρ 为水的密度，kg/m³。

由式(6-4)可以看出，当水的密度一定时，水流的速度与压力呈正比。即在水射流系统中，水泵的压力越高，切割效果越好。

目前，获得高压力水的最直接的方法就是使用增压器，即能够提高水压的高压力水泵。最常用的是往复式高压泵，其通过从油泵来的低压油推动增压器的大活塞，使其往复运动。当经过净化处理的低压水进入水泵后，增压器通过小活塞对低压水增压。由于高压水是经由增压器的不断往复压缩产生的，当增压器活塞换向时，将使所提供的高压水的压力出现脉动。为了获得稳定的高压水射流，由水泵产生的脉动高压水首先进入蓄能器，之后再由喷嘴喷出，从而达到稳定射流的目的[1]。泵的有效功率越大，所能够提供的压力或流量就越大，其关系为

$$P_e = \frac{Pq_v}{60} \tag{6-5}$$

式中，P_e 为泵的有效功率，kW；P 为压力，MPa；q_v 为泵的流量，L/min。

目前，国外高压泵功率能够达到 160kW 或以上，从而保证了不同水射流的工程应用。但是另有研究表明，由于煤的抗拉强度很低(这也正是采用水射流切割煤层的优势所在)，因此，水射流系统的水压应该设置在 70MPa 或略低的水平就能够满足对煤层的切割要求[2]，但这一结论是基于什么样的条件下得出的，暂时无法考证，即这一结论在什么条件下成立还有待进一步的研究。

6.3　高压水射流在采矿工业的研究与发展

与其他技术一样，高压水射流技术也经过了从低压力到高压力，从简单装备到复杂装备的发展过程，直至今日，依然在不断改进和发展着。

6.3.1　高压水射流技术在国外采矿工业的研究与发展

高压水射流早在 1883 就被用于年美国的矿业开采，即在金矿、锌矿或煤矿的开采中，利用高压水松动或移动上覆岩层[3]。通过成功开采富含金矿的地层，这一技术被采矿业广泛使用。

与此同时，由于这一技术的大量使用，也导致了对环境的破坏，包括产生水患、对土地的侵蚀、地面沉积物被水冲刷，并覆盖农田等。尽管如此，水力采矿至此仍以不同形式被用于世界各国的采矿业。

早期的水射流主要用于爆破后将松动的煤层冲刷下来,并运输到指定的地点,其水压为 600psi[①]。

1956 年,英国煤炭局开展了高压水射流设备的研究工作。高压水射流设备能够具有 1200psi 的水压,在距离 40ft[②]的距离进行采煤作业[4]。

1957 年,水射流设备的压力能够达到 2000psi,其足够大的水压能够用于对煤层的切割[5]。

1959 年,原美国采矿局开始研发水射流采矿技术和设备,其水压为 5000psi,流量为 225gal/min[6]。

苏联的研究表明,高压水射流系统的压力能够达到 20000psi[7]。

由此可见,水射流技术装备由早期的大流量低压力逐渐发展成为高压力低流量。在应用方面,早期的应用主要集中于矿石的开采方面。随着采矿工业的机械和自动化程度的不断发展和提高,水射流技术已经逐渐退出矿业开采领域,而转向煤矿安全方面。

众所周知,煤层瓦斯抽采与治理一直困扰着国内外煤矿安全和生产。特别是随着煤矿开采深度的不断增加,煤层透气性显著降低。因此,改善煤层透气性,提高煤层瓦斯抽放效率成为煤矿瓦斯治理的关键技术问题。高压水射流技术正是在这样的背景下,被引入煤矿安全领域。

1980 年,为了提高钻孔效率,美国能源部开展了高压水射流辅助钻进技术的研发工作。研发过程中涉及的主要问题是高压水泵和高压旋转接头技术[8]。

1992 年,澳大利亚新南威尔士大学采矿研究中心对高压水射流煤层切割进行了实验室研究,研究结果如下[9]。

(1)在压力条件确定后,除喷嘴直径外,其他参数对切割深度和宽度的影响很小。

(2)在其他参数确定后,存在一个临界喷嘴直径,并给出了临界喷嘴的定义,即能够造成煤体/岩体破坏最小的喷嘴直径。

(3)实验确定了切割系统的临界压力,即为被切割煤体/岩体的最小抗压强度和最低抗拉强度的 12 倍左右。这一参数为高压水射流技术的应用提供了一个简单的和易于使用的技术参数。

(4)重复切割能够提高切割深度。但试验同时显示,重复切割 5 次后,对切割深度的影响明显降低。尽管影响这一结论的外在条件有许多,且有待进一步的试验验证,但显然这一试验结果为目前采用的煤层孔内旋转切割方式提供了理论和实践依据。

2003 年,澳大利亚昆士兰大学采矿研究中心将高压水射流技术应用于煤层长

---

① 1psi=6.895kPa。

② 1ft=0.3048m。

钻孔(大于 1000m)钻进，以提高本煤层钻孔的效率和精度。研发的系统与传统钻机相似，但采用高压水射流取代了传统的孔底电机。与传统钻机相比，高压水射流煤层长钻孔系统具有以下优点[10]。

(1)通过对系统和旋转部件的优化设计，减少了系统的压降。由此可见，系统的压降是高压水射流准备的一个重要技术环节，并有待改善。

(2)由于整个系统的压降降低，使得系统更加安全。

(3)钻进效率与孔底钻机效率相当。

(4)定向控制钻进的弯曲偏差仅为 0.5°。

由于在井工和露天开采过程中，经常涉及岩石/矿石的二次破碎，以便于装载和运输。2014 年，澳大利亚 CRC Mining 研发了脉冲高压水射流岩石切割技术装备，以快速致裂岩石/矿石。实践表明，这一技术具有快速、简单和有效地破碎岩石的能力，特别是不再需要进行预先的打眼作业。这一技术为采矿工业提供了一个快速和更具操作性的二次岩石破碎技术，从而极大地减少了二次破碎岩石的时间，降低了二次破岩的成本[11]。

另外，CRC mining 还采用水射流辅助施工锚索孔。在煤矿井下，该技术能够更快速地施工 8m 长的锚索钻孔(图 6-1)。试验结果表明，采用水射流辅助钻孔技术和工艺能够获得比传统钻机更好质量的锚索钻孔，即沿钻孔长度方向钻孔直径能够保持一致及钻孔更直。因此，在安装锚索的过程中会更加方便快捷[12]。

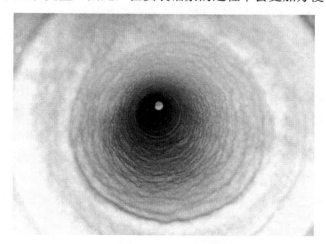

图 6-1　水射流辅助钻进的锚索钻孔[11]

除此之外，水射流技术还被用于辅助采煤。与传统的综采方法相比，水射流辅助采煤有着十分明显的优点。

(1)传统的采煤方法使用切割齿切割煤层，这样的切割很容易在接触煤层或金属物件时产生火花。采用水射流辅助切割，将有效控制由于摩擦产生的火花。根据在美国加利福尼亚州的模拟试验表明，采用水射流辅助割煤时，在最容易产生瓦斯爆炸的浓度环境中，在 10000V 火花的情况下也不会引起瓦斯燃烧[13]。

(2) 在煤层切割过程中，传统机械设备采用的喷水防尘方法所使用的水量远大于采用水射流喷射用水，因此，降低了水对煤层底板的侵蚀，将有利于煤层底板的稳定性。

(3) 在回采过程中，经常出现煤层反弹、塌落对采煤机械设备造成危害。试验表明，反弹的能量与水量呈正比[14]。当使用水射流时，压力提高，水量降低，因此减少了由于煤层塌落和反弹对设备造成破坏的风险。

(4) 降低回采期间的粉尘有两个方法：一是喷水降尘；二是增加切割煤体的尺寸，从而达到降尘的作用。试验表明，喷水密度与粉尘浓度有一定的关系，随着喷射水密度的增加，粉尘浓度随之降低。

可见，水射流不仅用于煤层的切割，同时还能够用于喷雾降尘、软化煤体和防止割煤时产生火花等诸多方面。

6.3.2 水射流技术在国内采矿工业的研究与发展

随着我国煤矿煤层埋深的增加，煤层透气性显著降低。由此极大影响了煤层的瓦斯抽放效率，并对煤矿安全和正常生产带来潜在的风险和危害。在这样的背景下，近年来国内许多高校和研究单位也开展了水射流煤层切割技术的研究工作，并将其应用于煤矿，以提高煤层透气性，强化煤层瓦斯抽放效率。

水射流煤层致裂的本质是通过高压水射流切割煤层，在煤层中形成人工裂隙，同时，将破碎的煤体经钻孔排出，从而在煤层中形成更多和更大空间，使被切割处的煤层产生松弛、变形和运动，降低煤层的地应力，促进煤层内自然裂隙通道的连通和区域的扩展，从而提升煤层的渗透性，达到促进瓦斯解吸流动，提高钻孔瓦斯抽采效率的目的。

目前，国内许多研究机构和高校都研发了水射流技术装备，并将其应用于煤矿。其中，有代表性的主要有以下几类：重庆大学研发的脉冲磨料水射流技术装备、中国矿业大学(徐州)研发的磨料水射流技术装备、太原理工大学研发的纯水水平射流切割技术装备和河南理工大学研发的高压纯水射流技术装备。

1. 脉冲磨料水射流技术

脉冲水射流是一种振荡型瞬变流，其在特定条件下会发生水力共振，即水流某处压力振幅显著增大。脉冲射流就是利用这一特点，以提高水射流对切割对象，如煤层的破坏能力。脉冲磨料射流则是在此基础上增加切割磨料，以提高对更坚硬物层的切割效率。

脉冲磨料射流装备主要由高压泵、磨料存储罐、脉冲磨料喷嘴和阀、高压钢管等组成。在众多脉冲水射流类型中，截断式和挤压式脉冲水射流对脉冲长度、脉冲频率等射流参数具有较高的可控性，能实现间断发射来有效避免冲蚀孔洞内形成水垫效应影响。由重庆大学研发的自激振荡脉冲水射流技术是水射流脉冲切割煤层的代表之一。

自激振荡脉冲水射流是利用水射流的不稳定流动特性，通过调整连续水射流的流动参数和结果参数，对水射流的涡流扰动进行闭环反馈和放大。将连续水射流改变为压力脉冲的冲击式水射流。水射流作用在煤体上的力为按一定的频率周期变化的高频冲击荷载。

理论上，在自激振荡脉冲水射流对煤层进行切割的过程中，由于自激振荡脉冲水射流的冲击作用、振荡作用、准静压作用和物理作用，一方面，使煤层结构发生变化，导致煤体特性，包括弹性模量、强度和渗透性等随之变化，从而直接或间接影响煤层内部瓦斯的赋存、流动和压力分布；另一方面，瓦斯运移状态的变化又引起煤体结构应力状态的变化。自激振荡脉冲水射流冲击产生的压力波使被冲击煤层在强大应力波的作用下处于绝对受压状态，当射流冲击煤体的压缩波传播到煤体自由面时，煤体所受到的应力从入射时的压缩应力变为全反射时的拉伸应力。当拉伸应力超过煤体的最小拉伸强度时，煤体发生拉伸破坏，形成裂隙[15]。

一般而言，脉冲水射流对煤层瓦斯抽放主要产生两个方面的影响：一方面，导致煤体原始应力分布状态的完全变化，应力变化引起煤体裂隙变化。同时，瓦斯解析时，煤体颗粒的表面张力增加，煤体发生收缩，体积变小，由此，增加了煤层的裂隙和孔隙尺寸。另一方面，裂隙率变化导致煤层瓦斯渗透系数的变化。脉冲射流冲击所产生的应力波以震动波的形式传播，引起煤体变化的振动效应，使裂隙内瓦斯原有的等温、等压平衡状态被改变，造成裂隙内瓦斯的波动。这种波动将会引热效应，从而加剧煤层内部瓦斯的解吸[15]。

2008 年，重庆大学将这一技术应用于煤层坚固性系数为 0.8 的煤层中，当水压为 40MPa 时，对煤层的切割深度可达 750mm。

2014 年，针对河南大有能源股份有限公司豫西矿区煤层瓦斯赋存特点及煤巷掘进、石门揭煤中存在的问题，采用脉冲水射流割缝消除"三软"（顶板软、煤层软、底板软）突出煤层石门揭煤、煤巷掘进工作面的煤与瓦斯突出。在豫西矿区孟津煤矿 11031 底板岩巷回风巷揭煤点、11011 胶带顺槽底板抽放巷、11031 轨道顺槽、胶带顺槽成功应用，与水利冲孔工艺对比，钻孔数减少 51.9%～82%，石门揭煤时间缩短 45%～67%，煤巷单循环消突时间缩短 38.1%～41.2%[16]。

2. 磨料水射流技术

磨料水射流是以水作为介质，通过高压发生设备使其获得巨大能量后，再通过供料装置将磨料直接混入高压水中，使其以一种特定的流体运动方式高速从喷嘴喷出,形成能量高度集中的一股磨料水射流。由于磨料粒子本身有一定的质量和硬度,因此它具有良好的磨削、穿透、冲蚀能力。作为一种水射流切割技术,在同等参数条件下,磨料水射流能提供比纯水切割更高的煤层切割效果。

在磨料射流中,混合水与磨料是整个切割系统中重要环节和工艺之一。混合工艺包括前混合和后混合两种。它们的区别在于,水与磨料的混合点位置是在喷嘴之前或之后。前混合方式适合速度相对较低的高能静压水与低速态固体颗粒的混合。从能量角度分析,前混合磨料水射流的工作压力一般是后混合的 1/10~1/7。这种混合方式在低速的状态下进行混合,磨料容易进入管路中的静压水流内部,形成均匀的磨料射流束,由此产生的射流切割效果好、效率高。

后混合指自吸式的磨料供给,通过纯水喷嘴将水的静压转化为射流的高速动能,并将混合点设于纯水喷嘴之后,实现超高速状态水流与低速状态固体颗粒的混合。由于磨料借助自重与射流产生的负压作用进入混合室与之混合,因为重力的作用不变,且射流负压作用也无法精确控制,就导致混合过程中瞬时磨料供给的不确定性或不稳定性。这种混合方式的问题是磨料混合的不均匀性,故此,在同等功率条件下的切割效果也就有所不同[17]。

理论上,与纯水射流比较,加入磨料后射流结构变得更为复杂,但由于磨料在整个水射流系统中无论从体积还是质量都占相对较低的比例,因此,通常对系统流体流动的影响非常小,即磨料的运动主要受流体运动的影响。当磨料为球体时,认为磨料之间不发生相互作用,因此,在对磨料的研究中可以将每个磨料作为单独的颗粒在流体中运动来处理。

磨料射流运动的主要特点是磨料颗粒的速度 u_p 与水流的速度 u 不同,水流作用在磨料颗粒上的力取决于两者之间的相对速度 $u - u_p$,这个力称之为黏性阻力。对于直径为 D、密度为 ρ 的球状磨料颗粒,其值为[18]

$$F_D = \frac{1}{2} C_D \rho (u - u_p) \times \left| u - u_p \right| \times \frac{1}{4} \pi D^2 \tag{6-6}$$

在磨料射流的过程中,随 F_D 值的不同,其射流结构被分为初始段、转折段、基本段和消散段。磨料射流切割的深度与磨料射流中磨料的浓度和形状有关,岩石或煤层在磨料射流的作用下径向和轴向损伤呈阶梯状[19]。

2009 年,水射流磨料切割被用于切割煤矿的坚硬顶板和锚固顶板的锚杆杆体。切割实验表明,当锚杆切割在射流压力为 35MPa、靶距为 2mm 时,拥有最大切割速度 1mm/s,切割深度为 28mm,长度为 60mm,切割单根锚杆的时间为 1min。在射流压力 40MPa,切割深度为 60mm 时,花岗岩的切割速度为 0.83mm/s。磨料射流可实现无火花高效安全切割岩石与锚杆[20]。

2011 年,中国矿业大学(徐州)将高压水磨料切割技术应用于具有高瓦斯突出特征的淮北芦岭煤矿及其他煤矿。通过对煤层的切割,以提高单孔瓦斯抽放效率。

3. 纯水水平射流切割技术

由太原理工大学研发的水射流孔内水平切割技术与水射流磨料切割、脉冲切割和高压纯水射流旋转切割方式不同。该技术采用水平移动方式切割煤层。

水平射流煤层切割技术装备由连续钢管缠绕机构、换向机构、行走机构、连续钢管压紧机构、推进夹紧机构、矫直机构及支撑液压系统组成。

水平切割的基本参数是切割压力和切割速度。根据该设备在山西阳泉寺家庄矿煤矿井下的试验数据可知,不同的压力参数下对 15 号煤层进行切割试验,其切割速度如表 6-2 所示[21]。

表 6-2 水平切割压力与速度关系[21]

射流压力/MPa	切割速度/(m/min)
40	0.5
50	0.5
60	1

4. 高压力纯水射流煤层切割技术

自 2005 年,河南理工大学研发并完成了从 45MPa 到 100MPa 的高压力水射流煤层钻割一体系列装备。该技术采用钻孔内旋转切割方式,对不同硬度的煤层进行不同的设备技术参数配置,以达到不同的使用目的。通过切割,沿钻孔长度方向以一定设计间距形成半径 0.5～1.5m 的人工裂隙(图 6-2),以提高煤层的透气性,强化煤层瓦斯抽放效率。

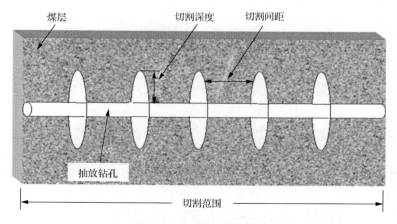

图 6-2 旋转切割及参数示意图

6.4　高压力纯水射流煤层钻割一体技术装备及理论

高压水射流钻割一体技术和成套装备采用进钻钻孔、退钻切割的一次性施工工艺完成煤层瓦斯抽放孔的打钻和切割，并能够依据不同煤层条件和应用目的，选用 45～100MPa 不同等级压力和 21～100L/min 不同流量，以满足不同煤层条件和不同应用目的的需求。

6.4.1　高压水射流钻割一体装备组成

高压力水射流煤层钻割一体系统是由水箱、高压泵、高压软管、高压旋转接头、钻机、高压密封钻杆和高压切割总成组成（图 6-3）。

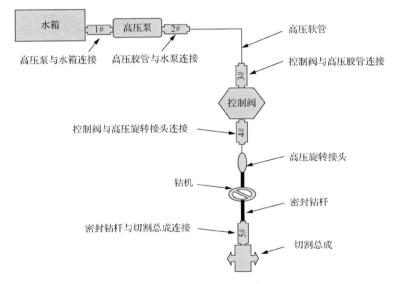

图 6-3　高压水射流系统图

1. 高压泵

高压泵的作用是为水射流切割系统提供高压力（图 6-4）。目前主要采用柱塞泵。高压柱塞泵的使用压力一般应为 10～100MPa。它属于容积式泵，借助工作腔里的容积周期性变化达到输送液体的目的。原动机的机械能经泵直接转化为输送液体的压力能。泵的容量只取决于工作腔容积变化值及其在单位时间内的变化次数，理论上与排出压力无关。由于高压泵的压力和流量是该设备的关键参数，两个参数直接呈反比。因此，针对不同的使用目的，需要对压力和流量进行取舍。目前，该装备能够基于不同应用目的和煤层强度特征，其压力选择范围从 21MPa

到100MPa；流量选择范围从21L/min 到100L/min；泵体重量从几百千克到超过1t。

图 6-4　高压泵

2. 高压软管

高压软管，即可承受高压的柔性管道，由管体和联结件组成。高压软管的作用是输送由高压泵产生的高压水到钻机尾部，并通过高压旋转接头与高压钻杆相连。高压软管采用与水泵相配套的压力。为了确保使用过程中的安全，目前选用的高压软管的最高承压压力为 140MPa（图 6-5）。

图 6-5　高压软管

高压软管的增强层是经过特别处理的高强度钢丝缠绕层，内胶层是聚甲醛或聚酰胺，外胶层相应是聚酰胺或聚亚安酯。这种软管流体阻力小，容积膨胀小，防化学腐蚀性好，重量轻，外径小，单根长度最长可达千米。软管接头用优质碳素钢或不锈钢，采用先进的扣压设备和工艺。

尽管如此，在使用过程中，高压软管需要配以保护套和固定装置，以防止针孔泄漏和软管爆裂所带来的安全隐患。另外，正如高压泵的流量和压力不能同时提高一样，高压软管的关键参数——内径和承压能力也呈反比。理论上，高压软管的内径会随着承压压力的增加而降低，反之亦然。

由于煤矿井下施工作业时，高压泵不一定能够设置在施工作业地点的附近，或不能够随着作业地点的移动而随时移动。当对软管的承压能力要求越高时，软管的内径就越小，水流通过时的摩擦阻力越大。当高压泵与作业地点的距离不断增加时，软管所造成的压降会显著增加，甚至影响到设计的切割压力。因此，为了保证设计切割压力，在考虑采用高承压能力软管的同时(确保安全)，还需要选择内径尽量大的软管，以降低管路上的压力损失。另外，合理选择和匹配更高压力水泵或缩短水泵与施工地点的距离也是保证切割压力的途径之一。

目前，在使用过程中无法实现缩短水泵与施工地点间距的关键是水泵的移动问题，即由于水泵体积大重量大，故移动困难。基于此，正在着手研制一套便于移动的高压水射流切割系统，以满足煤矿的需求。

3. 高压旋转接头

旋转接头是一种旋转的机械密封装置。在机械行业中，旋转接头的应用非常广泛。应用旋转接头的传导介质包括蒸汽、水、导热油、液压油和冷却液等不同的气体或液体。

高压旋转接头是水射流切割系统中的重要组成部分之一。它的作用是在高压力密封状况下，连接高压水射流切割系统的不旋转部分和旋转部分，包括连接不旋转部分，即高压泵和高压软管及旋转部分，即高压密封钻杆和钻机。

高压旋转接头的工作压力为 100MPa，流量 190～420L/min，旋转速度为 0～600r/min(图 6-6)。另外，利用高压旋转接头还能够完成切割系统的自旋转功能。

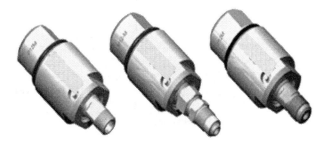

图 6-6　高压旋转接头

4. 切割总成

切割总成具有两个作用，包括调节水压和切割煤层的作用。总成由两个关键部件组成，即调节阀和高压喷嘴(图 6-7)。它的工作原理是在高压喷嘴之前设置一个压力转换装置。压力设为两档：一档低压、一档高压。在钻孔过程中，水压设置为低压，主要目的是排渣，此时，出水方向与钻孔方向一致。当到达孔底时，提高水泵压力，总成中的压力转换器将关闭低压出水孔，连接高压喷嘴，进行切割。这时，出水方向与钻孔方向垂直。

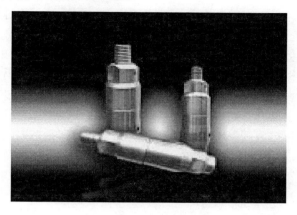

图 6-7　切割总成

5. 高压密封钻杆

高压密封钻杆，即此类钻杆不仅能够承受传统钻杆钻孔时的扭矩和拉力，还能够在切割过程中输送高压力水，并保持不泄漏。

考虑到在本煤层钻孔，特别是在进行本煤层长钻孔过程中（如超过 100m），由于钻杆自重、煤层内部的构造及煤层硬度变化的影响，钻杆在煤层中将不会保持理想的笔直状态。因此，当钻杆弯曲时是否依然能够保持钻杆的密封性能是密封钻杆的重要技术特性。故此，特对钻杆在弯曲状态下进行压力试验，其结果表明，钻杆在有较大弯曲情况下依然能够保持 100MPa 压力无泄漏（图 6-8）。

图 6-8　高压密封钻杆

6.4.2 纯水射流的基本理论

在水射流在破煤/岩过程中，始终遵循两个基本定律，即质量守恒定律和能量守恒定律。

质量守恒定律是指在整个水射流破岩过程中水的质量不随时间变化而变化。这就意味着在整个破煤/岩过程中射入的液体总量等于地层中滤失液体量和储存在裂缝中、煤岩体中的液体量。

能量守恒定律则是指高压泵提供的能量等于系统管路能量损失、连接点能量损失和切割能量损失的总和。

从水射流的水动力学结构可知，水射流流场内部存在其速度与出口速度相同的区域，称为射流核心区。射流与周围静止流体之间存在切向间断面，该断面处有强烈掺混的旋涡微团，引起射流与周围流体间的动量、热量及质量交换。由于黏性作用原来静止的流体会被射流卷吸到射流中，这种现象称为射流的卷吸作用。同一截面上中心线处的流速最大，离中心线越远流速越小。随着射流向下游流动，其中心线处的流速逐渐减小。随着往下游迁移，射流的宽度逐渐增大，这种现象称为射流的扩散现象(图 6-9)。

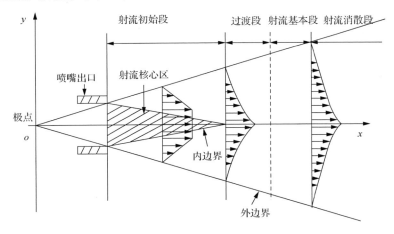

图 6-9 水射流的水动力学结构

根据水射流的水动力学结构，射流可分为几段，包括初始段、过渡段、基本段和消散段[22, 23]。

起始段是由喷嘴出口至等速核末端断面之间的射流区域称为射流的起始段。该段的核心区内的速度等于喷嘴出口的速度，为有势流，核心区内各点的速度大小、方向均相同。在该区内随着喷距的增加核心区逐渐减少，最后消失。起始段的射流沿轴向的动压力值几乎是常数，且喷嘴出口的动压和射流尖端的动压相等，且水的质地非常密实，不存在雾化水滴。核心段的长度与喷嘴孔径关系十分紧密。

过渡段则是从等速核消失的断面到基本之间的区域。过渡段中的流动极其复杂，射流计算中通常忽略。

基本段是指过渡段以后至消散段间的区段。在基本段中，射流的紊动特性充分表现出来，射流外边界以内的区域为边界层，其宽度随喷距增大而增大。边界层内射流速度的分布对称于射流中心轴线。在基本段内空气开始与水射流发生混合现象，空穴和涡流也开始形成，并且射流速度和动压随着密实段的延长而逐渐减小。由于基本段射流的速度和压力都比较大，而且基本段的长度和断面积又比较小，因此有利于对物体的切割。

射流基本段以外的区域为消散段。在该区域内射流卷吸周围介质的能力基本消失，与环境介质完全混合，射流轴向速度和动压力非常低，射流在此区域已不再具有凝聚力。射流基本段和消散段之间没有明显的特征变化界面，因此有许多学者把两者统一划成射流基本段来考虑。

尽管理论上能够把水射流区分为不同的阶段，但在使用过程中，对切割起决定作用的则是射流初始段。过渡段和基本段的作用以冲洗为主，而消散段则可用于对井下粉尘的喷雾防尘。

6.4.3 水射流冲击力与目标岩体表面压力分布

水射流冲击煤体表面时，因煤体表面形状不同，水射流原有的速度和方向均发生改变，即其动量发生改变。而这种动量的改变，是由于射流与物体间的相互作用力引起的，从而在其原射流方向上失去部分动量，并以作用力的形式传递到被打击煤体表面上。图 6-10 为射流打击煤体表面的情形，反射后速度大小不变，射流打击前的动量为 $\rho Q v$，打击后的动量为 $\rho Q v \cos\phi$。根据动量定理可知，水射流作用在煤体表面上的总作用力为

$$F = \rho Q v (1 - \cos\phi) \tag{6-7}$$

式中，ρ 为水的密度，kg/m^3；Q 为水射流流量，m^3/s；v 为射流流速，m/s；ϕ 为水射流冲击煤体表面后离开煤体表面的角度，$(°)$。

由式 (6-7) 可看出，射流对物体表面的作用力不仅与射流速度、密度有关，而且还与射流离开该表面的角度有关，而该角度取决于物体表面的形状。当 $\phi = 90°$ 时，$F = \rho Q v$，表明当射流保持垂直煤体表面打击时，射流作用力的大小为初始动量，如图 6-10 (c) 所示；当 $\phi = 180°$ 时，$F = 2\rho Q v$，如图 6-10 (d) 所示。

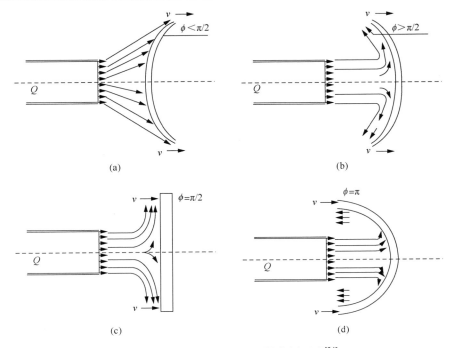

图 6-10　水射流对煤体表面的作用形式[24]

　　实际上，由于水射流的速度和结构随着射程发生变化，因此对射流冲击物体的作用力也随着喷嘴至物体表面的距离(通称靶距)而变化。射流对物体的冲击力开始随着靶距的增加而增加，在某个位置冲击力达到最大值之后便开始减小。达到最大打击力的靶距在 100 倍喷嘴直径左右，而喷嘴出口附近的打击力只有 $0.8\rho Qv \sim 0.85\rho Qv$。

　　由于高压水射流自身结构的复杂性，它冲击物体后引起的应力场也十分复杂。连续水射流垂直打击煤体表面时，煤体被冲蚀的区域近似为圆盘形，如图 6-11 所示，R 为射流作用半径，r 为射流半径。在打击中心处，射流的轴心动压为 P_m，

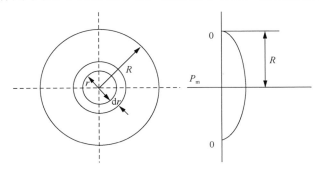

图 6-11　煤体作用面受力分布[24]

而打击范围内其他各点的压力随着距中心径向距离的增大而逐渐减小，直至等于周围环境压力，通常可认为是零[25]。

　　显然，射流冲击煤体时存在一个作用范围。在理想状态下不考虑射流结构的扩散时，冲击作用半径 R 与射流半径呈正比。由量纲分析将打击范围内各点的压力 P 表示为[26]

$$P = P_{\mathrm{m}} f(\eta) \tag{6-8}$$

式中，η 为无量纲径向距离，$\eta = r/R$。

　　无量纲函数 $f(\eta)$ 应满足下述边界条件：

$$\begin{cases} \eta = 0, & f(0) = 1, f'(0) = 0 \\ \eta = 1, & f(1) = 0, f'(1) = 0 \end{cases} \tag{6-9}$$

　　由于 $\eta \in [0,1]$，故可把其展开为泰勒级数，并收敛：

$$f(\eta) = \alpha_0 + \alpha_1 \eta + \alpha_2 \eta^2 + \alpha_3 \eta^3 + \alpha_4 \eta^4 \tag{6-10}$$

　　根据边界条件式(6-10)可求得

$$f(\eta) = 1 - 3\eta^2 + 2\eta^2 \tag{6-11}$$

　　另外，如果将式(6-8)所示的各点压力积分就应该等于射流对平板的总冲击压力，即

$$F = \int_0^R P_{\mathrm{m}} f(\eta) \cdot 2\pi r \mathrm{d}r = \rho Q v = P_{\mathrm{m}} \cdot 2\pi r \tag{6-12}$$

　　由此可得

$$\eta = r / R = \sqrt{20/3} \approx 2.58 \tag{6-13}$$

即水射流冲击物体时的作用半径大约是射流自身半径的 2.58 倍。

6.4.4　高压力纯水射流切割破岩机理

　　目前，有多种理论试图解释高压水射流对物体的破坏作用和机理，但许多依然停留在假说阶段。

　　纯水射流破煤过程中，射流与煤体之间存在两类耦合作用：一是煤与煤体孔隙流体间的耦合；二是射流与煤相交界面上的耦合[27]。大量的实验和理论分析表明，对于脆性煤体，在忽略流体和煤的弹性作用下，水在煤体内的传播速度比煤体内应力波的传播速度要小得多，而且随着煤层深度的增加，煤体内孔隙流体压

力迅速降低，水射流作用于煤体表面的压力越小，煤体内的孔隙压力衰减越快。这说明在较短的时间内，煤体中流体的运动对煤的影响范围十分有限。

英国利兹大学的研究结果表明，岩石破坏形成时间非常短，为 1.5~6ms，进一步延长射流作用时间，对岩石破坏深度基本不再发生影响[28]，但是如果切割过程中采用往复式切割方法，这个结论就需要进一步推敲。

相对于煤体内应力波的传播速度和水射流的速度，水在煤体内的渗透速度非常小，因此可知，水射流破煤过程中射流与煤体的耦合主要是界面耦合。总体而言，纯水射流破煤/岩机理/假说主要可以归纳为以下几个方面。

第一，冲击压碎机理。当高压水射流撞击煤/岩层后，射流的动能转换成对煤/岩层的压能，并形成冲击压力波。导致其破碎的主要机理是冲击压碎。根据连续射流冲击压力公式可知，当射流速度为 500m/s 时，冲击力约为 300MPa，超过大多数岩石的抗压强度，因此岩石以压缩形式破坏，而原有的裂纹或微裂纹在射流破坏过程中并不起明显的作用。如果加入磨料，将显著增加射流的冲击作用，因此，这一破坏形式体现得更为突出。

第二，拉伸剪切-水楔胀裂机理。根据水射流的基本理论，在射流的任一横截面上，射流轴心上的速度最高，自射流中心向外速度很快降低，直至射流边界上射流速度为零。因此，最大冲击压力位于冲击中心，并随径向距离的增加冲击压力迅速衰减。

在射流冲击区煤/岩层处于受压状态，在冲击中心，压应力值最大，随径向距离的增加，压应力值迅速下降，并逐渐转为拉应力，最大拉应力位于冲击表面边缘某个位置。最大拉应力位置离冲击中心的径向距离与喷射距离呈线性关系。对于像煤或岩石类的脆性材料，其抗拉强度远低于抗压强度。因此，在水射流作用下，介质表面存在拉伸破坏，拉伸裂纹在水射流冲击边缘逐渐产生。在高压水射流冲击作用下，煤/岩层还受到剪切应力的作用。如果以抗剪强度来表征介质的破坏，介质剪切破坏将从内部开始，形成剪切裂纹，裂纹进一步向冲击接触面扩展，使碎块脱离介质基体。

在拉伸剪切作用形成裂纹的前提下，射流随即进入裂纹形成水楔，水楔的胀裂作用克服煤/岩层的抗拉强度，进而延伸和扩张裂纹，加速岩石破坏。由于岩石的抗拉强度远低于抗压强度，故射流所需破坏煤/岩层的压力也较低。

在石油钻井工程中，拉伸剪切-水楔胀裂理论在水射流辅助破岩技术中得到了广泛的应用。在进行高压水射流辅助破岩钻头设计时通过调整钻头水眼的布置，使射流射向井底岩石的着落点尽可能靠近机械齿的前缘或后缘，而且射流倾斜角应与裂纹的倾斜角一致。

第三，破碎核劈裂机理。该理论把破煤/岩过程简化为具有一定速度的刚体压入煤/岩半无限弹性体，当极限剪应力和拉应力超过岩石本身的抗剪、抗压强度时，即出现剪切和拉伸裂纹。

随着水射流的继续冲击或冲击压力的增加，剪切裂纹逐渐扩展并汇接到冲击接触面，形成由剪切而破坏的细煤/岩粉组成的球形破碎核。当破碎核储藏的能量达到一定程度时，它将开始膨胀而释放能量，使周围的岩石产生切向拉应力。当这个拉应力超过煤体/岩体的抗拉强度时，煤/岩壁面上将出现径向裂隙。由于破碎核处于高压状态，核中的煤/岩粉将以粉流形式楔入径向裂隙，并在靠近阻力较小的自由面方向劈开煤/岩体，从而完成脆性煤/岩体的跃进式破碎[29]。

6.4.5　水射流切割裂隙作用下煤层卸压增透机理

1. 影响煤体渗透性的因素

1）地应力对煤体渗透性的影响

煤层瓦斯的抽采实际上经历了三个连续过程，即瓦斯解吸、瓦斯扩散、瓦斯渗流。一方面，煤体微孔隙内表面吸附的瓦斯由于孔隙压力的降低而发生解吸，并扩散至裂隙中转变为游离态瓦斯，然后由于裂隙和钻孔之间存在的压力梯度和瓦斯的浓度梯度而产生瓦斯渗流，从而使游离状态的瓦斯气体向钻孔移动，最后由钻孔抽出。

在以上这个过程中，当煤层地压力降至解吸临界压力以下时，瓦斯解吸量随煤层地压力的下降而不断增多，瓦斯解吸速度随之提高；另一方面，在瓦斯的运移过程中，随着煤层压力降低使煤体发生变形，由此促进煤体孔隙和裂隙的扩展和延伸，煤层渗透系数增大，进而提高了瓦斯渗流作用的效果。综上所述，地应力是影响瓦斯解吸、扩散、渗流及瓦斯抽放率高低的重要因素[30]。由于煤岩体的多孔性，开挖活动将使岩体的应力状态发生改变，从而导致煤岩体的力学性质和渗透性质发生改变。岩体内的流体在连通的孔隙、裂隙或孔洞中的流动状态的改变，又会引起岩体力学性质的改变，使岩体的变形随之变化，两者相互影响，相互作用。因此，提高低透气性煤层的渗透性的关键在于采取有效措施使高应力区的原岩体卸压，促使其产生较大的卸压体积变形。

2）吸附性对煤体渗透性的影响

煤的渗透性受煤体对瓦斯的吸附的影响，在相同的条件下，对于同一煤样，煤体吸附气体所呈现的吸附性越强，煤样渗透率就越低，而且随着孔隙压力的增大，这种关系就表现得非常明显，这种关系主要因为煤的渗透率与煤的孔隙结构和裂隙有关，且只和中孔、大孔及裂隙有关。由于煤体吸附气体后，煤体会发生膨胀变形，且煤体吸附气体时的吸附性越强，变形量越大，因此，当煤体在围压力保持一定，沿径向产生变形受到限制时，微孔隙或微裂隙在吸附气体后必然产生向内的变形，从而影响中孔、大孔及裂隙的容积，使渗透容积减小。

煤层渗透率的变化有时是多因素综合作用的结果，而有时是某一因素起主导作用。在我国复杂的地质构造背景下，原岩应力等外在因素对煤层渗透率的影响比较显著。

3) 裂隙系统对煤体渗透性的影响

煤层天然裂隙系统在某种程度上是影响渗透率的重要因素。煤层天然裂隙发育，有利于提高煤层渗透率，渗透率与裂缝宽度的平方呈正比。实验室煤岩渗透率测定表明，一旦试样天然裂隙发育，渗透性就好，其他因素如煤岩类型、煤质、煤级等均呈次要作用[31]。日本学者通口澄志教授利用示踪气体放射性元素进行了瓦斯渗透性测定[32]，并得出这样如下结论：在完全不含裂隙或者裂隙很少的未受采动影响的煤层中，瓦斯流动是以煤体自身存在的裂隙为中心，符合扩散理论。瓦斯在没有裂隙的煤层中的流动比较困难，几乎所有的瓦斯都是通过与钻孔相连的裂隙网络从煤层流入钻孔，与裂隙交叉相连的钻孔，瓦斯就大量流出，与裂隙不相交叉的钻孔，瓦斯流量就小[33]。

2. 水射流切割对煤层渗透性的影响

在高压水射流切割作用下，煤体产生拉伸、压缩、剪切变形，煤体发生损伤破坏，煤体原有裂隙扩张，在应力重新分布的作用下，煤体新的裂隙形成，导致煤体裂隙网的形成。

煤层在水射流切割作用下，经历三种状态的演变：①切割前，煤层处于初始损失阶段，其中包含不连续、非贯通节理裂隙；②切割期间，裂隙周围应力逐渐释放，应力状态重新分布，导致切割裂隙周围围岩主应力差增大，引起裂隙周围围岩某些方向的裂纹开裂、扩展，煤体损伤逐渐累积并派生出新的拉剪裂隙[34]；③在持续、往复的高压力水射流作用下，割裂缝周围围岩扩展裂纹逐渐发展，部分初始裂隙相互连接，在煤层中形成贯通裂隙。在整个过程中，高压水射流切割引起原岩应力的变化，使煤层经历了由原岩应力状态进入应力升高与应力降低状态的过程，在这个过程中，煤体的透气性也将随之而发生变化。

3. 水射流切割对瓦斯解析的影响

煤是一种包含有机物成分复杂的地质材料。从微观来看，煤体内含有的有机物质类似海绵体，是由一些直径只有甲烷分子大小的微小毛细管所贯通、彼此交错，并组成超细网状结构的微孔系统。系统具有比较大的内表面积，形成了煤体特有的多孔结构。

煤中孔隙作为连接吸附体积与自由表面的运输通道，构成了复杂的吸附、扩散、渗透系统。煤中微孔构成了吸附体积，煤中其余孔隙则构成了煤中复杂的渗透系统，在渗透系统中，几乎全部瓦斯都处于游离状态，并符合气体状态方程。

煤的孔隙结构和孔隙大小的分布，关系到煤的吸附性和渗透性。影响煤的孔隙特征的主要因素有煤的变质程度、地质破坏程度和地应力性质及其大小[35]。

在高压水射流切割作用下，煤体原有裂隙扩张，煤体新的破坏裂隙形成。孔隙是煤层中瓦斯气体储存的空间，裂隙是煤层中流体运移的主要通道，在没有高压水射流切割影响的情况下，煤层中的瓦斯运移主要依靠煤层原生裂隙的发育情况。孔隙率、裂隙率及和裂隙暴露面积越大，煤层透气性系数越高，煤层透气性越好，瓦斯运移就越通畅。高压水射流切割通过增加煤层内部裂隙率、扩大原有裂隙和次生裂隙暴露面积，为瓦斯的排放提供了通道，从而达到有效提高煤层透气性的目的。

4. 水射流切割对煤层卸压增透的影响

煤层透气性的影响因素主要是煤层的应力状况，渗透率随煤层应力减小而增加。因此，降低煤层应力是提高煤层透气性有效的技术途径。

高压水射流切割过程中，通过在煤层中形成人工裂隙，增加了煤体的暴露面积，使吸附瓦斯解吸，并释放了煤层内的部分有效体积应力，使煤层局部区域在切割后发生不同程度破坏和位移，甚至垮落，应力场重新分布。在地应力的作用下，人工裂隙周围形成卸压区和应力集中区。在煤层卸压区域内，原有裂隙的张开、扩展及新破坏裂隙的形成，使煤层透气性得以提高。由于割缝对煤体产生弹塑性破坏，煤层内的裂缝和裂隙的数量、长度和张开度得到不同程度的增加，增大了煤层内裂缝、裂隙和孔隙的连通面积，改变了煤体的裂隙状况，煤体渗透率大幅度提高，为瓦斯解吸和流动创造了良好的条件，大大改善了煤层中的瓦斯流动状态[36]。试验研究表明，采用高压水射流割缝技术可以释放煤体中的有效体积应力，从而提高了低渗透煤层的渗透率。

6.5　高压力纯水射流旋转切割的关键技术参数及优化

影响水射流切割煤层效果的因素很多，其中水压、喷嘴几何结构和参数是影响水射流系统切割效果最主要的参数。

喷嘴是高压水射流设备形成水射流工况的直接元件，喷嘴的好坏直接影响到煤层的切割效果，进而影响到系统的其他各个部分。在整个水射流设备中，由高压软管送的水经过喷嘴从高压低速转化为低压高速冲击物料表面，通过水射流的冲击作用、动压力作用、脉冲负荷引起的疲劳破坏作用及水楔作用破坏煤层，达到切割效果[24, 27]。由此可见，喷嘴的几何结构和参数对切割效果有着十分明显的影响。

6.5.1　喷嘴直径对切割的影响试验研究

在所有的喷嘴的几何参数中，喷嘴直径是影响切割效果最关键的参数。因此，为了了解喷嘴直径对喷射效果的影响，进行了压力为 60MPa 条件下，不同喷嘴直径的切割效果进行试验。试验中，喷嘴直径分别选择 3mm、4mm、5mm、6mm、7mm 和 8mm（图 6-12）。

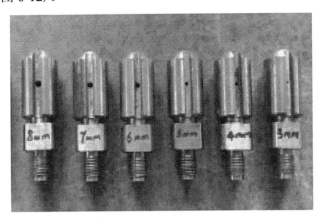

图 6-12　不同直径的试验喷嘴

通过试验可以发现，在压力和流量一定的情况下，随着喷嘴直径的增加，发散角度也随之增加（图 6-13，表 6-3）。基于此，在以下的试验中选用 1.6mm 直径的喷嘴。

(a) d=3mm

(b) d=4mm

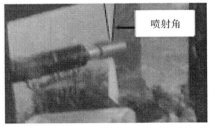

(c) d=5mm

(d) d=6mm

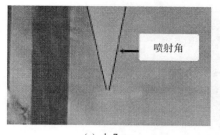
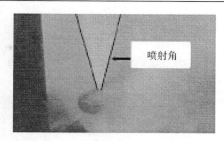

(e)　$d=7mm$　　　　　　　　　　　　　(f)　$d=8mm$

图 6-13　不同喷嘴直径对应的不同发散角度

表 6-3　不同喷嘴直径对应的不同的发散角度

参数	喷嘴直径					
	3mm	4mm	5mm	6mm	7mm	8mm
喷射发散角度/(°)	3	9	12	19	24	29

6.5.2　压力对切割的影响试验研究

在了解了喷嘴直径变化对切割效果的影响，并确定喷嘴直径后，既进行不同水压条件下对切割效果的试验，以了解在喷嘴直径固定的情况下，压力对切割效果的影响。试验中，水压分别取 10MPa、20MPa、30MPa 和 50MPa。通过试验可以看到，喷射发散角度随着压力的增加有略有增加(图 6-14)，这是因为随着压力的增加，水射流速度增加，从而增加了水与空气的摩擦力。

表 6-4 给出了不同压力条件下喷射发散的角度。可以看出，不同压力对发散的角度影响十分有限，表明当合适的喷嘴几何参数确定后，提高水射流压力能够获得更好的切割效果。

(a) 10MPa

(b) 20MPa

(c) 30MPa

(d) 40MPa

(e) 50MPa

图 6-14　不同压力对喷射发散角度的影响

表 6-4　不同水压力对应的喷射发散角度

参数	水压				
	10MPa	20MPa	30MPa	40MPa	50MPa
喷射发散角度/(°)	20	22	21	24	24

通过对喷嘴直径和水射流压力对喷射特征和切割效果的试验可知，喷嘴的几何结构和几何参数对切割效果有很明显的影响。考虑到喷嘴直径仅仅是喷嘴许多几何参数之一，因此，基于试验所获得的结果，采用数值模拟方法，对水射流喷嘴几何结构和参数进行全面和系统的模拟研究，以获得最佳结构和参数。

6.6　高压力纯水射流喷嘴几何结构及参数的优化

喷嘴是高压水射流设备形成水射流工况的最直接元件，其性能的优劣直接影响着对煤层的切割效果。在整个水射流设备中，由高压泵经过高压软管、高压密封钻杆输送到切割总成，并通过喷嘴作用于被切割物体上，利用水射流的冲击作用、动压力作用、脉冲作用等达到切割和破坏煤层的效果。因此对切割喷嘴的分析、优化研究有着十分重要的意义。

6.6.1　数值模拟方法

尽管对应高压喷嘴的几何参数优化可以采用许多方法，包括实验室试验、理论分析、相似模拟研究和数值模拟等。实验室试验，包括相似模拟试验是一种最直接的参数优化方法，试验中采对同几何结构和几何参数的喷嘴进行试验和对比，从而确定最优几何结构和参数。然而，当采用不同的喷嘴结构和几何参数时，因此需要不断地对各种几何参数的喷嘴进行机械加工，这将需要耗费大量的人力、物力和时间，使试验流程耗时长，工作量大。另外，由于水射流的高速、瞬时特征，大多数试验只能对其最终结果，即切割效果进行分析，而不是整个喷射过程进行。

理论分析法的主要思想是应用自然科学(物理等)中已证明的理论、原理和定律，对被研究系统的有关因素进行分析、演绎、归纳，从而建立系统的数学模型。这种方法更适用于工艺相对成熟，对机理又有较深入了解的研究对象。

许多工程分析问题，如固体力学中的位移场和应力场分析、电磁学中的电磁场分析、传热学中的温度场分析、流体力学中的流场分析等，都可归结为在给定边界条件下求解其控制方程(常微分方程或偏微分方程)的问题，但用解析方法求出精确解的只是方程性质比较简单，且几何边界相当规则的少数问题。对于大多数的工程技术问题，由于物体的几何形状较复杂或问题的某些特征是非线性的，则很少有解析解。这类问题解决通常有两种途径：一是引入简化假设，将方程和边界条件简化为能够处理的问题，从而得到它在简化状态的解。这种方法只在有限的情况下可行，因为过多的简化可能导致不正确甚至错误的结果。因此，人们在广泛吸收现代数学、力学理论的基础上，借助于现代科学技术的产物——计算机来获得满足工程要求的数值解，即数值模拟技术。数值模拟技术是现代工程学形成和发展的重要推动力之一，利用数值模拟的方法来解决工程问题，不仅省时高效，且不存在安全问题。通过数值模拟还能够将研究者所关心的问题，包括结果和过程等形象、直观、准确地展现出来，以便于对问题的进一步的深入分析和了解。

6.6.2　数值模拟软件 Fluent

针对高压水射流的喷射过程可以看作是不可压缩流体在高压状态下的流场仿真，而 Fluent 是用于计算和分析流体流动和传热问题的程序。它提供了许多模型来解决流体(包括液体和气体)的可压缩与不可压缩、稳态与非稳态流动问题。

计算流体动力(computational fluid dynamics，CFD)是通过计算机数值计算和图像显示，对包含流体流动和热传导等相关物理现象的系统所做的分析。CFD 的基本思想可以归结为：把原来在时间域及空间域上连续的物理量的场，如速度场、压力场，用一系列有限离散点上的变量值的集合来代替，通过一定的原则和方式建立关于这些离散点上场变量之间关系的代数方程组，然后求解代数方程组获得场变量的近似值[38]。简而言之，Fluent 软件由以下几个模块组成。

(1)前处理软件 GAMBIT，它包含了几何建模和网格划分功能。

(2)用于进行流动模拟和计算的求解器。

(3)后处理器，即能对 Fluent 数值计算之后的数据和流场进行处理，包括等值线图、等值面图、流动轨迹图和速度矢量图，同时可以对用户关心的参数，如模型中的温度、压力、流量和模型的受力情况等进行综合分析。

6.6.3　数值模拟计算流程与控制方程

　　数值模拟的计算程序与液态二氧化碳模拟相同，在此不再详述。

　　CFD 数值模拟就是基于质量、动量、能量守恒三个控制方程来计算模拟流体流动情况的。可压缩流体的基本方程包括可压缩流体质量守恒方程：

$$\frac{\partial \rho}{\partial t} + \frac{\partial(\rho \boldsymbol{u})}{\partial x} + \frac{\partial(\rho \boldsymbol{v})}{\partial y} + \frac{\partial(\rho \boldsymbol{w})}{\partial z} = 0 \tag{6-14}$$

以及可压缩流体动量守恒方程：

$$\frac{\partial(P\boldsymbol{u})}{\partial t} + \mathrm{div}(\rho \boldsymbol{U}\boldsymbol{u}) = \mathrm{div}(\eta \,\mathrm{grad}\boldsymbol{u}) + S_u - \frac{\partial P}{\partial x} \tag{6-15}$$

$$\frac{\partial(P\boldsymbol{v})}{\partial t} + \mathrm{div}(\rho \boldsymbol{U}\boldsymbol{v}) = \mathrm{div}(\eta \,\mathrm{grad}\boldsymbol{u}) + S_v - \frac{\partial P}{\partial y} \tag{6-16}$$

$$\frac{\partial(P\boldsymbol{w})}{\partial t} + \mathrm{div}(\rho \boldsymbol{U}\boldsymbol{w}) = \mathrm{div}(\eta \,\mathrm{grad}\boldsymbol{u}) + S_w - \frac{\partial P}{\partial z} \tag{6-17}$$

　　式中，P 为流体微元上的压力；$\boldsymbol{U}$ 为速度矢量；div 和 grad 为矢量符号，即 $\mathrm{div}a = \partial a_x/\partial x + \partial a_y/\partial y + \partial a_z/\partial z$；$\mathrm{grad}b = \partial b/\partial x + \partial b/\partial y + \partial b/\partial z$；$\eta$ 为动力黏度；符号 S_u、S_v、S_w 均为动量守恒方程中的广义源项，$S_u = F_x + s_x$，$S_v = F_y + s_y$，$S_w = F_z + s_z$，其中 F_x、F_y、F_z 是微元上的体积力，而其中的 s_x、s_y、s_z 表达式分别为

$$s_x = \frac{\partial}{\partial x}\left(\eta \frac{\partial \boldsymbol{u}}{\partial x}\right) + \frac{\partial}{\partial y}\left(\eta \frac{\partial \boldsymbol{v}}{\partial x}\right) + \frac{\partial}{\partial z}\left(\eta \frac{\partial \boldsymbol{w}}{\partial x}\right) + \frac{\partial}{\partial x}(\lambda \,\mathrm{div}\boldsymbol{U}) \tag{6-18}$$

$$s_y = \frac{\partial}{\partial x}\left(\eta \frac{\partial \boldsymbol{u}}{\partial y}\right) + \frac{\partial}{\partial y}\left(\eta \frac{\partial \boldsymbol{v}}{\partial y}\right) + \frac{\partial}{\partial z}\left(\eta \frac{\partial \boldsymbol{w}}{\partial y}\right) + \frac{\partial}{\partial y}(\lambda \,\mathrm{div}\boldsymbol{U}) \tag{6-19}$$

$$s_z = \frac{\partial}{\partial x}\left(\eta \frac{\partial \boldsymbol{u}}{\partial z}\right) + \frac{\partial}{\partial y}\left(\eta \frac{\partial \boldsymbol{v}}{\partial z}\right) + \frac{\partial}{\partial z}\left(\eta \frac{\partial \boldsymbol{w}}{\partial z}\right) + \frac{\partial}{\partial x}(\lambda \,\mathrm{div}\boldsymbol{U}) \tag{6-20}$$

　　式中，λ 为第二黏度。

　　及能量守恒方程：

$$\frac{\partial(\rho T)}{\partial t} + \mathrm{div}(\rho \boldsymbol{U}T) = \mathrm{div}\left(\frac{k}{c_p}\,\mathrm{grad}T\right) + S_T \tag{6-21}$$

式中，C_p 为比热容；T 为温度；k 为流体的传热系数；S_T 为流体的内热源及由于黏性作用使流体机械能转换为热能的部分，有时简称为黏性耗散项。

对于气体，还需要补充一个联系 P 和 ρ 的状态方程，对于理想气体有：

$$P = \rho RT \tag{6-22}$$

式中，R 为摩尔气体常数。

6.6.4　模拟流体的基本性质和流动状态

由于流体是模拟的研究对象，因此，需要首先明确流体的性质及流动状态，因为这决定着：①计算模型及计算方法的选择；②边界条件的设定；③流场各物理量的最终分布结果。

1. 模拟流体的基本性质

基于内摩擦剪应力与速度变化率的关系不同，黏性流体分为牛顿流体和非牛顿流体。牛顿内摩擦定律表示：流体内摩擦应力和单位距离上的两层流体间的相对速度成比例。比例系数 μ 称为流体的动力黏度，简称黏度。其大小取决于流体的性质、温度和压力大小。若 μ 为常数，该类流体称为牛顿流体；否则，称为非牛顿流体。空气、水等为牛顿流体；聚合物溶液、含有悬浮粒杂质或纤维的流体为非牛顿流体。

根据流体密度是否为常数，可将流体分为可压缩流体和不可压缩流体两大类。当流体密度为常数时，该流体为不可压流体，否则为可压缩流体。因此，水为不可压流体。

2. 模拟流体的流动状态

Fluent 软件将被模拟流体的流动状态主要分为两种类型，即层流（laminar）和湍流（turbulence）。层流是指流体在流动过程中两层之间没有相互混掺，湍流指流体不是处于分层流动状态。一般来说，湍流比较普遍，层流属于个别情况。对于圆管内流动的流体，采用雷诺数（Reynolds）来定义：$Re = \mu d / v$。其中 μ 为流体的流速；v 为流体的黏度；d 为管径。当 $Re \leqslant 2300$ 时，管流为层流；当 $Re \geqslant 8000 \sim 12000$ 时，管流为湍流；当 $2300 < Re < 8000$ 时，管流处于层流和湍流的过渡区。

基于雷诺数及水射流的流动速度特性可知，水在喷射过程中有着很大的流速，同时运动黏度极小，属湍流流动状态。

基于流体上述特征，可选择合适的计算模型，并对数值模型的边界条件进行设置。

6.6.5 喷嘴几何结构和几何参数

目前，常用的高压水射流喷嘴横截面的几何结构主要包括三种形式，即圆形[图 6-15(a)]、花星形[图 6-15(b)]和等边三角形[图 6-15(c)]。在模拟过程中，首先确定在同样压力、同样流量、同样喷嘴长度($L = 15$mm)和同样喷射横截面积($A = 3.8$mm^2)的条件下，对不同几何结构的喷嘴进行模拟研究。

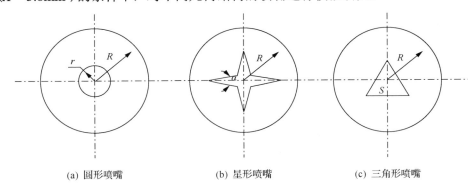

(a) 圆形喷嘴   (b) 星形喷嘴   (c) 三角形喷嘴

图 6-15 三种结构喷嘴截面示意图

r 为喷嘴内径；R 为喷嘴外径；α 为喷孔尖端夹角；S 为三角形喷孔池长

6.6.6 喷嘴几何模型的建立及边界条件

喷嘴模型的建立是通过 Fluent 前处理软件 Gambit 完成。为了能够更好地模拟水射流的流场分布情况，模型由两个圆柱体组成，包括喷嘴和计算域，并基于两个区域设定作用和目的进行网格划分。

在 Fluent 软件中，网格分为结构化网格和非结构化网格两大类。结构化网格就是网格拓扑，主要用于简单的几何模型，即网格中节点的排列有序、邻点间关系明确。与结构化网格不同，非结构化网格主要用于较为复杂的几何模型，其节点的位置无法用一个固定的法则予以有序的命名。这种网格生成过程比较复杂，适应性好，但计算量较大。非结构化网格一般采用专门的程序或软件来生成。考虑到三维模拟计算量大，该模拟的模型相对规则，故采用结构化网格划分，其网格化模型如图 6-16 所示。

在设置模型边界条件时，主要考虑以下几个方面因素。

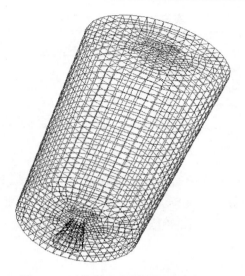

图 6-16 网格化喷嘴模型沿 z 轴截面图

首先是流体的基本特性。该模拟中水在喷射过程中密度恒定不变，因此为不可压缩流。

其次是边界条件类型及其适应性。入口边界条件主要包括三类：速度入口、压力入口和质量入口。速度入口需要给定入口边界上的速度及其他相关参数值；压力入口边界条件用于定义流动入口的压力及其他标量属性。压力入口边界条件可用于压力已知，而流动速度未知的情况；质量入口边界条件需要给定入口边界上的质量流量。对该模拟而言，只有压力已知，因此边界条件选用压力入口。出口边界条件主要有速度出口、压力出口和自由流动出口。速度出口适用于出口速度及相关参数已知的不可压缩流问题。对于出流边界压力和速度均未知的情况，可选用自由流动出口边界。该模拟出口压力已知为 1atm[①]，因此选用压力出口边界条件。

最后是设定模型边界条件。对于该模拟而言，由于水流从模型的底面进入，故将喷嘴入口底面设置为压力入口，将喷嘴壁面即圆柱侧面设置为固壁。与压力入口相对应，将计算域边界圆柱的上底面、下底面及侧面设为压力出口。柱体的相交部分别属于模型内部区域，不对其进行设置，系统默认为 interior。模型的边界条件及相关参数设置如表 6-5 所示。

---

① 1atm≈1.01×10⁵Pa。

表 6-5 边界条件及参数

模型边界	边界类型	边界参数
水压	入口压力	986.92atm
喷嘴模型侧面	不透水边界	
计算域上、下底、侧面	出口压力	1atm

6.6.7 计算方法选择

计算方法的选择涉及求解器的设定和湍流模型的选择。Fluent6.3.26 软件压力求解器使用压力修正算法，擅长求解不可压缩流动，因此选用密度基求解器。在湍流模型的选择上，基于模拟的特点，考虑流场稳定后的分布情况，故选用定常模型 (steady model)。

同时该模拟选用了经典的 Stand k-e 双方程模型，此模型应用多，计算量适中，有较多数据的积累和比较高的精度。一般工程计算都使用此模型，其收敛性和计算精度能够满足一般工程计算的要求。

6.6.8 模拟结果及分析

一般地，Fluent 软件在开始迭代计算之前，先通需要对指定区域流场进行初始化。初始化后可进行迭代计算。本文选择对介质流体入口进行初始化。计算结果的收敛性可通过残差曲线来判断。残差的收敛精度一般设为 10^{-3}，同时通过检测相关参数，即流体入口与出口流量平衡后，计算结果收敛。

1. 喷嘴结构优化及结果分析

第一部分模拟了在同等水压 (100MPa)、同等喷嘴长度 (15cm)、同等喷嘴断面面积 (2mm^2) 条件压下三种不同几何结构喷嘴的喷射流场化特征，并通过对高压水射流流场的特征分析对喷嘴的几何结构进行选择和优化。

图 6-17 给出了圆形、星形和三角形喷嘴的动压和速度云图。从三种喷嘴的动压分布图和速度云图可以看出，由于喷嘴结构的不同，喷射时所产生的压力和速度的分布和量值也完全不同。其中，三角形喷嘴结构产生的最大动压力和速度均大于其他两种类型的喷嘴。另外，三角形喷嘴结构产生的流场中核心射流区最长，由此可以认为，三角形喷嘴结构更有利于切割煤层。

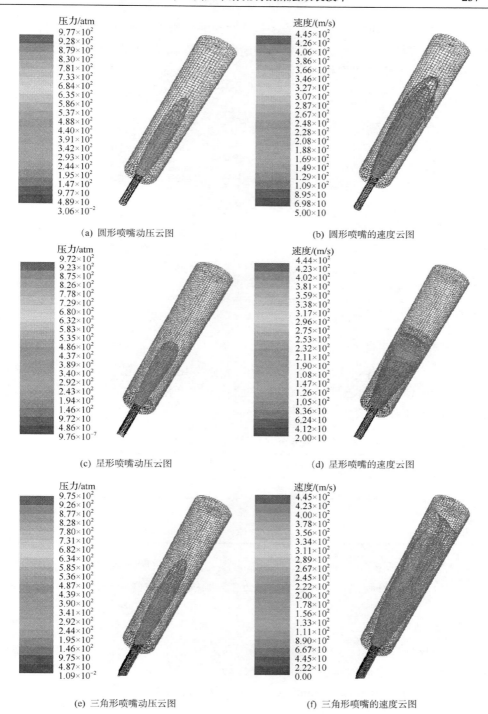

图 6-17　不同几何类型喷嘴的三维动压和速度云图

图 6-18 为模拟的残差曲线。给出这个曲线的目的是为了说明模型计算的收敛性和模拟的可靠性。另外，除了喷嘴的断面几何结构形式外，影响喷射效果的几何参数还包括喷嘴的面积和喷嘴长度。

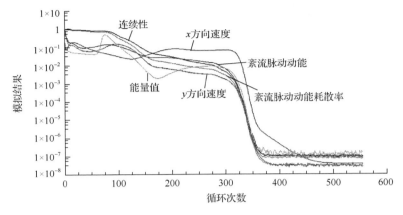

图 6-18　模拟残差曲线

2. 喷嘴的面积优化

基于以上的工作，可知三角形喷嘴的喷射效果最佳。在此基础上，设定喷嘴长度为 15mm、喷射水压力为 100MPa 的条件下，变化不同喷嘴截面积（表 6-6）进行模拟，其结果如下。

表 6-6　喷嘴模型几何参数

几何参数	喷嘴类型			
	T1	T2	T3	T4
喷嘴长度 L/mm	15	15	15	
截面面积 S/mm^2	3.8	3.2	2.8	2.5

从图 6-19 和 6-20 可以看出，当截面积为 3.8mm^2 时所产生的动压力和速度能够在较长距离维持较高水平，因此 3.8mm^2 为喷嘴最佳横截面积。

3. 喷嘴的长度优化

前两部分模拟确定了喷嘴的最优结构和最佳截面积，该部分模拟在前两部分的基础上模拟三角形喷嘴在 100MPa 水压力、截面积为 3.8mm^2，不同喷嘴长度（12mm、15mm、18mm、21mm）条件下的流场分布情况，以此来确定喷嘴的最优长度。

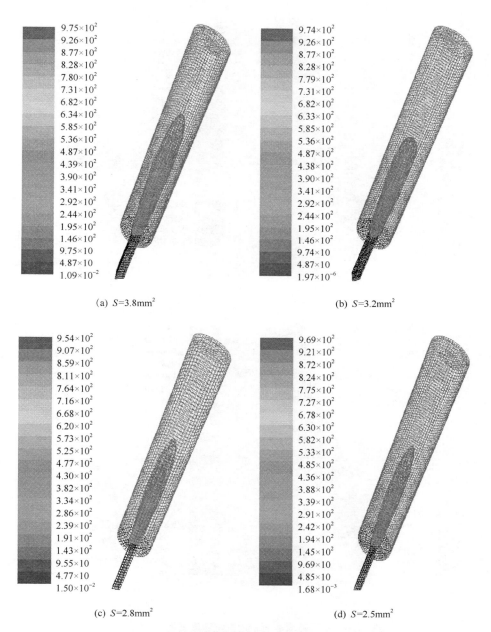

(a) $S=3.8\mathrm{mm}^2$

(b) $S=3.2\mathrm{mm}^2$

(c) $S=2.8\mathrm{mm}^2$

(d) $S=2.5\mathrm{mm}^2$

图 6-19　不同喷嘴截面积的三维动压云图(单位：atm)

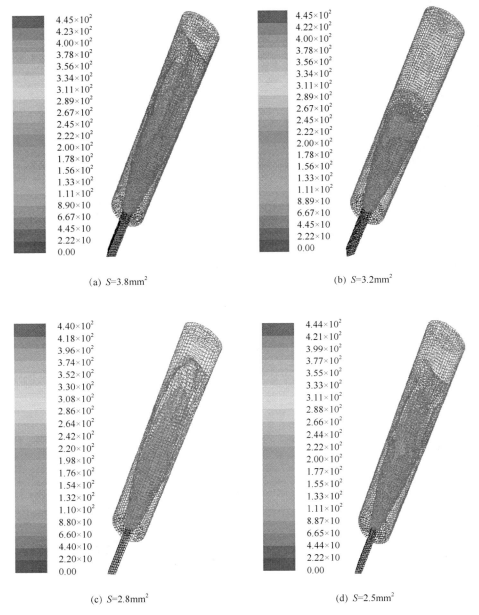

(a) $S=3.8\text{mm}^2$

(b) $S=3.2\text{mm}^2$

(c) $S=2.8\text{mm}^2$

(d) $S=2.5\text{mm}^2$

图 6-20　不同喷嘴截面积的三维速度云图（单位：m/s）

从图 6-21 和图 6-22 可以看出，除 21mm 外，随喷嘴长度增加喷嘴产生的动压力和速度也随之增加。考虑到切割总成的整体尺寸，喷嘴长度以 15mm 到 18mm 最合理。

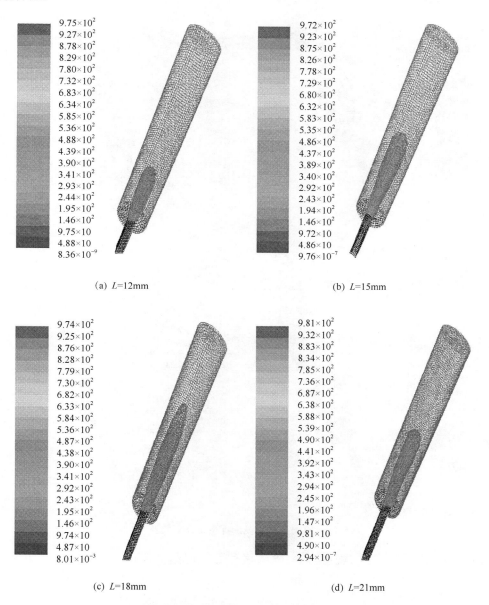

(a) L=12mm

(b) L=15mm

(c) L=18mm

(d) L=21mm

图 6-21　不同喷嘴截长度的三维动压云图(单位：atm)

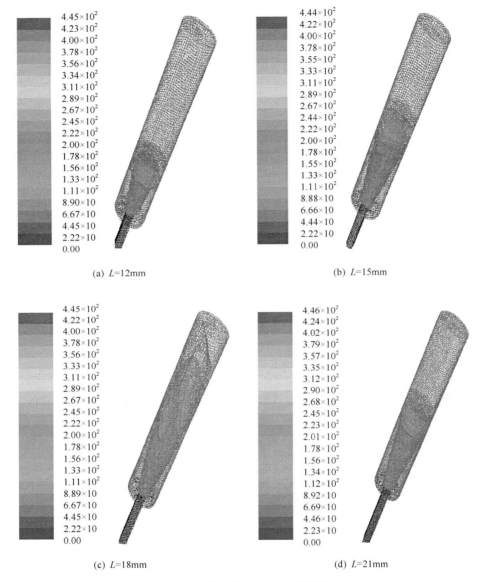

(a) L=12mm

(b) L=15mm

(c) L=18mm

(d) L=21mm

图 6-22　不同喷嘴长度的速度云图（单位：m/s）

　　综上所述，通过数值模拟，喷嘴横截面几何结构选择三角形，其截面积为 3.8mm²，长度为 15mm 或 18mm。

6.7 案例一：长钻孔坚硬(本)煤层强化增透提高瓦斯抽放效率

随着我国煤矿开采深度的不断增加，增加煤层透气性、提高瓦斯抽放效率一直是煤矿安全和生产所面对的重要议题。基于此，许多煤层强化增透技术应运而生，这些技术在不同的时期为不同地质条件和开采条件煤矿的瓦斯抽采提供了更多的选择，对煤矿安全生产起到了积极的促进作用。高压纯水射流切割煤层强化增透即为这些技术之一。

1. 试验矿井简介

神华宁夏煤业集团有限责任公司汝箕沟煤矿位于贺兰山深处，石嘴山市平罗县境内。井田北以Ⅺ勘探线与石炭井矿区生产指挥部大峰矿毗邻，其他方向均以七层煤露头为自然境界。井田上界标高为+2300m，下界标高为+1800m，南北走向 8.9km，东西倾斜宽 2.31km，井田面积 9.0km²。井田呈小型盆地构造，煤层露头均露出地表，西陡东缓构造简单。煤层赋存稳定，属侏罗纪含煤地层，共含七层煤，可采或局部可采六层，自上而下分别为二$_1$层煤、二$_2$层煤、三$_1$层煤、四层煤、五层煤、七层煤，可采总厚 38.52m，其中主采煤层二$_1$层煤、二$_2$层煤、三层煤，总厚 25.02m，四层煤、五层煤、七层煤为次采煤层。井田内煤种单一，为碳化程度较高的优质无烟煤。矿井年生产能力 120 万 t，斜井单水平开拓。汝箕沟矿瓦斯等级鉴定为高瓦斯矿井。

2. 试验工作面简介

高压水射流割缝强化瓦斯抽放的试验区选在神华宁夏煤业集团有限责任公司汝箕沟煤矿的 32211 综采工作面，该工作面位于汝箕沟镇北西方，Ⅻ勘探线以东，Ⅻ勘探线以西，辅Ⅳ和ⅩⅢ勘探线沿煤层倾向横穿过工作面。它北东紧邻 F$_{16}$ 断层，南西紧靠 3229 采空区，南东二$_2$^{1} 层煤暂无采掘活动。该工作面标高 1956～1997m，地面标高 2179～2381m，走向长 1076～1102m，面积 222156m²。试验地点在 32211 综采工作面机巷后段。

3. 试验区域煤层地质条件

l)煤层情况

工作面开采对象为延安组二$_1$^{2}煤层，该层煤上距二$_1$煤层 30.10m，顶板Ⅻ线以北多为中、粗砂岩，以南多为粉砂岩，底板为粉砂岩和泥岩。煤厚 3.15～16.60m，平均厚度 11.20m，平均有益厚度 9.97m，为稳定的厚煤层，该煤层结构复杂、含四层较稳定夹矸，主要夹矸 G5 层位稳定、局部厚度变化大，为 0.10～12.30m，

由西向东呈增厚趋势,煤矿东部 8 线到XI线间厚度最大,综合地质柱状图如图 6-23
所示。

地质单位		柱状	标志层	真实厚度/m			岩性描述
统	组			最小	最大	平均	
下侏罗统	延安组						32211采空区
				3.49	5.12	4.80	煤层
			G5$^{(1)}$	0.09	0.13	0.11	黑色泥岩,遇水软化
				0.32	0.70	0.51	煤层
			G5$^{(2)}$	0.05	0.20	0.13	黑色灰泥岩,遇水软化
				2.55	3.05	2.80	煤层
			G6	2.10	3.40	3.05	粉砂岩为主,黑灰色
				2.10	2.40	2.25	煤层
							沙质泥岩,粉砂岩为主,灰黑色

图 6-23　地质柱状图

2)水文地质条件

32$_2$11 工作面位于井田第Ⅱ含水层中,但含水量微弱,预计含水层对工作面
无水患威胁。综采工作面前段紧靠上三采区西翼,由于上三采区、西沟六采区
注水灭火,同时受 3229 工作面影响,估计将会有一定量老空区积水和灭火注水
沿煤层裂隙渗入 32211 工作面。最大涌水量为 0.05m^3/min,正常涌水量为
0.01m^3/min。

3)瓦斯情况

该工作面相对瓦斯涌出量为 5.2m^3/t,绝对瓦斯涌出量约为 14m^3/min。煤层瓦
斯压力为 0.56MPa,煤的坚固性系数为 $f = 1.5$,煤层透气系数为 6.7m^2/(MPa^2·d)。
经煤炭科学研究总院重庆分院和抚顺分院鉴定二$_1$^{2} 为突出煤层,煤尘爆炸性均为
无爆炸性,煤炭自燃倾向鉴定结果为Ⅲ类不易自燃。

4. 高压水射流切割煤层强化瓦斯抽放试验

1)瓦斯抽放钻孔设计及切割方案

根据汝箕沟煤矿 32211 综采工作面煤层地质条件、瓦斯状况,采用高压水
射流割缝强化瓦斯抽放技术方案。该方案首先在本煤层中按瓦斯抽放设计进行

瓦斯抽放钻孔的施工，之后利用高压水射流在孔内采用后退式切割方式，沿钻孔长度方向，按 1m 间隔对钻孔进行径向切割，每次切割时间为 3min，泵压为 45MPa。

为了便于运输与布置水射流切割设备，试验段布置在 32211 综采工作面机巷后段，试验段总共设有 18 个钻孔，钻孔设计开口直径 110mm，其长度为 45～50m，如图 6-24 所示。钻孔采用水泥砂浆封孔，封孔长度为 5～10m。

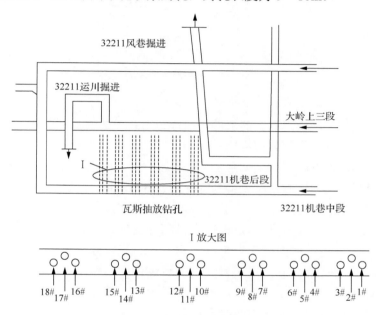

图 6-24　工作面试验段布置

2) 抽放钻孔的施工、切割和数据观测程序

为了科学、定量地评价高压水射流煤层切割强化瓦斯抽放的效果，特要对切割前后瓦斯钻孔的瓦斯参数，包括瓦斯流量和瓦斯浓度进行观测，以确定切割对钻孔瓦斯抽放的影响。钻孔瓦斯流量和浓度分别采用煤气表和瓦斯浓度计进行观测。

首先，对煤层瓦斯抽放钻孔进行施工，之后并入瓦斯管路进行抽放，并每天定时对瓦斯抽放钻孔进行流量和浓度测定，并记录观测数据。20 天左右，取出封孔，按照设计的高压水射流切割工艺进行施工，切割施工完成后，封孔，并继续定时测定钻孔瓦斯流量与浓度，记录 30 天左右的数据。瓦斯抽放连接如图 6-25 所示。

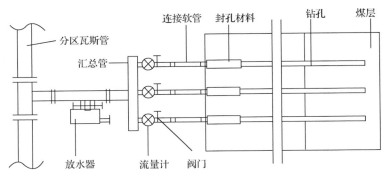

图 6-25　瓦斯抽放连接图

3) 高压水射流煤层切割效果及对钻孔瓦斯抽放的影响

由于实验室无法模拟真实的煤壁，故特利用井下试验的机会，在进行孔内切割前，首先对机巷后段裸露的煤壁进行切割试验，以考察设备的切割效果。由于在孔外进行切割，考虑到安全因素，高压泵压力最大调到 35MPa，切割 3min 后，用钢卷尺对缝槽进行实测，实测得到缝深达 380～500mm，缝宽 30～50mm。

之后进行孔内切割，切割泵压力为 45MPa，在割缝过程中，煤体发生变形呈现显著卸压作用、瓦斯涌出量大幅度提高等变化。这是由于对煤层进行切割前，应力集中带的煤体因受应力集中的影响，煤层裂隙闭合，煤体透气性差，煤层封存大量的吸附瓦斯。在水射流切割后煤体应力集中的状态发生变化，促使应力向煤体深部和两帮转移，煤层卸压，闭合裂隙张开，煤层透气性增加，导致大量吸附状态的瓦斯迅速解吸，钻场布置处风流瓦斯浓度比切割前增加了2 倍以上。

切割完成后，对钻孔瓦斯流量与瓦斯浓度，进行了连续将近两个月的观测记录，对记录数据进行汇总处理分析，得出了割缝前后瓦斯流量的变化情况，如图 6-26和图 6-27 所示。

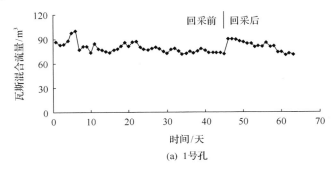

(a) 1号孔

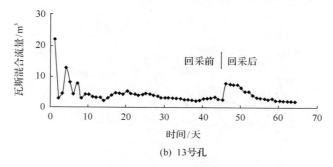

(b) 13 号孔

图 6-26　切割前瓦斯混合流量

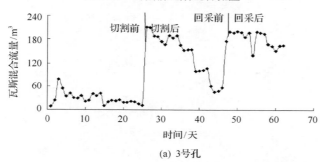

(a) 3 号孔

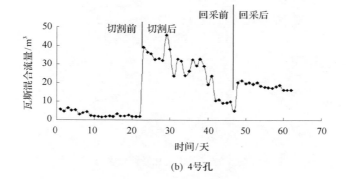

(b) 4 号孔

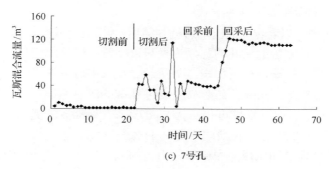

(c) 7 号孔

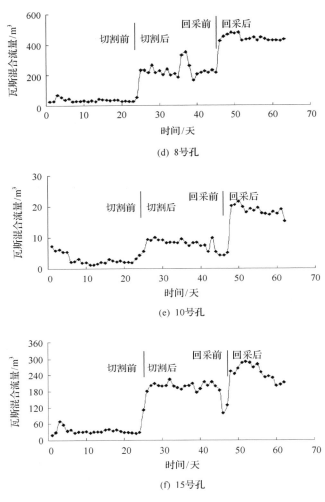

图 6-27　切割后瓦斯混合流量

4) 瓦斯抽放效果总结

从图 6-27 中可以看出，高压水射流割缝后，钻孔瓦斯流量与浓度都有不同程度的提高，未经过割缝的钻孔的瓦斯流量与浓度没有明显的变化。对各个钻孔的瓦斯流量与浓度进行统计分析如表 6-7 所示。从表中可以看出，割缝前，单孔瓦斯抽放最高为 0.0246m³/min，瓦斯浓度最高为 64.64%；割缝后，单孔瓦斯抽放量最高为 0.1533m³/min，瓦斯浓度最高为 88.77%。瓦斯抽放量提高的倍数为 0.05～7.67，平均提高了 3.55 倍；瓦斯浓度提高 11%～144%，平均提高了 37%。说明高压水射流割缝破坏了卸压煤层中原岩应力场的应力平衡，使卸压煤层中的应力产生变化，引起应力重新分布。使原始煤层在地压力下产生不均匀变形和破坏，裂缝周围煤体大面积卸压，释放应力，使煤体产生破坏和位移，增加煤层内裂缝、裂隙的数量、长度和张开度，增加了吸附态瓦斯和游离态瓦斯的接触面积，相应增加了游态瓦斯的解吸速度和瓦斯排放速度，从而提高低透气性煤层的透气性。

表 6-7　切割前后单孔瓦斯混量及变化率

孔号	切割前平均瓦斯混量/(m³/min)	切割后平均瓦斯混量/(m³/min)	切割前后增量/%
1	0.0021	0.0182	7.67
2	0.0197	0.1004	4.10
3	0.0232	0.1144	3.93
4	0.0145	0.0279	0.92
5	0.0214	0.0383	0.79
6	0.0181	0.0189	0.04
7	0.0022	0.0023	0.05
8	0.0234	0.1131	3.83
9	0.0021	0.0028	0.33
10	0.0246	0.1533	5.23
11	0.0169	0.0361	1.14
12	0.0026	0.0043	0.65
13	0.0530		
14	0.0103	0.0416	3.04
15	0.0026	0.0060	1.31
16	0.0025		
17	0.0218	0.0520	1.39
18	0.0040	0.0070	1.13
平均值	0.0147	0.0460	2.22

6.8　案例二：软煤层掘进工作面卸压增透消突提高掘进效率

煤与瓦斯突出事故是影响我国煤矿安全的主要灾害事故之一。我国煤与瓦斯突出事故无论从数量还是从规模上均居世界之首位，是世界上煤与瓦斯突出最为严重的国家之一[39]。据统计，自 1950 年辽源矿务局首次发生煤与瓦斯突出以来，迄今为止全国先后有 300 座以上的煤矿发生了煤与瓦斯突出数万次。其中煤巷掘进过程中发生的突出事故成为危及生命安全的主要威胁。同时，掘进防突措施工序复杂，安全措施施工时间长，导致有效掘进时间受限，掘进速度缓慢，采掘比例严重失调。

近年来，随着矿井开采深度的延伸，煤层瓦斯含量逐渐增加，瓦斯压力及地应力逐渐增大，煤层透气性变差，煤层突出危险性更加突出。有资料显示，有的突出危险性的煤巷掘进速度平均每月只有 40m 左右。为此，尝试和采用了许多防治煤与瓦斯突出的技术，以保证安全产生和提高掘进效率，高压水射流技术就是其中之一。

在目前的研究中，多数学者认为造成突出的根源是地应力和瓦斯压力，而限制突出的阻力是煤体抵抗破坏的能力。因此，突出能否发生和发展主要取决于阻力和动力之间相互作用的结果。然而，煤层抵抗破坏的能力，即强度客观上是无法改变的，所以，降低煤层应力和瓦斯压力是防止煤与瓦斯突出的关键技术。

6.8.1　水射流人工裂隙对煤层应力的影响

为了了解水射流人工裂隙形成后对煤层应力的影响，使用 FLAC3D 数值模拟软件研究在不同人工裂隙参数(裂隙半径、裂隙厚度、裂隙间距)条件下裂隙对周围煤体的位移和应力的影响。

1. FLAC3D 软件

FLAC3D 是由美国 Itasca Consulting Group, Inc.开发的三维湿式有限差分法程序，可模拟岩土或其他材料的三维力学行为，是围岩稳定性分析常用的软件之一，适用于解决大变形的非线性岩土力学问题。在 FLAC3D 程序中，采用混合离散化方法，能有效地模拟计算材料的塑性破坏和流动[40]。

2. 模型的建立

数值模型如图 6-28(a)所示，其尺寸为 5m×6m×8m。其中，钻孔贯穿煤层模型。人工切割裂隙为沿钻孔垂直方向形成的圆盘，圆盘半径(r)为切割范围，厚度(s)为裂隙宽度，圆盘间距为切割间距(L)。为了清楚展现并比较不同切割参数下煤体的应力、应变特征和范围，特设定两个视角：一个观察裂隙形成后，沿钻孔方向的应力、应变特征(截面Ⅰ)；另一个是观察裂隙形成后，钻孔径向应力、应变特征(截面Ⅱ)，如图 6-28(b)所示。模型中，煤层的物理力学参数来自于进行试验的晋家冲煤矿的煤样，通过实验室试验获得，其值见表 6-8。

表 6-8　煤的物理力学参数

容重/(kg/m³)	抗拉强度/MPa	内摩擦角/(°)	凝聚力/MPa	体积模量/GPa	剪切模量/GPa
1380	0.05	38	0.02	0.25	0.2

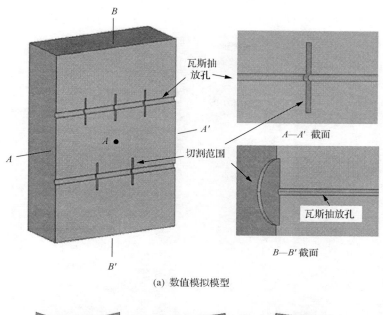

(a) 数值模拟模型

(b) 视角设置

图 6-28　数值模型及视角设置

3. 模拟结果及分析

1)切割半径(r)对缝槽周边煤层的应力、应变影响

降低煤层内部压力，包括地应力和瓦斯压力是减少直至消除煤与瓦斯突出的重要措施。同时，当煤层中产生裂隙后由此而导致煤层内部应力和变形状态的变化是显而易见的。因此，特设置不同的切割半径(0.3～1m)，选择切割厚度为0.05m，研究不同切割半径对钻孔轴向和径向的方向煤层应力、应变的影响。

　　图 6-29 和图 6-30 分别给出了不同切割半径下沿钻孔轴向和径向的应力和应变的变化特征。显然，随着切割半径的增加，其影响区域也随之增加。当切割半径从 0.3m 增加到 1m 时，其应力影响面积由 1.92m^2 增加到 13.66m^2。

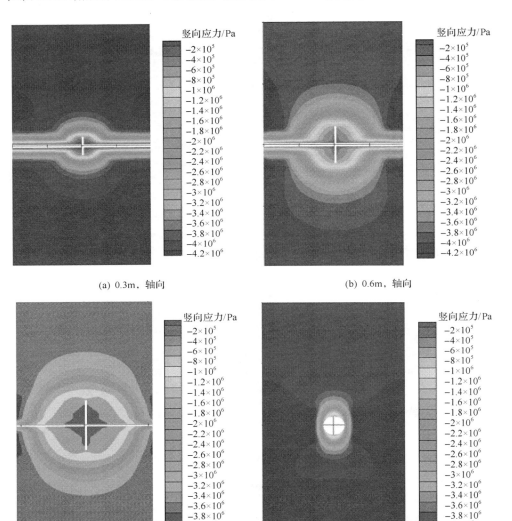

(a) 0.3m，轴向　　　　　　　　　　　　　　　　　(b) 0.6m，轴向

(c) 1m，轴向　　　　　　　　　　　　　　　　　(d) 0.3m，径向

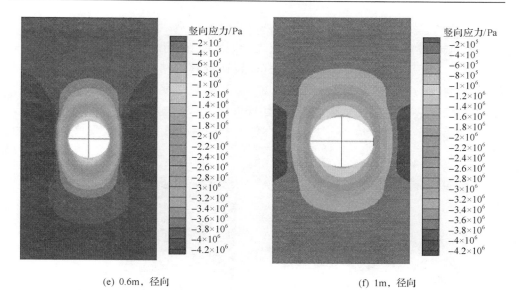

(e) 0.6m，径向　　　　　　　　　　(f) 1m，径向

图 6-29　不同切割半径对钻孔周围应力的影响（截面Ⅰ和Ⅱ）

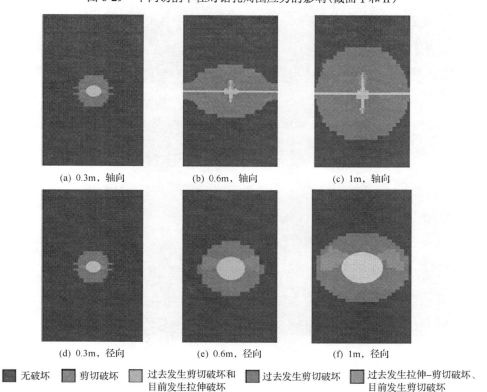

(a) 0.3m，轴向　　　　　(b) 0.6m，轴向　　　　　(c) 1m，轴向

(d) 0.3m，径向　　　　　(e) 0.6m，径向　　　　　(f) 1m，径向

无破坏　剪切破坏　过去发生剪切破坏和目前发生拉伸破坏　过去发生剪切破坏　过去发生拉伸-剪切破坏、目前发生剪切破坏

图 6-30　不同切割半径对钻孔周围变形的影响（截面Ⅰ和Ⅱ）

2) 切割厚度(s)对缝槽周边煤层的应力、应变影响

裂隙的厚度也是裂隙的重要参数之一。因此，在切割半径为 1m 的条件下，变化切割(裂隙)厚度由 0.01m 到 0.06m，以研究其对钻轴向和孔径向的应力和变形影响。图 6-31 和图 6-32 分别给出了不同切割厚度下沿钻孔轴向和径向的应力和应变的变化特征。从这些图形中可以看出，由于裂隙厚度本身的特点，即相对切割半径尺寸很小，其参数的变化不会对钻孔周围的煤层产生显著的影响。

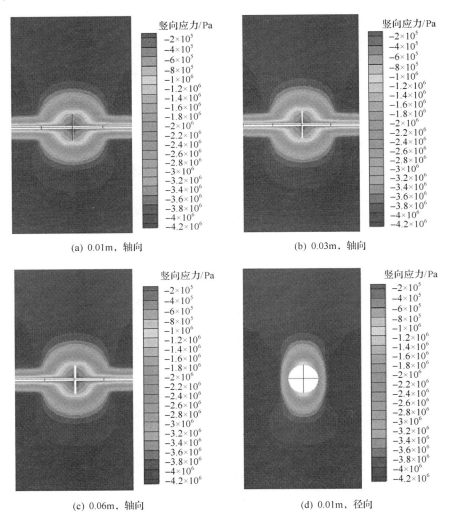

(a) 0.01m，轴向

(b) 0.03m，轴向

(c) 0.06m，轴向

(d) 0.01m，径向

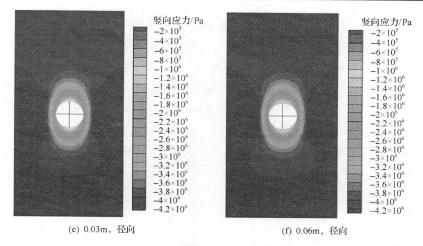

(e) 0.03m，径向　　　　　　　　　　(f) 0.06m，径向

图 6-31　不同切割厚度对钻孔周围应力的影响（截面Ⅰ和Ⅱ）

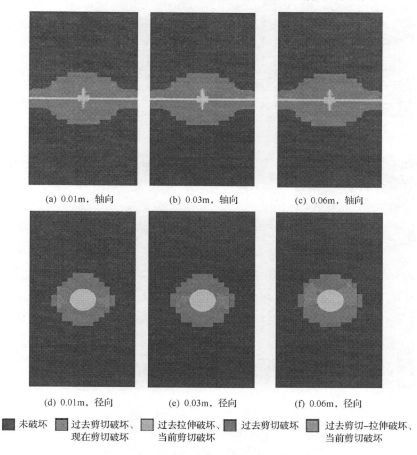

(a) 0.01m，轴向　　　　(b) 0.03m，轴向　　　　(c) 0.06m，轴向

(d) 0.01m，径向　　　　(e) 0.03m，径向　　　　(f) 0.06m，径向

■ 未破坏　　■ 过去剪切破坏、　　■ 过去拉伸破坏、　　■ 过去剪切破坏　　■ 过去剪切-拉伸破坏、
　　　　　　　现在剪切破坏　　　　当前剪切破坏　　　　　　　　　　　　　当前剪切破坏

图 6-32　不同切割厚度对钻孔周围变形的影响（截面Ⅰ和Ⅱ）

3) 切割间距(L) 对缝槽周边煤层的应力、应变影响

切割间距决定了沿钻孔的切割密度。因此，选择合理的切割间距不但影响卸压和瓦斯抽放的效果，同时由于应力从分布的影响，可能会导致已经形成的人工裂隙重新闭合和破坏。对此，选择切割间距分别为 1m、1.5m 和 2.5m，切割半径为 0.5m，切割厚度 0.05m 进行模拟。从图 6-33 中可以看出，基于该矿煤层特征和埋深条件，选择切割间距为 1.5m 更为合适。

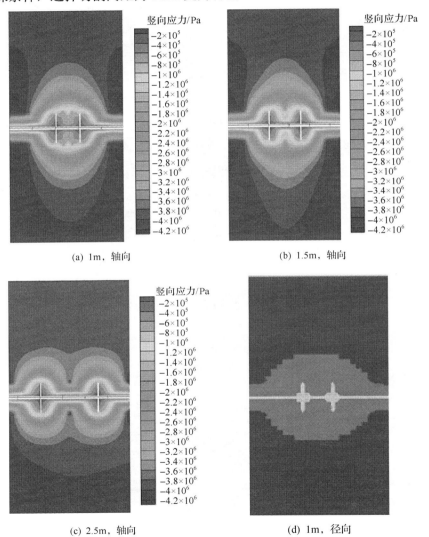

(a) 1m，轴向　　　　　　　　　　　　　　(b) 1.5m，轴向

(c) 2.5m，轴向　　　　　　　　　　　　　　(d) 1m，径向

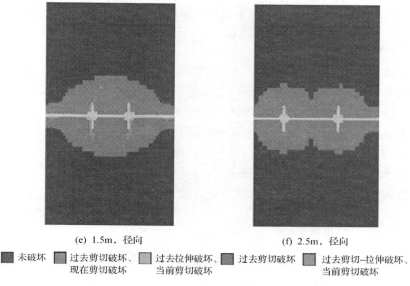

　　　　　(e) 1.5m，径向　　　　　　　　　　　(f) 2.5m，径向

■ 未破坏　■ 过去剪切破坏、　■ 过去拉伸破坏、　■ 过去剪切破坏　■ 过去剪切-拉伸破坏、
　　　　　现在剪切破坏　　　当前剪切破坏　　　　　　　　　　　当前剪切破坏

图 6-33　不同切割间距对钻孔周围应力、应变的影响(截面Ⅰ)

6.8.2　水切割的消突机理

　　煤与瓦斯突出是由于破坏的煤体被存储在煤层中的动能弹出，期间伴随着煤层瓦斯的释放的过程[41]。存储在煤层内部的能量以两种形式存在：气体能量和应变能[42]。

　　如果煤层内部的能量被看作导致煤与瓦斯突出的主要因素，这样消除这些存储在煤层中的能量则是开始如何采矿活动(掘进和回采)前的必要措施。高压水射流煤层切割技术能够通过以下几个方面满足这一需求。

1. 增加煤层裂隙

　　煤层中的裂隙极大地影响着煤层抽放流动特性。由于煤层内部存在自然裂隙，高压水射流对煤层切割形成的人工裂隙能够使煤层中的天然裂隙相互连通和扩展，由此，煤层内部的瓦斯能够通过这些连通和扩展的裂隙通过瓦斯抽放孔排出，以达到提高瓦斯抽放效率、降低煤层瓦斯压力的目的。

2. 增加煤层透气性

　　众所周知，影响煤层瓦斯抽放效率的关键参数是煤层透气性。显然，裂隙越多煤层透气性越高。这是因为瓦斯流动性高度依赖于煤层裂隙的数量、裂隙的宽度和裂隙的连通性[43]。因此，水射流形成沿钻孔走向方向的人工裂隙，如果能够更加合理地设计瓦斯钻孔，在煤层中将能够通过人工裂隙和固有裂隙将的交织和连通形成整体的煤层裂隙系统，由此将极大地提高煤层的透气性，降低煤层瓦斯压力。

3. 降低煤层应力水平

煤层透气性的变化与煤层应力水平密切相关。由于应力的作用，将导致煤层裂隙的闭合。由此，如果能够降低由于煤层的地质构造导致的应力、瓦斯压力和煤体弹性能，将会有效降低煤层整体应力水平。

为了达到这一目的，采用高压水射流切割煤层，并控制切割的半径和间距，煤层内部应力将能够被有效控制、降低或移动。基于模拟可知，煤层在钻孔前后的水平和垂直应力基本没有发生变化。而当采用切割间距为 1m，切割半径为 0.5m，切割厚度为 5mm 时，切割前后水平应力降低了 45%，垂直应力降低了 70%。

4. 降低煤层的应变能

应力作用下的煤层具有弹性能。这个存储于煤层的能量能够用数学公式表示为[44]

$$W_d = \frac{1}{2} \sigma_r^2 \frac{(1-\mu)}{E} \qquad (6-23)$$

式中，W_d 为单位体积存储的弹性能；σ_r 为均匀径向应力场；μ 为泊松比；E 为弹性模量。

根据公式(6-23)可知，应力与弹性能关系最为密切。因此，在有突出危险性的掘进工作面，当采用高压水射流对煤层进行切割，将能够降低工作面煤层的应力水平(如前所述，水平应力降低 45%，垂直应力降低 70%)，从而降低甚至消除煤层的突出危险性。

6.8.3 水射流煤层切割消突现场试验

基于数值模拟，确定了最优的切割参数，包括切割半径($r = 1$m)、切割厚度($s = 0.05$m)和切割间距($L = 1.5$m)，在贵州湘能实业有限公司晋家冲煤矿的掘进工作面进行切割试验，以消除煤巷掘进过程中的突出危险性，提高巷道的掘进效率。

1)矿井基本情况

晋家冲煤矿位于贵州省水城县木果乡红呈村境内，隶属贵州湘能实业有限公司。井田位于神仙坡向斜西翼，立新井田北部，地层倾角 20°～35°，一般为 29°，东陡西缓。构造特点以断层为主，多为高角度正断层。井田内共发现较大断层 6 条，发育于各煤层。矿井含煤地层为龙潭煤组，含煤 24 层，精查报告提供可采及局部可采煤层共有 9 层，即 2、6、7、9、10、11、12、13、22 号煤层，总厚度 14.45m(图 6-34)。主要可采煤层为 11、12、13、22 煤层。其中 11、12 号煤层为全区主要可采的稳定煤层，其中 11 煤层全区可采，煤厚一般为 1.14～5.43m，平均 2.92m，煤层稳定可靠；22 煤层全区可采，厚一般为 0.70～5.93m，平均 1.83m，煤层稳定、可靠。其他 2、12 煤层大部可采，6、7、9、13、10 煤层为区内局部可采煤层。晋家冲煤矿范围内地表出露有 2、6、9、11、22 号煤层。矿井采用斜井开拓方式。

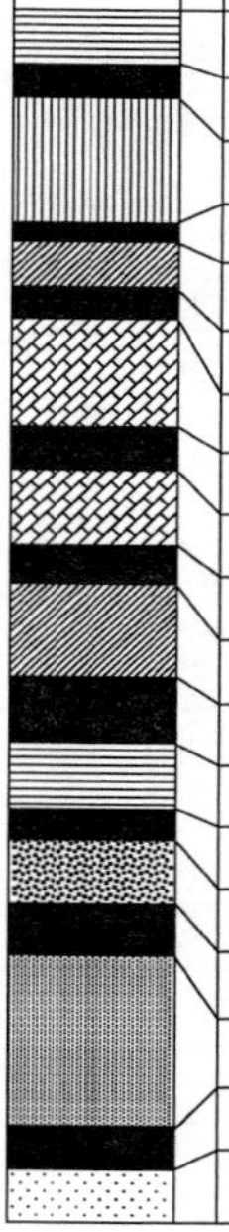

柱状	层号	厚度/m	岩性描述			备注
			煤层	顶板	底板	
	2	0.95	结构简单，稳定	粉砂岩，局部砂质泥	砂质泥岩，粉砂岩	大部可采
		33				
	6	0.77	结构简单，稳定	粉砂岩	砂质泥岩，泥岩	局部可采
		3				
	7	0.90	结构简单，不稳定	粉砂岩夹砂质泥岩	砂质泥岩，粉砂岩	局部可采
		34				
	9	1.21	结构简单，稳定	粉砂岩夹砂质泥岩	砂质泥岩，粉砂岩	局部可采
		8				
	10	0.85	结构简单，不稳定	粉砂岩夹砂质泥岩	砂质泥岩，粉砂岩	局部可采
		13				
	11	3.52	结构较简单，稳定	粉砂岩或砂质泥岩	泥岩，砂质泥岩	全区可采
		4				
	12	1.09	结构较复杂，不稳定	粉砂岩，砂质泥岩	泥岩，砂质泥岩	大部可采
		6				
	13	1.67	结构简单，不稳定	砾岩	泥岩，砂质泥岩	可采
		1.53				
	22	1.83	结构复杂，稳定	粉砂岩，砂质泥岩	泥岩，砂质泥岩	全区可采

图 6-34　晋家冲地质柱状图

2) 试验巷道简介

试验地点位于晋家冲煤矿 11112 机巷。该机巷位于矿井南翼+1680m 水平，底板标高为+1680m，相对于井口的高差为 111m。工作面上覆为未开采的 10 号煤层 11102 回采工作面，下伏为未开采的 12 号煤层。对应地表为山地，与地表垂深一般为 110～280m，山形陡峭，切割强烈。小断层非常多，断层交错，构造复杂。11 号煤层厚度平均为 2.92m，走向 169°，倾角为 30°左右。

11112 机巷沿 11 煤层顶板向南掘进。巷道设计工程量为 1050m，巷道截面为半圆拱，采用锚、网、锚索及喷浆支护。

11 号煤顶板为灰黑色薄层状砂质泥岩与灰色薄层状细砂岩互层，含薄层状菱铁矿层，底板为灰褐色或灰黑色泥岩，含动物化石与少量菱铁矿结核。煤尘具有爆炸性，煤层有自燃倾向性和突出危险性。

3) 11112 机巷防突卸压技术措施

11112 机巷属于在具有突出危险区域中掘进的巷道。根据该矿井及周边矿井的防突经验，采用钻屑指标法对煤层突出危险性进行预测，即根据所测钻孔的最大钻屑量 S_{max} 和解吸指标 k_1 值判断煤层掘进巷道工作面的突出危险性。只有当 $S_{max} < 6$ kg/m、$k_{1max} < 0.5$ mL/(g·min$^{1/2}$)，且无任何突出预兆时，才能掘进，否则必须进一步采取相应的防突卸压措施。

当该掘进工作面预测有突出危险性时，必须在保证掘进工作面前方不少于 5m 安全煤柱的前提下，再采取针对性的卸压措施，即对工作面采取抽采长钻孔与超前排放钻孔相组合的防突卸压措施。长钻孔包括 5 个直径为 70mm、长度为 80～100m 的抽采长钻孔，对掘进巷道前方煤体中的瓦斯进行抽采，外加超前排放卸压钻孔以消除掘进期间的突出危险性。依据这一技术措施，该矿月平均掘进速度为 30.5m，采掘比例严重失调。

4) 高压水射流煤层切割消突技术方案

为了有效消除煤层突出危险性，提高掘进施工效率，根据晋家冲煤矿 11112 机巷地质条件、瓦斯情况等，确定了在巷道掘进工作面打钻并切割的高压水射流煤层切割消突方案。表 6-9 给出了钻孔设计参数，机巷掘进工作面割缝钻孔布置如图 6-35 所示。

表 6-9　消突切割钻孔参数

钻孔直径/mm	钻孔水平走向角度/(°)	钻孔倾角/(°)	钻孔长度/m
75	0～25	30	10～30

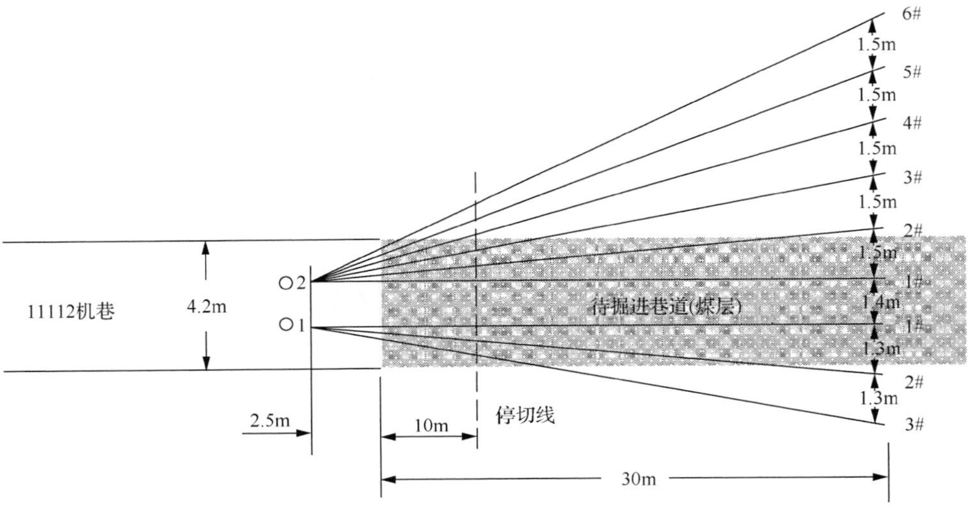

图 6-35　掘进工作面割缝钻孔布置图

5）高压水射流煤层切割消突技术应用

为了定量评价高压水射流，煤层切割消突措施的实施效果，特对以下内容进行考查：①切割前后机巷工作面瓦斯排放浓度变化；②割缝前后掘进迎头突出危险性校检超标率；③机巷掘进速度。

掘进工作面浅钻孔施工的目的包括两个方面：①排放工作面前端的煤层瓦斯；②消除工作面前端的煤层应力。瓦斯排放效果将通过设置在工作面后 1m 位置的瓦斯监控传感器实时观测，煤层卸压效果则通过钻孔突出参数检验间接验证。

图 6-36 为工作面钻孔切割期间钻孔瓦斯排放特征。从图中可以看出，水力割缝前，煤层封存大量的吸附瓦斯，瓦斯排放浓度相对较低。切割后，由于煤层应

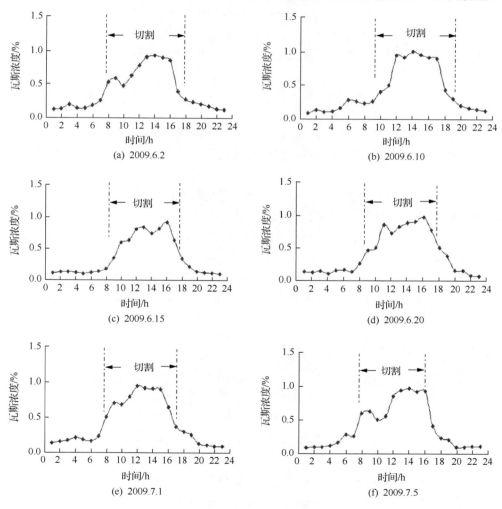

图 6-36　切割期间瓦斯排放特征

力状态发生变化，割缝周围闭合的原生裂隙张开，煤层透气性增加，大量吸附状态的瓦斯迅速解吸，扩散至裂隙中转变为游离态瓦斯，致使涌出量急剧上升达。根据安装在机巷迎头瓦斯感应器的统计数据可知，通过水力割缝瓦斯排放浓度可以提高 5～7 倍。

钻屑瓦斯解吸指标 k_1 是指煤样在仪器内暴露最初 1min 时间内的瓦斯解析量。k_1 值愈大，表示煤的瓦斯含量大，破坏类型高，瓦斯解吸速度快，则愈易突出。晋家冲煤矿掘进工作面突出危险性预测以钻屑瓦斯解吸指标 k_1 值为标准，当 $k_1 >$ 0.5 时，认为煤层有突出危险性；当 $k_1 < 0.5$ 时，则可以进行掘进作业。

在切割后，煤层应力降低，裂隙增加(人工裂隙和固有裂隙)，更多的瓦斯从煤层中被释放出来，使得煤体的可解析瓦斯量急剧减少，因此 k_1 值的超标次数由切割前的 37%降低为切割后的 16%。由此，掘进时间增加，掘进的月进尺从试验前的 34m 增加到试验后 76m，很好地改善了该矿的采掘平衡问题。

6.9　高压水射流切割参数对裂隙闭合和瓦斯抽放的影响

目前，有许多可供选择的煤层致裂技术，包括深孔爆破、水力压裂、水力冲孔、高压水射流切割和液态二氧化碳相变致裂等。通过查阅这些技术的研究和应用的文献可以发现，所有的这些技术和应用着重与煤层裂隙的致裂和扩展研究和应用。但煤层致裂实践表明，被致裂的煤层将会随着时间的推移而闭合。这一现象通常能够通过钻孔瓦斯的浓度或流量的变化表现出来。

因此，这部分工作将基于高压水射流技术在坚硬煤层和软弱煤层中的应用数据，以数值模拟为手段，研究高压水射流切割煤层形成的人工裂隙在不同切割参数和地质条件下的闭合特征。同时，由于煤层中裂隙的发育程度、张开的大小及裂隙面粗糙程度都与瓦斯抽放效率有着密切的关系，因此，还将研究煤层裂隙闭合对瓦斯抽放的影响。

6.9.1　关于煤层人工致裂

煤是空隙结构的地质材料，由许多空隙和裂隙组成，这些空隙和裂隙决定了煤层瓦斯的流动和产量。煤层裂隙可以被分成不同的类型，包括内生裂隙、外生裂隙和继承裂隙。内生裂隙和外生裂隙是由于钙化、组成和应力造成的，而继承裂隙是一种过渡型裂隙。裂隙对煤层瓦斯迁移、运动和抽放中扮演十分重要的角色。

尽管提高低透气性煤层的抽放效率面临许多挑战，但是，目前已研发出许多可供选择的技术，其中包括高压水射流煤层切割技术。这个技术的核心就是通过高压水切割的作用，在煤层中形成人工裂隙，以便给瓦斯流动和运移提供通道，从而达到提高瓦斯抽放效率的目的。另一方面，高压水射流煤层切割的实际应用中可以观测到，地应力能够使切割的人工裂隙再次闭合。裂隙闭合受控于许多因素，包括煤体的弹塑性黏性和最小水平应力的影响等[45]，闭合将导致煤层透气性降低，并影响瓦斯抽放效率。

一般而言，人工裂隙的大小对煤层应力环境、时间及选择的切割参数，包括切缝宽度、长度和间距等因素十分敏感。但是这些参数如何影响人工裂隙的闭合一直没有完全弄清楚，这也就是这部分工作的意义所在。

6.9.2 裂隙宽度的闭合特征

由于煤体本身的透气性值很小，大约比裂隙透气性低八个数量级[46]。因此多数研究者都会忽略煤体本身的透气性而将煤的透气性直接归于裂隙透气性。

基于立方定律裂隙透气性与裂隙的缝隙大小有关[47]，与此同时，裂隙的缝隙与正应力有着十分密切的关系。因此，此处的裂隙的闭合是指在高压水射流切割后裂隙缝隙的闭合。

另外，煤体中的自然裂隙非常复杂，并且直接影响着煤层的瓦斯抽放效率。为了研究人工裂隙的闭合特征，在数值模型中仅考虑由高压水射流形成的人工裂隙的闭合，并认为人工裂隙的变化是唯一一影响煤层瓦斯抽放效率的因素。研究过程中不考虑煤层自然裂隙主要基于以下的几个假设。

(1)煤层中的天然裂隙对瓦斯气体排放的贡献和影响在切割前后保持不变。也许这是一个值得争论的假设，因为煤层中的天然裂隙将会随着人工裂隙的形成、周围应力状态发生变化而发生变化。然而这些变化将在此处被忽略。

(2)切割前后观测的瓦斯混量已经包括了由于天然裂隙所释放的瓦斯量。因此，在此假设瓦斯浓度和混量的变化是由高压水射流切割煤层形成的人工裂隙所致。

(3)钻孔瓦斯浓度和流量仅仅受人工裂隙的开合影响。

6.9.3 研究方法和数值模型

高压水射流切割参数，包括切割半径、切割厚度和切割间距将影响人工裂隙的蠕变闭合变形。另外，由于自然环境和采矿的影响，煤体特征复杂、力学性质多变。这些因素将限制和影响通过实验室试验来研究煤层裂隙的蠕变和闭合特征。因此，选用数值模拟方法研究煤层裂隙蠕变闭合。

许多数值分析方法，包括有限差分法(FDM)、有限元法(FEM)、边界元法(BEM)和离散元法(DEM)等都能够用来研究岩石裂隙过程[48]。在此，采用有限差分法编制的商用软件 FLAC3D 将被用以模拟不同切割参数和地质条件下，煤层人工裂隙的蠕变变形和闭合特性。

1. 蠕变模型

FLAC3D 拥有强大的蠕变模拟功能，并提供不同蠕变模型。对于与时间相关的模拟，共有 8 个模型可以选择。

岩石和煤的力学特性能够用胡克(Hooke)定律进行描述。另一方面，当考虑时间和应力因素时，如应力重分布过程等，岩石和煤体将呈现出蠕变特征，这样的特征对于煤层人工裂隙的闭合乃至瓦斯抽放效率都至关重要。

通常，岩石和煤层的蠕变特征能够用蠕变模型进行描述，如麦克斯韦模型(Maxwell model)[49]，伯格斯模型(Burgers model)[50]，结合伯格斯模型和莫尔-库仑模型的伯格斯蠕变黏塑性模型(Cvisc model)[51]等。

为了描述煤的蠕变特性，故选择黏性模型。经典的黏性模型由弹簧和阻尼器组成的麦克斯韦模型。从材料角度看，麦克斯韦材料被定义为黏弹性材料，即同时拥有弹性和黏性性质。在轴力作用下，总应力(σ_{total})和总应变($\varepsilon_{\text{total}}$)可能表示为

$$\sigma_{\text{total}} = \sigma_{\text{D}} + \sigma_{\text{S}} \tag{6-24}$$

$$\varepsilon_{\text{total}} = \varepsilon_{\text{D}} + \varepsilon_{\text{S}} \tag{6-25}$$

式中，下标 D 表示阻尼器的应力/应变；下标 S 表示弹簧的应力/应变。取时间导数的应变，可得

$$\frac{\mathrm{d}\varepsilon_{\text{total}}}{\mathrm{d}t} = \frac{\mathrm{d}\varepsilon_{\text{D}}}{\mathrm{d}t} + \frac{\mathrm{d}\varepsilon_{\text{S}}}{\mathrm{d}t} = \frac{\sigma}{\eta} + \frac{1}{E}\frac{\mathrm{d}\sigma}{\mathrm{d}t} \tag{6-26}$$

式中，E 为弹性模量；η 为材料的黏性系数。

模型描述的是具有牛顿流体的阻尼特性和满足胡克定律的弹簧变形特性的材料变形特征。为了更好地表示煤层在开采作用下的蠕变变形，在模拟中选用了伯格斯蠕变黏塑性模型(Cvisc model)。该模型结合了伯格斯模型和莫尔-库仑模型，适用于埋深大、高压力条件下的井下结构模拟。

在 FLAC3D 中，伯格斯蠕变黏塑性模型也被称之为伯格斯蠕变黏塑性模型，其特征是同时具有黏弹塑性变形行为和弹塑性体积变形行为。黏弹性和黏塑性应变被假定为串联。黏弹性服从伯格斯模型，塑性对应于莫尔-库仑模型[52]。这个模型的基本假设是将材料的变形特性分别用容量和偏量来描述[53]：

$$\varepsilon_{\text{p}} = \varepsilon_{\text{p}}^{\text{e}} + \varepsilon_{\text{p}}^{\text{p}} \tag{6-27}$$

$$e_{\text{ij}} = e^{\text{ev}}{}_{\text{ij}} + e^{\text{p}}{}_{\text{ij}} \tag{6-28}$$

式中，ε_p 为塑性应变；ε_p^e 为弹性容量应变；ε_p^p 为塑性容量应变；e_{ij} 为偏应变张量；e_{ij}^{ev} 为黏弹性偏应变张量；e_{ij}^{ve} 为黏弹性偏应力张量；e_{ij}^p 为塑性偏应变张量。

容量具有弹塑性变形特征，服从于线弹性和塑性流变准则。偏量变形特征为黏弹塑性，由伯格斯模型和与上述相同的塑性流变准则确定。

黏弹性部分可以通过下列包含开尔文元素(Kelvin element，用 K 表示)和麦克斯韦元素(Maxwell element，用 M 表示)的关系式描述：

$$e_{ij}^{ve} = e_{ij}^{veK} + e_{ij}^{veM} \tag{6-29}$$

开尔文元素：

$$s_{ij} = 2G e_{ij}^{veK} + 2\eta^K e_{ij}^{veM} \tag{6-30}$$

麦克斯韦元素：

$$\overset{\cdot}{e}_{ij}^{veM} = \frac{\overset{\cdot}{S}_{ij}}{2G^M} + \frac{S_{ij}}{2\eta^M} \tag{6-31}$$

式(6-29)～式(6-31)中，e_{ij}^{evK} 为黏弹性开尔文值；e_{ij}^{evM} 为黏弹性麦克斯韦值；S_{ij} 为偏应力张量；G 为剪切模量；η 为动态黏滞度。

容量的弹性应变部分特征通过下列关系描述：

$$p = K \varepsilon_p^e \tag{6-32}$$

2. 煤层裂隙闭合数值模型

在数值摸着过程中，当希望使数值模型与工程问题相一致时应考虑三个途径：第一，辨别并确定机理、变量和与特定工程相关的参数；第二，建立特定的运行模式或代码，使之与工程相一致；第三，确定是否有一个特殊的代码能够为其特定的工程提供唯一的模型[54]。

图 6-37 为用以模拟坚硬和软弱煤层(表 6-10)中不同切割参数对裂隙闭合影响的数值模型。表 6-10 中的参数分别通过两种方式获得：①实验室试验，如单轴抗压强度、张拉强度、剪切强度和密度等；②基于实验室试验数据进行理论计算，如凝聚力、内摩擦角、开尔文剪切模量 K_{shear}、开尔文黏性系数 $K_{viscosity}$ 及麦斯韦尔黏性系数 $M_{viscosity}$。

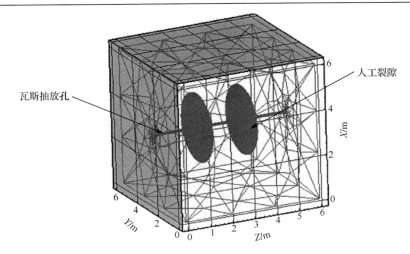

图 6-37　数值模型

表 6-10　煤体力学和蠕变参数

力学性质	坚硬煤层	软弱煤层
张拉强度/MPa	1.164	0.025
剪切强度/MPa	2.800	0.140
体积模量/GPa	3.910	0.250
密度/(kN/m^3)	13.63	13.80
凝聚力/MPa	6.530	0.030
内摩擦角/(°)	30.70	38.00
K_{shear}/GPa	6.030	2.640
$K_{viscosity}$/(GPa·s)	9.320	6.120
$M_{viscosity}$/(GPa·s)	10.10	7.100

6.9.4　模型的校准和验证

　　模型校准与验证的目的是为了通过量化手段验证所建立的数值模型的可靠性，从而建立对模型及模拟结果的信心。这是使得所建立的数值模型能够很好地预测实际的工程问题的一种有效的方法[55]。

　　校准模型是一个确定模型精确代表实际工程问题程度的过程，这个过程在意和关心的是模拟结果和实测数据的一致性。表 6-11 给出了坚硬和软弱煤层中实际应用时的切割参数，基于煤层特性和切割参数所获得的煤层孔瓦斯抽放数据被用于对应坚硬和软弱煤层数值模型进行校准和验证。

表 6-11　煤层特性和切割参数

参数	埋深/m	切割间距/m	切割厚度/mm	切割半径/m
坚硬煤层	240	1	40	0.5
软弱煤层	150	1	40	0.5

对于坚硬煤层，钻孔深度为 40m，切割间距为 1m。在数值模型所建立的模型是单一裂隙模型，因此，使用四十分之一的瓦斯钻孔流量实测数据对模型裂隙闭合进行验证，其结果如图 6-38 所示。

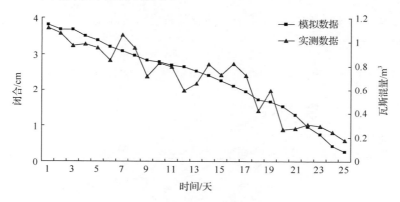

图 6-38　坚硬煤层模型验证

在软弱煤层中钻孔深度为 15m，切割间距 1m，因此，使用十五分之一的实测钻孔瓦斯浓度对模型进行闭合验证，结果如图 6-39 所示。

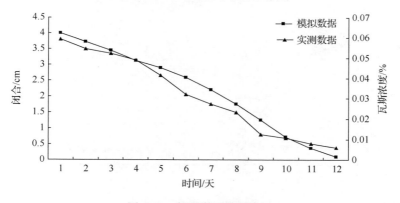

图 6-39　软弱煤层模型验证

6.9.5　模拟结果与分析

在高压水射流煤层致裂的过程中，人工裂隙的长度、厚度和间距均为可控参数。煤层条件，如埋深、硬度等参数为不可控参数。这些可控参数将怎样影响裂隙的闭合，即瓦斯抽放的效果，是这部分工作需要回答的问题。

1. 切缝长度对煤层裂隙闭合的影响

对于高压水射流煤层切割技术，切割半径是体现技术装备切割能力的主要参数。有实验室研究结果表明，煤层的透气性与裂隙长度呈正比[56]。故此，进行裂隙长度对裂隙闭合的影响井下模拟。模拟中，共设置了四个裂隙长度，分别为 0.6m、0.9m、1.2m 和 2.4m。

图 6-40 为在坚硬和软弱煤层中不同裂隙长度对裂隙闭合的影响。由此可得出如下结论。

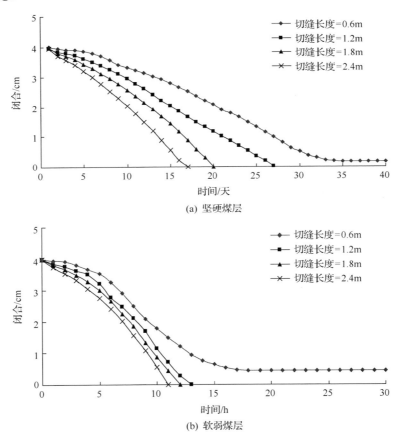

(a) 坚硬煤层

(b) 软弱煤层

图 6-40　切缝长度对煤层裂隙闭合的影响

(1)煤层强度对裂隙闭合而言是一个非常敏感的参数。结果表明，煤层强度越低，人工裂隙闭合的速度就越快，反之亦然。

（2）煤层强度不变的情况下，裂隙长度越大，闭合速度越快。这可能是因为裂隙尺寸越大，受外界应力影响越强，因此，导致闭合速度越快。

2. 切缝厚度对煤层裂隙闭合的影响

理论上，煤层透气性可以使用式（6-33）计算。从式（6-33）中可以看出，裂隙的宽度对煤层透气性的影响强于其他参数[57]。可见裂隙宽度是一个敏感且重要的参数。因此，特选择不同的裂隙宽度进行模拟，以确定裂隙宽度对闭合的影响特征：

$$k = \frac{b^3}{12s} \tag{6-33}$$

式中，k 为煤层透气性系数；b 为裂缝宽度；s 为裂缝长度。

图 6-41 为坚硬和软弱煤层中不同切缝宽度对裂隙闭合的影响特征。当切缝宽度在坚硬和软弱煤层中分别设置分别为 6cm 和 7cm 时，在这一特定埋深条件下，割缝能够保持一定量的残余裂隙而不会完全闭合。

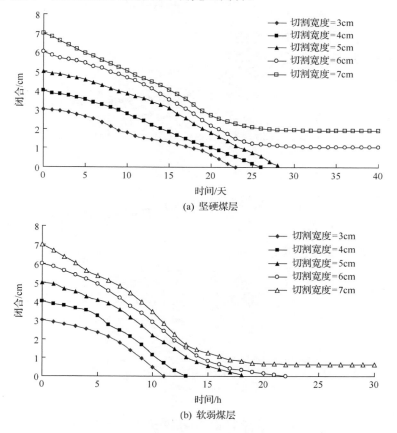

(a) 坚硬煤层

(b) 软弱煤层

图 6-41　切缝宽度对煤层裂隙闭合的影响

3. 切缝间距对煤层裂隙闭合的影响

由实践经验可知，煤层的透气性随着裂隙数量的增加而提高。为此，裂隙密度的概念被提出，其定义为单位体积的裂隙面积[58]。

在水切割高压水射流的设计中，切割间距反映出的既是裂隙的密度概念，因为裂隙之间的距离大小与裂隙密度呈正比，在此则描述为单位钻孔长度的切割次数。切割密度不仅影响瓦斯抽放效率，由于割缝周围应力的变化，也将对钻孔闭合产生影响。切割间距参数在水切割设计过程中主要受制于煤层硬度、钻孔稳定性和施工效率等因素。

因此，通过这部分的模拟希望了解切割间距对裂隙闭合的影响特征，为此，设置切割间距分别为 0.3m、0.5m、1.0m、1.5m、2.0m，其模拟结果如图 6-42 所示。

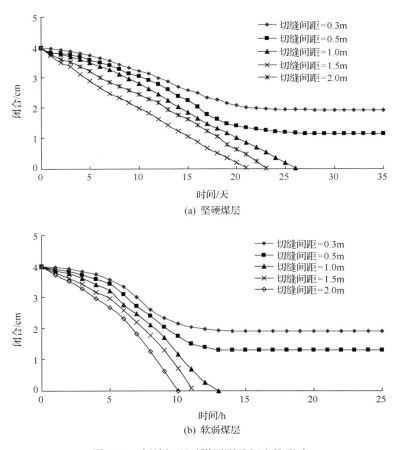

图 6-42　割缝间距对煤层裂隙闭合的影响

通过模拟结果可以看出，随着切割数量的增加，在当前的煤层特征和埋深条件下，当裂隙间距为 0.5m 时，裂隙将在相对长的时间内保持不闭合状态。一般而言，当裂隙密度足够大或切割间距足够小时，由高压水射流切割形成的人工裂隙将在相对长的时间内不闭合。

6.9.6　裂隙闭合机理及对瓦斯抽放的影响

煤层透气性会因为人工裂隙随时间闭合而降低，其过程和变化程度将随水射流切割时采用的切割参数(割缝长度、宽度和间距)不同而发生变化。

1. 裂隙长度和宽度对裂隙闭合的影响及其与瓦斯抽放的关系

长度和宽度决定了人工裂隙的几何特征。基于以上模拟，本节将讨论这些可变的割缝几何参数如何影响裂隙的闭合及煤层的透气性。

模拟结果显示，裂隙越长，闭合速度越快。这一现象或许可以用简支梁理论解释。即简支梁如同张开的裂隙，裂隙两端为支点，其挠度(闭合)能够通过简支梁计算公式确定：

$$\omega_{c} = \frac{5ql^{4}}{384EI} \tag{6-34}$$

式中，ω_c 为裂隙的挠度；EI 为刚度；q 为均布荷载(裂隙上的正应力)；l 为裂隙长度。

裂隙长度是对裂隙挠度(闭合)影响最大的参数。随着裂隙长度的增加，裂隙闭合速度增加。或许说明在进行高压水射流切割设计时，合理调整切割长度，能够有效控制裂隙闭合速度。

一般而言，在煤层致裂过程中，人们总希望获得更长的裂隙，因为裂隙长度越长，煤层透气性会越好，因此，瓦斯抽放效率会越高。但是模拟结果显示，长裂隙相对较短的裂隙闭合速度更快。前人通过实验室试验也证实了这一现象，特别是在软弱煤层条件下[59]。由此可知，不同的裂隙长度将获得不同的瓦斯抽放效果，因此在设计高压水射流切割参数时，需要更加理性地选择合理的切割长度以达到预期的抽放目的。

对于裂隙宽度而言，在软弱煤层中，当割缝宽度为 7cm 时，残余裂隙宽度为 1cm。同样的，在坚硬煤层中，当割缝宽度为 6cm 时，残余裂隙宽度为 1.5cm。模拟结果显示，残余裂隙宽度将随着割缝裂隙的宽度增加而增加。模拟结果证明了前人的相关结论：一方面，流体的流动趋势和大小受制于初期的裂隙宽度、岩层的内部荷载条件和变形特征[60]；另一方面，这也许能够解释为什么使用水力压裂时，瓦斯抽放效果会随时间快速降低，因为压裂技术相对于水切割技术而言更难控制裂隙宽度。

因此，在高压水射流切割煤层的设计时，裂隙宽度应设计得越大越好，以便维持更长时间的高效率瓦斯抽放。

2. 裂隙间距对裂隙闭合的影响及其与瓦斯抽放的关系

高压水射流切割形成的裂隙间距主要涉及两个问题：第一，两个相邻的裂隙由于应力重分布而产生的相互影响；第二，裂隙密度对煤层透气性的影响。

前期的研究表明，水射流切割形成裂隙后，裂隙周围的应力将进行重新分布。如果相邻的裂隙距离足够近，如 0.5m，重分布的应力区域将重叠，这将使割缝周围的正应力降低，由此，裂隙不会闭合或缓慢闭合。

当裂隙间距大于 0.5m 时，相邻两裂隙之间没有相互重合的应力区域，裂隙处于相对于上述情况较高压力环境中，由此裂隙很快闭合。

一般来说，裂隙的闭合速度将随裂隙间距的增加而增加。即裂隙密度在裂隙闭合中起着十分重要的作用。前人的研究结果表明，少量增加裂隙密度将导致煤层的传导性明显提高[61]。显然，随着裂隙密度的增加，煤层透气性将随之增加。另外，当钻孔切割完成后，沿钻孔长度方向分布的裂隙将在钻孔周围形成应力释放区，这一区域内围压明显降低，故此导致沿钻孔长度方向周围的煤层透气性增加。

6.10　本　章　小　结

高压水射流技术经历了从低压力大流量到高压力小流量的变化，由单一切割技术发展到多元化的切割技术，包括磨料切割、脉冲切割、水平切割和纯水切割等，压力从 30MPa 增加到 100MPa。

在应用方面，高压水射流已经逐渐被我国煤矿所接受和采用，并在瓦斯抽放和消除煤与瓦斯突出煤矿安全方面发挥着作用。尽管如此，高压水射流技术依然有提高和改进的空间。

第一，在应用中，大量的切割水将导致工作环境恶劣、底板岩层软化。为了营造文明的井下工作环境，保持巷道底板的稳定性，需要降低用水量，同时保证切割效果。

第二，由于对压力要求的不断提高，泵体体积和重量也随之增加。井下应用时，庞大而沉重的体积使其移动困难，放置不便。由此极大限制了该技术的应用，特别是那些巷道断面较小的煤矿或采区/掘进工作面。

第三，由于移动困难，用户在使用中会固定或尽力少地移动高压泵。高压泵与施工地点的距离随之不断增加。其距离最短的 15m，最长的达 50m 或更大。这样的设置存在需要问题：①压降较大。随着高压管路长度的增加，压降随之增加，当管路增加到一定长度时，将无法保证设计的切割压力，因此，切割效果和抽放效果将打折扣。②安全隐患。尽管高压水射流系统的所有部件和联结件均采用了国家规定的高压设备和高压备件，但是考虑到煤矿井下的工作环境，缩短高压泵与工作地点距离直至紧跟工作地点是消除安全隐患的最佳选择。③当高压泵和施工地点相距较远，特别是遇到紧急情况时，会给操作带来不便。因此，切割系统由大型设备改成小型设备，使其能够方便地随工作地点的移动而移动是高压水射流设备需要改进的地方。

理论上高压水射流技术装备的研究已有了长足的进步，例如，目前采用的高压水射流喷嘴除了传统的圆形外，还有星形和三角形。这些改变极大地提高了煤层的切割效率。除设备外，切割和致裂机理及与之相对应的抽放作用与效果、裂隙的闭合特征等研究也取得了显著的成果，为煤矿应用奠定了基础。

高压水射流煤层切割技术是建立在高压力的水基础之上的。如果压力无法达到预期压力值，煤层切割将无法进行或达不到应有效果。目前，设备系统的压降，即从高压泵流程的高压力的水，到切割总成喷嘴喷出的水的压差是多少还不清楚。因此，在未来的应用中需要一个可靠的计算公式，用于计算实际的切割压力。其计算公式需要包含高压管路的压力损失、高压管路连接件的压力损失、高压旋转器的压力损失、高压钻杆的压力损失、高压钻杆联结口的压力损失、高压切割总成的压力损失，如果有可能，还需要考虑高压管路在井下转弯时的压力损失等。

提高高压密封钻杆的耐用性和可靠性也是未来需要研究和改进的地方。采用更加降低的密封方式。如果能够彻底取代传统钻杆，将有利于在更好的推广应用。

参 考 文 献

[1] 区泵. 超高压水射流的基本原理及应用[J]. 机电信息, 2003, (43): 12-13.

[2] Mazurkiewwicz M, Summers D A. The structural properties of coal and their effect on coal excavation[C]//The AusIMM Illawarra Branch, Ground Movement and Control Related to Coal Mining Symposium, 1986: 51-56.

[3] 佚名. Hydraulic mining[OL]. 2018-5-12. https://en.wikipedia.org/wiki/Hydraulic_mining.

[4] Summur D A. Water jet coal mining related to the mining environment[C]// Proceedings of the conference on the underground mining environment, Missouri, 1971.

[5] Kuzmich A S. Immediate problems in the development of the hydraulic method of mining coal[J]. UG01, 1964, 39(9): 1-5.

[6] Fowkes R S, Wallace J J. Hydraulic coal mining research: Assessment of parameters affecting the cutting rate of bituminous coal[J]. USBM, RI 7090, 1968.

[7] Nikonov G P. Research into the cutting of coal by small diameter high pressure water jets[C]//Proceedings 12th Symposium Rock Mechanics, University of Missouri at Rolla, 1970.

[8] Breitstein L. Status of water jet drilling R&D[R]. Final Report, National Petrolum Office, US Department of Energy, 1980.

[9] Hagan P. The cuttability of rock using a high pressure water jet[C]//Proceedings of Western Australia Conference on Mining Geomechanics，Kalgoorlie, 1992.

[10] Stockwell M, Gledhill M, Hildebrand S, et al. Longhole water-jet drilling for gas drainage[R]. The Australian Coal Industry's Research Program, 2003.

[11] Delabbio F, Gurgenci H. Rock excavation with a continuous high pressure waterjet: "knowing your jet"[C]//5th Pacific Rim International Conference on Waterjet Technology, New Delhi India, 1998.

[12] Matrix. Revolutionary water-jet cable-bolt drilling tool[OL/J]. https://im-mining.com/2013/09/26/revolutionary-water-jet-cable-bolt-drilling-tool/, 2013.

[13] Blair J M. Use of compressed air atomising sprays to control coal dust & subdue methane ignitions[C]//84th Annual Meeting, Coal Mining Institute of America, Pittsburg, 1970.

[14] McMillan E R. Hydraulic jet Mining shows potential as new tool for coal men[J]. Mining Engineering, 1962, 14(6): 41-45.

[15] 卢义玉, 葛兆龙, 李晓红, 等. 自激振荡脉冲水射流割缝新技术在逢春煤矿石门揭煤中的应用研究[J]. 重庆大学学报, 2008, (10): 98-100.

[16] 刘小川, 陈松. 高压脉冲水射流割缝技术在"三软"突出煤层的应用[J]. 地球, 2014, (10): 323-324.

[17] 史亮, 王强, 赵辉. 水射流切割设备中磨料混合方式的比较[J]. 机械研究与应用, 2007, 20(5): 88-89.

[18] 徐幼平, 林伯泉, 朱传杰, 等. 钻割一体化水力割煤磨料动态特征及参数优化[J]. 采矿与安全工程学报, 2011, 28(4): 623-627.

[19] 穆朝民, 戎立帆. 磨料射流冲击岩石损伤机制的数值模拟[J]. 岩土力学, 2014, (5): 1475-1481.

[20] 宫伟力, 谢桂馨, 赵海燕, 等. 磨料水射流岩石切割机理与应用[C]//第四届深部岩体力学与工程灾害控制学术研讨会暨中国矿业大学(北京)百年校庆学术会议论文集, 北京, 2009.

[21] 康天慧, 冯增朝, 郭有慧, 等. 突出煤层水力割缝的参数优化研究[J]. 山西煤炭, 2014, 34(3): 32-34.

[22] 马晓青. 冲击动力学[M]. 北京: 北京理工大学出版社, 1992.

[23] 梁运培. 高压水射流钻孔破煤机理研究[D]. 青岛: 山东科技大学, 2007.

[24] 崔谟慎, 孙家骏. 高压水射流技术[M]. 北京: 煤炭工业出版社. 1993.

[25] 谈慕华, 黄蕴员. 表面物理学[M]. 北京: 中国建筑工业出版社, 1985.

[26] 高大钊, 袁聚云, 谢永利. 土质学与土力学[M]. 北京: 人民交通出版社, 2001.

[27] 王瑞和, 倪红坚. 高压水射流破岩钻孔过程的理论研究[J]. 石油大学学报(自然科学版), 2003, 27(4): 44-47.

[28] 倪红坚, 王瑞和, 张延庆. 高压水射流作用下岩石的损伤模型[J]. 工程力学, 2003, 20(5): 59-62.

[29] 吴小光. 高压水射流辅助破岩机理浅析[J]. 内蒙古石油化工, 2011, 37(6): 72-73.

[30] 唐巨鹏, 潘一山, 李成全, 等. 有效应力对煤层气解吸渗流影响试验研究[J]. 岩石力学与工程学报, 2006, 25(8): 1563-1568.

[31] 叶建平. 中国煤储层渗透性及其主要影响因素[J]. 煤炭学报, 1999, 24(2): 118-122.

[32] 白鹏. 北海道的井下瓦斯抽放量及利用状况[J]. 煤矿安全, 1988, (6): 62, 63-65.

[33] Laubach S E, Marrett R A, Olson J E, et al. Characteristics and origins of coal cleat: A review[J]. International Journal of Coal Geology, 1998, 35(1-4): 175-207.

[34] 李晓红, 卢义玉, 赵瑜, 等. 高压脉冲水射流提高松软煤层透气性的研究[J]. 煤炭学报, 2008, 33(12): 1386-1390.

[35] 周世宁, 林伯泉. 煤层瓦斯赋存与流动理论[M]. 北京: 煤炭工业出版社, 1999.

[36] 冯增朝. 低渗透煤层瓦斯抽放理论与应用研究[D]. 太原: 太原理工大学, 2005.

[37] 孙家俊. 水射流切割技术[M]. 北京: 中国矿业大学出版社, 1992.

[38] 王福军. 计算流体动力学分析-CFD软件原理与应用[M]. 北京: 清华大学出版社, 2004.

[39] 文光才, 徐三民. 煤与瓦斯防治技术的新进展[J]. 矿业安全与环保, 2000, 27(1): 8-9.

[40] 刘波, 韩彦辉. FLAC 原理、实例与应用指南[M]. 北京: 人民交通出版社, 2005.

[41] Grey I. Overseas study of Japaness methane gas drainge practices and visits to Coal Research Centres[R]. Australian Coal Industry Research Laboritories, Sydney, 1980.

[42] Vinniapan S, Zhang W H. Role of gas energy during coal outburst[J]. International Journal of Numerical Methods Engineering, 1999, 44(7): 875-895.

[43] Dabbous M K, Rezink A A, Taber J J, et al. The permeability of coal to gas and water[J]. Society of Petroleum Engineering Journal, 1974, 14(6): 563-572.

[44] Grey I. Coal mine outburst mechanisms, threshold and prediction techniques[R]. The Australian Coal Industry's Research Program, 2006.

[45] Bybee K. Rock-mechanics considerations in fracturing a carbonate formation[J]. JPT, 2007, 59(7): 50-53.

[46] Robertson E P. Measurement and modeling of sorption-induced strain and permeability changes in coal[R]. Idaho National Laboratory, Department of Energy, Idaho, 2005.

[47] Jaeger J C, Cook N G W, Zimmerman R W. Fundamentals of Rock Mechanics[M]. Malden: Blackwell Publishing, 2007.

[48] Liu H Y. Numerical modeling of the rock fracture process under mechanical loading[D]. Lulea: Lulea University of Technology, 2003.

[49] Wang S, Elsworth D, Liu J. Permeability evolution in fractured coal: The roles of fracture geometry and water-content[J]. International Journal of Coal Geology, 2011, 87(1): 13-25.

[50] Huang X W, Mao X B, Li T Z. Analysis on bending deformation of strata based on Burgers model[J]. Journal of Mining & Safety Engineering, 2006, 23(2): 146-150.

[51] Liu H H, Rutqvist J. A new coal-permeability model: Internal swelling stress and fracture-matrix interaction[J]. Transport in Porous Media, 2010, 82(1): 157-171.

[52] User's guide. Fast lagrangian analyses of continua in 3 dimensions[R]. FLAC3D-Itasca Consulting Group, 2002.

[53] Consulting Group, Inc. FLAC3D Version 6.0, Explite Continuum Modeling of Non-linear Material Behaviour in 3D[Z]. Itasca Consulting Group Inc, 2006. http://www.itascacg.com/flac3d/index.php, 2018.

[54] Harrison J P, Hudson J A. Matching numerical methods to rock engineering problems: A summary of the key issues, International Society for Rock Mechanics[C]//10th Congress Technology roadmap for Rock Mechanics, Sandton City, 2003.

[55] Thacker B H, Doebling S W, Hemez F M, et al. Concepts of Model Verification and Validation[R]. Los Almos National Laboratory, National Nuclare Security Administration, 2004.

[56] Long J C S, Witherspoon P A. The relationship of the degree of interconnection to permeability in fracture networks[J]. Journal of Geophysical Research, 1985, 90(B4): 3087-3098.

[57] Robertson E P, Christiansen R L. A permeability model for coal and other fractured, sorptive-slastic media[R]. Eastern Regional Meeting, Society of Petroleum Engineers, Canton, 2006.

[58] Dershowitz W S, Herda H H. Interpretation of fracture spacing and intensity[C]//Proceedings of the 33rd U.S. Symposium on Rock Mechanics, Rotterdam, 1992: 757-766.

[59] Giwelli A A, Sakaguchi K, Matsuki K. Experimental study of the effect of fracture size on closure behavior of a tensile fracture under normal stress[J]. International Journal of Rock Mechanics & Mining Sciences, 2009, 46(3): 462-470.

[60] Zhang J, Standifird W B, Roegier J C, et al. Stress-dependent fluid flow and permeability in fractured media: From lab experiments to engineering applications[J]. Rock Mechanics & Rock Engineering, 2007, 40(1): 3-21.

[61] Paluszny A, Matthai S K. Impact of fracture development on the effective permeability of porous rocks as determined by 2D discrete fracture growth modeling[J]. Journal of Geophysical Research, 2009, 115(B2): 148-227.

第7章 水力压裂煤层致裂技术

煤层水力压裂是利用高压泵将水、砂和化学添加剂的混合液体(通常称为压裂液)注入钻孔,通过钻孔压裂液到达预定的煤层,当压裂液压力超过煤层周围的应力和力学参数时,煤层内原生裂隙扩大、延伸或人为因素形成新的孔洞、槽缝、裂隙等,并使这些裂隙在煤层内形成相互贯通的网络(图7-1),达到煤层卸压增透的目的,进而提高煤层瓦斯抽放效率,降低煤层煤与瓦斯突出的风险。目前,水力压裂作为煤层增透的一个主要的技术,在煤矿得到了广泛的应用,已经成为煤矿提高瓦斯抽放效率、防突、消突的重要技术手段,其致裂效果也得到了业内的认可。除增加煤层透气性外,水力压裂还能够改变煤体的硬度,具有降尘,以及抑制瓦斯涌出,使煤层应力场变得更加均匀,平衡瓦斯压力场等作用。

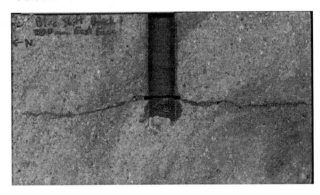

图7-1 水力压裂效果示意图

7.1 水力压裂技术的发展历史

7.1.1 水力压裂技术在油、气行业的发展历史

水力压裂技术最早在油田、气田的开发中使用,以提高油井、气井的产量。1947年,在美国Hugoton气田的一口垂直井中,首次实施了水力压裂增产作业。

20世纪50年代,水力压裂开始应用于苏联油田开发中。60年代,水力压裂以浅层水平造缝为主,发展了高压水力压裂技术,在我国主要用于油田解堵与增产。

1964 年，德国莱茵普鲁士 6 号中央矿井进行了脉冲式高压煤壁注水。

1968～1972 年，苏联马凯耶夫煤矿安全研究院试验了水力疏松、水力挤出等防突措施。进入 70 年代后，开始了高排量、高压水力压裂。

20 世纪 80 年代，发展了液氮泡沫加砂压裂技术、复合压裂技术、水平井压裂技术。1985 年，Giger 首次提出了水平井的概念。

20 世纪 90 年代出现了水平井分段压裂技术。基于国内外致密低渗油、气藏的开发，该工艺得到迅速发展。

1998 年，美国的 Surjeetamadja 首先提出了水力喷射压裂方法，并在国外得到广泛应用。

2002 年，Devon 能源公司在 Barnett 页岩试验的 7 口水平井获得了成功，对水平井钻井和减水阻压裂效果的各种改进极大地缩短了钻、完井时间。

2005 年初，在 Barnett 页岩油田第 1 次在水平井使用水力喷射环空压裂技术。2005 年后，开始试验水平井同步压裂技术。同年，中国石油天然气股份有限公司科学技术研究院江汉机械研究所完成了水力深穿透定向射孔技术研究并成功应用。

2006 年，在川西马井和新都地区施工 16 井次定向井压裂，成功率 100%。

2007 年，在四川白浅 110 井首次成功实现连续管水力喷砂逐层压裂。近年来，在常规水力压裂的基础上，发展了多种新型压裂技术和方法，如直井分层压裂、多级同步压裂、变排量压裂、水平井多段压裂、复合压裂、重复压裂等。

7.1.2　水力压裂技术在煤炭行业的发展历史

一直以来，我国煤矿使用水力压裂致裂煤层的主要目的是消除瓦斯，即提高煤层瓦斯抽放效率和降低煤与瓦斯突出危险性，以达到安全和高效生产的目的。

为了提高低透气性煤层的瓦斯抽采率和治理煤与瓦斯突出，20 世纪 60 年代，苏联将水力压裂技术作为一种煤层卸压增透手段引入煤矿，并开始进行煤矿井下水力压裂试验研究。

国内煤矿应用水力化煤层增透技术开始于 20 世纪 50 年代末，逐渐发展成为一种适用性强、效果显著的煤层增透和防突技术。

1965 年，煤炭科学研究总院沈阳研究院(原煤炭科学研究总院抚顺分院)在全国首次将水力压裂技术应用在煤层强化抽放瓦斯领域，通过地面钻孔对煤层实施压裂，并进行了现场试验，取得了显著效果。随后，我国先后在阳泉一矿、白沙红卫矿，抚顺北龙凤矿及焦作中马矿等进行了水力压裂试验，并取得了一些经验。

1970～1985 年，在白沙里王庙煤矿、阳泉一矿、抚顺北龙凤煤矿和焦作中马村煤矿进行了水力压裂、空穴法强化措施开采煤层气试验。

虽然前期试验取得了一定效果，但由于诸多原因，水力化煤层增透技术未能得到大范围的推广与应用，主要原因如下。

(1)经济发展的限制。当时煤炭行业发展正处于低谷，现场需求相对较少。

(2)理论水平的限制。未能深入研究煤层卸压增透机理，缺乏必要的理论支撑。

(3)技术装备的限制。当时能在煤矿井下应用的高压水泵流量小、压力低，设备能力不能满足生产需要。

(4)安全技术装备的限制。由于安全防护在内的配套设施不够完善。因此，只在抚顺、晋城等矿区的少数煤与瓦斯突出矿井和瓦斯治理困难的高瓦斯矿井进行了小范围尝试应用。

2003年以后，煤炭市场逐渐复苏，在石油等行业取得多项新突破的激励下，随着《煤矿瓦斯抽采基本指标(AQ1026—2006)》和《防治煤与瓦斯突出规定》等相关国家标准和规定的实施，水力化煤层增透技术进入高速发展阶段，单项水力化增透技术不断完善，总体向着集成化、多元化和智能化的方向发展。

国内十余家高校和科研机构在水力化增透方面进行了广泛、深入研究，形成了水射流和水力压裂两大类共10余种技术，在全国30余个矿区进行了试验及应用，作业区域也由煤巷掘进、石门揭煤等局部地点发展到地面钻孔抽采、煤层区域预抽、突出煤层消突等，多数应用取得了不错的效果。其中，水力压裂是应用次数最多、范围最广的煤层增透技术，据不完全统计，该技术已在 27 个矿区的51 个矿井进行了应用。从地域上看，在华中、华东、西南和华北地区的应用最多，开展过或正在应用水力压裂技术数量较多的矿区依次是两淮、晋城、平顶山、焦作、松藻、义马、阳泉、白沙等矿区。

2015年，脉冲压裂技术被用于针对单一低透气性煤层。期间，初期压裂在脉冲压力为8MPa时形成，这个压力相对于传统压力技术的50%，其瓦斯抽放效率提高了 3.6[1]，极大地改善了单一低透气性煤层的瓦斯抽放效率。

随着科技的不断发展，近几年，水力压裂作为一种煤层卸压增透措施被许多矿井采用，并取得了较好的应用效果，相应的理论与技术装备的研究也取得了长足的进步。总体而言，以解决煤矿生产安全为目的的水力压裂技术和应用已经在47 煤炭行业得到了广泛的认同。图7-2 给出了有 2008～2016 年水力压裂应用的不完全统计，从其分布可以看出，应用数量与煤炭行业的发展和国家对煤炭的需求有着十分紧密的关系。

从煤层埋深角度看，目前水力压裂主要用于 400～600m 埋深的煤层(图7-3)。也许这只是和我国煤层埋藏深度特征有相对密切的关系，而与水力压裂技术适应性关系不大。

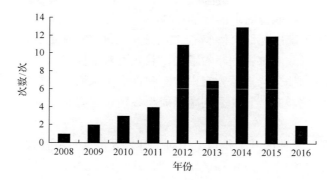

图 7-2　水力压裂技术不同年份应用次数

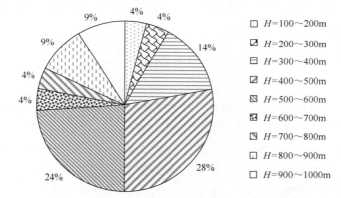

图 7-3　水力压裂技术在不同深度煤层的应用分布

图 7-4 为不同煤层硬度条件下水力压裂的使用情况，由此可知，在中国煤炭行业，压裂技术主要针对的是较软煤层的增透和消突。这与此类煤层的低透气性和高突出危险性有直接的关系。

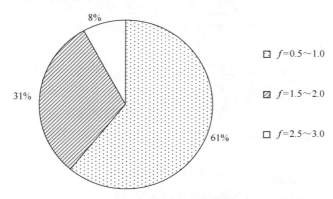

图 7-4　水力压裂技术在不同坚固性系数煤层的应用分布

近几年来，由于能源需求的增加和环境问题的恶化，煤层致裂已经从单纯的安全考虑发展到了煤层瓦斯气体/煤层气的开采层面。特别是随着气候变化问题日益严重及其被各国政府重视程序的增加，获取可持续性能源的需求迅速增加，对煤层瓦斯从抽放到抽采特点更为突出。对于许多国家而言，煤层瓦斯或煤层气作为未来潜在的绿色能源，其开采利用已成为各国家能源总体战略的一个重要组成部分。

传统上，瓦斯气体的开采技术上相对于开采天然气难度较大且经济效益较低，直到水力压裂技术的不断进步和成功应用，这一问题才得以解决。在澳大利亚，有人把煤层气/煤层瓦斯气体的开采与新一轮的淘金相提并论，因为水力压裂开采方法保证了未来能源的需求。据估计，未来十年，80%的煤层瓦斯抽采/开采将采用压裂技术[2]。

7.2　水力压裂设备

在煤层水力压裂施工中，水力压裂的要素包括压裂设备、压裂材料及压裂工序。对于压裂设备而言，可分为两个方面，即钻孔技术装备和压裂技术装备。但是，在水力压裂装备的讨论中，更多的是涉及压裂装备而不是钻孔装备的讨论，原因是钻孔装备较压裂装备而言更为成熟和完善，使用的历史也更加悠久，钻孔设备在压裂组织管理中，基本上只存在选型问题，故在此着重讨论水力压裂设备。另外，从整个水力压裂工艺角度看，压裂装备还包括压裂液和添加剂等。考虑到添加剂在压裂过程中起着十分重要的作用，因此将单独加以讨论。

7.2.1　国外石油行业水力压裂设备

由于压裂技术始于石油行业，因此，石油行业的压裂设备代表着当今压裂技术装备的最高水平。在压裂装备系统中，压裂泵作为核心设备之一，其发展大致经历了两个阶段。

第一阶段：由于最初的压裂压力和流量有限，因此，将固井泵稍作修改就可用作压裂泵。之后随着压裂工艺的发展，对压力和流量的要求日益提高，出现了一批高功率高冲速的柱塞压裂泵。由于一般压裂泵冲速很高，很难长期运转。可能是出于这一考虑，国外的一些压裂泵在使用压力和转速达到一定水平时，规定工作时间不得超过 3h。

第二阶段：由于深井压裂对压力和流量要求愈来愈高，通常的压裂泵往往难以满足要求，于是在压裂设备中引进了液压技术，实现了长冲程、低冲速的液动压裂泵。这类泵，按照哈里伯顿公司的叫法，称为"第二代压裂泵"。其特点如下。

（1）能够突破普通压裂泵的局限性，已经在深度为 4000～4500m 的油井中取得较好的压裂效果，并且还可能应用到超探油层的压裂。

（2）由于冲速低，能够在高压下连续运转，可靠性强。一台泵曾经连续运转达 196h。

（3）压力波动小。普通泵在 1000kg/cm² 压力下工作时，压力波动至少约为 176kg/cm²，而这种新型泵的压力波动仅 21～28kg/cm²，显著地降低地面设备、井口装置和管柱的冲击载荷。

（4）能够泵送含砂量很高的压裂液。含砂量通常可以超过 1.8kg/L，甚至可超过 2.4kg/L。

压裂机泵组通常由动力机、传动装置和高压泵组成。作为压裂设备的动力机，首先应考虑其工作可靠性。因为压裂过程中一旦发动机发生故障将使作业中断，造成很大浪费。目前，国外驱动压裂泵的动力机主要有五种：①350hp[①]汽油机；②355～700hp 轻型高速柴油机；③1200hp 燃气轮机；④1650hp 液冷航空汽油机；⑤500hp 直流马达。

7.2.2　国内煤炭行业井下煤层压裂设备

煤矿井下水力压裂系统主要由压裂泵、压裂管路、监控设备及仪表等组成，其系统如图 7-5 所示。

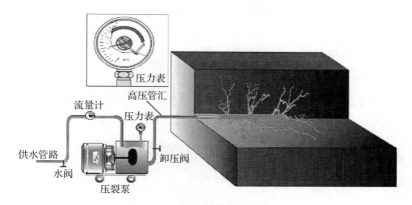

图 7-5　水力压裂系统示意图[3]

---

① 1hp = 745.7718W。

1. 压裂泵及压裂系统技术参数

目前，在市场上可供选择的商用水力压裂系统或单独的仪器和设备有许多，在煤矿中常见的包括 HTB 和 BYW 压裂系统。其中，BYW 煤矿井下压裂系统包括了压裂泵、压裂监测系统、封孔器等。可满足煤矿井下煤层水力压裂增透、顶底板穿层冲孔消突、煤层注水以及对压力、流量可调节的流体动力等工程需求。

该泵组以煤矿防爆型电动机为动力，配有液力变速箱，设空挡及 1～5 挡。换挡为步进式，采用电气控制，可使机组满足不同深度、不同岩体及不同地应力条件下的压裂施工，以及满足裂缝延伸阶段的排量需求。

水力压裂系统的工艺技术参数很多，主要有注水压力、工作介质、流量、注水时间、压裂泵柱塞直径、电机功率等。

2. 水力压裂系统的技术参数对煤层压裂的影响

煤层水力压裂是一个逐渐湿润煤体、压裂破碎煤体和挤排煤体中瓦斯的注水过程。在注水的前期，注水压力和注水流量随注水时间呈线性升高，之后，注水压力与流量反向变化，并呈波浪状。这直观反映出了在注水初期，具有一定压力和流速的压力水通过钻孔进入煤体裂隙，克服裂隙阻力运动。当注入的水充满现有裂隙后，水流动受到阻碍，由于煤体渗透性较低，导致水流量降低，压力增高并积蓄势能；当积蓄的势能足以破裂煤体形成新的裂隙时，压力水进入煤体新的裂隙，势能转化为动能，导致压力降低，水流速增加；当注入的水(压裂液)携带煤泥堵塞裂隙时，煤体渗透性降低，水难以流动使流量下降，压力上升[4]。

由此可知，压裂泵组的工艺技术参数中注水压力、流量及注水时间对煤层水力压裂的效果影响较大。

1) 注水压力

在一般开采条件下，煤体难以形成孔隙裂隙网，以致煤层难以得到充分的卸压增透，故在压裂时应施加一定的压力，才能将水有效地压入煤体中并使煤体产生裂隙，并随着压力的增加而继续延伸，最终形成裂隙网络。

在围压不变的条件下，随着注水压力的增加，导水系数呈非线性增大，当注水压力达到某一极限值时，导水系数骤然增大，此时煤体完全被压裂，内部形成大的贯通裂缝网。通常煤体裂隙起裂和延伸随注水压力的增加而增大。

因此，注水压力是衡量压裂效果的一个重要参数，如果注水压力过大且封孔深度与注水压力不匹配时，容易造成封孔段泄漏，影响压裂效果，甚至煤体在高压水的作用下发生位移并诱发突出。如果注水压力过小，将起不到压裂效果，而仅能起到注水润湿煤层的目的[5]。

2）注水量

煤体润湿需要一定的水量，如果单孔注水量过大，虽然容易把游离瓦斯排挤出去，但增加了压裂工作的施工量和成本。如果注水量过小，可能影响压裂效果。如果单位时间单孔注水量增大，则会使注水压力迅速增加，容易带来突出危险。如果单位时间单孔注水量减小，则要求注水压力降低，影响压裂效果。由此可见，合理设计和根据现场实施情况随时调整注水量参数的重要性和必要性。

3）注水时间

注水时间是影响压裂施工量和施工进度的一个参数，煤体的润湿效果、裂缝的扩展和伸展及网络形成特性是影响注水时间的重要因素。如果在相同注水压力情况下，需要很长的注水时间才能达到效果，则说明煤体的润湿效果和裂缝的扩宽伸展沟通能力较差，需要增加润湿剂和压裂剂等。如果在相同注水压力情况下，需要很短的注水时间就能达到效果，则说明煤体的润湿效果和裂缝的扩展伸展沟通能力较好，压裂半径可以增大，钻孔间距也可以相应地增大。

7.3　煤层水力压裂的压裂液和添加剂

煤层具有松软、裂隙发育、表面面积大、吸附性强和强度低等特点，导致更高的注入压力、复杂的裂隙系统、砂堵、支撑剂的嵌入、压裂液的返排剂煤粉堵塞等问题。因此，其使用的压裂液与油气层压裂所使用的压裂液有所不同。其差异主要表现在以下几个方面。

（1）煤层的表面积较大，具有很强的吸附能力，因此要求压裂液同煤层及煤层内的流体不发生吸附和不良反应。

（2）煤层割理发育，因此要求压裂液自身清洁，其配液用水需要满足破胶残渣较低的要求，以避免对煤层孔隙造成堵塞。

（3）压裂液还应该具有防止煤层膨胀，并具有较低滤失、容易返排、降低阻力和较好携砂能力等特性。

由此可见，压裂液在煤层气水力压裂过程中起到至关重要的作用。如果压裂液的选择不当，则会对煤层裂缝造成永久性伤害，导致煤储层内裂缝导流能力不足，影响煤层瓦斯的抽放。

7.3.1　煤层水力压裂的压裂液

目前，煤层水力压裂中所使用液体的类型主要包括以下几种[6]。基于不同的物理性质，压裂液可以被分成许多类型。对于煤层压裂施工，主要使用以下类型的压裂液。

1. 水基压裂液

这类压裂液以水为基础，因此其最大特点是便宜。同时，水作为日常生活必需品，使用时十分安全，操作性强，其压裂的综合性能好。压裂中，这类压裂液的主要缺点是残渣和对底层伤害较大。水基型压裂液的适用范围很广，除非含煤地层对水十分敏感，其他条件均可使用。国内外的使用率分别为95%和65%。

2. 油基压裂液

油基类压裂液的配合性能好、密度低，容易返排，但其成本相对较高，对温度的影响较为敏感，适合用于低压的地层。在国内外的使用率分别为 3%和 5%左右。

3. 乳化压裂液

乳化压裂液的优点是残渣少、滤失性相对较低，对地层伤害小，但其缺点是摩擦阻力较高，特别是油和水的比例不容易控制，多用于低压力的地层。在国内外的使用率分别为 2%和 5%。

4. 泡沫压裂液

泡沫压裂液的特点是密度低，容易返排，对地层的伤害相对较小，携砂能力较强。缺点是需要特殊设备以维持相对较高的施工压裂。泡沫压裂液主要在国外使用较多。

5. 液态二氧化碳压裂液

液态二氧化碳作为压裂液与上述压裂液的最大区别在于无须引入如何压裂流体，因此，对地层无伤害，利于压裂后的抽采。缺点是施工需要特殊设备，因此成本相对较高。由于受到设备和成本的限制，国内外使用非常有限，从参考文献中可知，目前国内采用液态二氧化碳进行煤层压裂只有一例[7]。

7.3.2　煤层水力压裂的添加剂

水力压裂施工中，需要将混有添加剂的压裂液注入地层。此时，添加剂的目的是为了提高水的黏稠度，以使注入煤层的液体滤失的速度小于注入的速度，由此方能保证注入的液态在煤层中形成压力，最终在煤层中形成裂隙并不断扩展。裂隙一旦形成后，则将支撑裂隙的砂加入液体中，这些砂随着液体进入形成的裂隙中，以避免压裂结束后裂隙的闭合。

水力压裂的效果和效率不仅取决于上述的压裂设备，压裂液和添加剂同样起着十分重要的作用。总体而言，压裂添加剂种类繁多，并以化学材料为主，包括以增加黏稠度为目的的水基聚合物和滤失添加剂，用于稳定地层的黏土稳定剂，用于增加液态稳定性的 pH 控制剂，用于泡沫压裂的起泡剂，用于起到支撑作用的陶粒等。尽管不同的添加剂有着不同的使用目的，但它们的主要作用包括[8]：①增强压裂液的造缝合携砂能力；②减小对地层伤害。

对于煤层压裂施工，由于煤体在煤化过程中受构造应力的作用，次生裂缝成为煤层的主要通道。煤气的生产是一个排水—解吸—产气的过程。由于原始割理和裂缝连通性较差，尽管煤层微裂缝发育，但原始渗透性差，难以形成具有高导流能力的通道[9]。因此需要通过不同的添加剂改善煤层的渗透通道，以提高瓦斯的抽放/抽采效率。

煤层对环境的物理化学变化有很强的敏感性，外加煤层的固有特性，如产粉煤趋势、润湿性的改变等，因此需要依据煤层的特性选择压裂液的添加剂。

1. 滤失添加剂

由于煤体相对于油气田应力较低，煤层密度相对较低，在压力过程中首先需要面对的一个问题就是煤层高滤失性特点。因此，滤失添加剂是压裂液的一个重要组成部分。例如，以羟丙基瓜尔胶作为水基煤层压裂液的增稠剂，使压裂液变成凝胶，以降低残渣和提高黏度。此外，多种化合物均可作为稠化剂，如增稠性聚合物包括聚氨酯、聚酯和聚丙烯酰铵等。

2. 稳定剂

由于煤体含有一定量的黏土矿物和煤粉，为防止水力作用下发生膨胀和运移。导致这些不稳定的主要机理包括煤炭体/土体的膨胀作用力；水化应力和液体对地层的侵害作用等。基于此，在压裂过程中，还需要添加稳定剂。这些稳定剂中，包括控制膨胀的抑制膨胀剂，以其化学作用控制煤体和土体的膨胀，如盐、季铵盐、糖类衍生物等。有研究表明，高分子聚合物稳定剂在低透气性地层的效果有限[10]。

3. 表面活性剂

表面活性剂较多被用于油田水处理，以提高水基液体的性能。然而，在煤层气生产过程中，第一步是排水，而大量压裂液进入煤层后势必增加煤层的含水量。煤层中富含水是影响煤层气解析运移速度的因素之一。只有充分排干煤层中的水，才能达到降压解吸的作用，因此，为了减少胶液在煤层孔隙中的流动阻力，减低表面张力，使煤层内部的水能够充分解吸并排出，在压裂中添加表面活性剂是一种有效的方法。

表面活性剂的主要性能是降低液体体系的表面张力和接触角，从而控制液体的滤失。只是大量的表面活性剂致使煤/岩层表面活性降低，阻碍深度渗透。黏弹性表面活性剂主要包括三种类型：其一，阳离子表面活性剂，这种表面活性剂具有在水中有较好的溶解性能；其二，阴离子表面活性剂，与阳离子表面活性剂刚好相反，这类活性剂在水中的溶解性较低；其三，溴化阴离子表面活性剂，表面活性剂溴化后能够保留其原有的黏弹性性能，这一性能在石油行业中被认为是非常重要的特性之一[8]。

4. 杀菌剂

在煤层压裂过程中，为使压裂液在低温状态下能彻底破胶以利于排液，会采用复合氧化破胶体系及一般添加剂，如杀菌剂和 pH 调节剂等。

使用杀菌剂的目的是因为在煤矿煤层压裂时，压裂用水来自于矿井附近的河流或矿井水，这些水中含有大量细菌，水中的溶解氧会增加细菌的滋生，因此破坏压裂液的性能。杀菌剂的使用也有其负面的影响，主要表现在影响其他添加剂的性能和作用，进而影响压裂液的总体性能。

5. pH 调节剂

在一般添加剂中，pH 调节剂也是煤矿煤层压裂施工时的选择之一。pH 亦称氢离子浓度指数，是溶液中氢离子活度的一种标度，也就是通常意义上溶液酸碱程度的衡量标准。pH 是一个介于 0 和 14 之间的数，当 pH < 7 时，溶液呈酸性；当 pH > 7 时，溶液呈碱性；当 pH = 7 时，溶液呈中性。

pH 的计算中[H^+]指的是溶液中氢离子的活度(有时也被写为[H_3O^+]，水合氢离子活度)，单位为 mol/L，在稀溶液中，氢离子活度约等于氢离子的浓度，可以用氢离子浓度来进行近似计算。在标准温度和压力下，pH = 7 的水溶液(如纯水)为中性[11]。

pH 调节剂是利用其缓冲作用，调整和维系 pH 的缓冲液可以提高各种冻胶的温度稳定性，维持压裂液的酸碱度在所要求的范围内。

6. 交联剂

煤矿埋深浅，因此温度相对较低，为了保证煤层压裂过程中压裂液有较好的携砂性能、致裂能力及压裂结束后迅速返排性能，需要使用交联剂。

从交联反应的动力学角度看，冻胶的最终性能与剪切时间有密切的关系。持续的稳态剪切和动态试验表明，高剪切会对冻胶结构造成不可逆转的破坏，随着剪切速度的增加，交联反应的长度降低。剪切速度低于 $100s^{-1}$ 的试验表明，剪切过程会改变聚合物的结果，从而影响化学反应的产物分子的性能[8]。

交联剂包括硼酸盐系统、钛化合物、锆化合物和瓜尔胶交联等。其中，钛、锆化合物的交联产物分子键力大，不容易破胶，因此，在煤层压裂中不适用。煤层压裂时，为保证携砂上述性能，可选用硼砂作为交联剂。硼酸盐交联瓜尔胶体现有着黏温性好，交联键力小，易于破胶返排的特点。另外，在氧化剂存在的情况下，硼形成的交联键很容易断裂，硼冻胶还可以在低温下破胶，故适合煤层压裂使用。

7. 支撑剂

支撑剂也是煤层压裂中的重要添加剂之一，特别是对于那些软弱煤层的压裂，其作用更为明显。一般而言，支撑剂颗粒应该悬浮在压裂液中，以避免在压裂施工结束，压力扩散后裂缝完全闭合，从而形成导流通道。

支撑剂应该具备在不同地层压力下的高渗透性、高抗压缩性、低密度和良好的耐酸腐蚀性能。常用的支撑剂包括铝矾土、砂子、陶粒，轻质陶粒和黏土等[8]。

石英砂是最简单的支撑材料。但石英砂虽然便宜，在更高应力条件下其渗透率严重降低。

烧结的陶粒主要由包括矿物颗粒、碳化硅和黏合剂组成的。烧制的陶粒密度一般小于 $2.2g/cm^3$。

含有二氧化硅的烧结铝矾土小球是标准的支撑剂材料，其颗粒直径范围在 $0.02 \sim 0.3\mu m$，烧结前，混合物中加入 2%的氧化锆，以提高支撑强度。

轻质支撑剂的密度小于 $2.6g/cm^3$。由高岭土和轻质料烧制而成。目前已有密度小于 $1.3g/cm^3$ 高强度支撑剂的报道。轻质陶粒使得常规压裂液在最小黏度时，具有更好的输送能力，确保所需要的有效支撑裂隙导流能力[12]。

除此之外，也可以采用纤维和支撑剂好的混合物在地层中建立多孔带。纤维材料可以是任何合适的材料，包括天然或合成的有机纤维、玻璃纤维、陶瓷纤维和碳纤维等。多孔带可以过滤不需要的颗粒、支撑剂和粉末，同时保持液体和气体通畅。

为了防止支撑颗粒和其他微粒在压裂液返回过程中回流，支撑剂可以涂以可固化树脂，以增加颗粒的黏结性。增黏剂起到提高支撑剂抗压和抗拉强度的作用。

对于支撑材料的选择，支撑剂的颗粒直径越大，其强度越低。由于质量较大，在压裂施工中沉降速度快，携带难度大。同时，无法支撑比颗粒直径小的裂隙。另一方面，如果选择颗粒直径较小的支撑剂，尽管可以避免上述问题，但容易引起局部堵塞，因而降低了裂隙的渗透性，增加泥质和煤粉淤积的可能性。

为了达到提高瓦斯抽放/抽采效率的目的,最好的支撑剂和液体应该与合理的设计方案和适合的设备相匹配。

8. 添加剂的研究与进展

水力压裂技术作为煤层和岩层致裂的最复杂的技术已经服务石油、天然气和煤炭行业近五十年。通过泵入压裂液和支撑剂使岩层和煤层中形成裂隙。在过去十年间,出现了更高产量的压裂液研究。包括能源公司、压裂服务公司和压裂液制造商都在着眼于压裂液的物理和化学机理的基础上,试图找到通过新型的压裂液改善或提高致裂效率的途径。这些研究已经取得了很大进展,主要有以下四个方面[13]。

(1)控制压裂液流失,以提高压裂液的利用率。

(2)延伸裂隙技术,以提高岩层/煤层裂隙的导通性。

(3)降低高分子聚合物的浓度,以增加岩层/煤层裂隙的导通性。

(4)避免支撑剂返排,以稳定裂隙。

1)控制压裂液流失,以提高压裂液的利用率

一部分被泵入岩体内的压裂液渗到周围岩体中,导致压裂液流失。这个过程被称为压裂液渗漏或流失。在此,流失的压裂液体积将不会对岩层致裂产生影响。压裂液效率是用来描述致裂液体稳定性的参数之一。随着渗漏量的增加,效率随之降低。过多的压裂液流失,将影响压裂效果,增加压裂费用并降低压裂后钻孔的工作效果。

通常,粒状物或其他的压裂添加剂被用来在裂隙表明形成防滤带以降低渗漏。这个防滤带与高浓度聚合物链一起封堵孔隙口,有效阻止压裂液侵入岩层(图 7-6)。

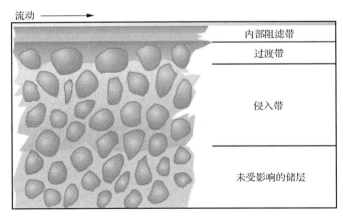

图 7-6　防滤带降低渗漏示意图[13]

这一方式已经成功用于低透气性储层(< 0.1mD)，此处，聚合物和颗粒尺寸大于孔隙尺寸，但是在高透气性岩层，压裂液的组成将会渗透到岩层中。

为了获得控制流失机理，研究人员进行了动态液体损失试验。通过试验，就高渗透率岩层的流失控制得到了五个关键性的结论[13]。

(1)高剪切速率能够阻止形成内部过滤后沉淀，从而导致更大量的液体涌出。

(2)岩层内部过滤沉淀控制着液体的流失，特别是接近裂隙端附近。

(3)流体损失的添加剂速度随岩层渗透性增加而增加，随剪切速率和液体黏度的降低而减少。

(4)降低液体流失意味着减少压裂液的涌出，特别是在高剪切速率和高渗透率的条件下。

(5)在高剪切速率同时没有过滤沉淀时，有效的压裂液涌出能够得到控制的方法是在岩石表面堵塞钻孔口。

与此同时，这些发现促使研究人员去研发一种更优良的添加剂系统，以便达到以下目的：①在高剪切速率和高渗透率条件下，控制涌出；②降低渗透率对泄漏的影响；③限制聚合物反流到岩层中；④从总量上降低注入裂隙中的聚合物。

评估通过多种外加剂类型，采用特殊材料的结合形成了一种高剪切添加剂系统。该系统能够达到上述要求。在初期压裂液流失阶段，当泄漏量较大时，一种材料很快移动到裂隙面。这种添加剂能够对泄漏处进行快速封堵，并粘贴在泄漏处岩层的表面。之后随着剪切速率的降低，另外一种材料通过形成过滤沉淀以封堵剩余的空隙，显著降低过滤率损失，密封岩层表面以阻止聚合物渗透到岩层中。实验室数据显示，与现有的最好材料相比，这种材料能够降低 25%～75% 涌出量。由此，压裂液使用效率得以提高，意味着在压裂施工中，更少的压裂液需要被泵入岩层，在压裂结束后更容易清理。

2)延伸裂隙技术，以提高煤/岩层裂隙的导通性

许多压裂实例表明，仅在储层中生成裂隙依然无法保证获得好的抽放效率/产量，除非裂隙具有很好的导通性能。因此，为了获得更高的抽放效率，需要确保裂隙存在的同时，还需要气体/液体能够顺利从裂隙中通过。过去很长一段时间，人们认为低抽放效率/产量是由于煤层/储层中没有足够的裂隙或没有足够的支撑剂造成的。但许多研究显示，大量的裂隙损坏导致对流体流动的阻碍会造成聚合物残余堵塞支撑剂之间的空隙。因此，即便有裂隙存在，也无法获得好的抽放效果/产量。

一旦支撑剂到位，压裂泵停止运行，此时，如果压裂液开始泄漏到岩层中，导致压力下降。存留在裂隙中的液体将出现返排。因此，在压裂过程中的对裂隙空间内的清理程序是非常重要的一个步骤，以保证裂隙畅通。

在压裂过程中，两种方法能够有效清除裂隙空间。第一种方法是确保将裂隙

中的聚合物残余降低到最少；第二种方法是在压裂过程中尽可能少地使用高能聚合物。基于此，下面两种新的技术将能够实现上述目标。

(1)降低高分子聚合物的浓度，以增加煤/岩层裂隙的导通性。

在压裂结束后，遗留在裂隙内的压裂液有一部分脱水，由此，有效聚合物浓度由此提高到最初泵入浓度的一个数量级。如果这些聚合物保持在裂隙中，超高黏度的胶凝物质将导致煤层孔隙堵塞，使压裂液不会轻易返排到钻孔中。

为了避免这种情况发生，采用聚合物液体破坏剂——一种氧化剂或酶，以攻击高分子链的最薄弱点，使其降解成更小、更容易移动的分子。由此降低了残余压裂液的黏度，因此，使得裂隙内的残余液体更容易清除。聚合物破坏剂通常使用于温度低于163℃的煤层中。

压裂过程中，如果压裂液破坏剂用量不足，容易导致裂隙导通受阻；另一方面，由于活跃的化学破坏剂能够溶解在压裂液中，因此即便在压裂过程中，压裂液也同样能够被破坏。所以，在使用过程中要小心掌握其使用浓度，否则压裂液浓度将快速下降，致使支撑剂很快沉淀在不该沉淀的地方。

过去十年的研究发现有效使用压裂液破坏剂的方法，即将破坏剂装入胶囊。这样破坏液就不会在压裂过程中对压裂液产生影响，直至胶囊中的破坏液被释放出来。这一作为提高裂隙清理效率和支撑剂充填层的导通性的技术已经广泛应用于工程实践[14]。

(2)避免支撑剂返排，以稳定裂隙。

压裂后，流动的支撑剂通过钻孔壁返回是压裂施工最主要的问题之一。这一现象会发生在初期的裂隙清理过程中或正常抽放/采之后。压裂液返排将导致压裂成本增加、时间浪费及安全问题。对于低流动性钻孔，支撑剂可能会沉淀在压裂管路中，因此需要周期性的清理。损失掉钻孔周围裂隙导通性将导致抽采部分或完全无法进行。对于高流动性钻孔，管路、控制阀和其他压裂设备将会因支撑剂冲刷而腐蚀，由此产生的支撑剂处理成本可能相当可观。

类似的问题出现的频率正在逐渐增加，特别是随着裂隙宽度的增加和使用高浓度的支撑剂。通过改变裂隙设计和压裂操作方式有时能够改善这个问题，典型的解决方案就是使用树脂涂层支撑剂。在压裂即将结束时，这样的支撑剂被泵入裂隙，钻孔可能会被关闭一段时间，让树脂随着温度的升高自行调整，将支撑剂粒子联结在一起，理想的情况是形成被固化的高导体率的煤层裂隙网络。但是，树脂涂层支撑剂并非适用于任何条件，依然存在诸多限制。其工作状态取决于剪切应力、温度、裂隙关闭压力及关闭时间等因素。在这样的条件下，裂隙的导通性通常会低于预期的水平。另外，树脂涂层也会与压裂液外加剂进行化学反应，因此限制了数值涂层的使用范围。

因此，后来展开的研发工作通过采用物理方法而不是化学方法解决这一问题。即使用纤维物质固定支撑剂。通过泵将压裂液和支撑剂压入裂隙，并形成网络，这些形成的网络通过纤维物质固定，以形成支撑剂的纤维包，从而允许气体和液体快速通过裂隙。这一技术基于常用的纤维加固技术而来。现在多种纤维固定材料被研发出来并应用于实际施工中，包括聚合物、玻璃、陶瓷、金属和碳素材料等。

基于多种标准的评估，一种特殊的，具有柔性的玻璃纤维固定材料被选取以进行工作状态、成本和可行性试验。试验结果表明，裂隙的稳定性明显增加，同时，压裂层的温度、裂隙闭合时间和压裂层的侧向应力状态都不会对这一材料的工作状况产生显著的影响。图 7-7 为树脂涂层与纤维固定技术对裂隙导通性的比较。

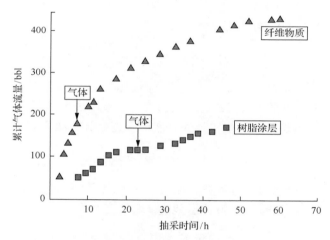

图 7-7　树脂涂层与纤维物质辅助裂隙导通功能比较(引自文献[13]，有修改)

1bbl = 117.34776530L

7.4　煤层水力压裂工艺与参数

煤层水力压裂的主要工艺步骤包括：①设计并布置井下煤层压裂钻孔；②安排水力压裂工序及布置压裂装备；③钻孔及封孔；④进行水力压裂。由此可见，水力压裂工艺参数包括两类：第一类为系统工艺参数，包括破煤压力、压裂时间等；第二类为钻孔施工工艺参数，包括钻孔施工工艺和钻孔布置。

7.4.1　水力压裂的系统工艺及参数

1. 泵的选型

首先，泵的选择取决于两个方面的因素：①几何尺寸，即泵体的大小是否适合煤矿井下巷道的几何尺寸及压裂过程中的搬运条件；②压裂泵的附件，包括直感耐震压力表、水表和泄压阀门等的配置情况和操作方便程度是否符合特定的压裂施工和施工环境，也需要在选型中加以考虑。

2. 水泵压力

水力压裂水泵的施工压力(P_w)需要考虑煤层破裂压力(P_k)、压裂管路摩擦阻力(P_r)、压裂液在管路末端孔眼处的摩擦阻力(P_f)，如果是在地表压裂施工，还包括压裂管路液柱压力(P_h)[15]：

$$P_w = P_k + P_r + P_f + P_h \tag{7-1}$$

压裂液在达到破裂压力 P_w 产生裂隙时，液体本身在缝隙中流动有形成一定的沿程阻力损失ΔP，即流动阻力，这个阻力决定了裂隙内的净压力 $P_n(x)$。如果破裂压力 P_w 恒定，则裂隙不同位置处的总液体压裂就等于净压力的大小，即

$$P = P_k + P_n(x) - P_r + P_f + P_h \tag{7-2}$$

压裂液的流动摩擦阻力由流变、流态、注入流量、裂缝过流断面尺寸和形状等因素决定。对于清水或低黏液体压裂液，其流变性表现为牛顿流体，其流变关系为[16]

$$\tau = \eta\gamma \tag{7-3}$$

式中，τ 为流动剪切应力；η 为牛顿黏度；γ 为剪切速率或流速梯度，$\gamma = \mathrm{d}v/\mathrm{d}x$。

根据流体力学，损失压力 ΔP 和裂缝内压力 $P_n(x)$ 分别为

$$\Delta P = \frac{4\eta Q\left[(H/2)^2 + (W(x)/2)^2\right]}{\pi(H/2)^3\left[W(x)/2\right]^3}\Delta L \tag{7-4}$$

$$P_n(x) = \int_x^L \frac{64\eta Q\left[H^2 + W^2(x)\right]}{\pi H^3 W^3(x)}\mathrm{d}x \tag{7-5}$$

式中，Q 为压裂流量；H 为裂隙高度；W 为裂隙宽度。

从式(7-4)和式(7-5)可知，煤体水力压裂注水总压力不仅取决于裂缝起裂压力、扩展压力和摩擦阻力，裂隙内净压力也是一个不可忽略的关键因素[15]。

3. 压裂注水时间

压力与注水量都直接影响水力压裂的效果，因此，注水时间需要考虑在注水过程中压力与流量的变化情况。从煤体松动被压裂到各种孔隙裂隙扩张连通，在注水的各阶段压力与流量是一个不断变化的过程，因此必须以其稳定的时间段作为注水结束时间。通过注水致裂时间控制水压裂缝扩展长度。试验发现，注水致裂一定距离消耗的时间极短，传统的理论研究也表明水力压裂裂隙可以快速扩张。因此，为了控制水压裂缝扩展的长度，通常可以采用起裂扩张时压力变化的时间点为开始控制注水时间区间[17]。

4. 压裂注水量

注水时间与注水量密切相关。理论上，如果不考虑压裂过程中的滤失水量，根据物质守恒的原则，其注水量(Q)为[18]

$$Q = V\omega \tag{7-6}$$

式中，V 为煤体体积，m^3；ω 为煤层孔隙率，%。

当注入水量较少时，高压水的侵入体为圆柱体，$V=\pi R^2 L$，因此

$$Q = \pi R^2 L\omega \tag{7-7}$$

式中，R 为压裂半径，m；L 为孔底到封孔处的长度，m。

当注入水量很大时，高压水侵入体近似于立方体，$V=2RhL$，因此

$$Q = 2RhL\omega \tag{7-8}$$

式中，h 为煤层厚度，m。

计算空间形态下水压致裂所需要的注水体积的目的是为了达到控制水压裂缝扩展长度，但在实际工程中，由于不同煤岩体的物理性质不同，特别是节理、缝隙的分布与发育程度不同，需要结合不同的滤失率修正注水体积。

5. 封孔技术选择

高压水力压裂技术一个重要的技术难题就是高压钻孔的密封技术，封孔质量的好坏直接关系到压裂的成功与否。由于井下钻孔周围的煤岩体强度较低(尤其在松软的岩层和煤层中)，钻孔周围往往存在微裂隙，这种情况增加了密封的难度。目前，煤矿井下主要采用水泥砂浆和封孔胶囊两种封孔密封方法，前者用水泥砂

浆封孔后容易产生收缩，密封效果差；后者封堵后胶囊容易受高压破裂，封孔成功率低，回收率低，材料价格高，密封成本高[19]。因此，根据煤层特点选择合理的封孔材料和方法，对压裂效果影响十分明显。

7.4.2　水力压裂钻孔施工工艺和参数

钻孔施工工艺参数包括钻孔的方位角及方位角与煤层应力场的关系和钻孔布置等。

1. 钻孔方位选择

压裂孔的角度直接影响压裂后的排水效果。为了使瓦斯容易抽排，压裂过程中注入的水应该排出孔外。基于煤矿回采工作面巷道的设置，在工作面两边的进、回风巷依据煤层的倾角，形成一个高低落差。当倾角角度较小时，落差较小，俯角钻孔里存水产生的水柱压力对瓦斯抽采影响相对较小。相反，当倾角角度较大时，落差也随之增大，俯角钻孔内存水产生的水柱压力相对较大，对瓦斯抽采将产生一定的影响。因此，在钻孔设计时，应该将俯角一侧钻孔设计为相对平缓的角度，而将仰角一侧的钻孔设计在与俯角交汇的位置。

另外，钻孔的方位与地应力场的关系也需要在设计中得到考虑。根据煤岩体起裂机理，高压水作用下煤层裂缝的延伸方向平行于最大水平地应力方向，因此在允许的施工条件下，最佳钻孔方位平行于最大主应力方向。

最后，煤层层理、割理和外生裂隙的方位是钻孔布置的重要影响因素，如果钻孔与裂隙垂直，则水力压裂的扩展方向与裂隙基本平行，水力压裂影响范围大；如果钻孔方位与裂隙平行，则水力压裂裂缝串通邻近的裂隙，造成煤壁出水，压裂半径较小；如果二者斜交，则封孔深度决定水力压裂的范围，随着封孔深度的增加，水力压裂影响范围变大，因此施工条件允许的下，尽量增加封孔深度[17]。

2. 钻孔布置方式

在钻孔布置设计中，首先需要考虑的是压裂钻孔的间距，因为间距的大小决定压裂效果和压裂成本，这一参数考虑的主要因素是压裂泵的性能和煤体裂隙特性。同时，设计时还可以考虑对压裂的裂隙扩展方向进行控制，如用水射流切割导向槽等。其次是瓦斯抽采孔的布置也是钻孔设计的一部分，此处主要考虑的是参数瓦斯的抽放半径。即根据煤层瓦斯的抽放半径，设计瓦斯的抽采钻孔，以满足瓦斯抽采的需求和抽采效率。

根据压裂方式要求，综合孔口所处煤(岩)层位、岩性、构造、巷道通风、施工参数、管材性能等因素，设计选择符合区块构造特点的压裂钻孔结构和封孔工艺。钻孔位置的选择需要考虑如下因素。

(1)目标层有合适的煤体结构和裂隙发育度,孔口煤岩体岩石力学参数应能满足压裂封孔要求,目标层岩性要求的施工参数在设备能力范围内,目标层及其上下围岩赋存完好。

(2)压裂孔裸眼成孔质量良好,孔深能满足压裂层位选择要求。

(3)避免受采动影响,保证足够的抽采时间。

(4)距地质构造带、含水(煤)岩层、保护煤(岩)柱、采空区、瓦斯抽放钻孔和地质探孔的距离不小于 30m。

(5)施工巷道应具有独立通风系统,风速不应低于 1m/s,高瓦斯、煤与瓦斯突出矿井还应设置有专用回风巷,应符合《煤矿井开采通风技术条件(AQ1028—2006)》的要求。

(6)对煤层压裂,除按压裂半径确定合理的孔间距外,应尽量增加钻孔在煤层中的长度。

(7)钻孔方向应尽可能正交或斜交煤层层理。

(8)穿层钻孔终孔位置,应在穿过煤层顶(底)板 2m 处。

(9)特殊需要时应按具体方案要求进行选择。

7.4.3　压裂工艺参数

设计压裂工艺参数前应明确施工目的、压裂层位、施工要求、封孔方式。基于此,水力压裂设计基本参数设计包含如表 7-1 所列出的内容,水力压裂工艺参数计算需按表 7-2 所列参数进行。

表 7-1　水力压裂设计基本参数

地层地质力学参数	压裂层的压裂相关参数	封孔参数
目标层埋深/m	目标层孔隙度/%	控制半径/m
目标层温度/℃	目标层瓦斯含量/(m³/t)	控制面积/m²
目标层厚度/m	原始地层压力/MPa	地下流体黏度/(Pa·s)
目标层渗透率/mD	煤层瓦斯压力/MPa	地下液体压缩系数/(1/MPa)
目标层杨氏模量/MPa	顶底板岩性	瓦斯体积系数/(1/MPa)
目标层岩石硬度/HB	顶底板厚度/m	断层发育情况
目标层岩石泊松比	顶底板承压能力/MPa	
目标层含水饱和度	钻孔方位结构	

表 7-2　水力压裂工艺参数

裂隙结合参数	压裂压力参数	压裂液参数
裂隙长度/m	破裂压力/MPa	前置液量/m³
裂隙宽度/m	施工总水功率/kW	压裂液用量/m³
裂隙高度/m	施工排量/(m³/min)	压裂液沿程摩阻/MPa

7.5　水力压裂理论与机理

煤层钻孔水压致裂的裂缝扩展特征煤层钻孔在高压水的作用下起裂后，水在泵的驱动下进入煤层中的层理面、切割裂隙。煤体产生空间上的膨胀，促使该级弱面继续扩展和延伸，逐步在煤层中相互连通形成贯通网络，并造成煤层的开裂、延展甚至破坏。这一过程均通过各级弱面的内水压力完成。

7.5.1　煤层水力压裂机理的发展

煤层气井压裂原理与常规石油、天然气井压裂原理有许多相似之处，借鉴并改进石油压裂理论方法和工艺技术，是形成煤层气井压裂理论方法和工艺技术的重要途径。常规石油压裂的基础理论研究在国内外开展已有相当长的时间，以压裂过程模拟、施工设计理论为主导，自 20 世纪 60 年代开始，就有简单的压裂模拟和设计模型用于指导压裂施工。60～70 年代，二维的 PKN、KGD 和 Radial 压裂理论模型相继问世，并得到推广应用。70 年代中期，国外压裂理论又发展到三维模拟与设计水平。进入 80 年代中期，全三维方法数值模型在美国产生，并不断得到推广。科学地应用力学、数学和计算机等高新技术，提高压裂模拟的准确性，完善压裂设计的优化程度，用先进的理论方法指导压裂实践，已收到日趋良好的实用效果，在石油压裂中越来越为人们所重视。如何将常规石油压裂理论方法引入煤层气井的压裂模拟与设计中，并在此基础上进行适用于煤层特点的改造和完善，成为当今煤层气井压裂理论研究的重要课题[20]。

7.5.2　水力压裂裂隙的数学模型

水力压裂理论研究的最重要的工作之一是要建立压裂裂隙的数学模型，以此来模拟水力压力作用下的力学特性及裂隙的起裂、扩展和延伸。到目前为止，有许多的学者在这方面做了大量的研究工作，并得到了许多理论和经验的数学模型，包括二维和三维的模型。其中，最经典的二维模型有 KGD 和 PKN 模型。这两个模型的建立基于以下的基本假设。

(1)平面裂隙(裂隙沿最小主应力垂直缝隙扩展)。

(2)流动沿裂隙长度一维流动。

(3)流体为牛顿流体。

(4)滤失特性由滤失理论得到的简单表达式(7-9)所控制，即

$$u_{\mathrm{L}} = \frac{C_{\mathrm{L}}}{\sqrt{t - t_{\mathrm{exp}}}} \tag{7-9}$$

式中，C_L 为滤失系数；t 为当前时间；t_{exp} 该点的滤失速率；u_L 为滤失持续时间。

(5)地层岩石为连续、均匀和各向同性的线弹性体。

(6)裂隙被认为高度不变，完全在某以给定的地层中扩展。

1. KGD 模型

KGD 模型(图 7-8)的基本假设是每一水平截面独立作用，即假设裂隙面任意一点出裂隙宽度沿垂向变化远比水平方向变化缓慢。在缝隙高度远大于缝隙成都或层截面产生完全滑移的条件下成立。对于该模型的缝隙端区域起很重要的作用，而缝隙内压力可进行估算。

该模型适用于长时间水力压裂作业，并假设缝隙高度固定，仅在水平面考虑岩石刚度，通过计算垂直缝隙上各个宽度不同的细窄矩形裂隙内的流动阻力来确定扩展方向的液体压力梯度，得出裂隙长度和宽度的变化规律。

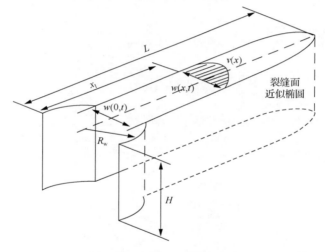

图 7-8 KGD 模型

L 为裂缝长度；H 为裂缝宽度；R_w 为钻孔半径；x_1 为距钻孔中心距离；$v(x)$ 为裂缝导流速度；$w(0,t)$ 为距钻孔 0m 处的裂缝导流能力；$w(x,t)$ 为距钻孔 x_L 处的裂缝导流能力。下图同含义

2. PKN 模型

PKN 模型(图 7-9)假设每一个垂直截面独立作业，即假设截面的压裂是由高度控制而非有缝隙长度控制的；假设裂隙长度远大于裂隙高度；模型没有考虑断裂力学和缝端的影响，而主要考虑了缝隙内流体的流动及相应的压力梯度影响。

该模型的裂隙被限定在给定的岩层范围内，在正交于裂隙延伸方向的垂直剖面上处于平面应变状态，因此每个垂直截面的变化与其截面无关，裂隙呈椭圆形扩展。该模型多用于低滤失系数的地层和短时间的施工设计。其裂隙长度为

$$L = \frac{Q\sqrt{t}}{\pi HC} \tag{7-10}$$

式中，L、H 分别为全裂隙长度和高度，m；Q 为注入流量，m^3/min；C 为滤失系数，$m/min^{1/2}$；t 为注入时间，min。

流量沿着裂隙长度的分布为

$$q(x) = A\left[1 - \frac{2}{\pi}\sin\left(\frac{x}{L}\right)\right] \tag{7-11}$$

裂缝宽度沿裂缝长度的分布为

$$W(x,t) = W(0,t)\left\{\frac{x}{L}\sin^{-1}\left(\frac{x}{L}\right) + \left[1 - \left(\frac{x}{L}\right)^2\right] - \frac{\pi}{2}\frac{x}{L}\right\}^{1/4} \tag{7-12}$$

式中，v 为泊松比，其中

$$W(0,t) = 4\left[\frac{1(1-v)\mu Q^2}{\pi^3 GCH}\right]^{1/4} t^{1/8} \tag{7-13}$$

式中，μ 为黏度系数，Pa·min；G 为剪切模量，Pa。

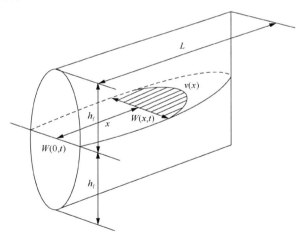

图 7-9 PKN 模型

h_f 为裂缝高度的一半；x 为距钻孔中心距离

3. KGD 和 PKN 模型的差异

两种模型的差异主要表现在三个方面，包括裂缝的几何形态、应变和压力行为。其中，在几何形态上，PKN 垂直剖面为椭圆形，水平剖面为抛物线形。而 KGD 的垂直剖面为矩形，水平剖面为椭圆形。前者缝隙长而窄，后者缝隙短而宽。

在应变方面，PKN 模型的平面应变发生在垂直剖面，层间无滑移，而 KGD 模型的平面应变发生在水平剖面上，且层间有滑移。前者缝隙张开在垂直剖面求解，而后者裂隙张开在水平剖面求解。

在压力行为方面，对于 PKN 模型，井底压力随时间增加而升高，随裂隙长度增加；对于 GDK 模型，井底压力随施工时间逐渐降低，随裂隙长度增加而减少。

一般而言，对埋深较浅的压裂施工，多选择 KGD 模型进行计算，相反，对于埋深较大的压裂施工，则选择 PKN 模型为合。

7.5.3　水力压裂的破坏准则

1. 拉伸破坏准则

水力压裂的破坏准则为拉伸准则。拉伸准则认为裂隙的起裂压力和起裂方向取决于主应力的分布。

钻孔壁破裂前的应力分布主要由三个部分组成，即原岩应力场、孔内流体压裂和钻孔的应力集中。假设煤体为均匀各向同性的弹性介质，无渗漏特性，当以压应力为正时，孔壁处的径向应力和切向应力分别为[21,22]

$$\sigma_r = P \tag{7-14}$$

$$\sigma_\theta = (\sigma_H + \sigma_h) - 2(\sigma_H + \sigma_h)\cos 2\theta - P \tag{7-15}$$

式中，σ_r 为孔壁处的径向应力；σ_θ 为孔壁处的切向应力；σ_H 和 σ_h 分别为最大和最小水平地应力，P 为空内压力；θ 为做大水力压力方向沿逆时针方向绕过的角度。

当 $\theta = 0°$ 和 π 时，孔壁切向应力 σ_θ 取最小值为

$$\sigma_\theta = 3\sigma_H - \sigma_h - P \tag{7-16}$$

随着注入孔内的水压 P 的不断增加，孔壁的剪切应力变为零或为负值时即为拉应力。因为煤为塑性材料，抗拉强度低，因此，孔壁的切向应力极有可能导致孔壁处的拉伸破坏。由此可知，拉伸破坏准则只是考虑缺陷主应力的作用，而在水力压裂过程中，煤层出现裂隙和扩展是在多个应力共同作用下的结果。只有当剪切应力占主导地位的应力条件下煤体才会发生拉伸破坏。

2. 剪切破坏准则

拉伸破坏准则显然忽略了铅直主应力和径向主应力的作用。实际上，在一定应力状态和煤层物理力学特性条件下，煤层孔壁有可能在三个主应力都为压缩状态下发生剪切破坏。在这种情况下，最常用的破坏准则为莫尔-库仑准则[23]，即剪切破坏准则[24]：

$$\tau = C + \sigma_n \tan \varphi \tag{7-17}$$

$$\tau = \frac{\sigma_1 - \sigma_2}{2} \sin 2\alpha \tag{7-18}$$

$$\sigma_n = \frac{\sigma_1 + \sigma_3}{2} + \frac{\sigma_1 - \sigma_3}{2} \cos 2\alpha \tag{7-19}$$

$$\alpha = 45° + \frac{\varphi}{2} \tag{7-20}$$

式(7-17)~式(7-20)中，τ为剪切破裂面上的剪应力；σ_n为剪切破坏面上的法向应力，α为剪切破裂面法向与最大主应力σ_1的夹角；φ为岩石的内摩擦角；C为岩石的内聚力。

原始地应力和煤的特性在水力压裂过程中起着十分重要的作用，这些参数决定着煤体发生拉伸破坏还是剪切破坏。

水力压裂的裂隙的扩展方位取决于三向主应力的方位和相对大小。假设煤体各向同性，钻孔孔壁在三向不等压作用下将产生高应力剪切作用，从而引起孔壁的开裂。之后水进入裂隙面使裂隙扩展，此时，煤体的抗拉强度是主要因素，故此，破坏形式为拉伸破坏，并依据能量最低原则选择扩展途径。另外，压力水在裂隙流动扩展过程中，由于裂隙面的凹凸不平和三向应力差的存在会造成剪切破坏，形成剪切裂隙面，然后压力水在此裂隙面开始发生拉伸破坏。可见，裂隙在剪切-拉伸或拉伸-剪切的往复过程中不断扩展和延伸。然而，无论哪种形式的剪切破裂面，在扩展过程中都将使裂隙发生转向，并最终正交于最小主应力。

在对煤体实施水力压裂过程中，煤体可能出现三种破坏形式，包括拉伸破坏、剪切破坏及剪切和拉伸的复合破坏。但是，到底出现哪种破坏形式，取决于煤层的埋深和地应力情况[25]。

7.5.4　煤层的裂隙分类

固体中的裂隙按受力形式可以分为三种类型(图7-10)。

张开型在与裂隙面正交拉应力的作用下，裂缝面朝上张开位移而形成的一种裂隙，其裂隙面上表面点沿 y 方向的位移量不连续。

滑开型裂隙在平行于裂隙面而与裂隙尖端线垂直的剪应力作用下，裂隙面朝上沿裂隙面(即沿剪应力方向)的相对滑移形成的一种裂隙。裂隙面上的上表面和下表面点沿 x 方向的位移分量不连续。

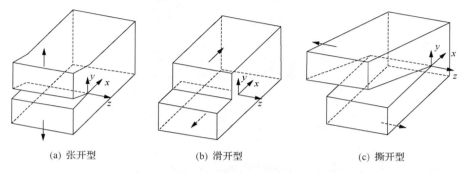

|(a) 张开型|(b) 滑开型|(c) 撕开型|

图 7-10　裂隙分类

撕开型裂隙在平行于裂隙面而与裂隙尖端平行方向剪应力作用下，裂隙面产生沿裂隙外(即沿裂隙剪应力方向)的相对滑移而形成的一种裂隙。裂隙面上的上表面点与下表面点沿 z 方向的位移量不连续。

实际压裂中的裂隙往往不是单一类型的裂隙，特别是在荷载不对称情况下，裂隙的方位也不对称，使裂隙尖端附近的应力场同时存在着形成不同裂隙的应力，由此产生复合型裂隙。由此，实际施工中的裂隙多为复合型裂隙，较上述裂隙更为复杂、多变。常用的复合裂隙脆性断裂有以下三种理论[26]。

(1)最大拉应力理论。该理论认为，裂隙的初始扩展方向是周向正应力 σ_θ 的最大值方向，即裂隙的扩展沿这个方向的最大周向应力达到临界值而产生。

(2)能量释放率理论。该理论认为，裂隙沿能产生最大能量释放率的方向扩展，并且裂隙扩展是由于最大能量释放率达到临界值而产生的。

(3)最小应变能密度因子理论。该理论认为裂隙沿着应变能密度因子最小的方向开始扩展，之后裂隙的扩展是由最小应变能密度因子达到材料相应的临界值时产生的。

7.5.5　水力压裂的起裂与扩展

水力压裂过程是流体与外力共同作用下岩石内部裂隙与裂缝发生、发展和贯通的过程。水力压裂破裂前的孔周应力分布由原始地应力场和孔内流体压力构成，因此，压裂孔周围应力状态可按照图 7-11 计算[27]。

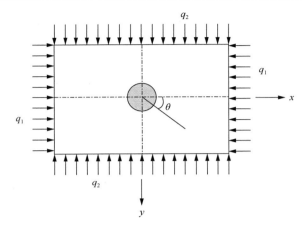

图 7-11　压裂孔周围应力状态计算图

q_1 为 x 方向的远场应力；q_2 为 y 方向的远场应力

　　为简化分析，煤层视为各向同性弹性材料，分别考虑煤层单独在水压作用和地应力作用下的应力状态。则若以压应力为正，则由弹性力学相关知识，煤层单独在水压作用下的应力状态为

$$\sigma_r = \frac{q_1 + q_2}{2}\left(1 - \frac{a^2}{r^2}\right) + \frac{q_1 - q_2}{2}\left(1 - \frac{a^2}{r^2}\right)\left(1 - \frac{3a^2}{r^2}\right)\cos 2\theta \tag{7-21}$$

$$\sigma_\theta = \frac{q_1 + q_2}{2}\left(1 + \frac{a^2}{r^2}\right) - \frac{q_1 - q_2}{2}\left(1 + \frac{3a^4}{r^4}\right)\cos 2\theta \tag{7-22}$$

$$\tau_{r\theta} = \tau_{\theta r} = -\frac{q_1 - q_2}{2}\left(1 - \frac{a^2}{r^2}\right)\left(1 + \frac{3a^2}{r^2}\right)\sin 2\theta \tag{7-23}$$

式(7-21)～式(7-23)中，a 为孔半径；r 为一点到孔中心的距离；$\tau_{r\theta}$ 为剪切应力，指与径向垂直平面上朝向切向的剪切应力。

　　水压力分布如下：

$$\sigma_r = \frac{a^2}{r^2} q_w \tag{7-24}$$

$$\sigma_\theta = -\frac{a^2}{r^2} q_w \tag{7-25}$$

$$\tau_{r\theta} = \tau_{\theta r} = 0 \tag{7-26}$$

　　地应力与水压力双重作用下，钻孔围岩应力分布如下：

$$\sigma_{\mathrm{r}} = \frac{a^2}{r^2}q_{\mathrm{w}} + \frac{q_1+q_2}{2}\left(1-\frac{a^2}{r^2}\right) + \frac{q_1-q_2}{2}\left(1-\frac{a^2}{r^2}\right)\left(1-\frac{3a^2}{r^2}\right)\cos 2\theta \qquad (7\text{-}27)$$

$$\sigma_{\theta} = -\frac{a^2}{r^2}q_{\mathrm{w}} + \frac{q_1+q_2}{2}\left(1+\frac{a^2}{r^2}\right) - \frac{q_1-q_2}{2}\left(1+3\frac{a^4}{r^4}\right)\cos 2\theta \qquad (7\text{-}28)$$

$$\tau_{\mathrm{r}\theta} = \tau_{\theta\mathrm{r}} = -\frac{q_1-q_2}{2}\left(1-\frac{a^2}{r^2}\right)\left(1+\frac{3a^2}{r^2}\right)\sin 2\theta \qquad (7\text{-}29)$$

由于煤的抗拉强度远小于抗压强度，随着钻孔内水压力增大，钻孔周边的切向应力导致孔壁发生拉伸破坏。因此，在计算过程中，煤体断裂失效准则可采用最大拉应力理论，即

$$-\sigma_{\theta} > -R_{\mathrm{t}} \qquad (7\text{-}30)$$

其中，$|R_{\mathrm{t}}|$ 为煤抗拉强度的绝对值，代入式 (7-30)，得

$$\frac{a^2}{r^2}q_{\mathrm{w}} - \frac{q_1+q_2}{2}\left(1+\frac{a^2}{r^2}\right) + \frac{q_1-q_2}{2}\left(1+\frac{3a^4}{r^4}\right)\cos 2\theta > -R_{\mathrm{t}} \qquad (7\text{-}31)$$

当钻孔围岩垂直钻孔方向存在两个主应力，则可讨论 $\theta = 0°$ 和 $\theta = 90°$ 两种情况下钻孔围岩应力分布情况。

当 $\theta = 0°$ 时，钻孔壁上切向应力与抗拉强度的关系为

$$q_{\mathrm{w}} + q_1 - 3q_2 > -R_{\mathrm{t}} \qquad (7\text{-}32)$$

即水压致裂时水压需要满足的条件为

$$q_{\mathrm{w}} > 3q_2 - q_1 - R_{\mathrm{t}} \qquad (7\text{-}33)$$

同理，当 $\theta = 90°$ 时

$$q_{\mathrm{w}} > 3q_1 - q_2 - R_{\mathrm{t}} \qquad (7\text{-}34)$$

然而，由于煤体中本身具有原生裂隙，加之钻孔过程中又产生新裂隙，都会使研究区域的煤强度降低。在现场试验中注入水的压力往往并不需要如理论计算的那样大，而是普遍小于理论计算值。

7.5.6　水力压裂的起裂、扩展和闭合压力计算

理论上，水力压裂裂隙形成的条件与最小水平应力、构造应力、煤/岩层的抗

拉强度和孔隙压力有关。初始裂隙的形成压裂通常采用奥地利土木工程师 von Terzaghi 的公式计算[28]:

$$P_c = 3s_{H,min} - 3s_{H,max} + t - P \qquad (7-35)$$

式中，P_c 为初始裂隙压力，MPa；$s_{H,min}$ 为最小水平应力；$s_{H,max}$ 为最大水平应力，即最小水平应力与构造应力之和，MPa；t 为煤体的抗拉强度，N/mm²；P 为孔隙压力，MPa。

换句话说，只要压裂压力达到或超过最小水平应力和构造压力之和，并大于煤层的抗拉强度时，将形成新的煤层裂隙。

除此之外，水力压裂的起裂压力(P_K)、延伸压力(P_E)和闭合压力(P_C)压力还可以通过下面的经验公式进行计算。

$$P_K = \frac{2\left(\dfrac{v}{1-v}\right)S_v + 2S_{hi} + A_{pe}P_i + \sigma_T}{2 - A_{pe}} \qquad (7-36)$$

$$P_C = \frac{\left(\dfrac{v}{1-v}\right)S_v + S_{hi} + A_{pe}P_i/2}{1 - A_{pe}/2} \qquad (7-37)$$

式中，S_v 为上覆层应力，Pa；S_{hi} 为无上覆层和孔隙压力条件下的初始水平应力，Pa；σ_T 为岩石抗张强度；P_i 为地层孔隙压力；Pa；v 为泊松比。

延伸压力取 P_{FP} 与起裂压力 P_K 的最小值：

$$P_E = \min(P_K, P_{FP}) \qquad (7-38)$$

$$P_{FP} = P_C + \left[\frac{2E_v}{L_f\left(1-v^2\right)}\right]^{1/2}\left(1 - A_{pe}/2\right) \qquad (7-39)$$

式中，L_f 为单翼裂缝长度，m；E 为岩石弹性模量，Pa；A_{pe} 为孔隙弹性常数，其表达式为

$$A_{pe} = \frac{a\left(1-2v\right)}{1-v} \qquad (7-40)$$

式中，a 为毕奥数，$a = 1 - C_M/C_R$，其中 C_M 为岩石压缩系数，Pa⁻¹，C_R 为综合压缩系数(不渗透介质 $a = 0$)。

泵注施工压力 P_w 为

$$P_w = P_K - P_H + P_r + P_f \tag{7-41}$$

式中，P_H 为压裂管路液柱压力，值为压裂管路高程落差 H 乘以压裂液密度；P_r 为压裂液在管路中沿程摩擦阻力，值为管路长度乘以管路内该型号压裂液摩擦阻力系数；P_f 为压裂液在管路末端孔眼处的摩擦阻力。

7.5.7 影响水力压裂效果的因素

由于煤层的物理力学特性和地质条件的复杂性，许多因素会对水力压裂的效果产生影响，其主要影响因素包括以下几个方面[29]。

1. 地应力对水力压裂的影响

地应力主要来源于上覆煤岩体的自身重力和构造应力，不同的地应力条件不仅对煤储层的渗透性具有重要影响，而且地应力的大小和方向也是控制井下水力压裂裂隙的起裂压力，起裂位置、起裂方向及裂缝延伸形态的重要影响因素。

垂直应力和水平压裂的比，即静止土压力系数 (K_0) 表明了煤/岩层的应力状态，而裂隙将沿着最小的压应力的法线方向发展[30]。水力压裂裂隙更多地以垂直裂隙出现，因为此处的最小压应力方向是水平的，即 $K_0 < 1.0$。当 $K_0 > 1.0$ 时，水力压裂的裂隙将呈水平出现，因为煤层处于较高的侧向压应力状态下。目前，大多数煤层的埋深都较大，故 $K_0 < 1.0$，因此裂隙多为垂直的。

水力压裂完成后，在钻孔周围产生多条裂缝，这些裂隙在距钻孔一定范围内发生扭曲转向，沿着平行于最大水平主应力方向延伸，垂直于最小水平主应力方向扩展[31]。

有数值模拟结果显示，在不同地应力差条件下，地应力差越大，裂缝形态越单一，当地应力差小于 2MPa 时，所形成的裂缝形态趋于复杂[32]。

通过对海拉尔贝 14 区块岩石力学参数评价及地应力分布规律进行研究得出重复压裂转向距离随地应力差、渗透率和岩石的泊松增大而减小，呈指数关系，此外通过进一步的研究还发现，重复压裂转向距离不仅与渗透率、岩石泊松比有关，而且还随压差和水力裂缝长度的增加而逐渐增大，通过数学拟合呈现出幂函数关系[33]。

煤层压裂的裂隙起裂、扩展和闭合与煤层的地质条件和地质力学条件关系十分密切。

2. 天然裂隙对水力压裂的影响

常规的水力压裂裂缝模拟，一般假设地层均质，不考虑天然裂隙的存在，在井眼周围形成的裂缝是沿最大主应力方向延伸，沿与最小主应力垂直的方向扩展的双翼对称裂缝。但实际并非如此。从直接的矿井压裂测试[34]到间接的微地震测[35]都表明，地层中存在大量发育的裂隙、微裂隙，正是由于这些天然裂隙的存在，使水力压裂过程中水力压裂裂缝与地层中的天然裂缝沟通，促使形成了不对称、不规则的复杂裂隙网络。通过岩石力学测试研究表明，当裂隙的初始优势发育方向与最大主应力方向夹角较小时，可以显著削弱试样的力学性能[36]。

3. 煤岩力学性质对水力压裂的影响

一般而言，煤岩力学性质与水力压裂形成的裂缝形态、裂缝起裂角度及裂缝扩展长度都有密切关系。通过线弹性断裂力学研究含裂纹煤岩体的断裂问题，建立裂纹断裂扩展模型，可以得到煤体产生脆性断裂扩展的力学条件。起裂条件表明，起裂的位置和起裂注水压力不仅取决于铅垂方向的应力和侧向压力数的大小，还与层理弱面的抗拉强度及上、下两个煤分层的抗拉强度密切相关[37]。

弹性模量(E)和裂隙的韧性(K_{IC})是控制裂隙的主要两个岩石力学参数。前者表明的是岩石在外力作用下应力和应变的比，从概念上讲，它类似于弹簧的刚度。弹性模量通过影响煤层受到外力的变形特征间接影响着裂隙的开裂裂隙的宽度。随着煤层弹性模量的增加，水力压裂裂隙的开裂宽度将减小，裂隙的长度将增加[38]。

裂隙韧性也是一种材料的物理性质，用于描述材料阻止裂隙发展的能力。裂隙的韧性与材料颗粒的黏结强度和材料的缺陷大小有关。裂隙韧性被广泛用于描述裂隙在岩石类材料中的扩展，它似乎是一个有效的预测裂隙扩展的参数。对于地质材料而言，其值通常为 $1MPa \cdot m^{1/2}$，而对于那些含有黏土的裂隙，其值一般小于 $0.05MPa \cdot m^{1/2}$[39]。

4. 煤层内部结构的影响

除了以上方面的研究，如煤体结构、煤的类别、煤层的非均质性等因素对水力压裂效果也会产生影响。其影响包括：①不同破坏类型的煤体压裂过程中的起裂条件不同[40]；②测试不同煤体结构、不同裂隙发育程度煤样的应力-应变-渗透率之间关系表明，Ⅰ、Ⅱ类煤初始渗透率大，渗透率增大倍数大，而Ⅲ、Ⅳ类煤初始渗透率大，随之渗透率减小，证明了Ⅰ、Ⅱ类煤层水力压裂的可行性[41]；③数值模拟研究发现，随着岩石均质度的增加，水力裂纹的扩展形态变得更加平直、光滑，单孔模型两侧裂纹更加对称，双孔间裂纹的连通性变差，随着均质度的增加，起裂压力和地层破裂压力逐渐增大，且两者间的差值逐渐变小，当地层均质的条件下，两者几乎相等[42]。

5. 渗透性

煤层的渗透性能够对裂隙的形成产生显著的影响。对于给定的流体压力和黏性，渗透性越大，滤失越高。滤失是流体在裂隙内流动或流到周围岩层的过程。滤失导致的裂隙比那些含有不流动液体的裂隙更短、宽度更小。另外，裂隙滤失将影响注入裂隙内泥浆的流动性。因为当裂隙内的液体由于滤失减少时，支撑剂将被留在裂隙内。当支撑剂完全保留裂隙内时，将阻止裂隙的扩展，这个过程被称之为滤砂[43]。在可渗透材料中，裂隙扩展被阻断其主要机理就是滤砂[44]。

6. 非均质性

地下岩石材料的非均质性对裂隙的形成产生十分明显的影响。在水力压裂现场，能够观测到水力压裂的裂隙首先沿着或平行于层状岩层扩展[45]。

煤/岩层中的不连续特性，如岩脉、纹理和卵石等也对水力压裂的裂隙产生明显的影响。这些不连续特性通过裂隙的扩展使煤/岩层的性质发生快速的改变。天然形成的裂隙同样具有相似的影响，它们能够主导和控制水力压裂裂隙的形成。

空穴和根结构是另外一种不均匀性的体现。它通过压裂液优先通道作用对水力压裂裂隙的产生影响。特别是动物的洞穴结构将使压裂过程中无法维持一定的水压而使压裂工作出现问题。

7. 人为影响

人为影响是指那些由于人的活动而导致的现场条件的改变。例如，巷道施工和岩石切削等能够明显改变自然环境的条件。还有地表表面的荷载，如建筑物、重型机械设备也同样改变着土壤的应力状态。当然，这些影响将随着压裂煤层的深度增加而减弱。

7.6　水力压裂技术与发展方向

自水力压裂出现及应用以来，其技术装备和应用水平都有了长足的发展，衍生出了许多压裂的技术方法。另一方面，随着地质条件的复杂化，对整体的压裂工艺也有了更多和更高的要求。故此，本节将就水力压裂的新技术和未来的需求给予介绍[46]。

7.6.1　水力压裂技术与工程实践

1. 水力压裂技术

随着水力压裂技术在石油、天然气和煤层气开/抽采的大量使用，水力压裂早已经不再是应用初期的那种仅仅向钻孔内注水压裂。伴随着不同地质条件和不同需求，许多新的技术与传统的压裂方法相结合给传统的压裂方法赋予了新的生命力。

1）端部脱砂压裂技术

现代油气田勘探开发技术发展应用速度快，各种新技术工艺也都得到了综合运用，过去压裂设备和技术主要应用于低渗透油田，现在应用范围明显扩大，在国内许多大型油田的中高渗透地层中不仅应用了压裂设备和技术，且在技术上有了更大的突破。压裂技术应用于中高渗透地层时，实现短宽型的裂缝能够更好地控制油气层的开发，所以端部脱砂压裂技术应运而生，并在应用中取得了非常好的效果。近年来，端部脱砂压裂技术在浅层、中深地层，高渗透及松软地层都得到了应用，该技术的相关设备也在应用中得到了不断的改进。

2）重复压裂技术

随着油田开发的不断深入，出现越来越多的失效井和产量下降的压裂井，而重复压裂技术正是针对该类油井改造和提高产量的有效技术措施。全球范围内各个国家对重复压裂设备和技术的研究都很重视，经过实践检验其应用效果也十分显著，重复压裂的成功率能够达到 75%左右。目前，美国有些石油企业在应用重复压裂技术的同时还采用了先进的强制闭合技术和端部脱砂技术，取得了很好的经济效益。重复压裂技术设备能够用于改造低渗透和中渗透的油层，在直井、大斜度井及水平井中都具有很高的应用效果，对提高产能具有很好的作用。

同样，对煤层水力压裂而言，随着瓦斯抽采的进行，常出现钻孔周围的裂隙在地应力的作用下逐渐闭合现象，致使该钻孔瓦斯抽采量急剧降低，这时就需要再次采取增透措施。重复压裂就是在老孔中再次进行水力压裂，使煤层闭合的裂隙重新打开或形成新的裂隙。这一技术已在石油行业取得了较好的效果，但考虑到煤层的特殊物理力学特性，在煤炭行业应用还需要更多的理论和实践支持和完善。

3）高渗层防砂压裂技术

高渗层防砂压裂技术不仅能够实现高渗透油藏的压裂，还能够同时完成充填防砂作业。传统的砾石充填防砂技术很容易造成高渗透油层的破坏，导致导流能力下降，而高渗透防砂压裂技术是结合端部脱砂技术，使裂缝中的支撑剂浓度提高到足够的程度，加砂后再进行注浆增大静压力值，从而不断扩大裂缝宽度，产生更强的裂缝导流能力。高渗透防砂压裂技术能够有效提高油井产能，对于高渗透油藏具有较好的应用效果。

4) 压裂实时监控技术

压裂实时监控技术主要是通过在施工现场进行实时实地的测定压裂液、支撑剂及其他施工参数等方法，对水力裂缝的几何形状进行模拟研究，从而不断修改施工技术方案，获得最佳的支撑裂缝的效果和获得更大的经济效益的一种技术方法。压裂实时监控技术的应用与现代计算机技术的发展是分不开的，尤其是便携式计算机的发展，极大提高了油井厂矿地区的压裂实时监控技术的应用，目前已经有很多石油企业都开发了这一技术系统，在应用范围上也有不断扩大的趋势。

5) 水力喷射压裂技术

水力喷射压裂是 20 世纪 90 年代末发展起来的技术。其核心是把高压水磨料射流与水力压裂技术相结合，即利用水射流切割煤层或岩层，之后对形成的切割裂隙进行继续压裂。该技术利用水射流切割，提高了初始裂隙形成效率。通过水力压裂弥补水射流切割半径有限的缺陷，使初始裂隙快速扩展、延伸，形成裂隙网络，从而达到提高煤层透气性的目的。

正如该技术的命名，其工艺参数主要涉及两个方面，即水力喷射工艺参数和水力压裂工艺参数。前者包括喷嘴的参数、喷砂孔参数和管内流动压耗，后者包括压裂压力、压裂泵注程序设计等。

水力喷射压裂工艺包括水力射孔和喷射压裂两个阶段。水力射孔阶段为获得较为完善的孔眼，要求射流速度达 108～200m/s，持续喷射 10～15min。水力喷射分段压裂工艺分两种：一种是拖动管柱式压裂工艺，该工艺适合于地层压裂低、加砂规模不大、压裂层段跨度小的情况；另外一种是不动管柱式压裂工艺，该工艺靠多级滑套式喷枪完成，适用于复杂结构分段压裂[47]。

6) 级配支撑剂压裂技术

传统的水力压裂技术是通过高压压裂液产生裂隙，同时，充填以同等尺寸大小的支撑颗粒。实践证明，这样的充填方法存在缺点。由于支撑颗粒尺寸决定了致裂半径，较小的支撑颗粒能够游离到更远的地方，从而增加致裂的影响半径，而在钻孔附近，尺寸较大的支撑颗粒则能够保持裂隙宽度更大。因此，支撑剂颗粒分级压裂技术是将支撑颗粒分类，并按顺序随压裂液注入煤层。首先将较细小粒径的支撑剂随压裂液注入煤层，以提高煤层致裂的影响半径，接着注入较大粒径的支撑剂，以增加煤层裂隙宽度，提高煤层透气性[48]。

该技术的目的是激发煤层原有的天然裂隙，而不是产生新的裂隙。因此，为了达到最好的压裂效果，需要将已经存在的煤层天然裂隙宽度增加得越大越好。

初看起来，首先注入小粒径的支撑剂将无助于增加煤层天然裂隙尺寸。但是，随着注入更大粒径的支撑剂，煤层裂隙中将由近到远分布着粒径大小不同的支撑剂，从而达到提高煤层透气性和增加压裂影响半径的目的(图 7-12)。

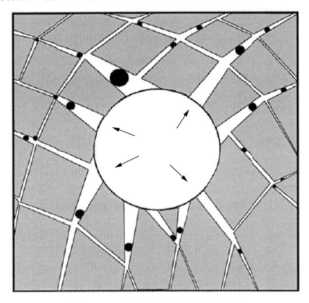

图 7-12　分级支撑剂放置示意图

2. 煤层水力压裂实践

随着科技水平的提高和压裂施工的需求，传统的水力压裂技术在辅以新技术、新设计、新施工方式后也在发生变化。

在普通水力压裂方面，采用顶底板顺层钻孔、顶底板穿层钻孔、本煤层顺层钻孔或本煤层穿层钻孔进行水力压裂的技术已被用于煤层致裂。此外，通过在煤层顶(底)板顺层钻取一个或多个压裂孔，封孔后进行压裂，达到预计的压裂效果后，施工平行顶(底)板的瓦斯抽放孔，进行瓦斯抽放技术也在煤矿实施应用。

在脉动水力压裂方面，利用高压脉动水锤发生装置在潘三矿进行了试验，结果表明该技术有效提高了煤层透气性且增透作用较为持久。另外，在铁法煤业集团大兴煤矿采用了煤层脉动水力压裂卸压增透技术，结果表明卸压增透效果明显[49]。

在定向水力压裂方面，提出了穿层钻孔水力压裂疏松煤体瓦斯抽放方法、井下点式水力压裂增透技术[50]、定向水力压裂控顶技术[51]。同时，针对实施水力压裂后增透方向不确定导致应力集中的问题，提出了定向孔定向水力压裂技术，应用结果表明,该技术能使煤巷掘进速度提高了 69%[52]。另外,还有穿层钻孔水力压裂疏松煤体瓦斯抽放方法。该方法是在顶(底)板岩巷(也可以在煤巷)向煤层打水力压裂钻孔,压裂钻孔进入煤层的长度大于煤层厚度的 1/2 以上,在水力压裂钻孔周围打若干控制钻孔,通过压裂孔进行压裂,当压裂范围达到控制钻孔时,在压裂钻孔周围一定距离的煤体将产生抗压薄弱区域,因此,利用高压水将水力压裂钻孔与控制孔之间的煤体压裂,形成连通网络。

水力压裂综合增透技术方面,许多新的或经过改进的压裂技术方法被用于煤层压裂施工中,包括以下内容。

将水射流与水力压裂搭配起来,实现了二者的有机结合,即在钻孔轴向或径向预割出给定方向的裂缝,然后再对其进行水力压裂的定向压裂[53]。

利用导向槽和控制钻孔的共同定向作用将煤体压穿,并通过高压水携带出大量煤屑,实现煤层卸压和增透[54]。

采用水射流在煤孔中定向射孔来降低起裂压力的方法,以提高压裂效率[55]。

采用氮气泡沫压裂技术的工业试验并获得成功[56]。

提出了基于构造煤储层特点的液氮伴注辅助水力压裂复合增产技术,现场应用增产效果达到了 50%[57]。

重复水力压裂技术在马村煤矿进行试验了,取得了较好的效果[58]。

采用地面压裂井下水平钻孔抽放煤层气方法,将地面钻孔与井下水平定向钻孔相结合,以实现联合抽采。

提出了区域瓦斯治理钻爆压抽一体化防突方法,达到了松动爆破和定向压裂综合增透的目的。

高压封孔技术方面,目前,煤矿井下水力压裂钻孔主要采取的密封方法有水泥砂浆、封孔器等无机材料封孔,前者封孔后容易产生收缩,密封效果差;后者胶囊容易受高压破裂,封孔成功率低,回收率低,材料价格高,造成密封成本高。

由于压裂压力不断提高,对压裂封孔技术提出了更高的要求。也由此出现了许多新的封孔方法和材料,包括以下内容。

一种新型高强度组合封孔器被研发出来用于高压水力压裂施工。该封孔器是在设计钻孔封孔段里外侧各布置一个高压胶囊,在胶囊中注入有机封孔材料,使其膨胀封严钻孔壁;然后向两个胶囊形成的封闭空间内高压注入有机封孔材料,浆料在压力作用下,进入钻孔周围裂隙内,有机浆料反应、膨胀,并渗透到裂隙内与煤岩体形成一定范围的高强度固体结合物,为高压水力压裂提供高压密封。该封孔器承压强度大于 40MPa。

为了能够可针对不同地质条件、不同布孔方式确定压裂孔孔径、深度,进而选择与之相适应的封孔材料及封孔方式,"新型化学材料高压密封"和"高压胶囊密封"方法在井下进行了试验研究。

为了满足高压压裂的要求，一种煤矿水力压裂耐高压水力封孔器被研发出来。该封孔器属于水力膨胀式封孔器，包括中心管、膨胀胶套和单向阀。其工作原理是水力压裂时高压水通过中心管上的出水孔进入膨胀胶套内，整个膨胀胶套在水压的作用下进行膨胀，实现封孔，水压越大，膨胀胶套的膨胀性增强，使该水力封孔器与裂孔之间的摩擦力增大，使该封孔器能承受更高的水压，其具有结构简单，封孔可靠，注水压力高，可重复利用等优点。

裂缝监测技术方面，为了评价增透效果和优化技术方案，需要对裂缝发展的走向、形态、数量、展布范围及密度等进行监测和预测。裂缝监测技术作为煤/岩层增透的配套技术，自 20 世纪 60 年代起，伴随着增透技术的广泛应用，数学模型的不断完善和计算机、传感器技术的日趋成熟，在经历了定性分析阶段后，已向定量描述方向发展，正在形成一种多学科相结合的综合技术体系。

微地震方法是国内外最广泛应用的裂缝监测技术之一，它根据煤/岩层在结构改变过程中导致的应力、应变和位移变化时所引起微弱地震的原理，用地震波检波器探测释放出的能量，并对微地震数据进行处理，确定震源在时间和空间上的分布，实现对裂缝网络的成像和监测。随着微地震技术研究的深入，将微地震事件与地质、地球物理、测井数据等信息应用于数值模拟中，还能够进行客观的产能预测，并进一步指导增透设计的优化。

7.6.2　煤层水力压裂技术、装备和科研的发现方向

1. 煤层水力压裂技术的发展方向

经过近十几年的快速发展，水压致裂煤层增透技术及装备有了很大进步，但许多仍处于试验研究阶段，尚未达到可以大力推广应用的程度。采用综合增透技术，能使不同的增透手段取长补短、优势互补，但是怎样合理配置各种工艺参数才能真正达到这一目的，仍需深入探索。

要准确评价增透作业是否达到了抽采及防突的要求，还需要完善的效果考察体系来支撑。在井下水力压裂时，往往需要使裂隙按照预期的方向发展，为此，必须掌握水力压裂裂隙扩展控制技术。采用楔形槽定向，只能达到在压裂孔轴向某个位置定向压裂的目的，不是真正的定向压裂。采用控制孔定向，可以达到在压裂孔径向某个位置定向压裂的目的，但是需要另外施工控制孔，增加了工程量。为此，就目前技术水平而言，还无法达到既能起到定向压裂作用，又尽可能少增加工程量的裂隙扩展控制简单易行的技术方法。因此，水力压裂技术需在以下几个方面进一步改进与发展。

1) 定向压裂技术

定向钻孔的核心目的就是人为控制煤层压裂时的裂隙启裂和扩展方向，使煤

层形成预期的裂隙和裂隙网络。然而，煤层的最大特点是不均匀性和地质、岩石力学条件的不重复性。尽管许多工程技术和科研人员已经做了大量尝试，如在压裂孔周围预设控制钻孔，以诱导裂隙的发展方向；在压裂前，采用水射流在压裂孔内预先切割，以控制起裂方向；压裂前在压裂孔内形成割槽等，然而实践证明，仅靠这些技术措施依然很难达到预期效果，更无法形成一个推而广之的技术措施。

因此，结合煤层物理力学特性、地质赋存条件、应力环境、钻孔设计参数、压裂技术参数等综合因素，开发定向压裂技术或许能够更加接近煤层裂隙定向的目标。

2)同步压裂技术

美国在沃斯堡盆地 Barnett 页岩气开发中成功应用了同步压裂技术，它采用更大的压力对相邻且平行的水平井交互作业，促使水力裂缝在扩展过程中相互作用，增加水压裂缝的密度和范围，从而增大改造体积，采用该技术的页岩气井短期内增产效果非常明显。相对于地面钻孔而言，井下钻孔具有长度短、更容易控制钻孔方位、单孔成本低等明显优势，或许有理由相信采用同步压裂技术可以增加煤层的透气性，提高煤层瓦斯抽放效率具有一定的应用前景和较好的预期。

3)定向水平长钻孔分段压裂技术

自从引进澳大利亚千米钻机以来，我国的长钻孔施工技术装备取得了长足发展，顺煤层定向钻进的最大孔深已能达到 1000m，形成了定向水平长钻孔、梳状钻孔、井下多分枝钻孔等多项技术，因此也给定向水平长钻孔分段水力压裂技术提供了保障。定向水平长钻孔分段压裂技术，是以效仿石油、页岩气等行业的水平井分段水力压裂技术，利用封隔器或其他材料，在水平长钻孔内一次压裂一个孔段，逐段逐次对钻孔进行压裂，以产生更复杂有效的裂缝网络，具有代表性的长钻孔分段压裂施工是在美国 Arkoma 盆地 Woodford 页岩气聚集带的 Tipton-1H-23 井，压裂施工中，将长钻孔共分为七段继续压裂施工，其增产效果显著。

基于目前的技术装备，定向水平长钻孔分段压裂技术同样适用于煤层硬度较大、钻孔稳定性好的煤层，该技术能大幅度延伸钻孔的抽采范围，是未来矿井瓦斯抽采的关键技术之一。

4)煤层顶、底板内顺岩层钻孔压裂技术

对于极松软的突出煤层，在打钻期间常出现喷孔、夹钻等现象，本煤层钻孔施工非常困难。即使能够勉强施工钻孔，但钻孔长度短、易塌孔等情况也时有发生。

煤层顶、底板内顺岩层钻孔压裂技术是从地面或者井下施工定向钻孔，使钻孔的水平段位于煤层顶板或底板内距目标煤层一定距离处，通过在岩层内实施水力压裂，达到间接压裂煤层的目的。另外，采用梳状钻孔，使钻孔的水平段位于煤层顶板或者底板内，其分支钻孔进入煤层，再逐个对分支钻孔进行压裂也是一个可选方案。煤层顶、底板内顺岩层钻孔压裂技术的提出，突破了常规煤层压裂方法的束缚，为解决突出煤层压裂难题提供了思路，但要使这一技术得以实现还需进行细节上的研究。

5) 地面压裂与井下水平钻孔联合抽采技术

从地面施工钻孔至已形成开拓巷道但还没有布置抽采钻孔的煤层。完成钻孔后进行水力加砂压裂，形成高渗透性压裂影响区域。随后在井下巷道内施工定向水平长钻孔，使其影响区域与地面钻孔压裂影响区域沟通，实现对作用区域内瓦斯的井上下立体化联合抽采。该技术在埋藏深度不大、透气性中等的煤层或许可以作为其压裂施工方案的选项之一。

6) 高能气体与水力联合压裂技术

我国自 1985 年开展研究以来，高能气体压裂技术已发展为一项基本成熟的油气层改造增产技术。高能气体与水力联合压裂技术，是指首先对煤层钻孔进行高能气体压裂，使钻孔周围形成多条径向裂缝，降低钻孔周围的应力集中程度，提高与天然裂缝沟通的可能性；之后实施大规模的水力压裂，促使煤层内裂缝沿着已有的多条径向裂缝充分延伸，并在裂缝末端沿与最小主应力垂直方向发展。大庆油田所做的对比试验表明，采用高能气体压裂与水力压裂联作技术的油井比仅采用水力压裂的能多增产 35%，这也为煤矿的煤层压裂提供了思路。

目前，对煤炭行业而言，不适合直接将石油行业的技术和方法用于煤炭行业的煤层压裂，毕竟煤矿井下和煤层涉及防火和防爆问题。但现在大量用于煤层致裂的液态二氧化碳相变致裂技术和高压空气致裂爆破技术为高能气体与水力联合煤层致裂提供了可能。

2. 煤层水力压裂装备的发展方向

1) 压裂泵

目前，可用于煤矿井下的商用高压泵包括煤矿大量使用的乳化液泵，额定压裂为 31.5MPa，额定流量为 400L/min。另外，三缸柱塞泵也可作为压裂泵，其最大工作压力 50MPa，最大工作排量 1.5m³/min，具有多挡变速的特点，可以实现压力和泵排量等参数的瞬时数据实时记录和历史曲线显示的功能。还有用于煤层气开发的高压泵，该泵电机功率 315kW，最高压力 52.8MPa，最大流量 1128L/min，满足了井下压裂大流量、较大压力的需求。除此之外，还能够购买到可用于煤矿井下的 80MPa 压裂、80L/min 流量、100MPa 压力及 100L/min 流量的高压泵，但这些泵由于流量的限制，主要用于高压水射流切割煤层。

一般而言，高压力和大流量是衡量压裂泵工作效率的技术参数。但理论上，压力和流量呈反比，因此，提供既能够满足压裂压力，又满足流量的高压泵对提高压裂效率具有促进作用。

另外，煤矿井下的最大特点是空间有限，当水泵的压力增加时，电机功率也相应增加，体积和重量也随之增加。特别是由于需要防爆等原因，煤矿井下用高压水泵一般体积庞大、重达数吨，造成井下运输困难、安装地点受限，而设备的功率大，也给供电带来了困难。因此，研发参数相同但体积小、重量轻的高压泵是一项十分紧迫的工作。

2) 水射流和水力压裂成套装备的研发

水射流和水力压裂联合煤层致裂或许成为未来煤矿煤层水力化增透新的技术手段。而正如上节所述，用煤层压裂的水泵进行煤层切割时压力不足。而将用于水射流的水泵作为压裂使用，流量又太小。因此，开发同时适合水射流切割和水力压裂的装备将有利于射流压裂联合煤层致裂技术的应用。

3) 安全防护技术与装备

在进行煤矿井下水力压裂时，由于压力高，井下环境差，无论对设备还是对操作都需要考虑安全防护。特别是在高瓦斯煤层或突出煤层进行水力压裂作业，一旦出现瓦斯超限、诱发煤与瓦斯突出、高压水携带瓦斯喷出等不可预测的危险时，需要有效的安全预测与防护技术装备和措施。

尽管这个问题一直存在，而且从业者早已认识到这类问题的严重性，但是由于技术、装备等条件的限制，还远未达到完全防范危险的程度。

4) 增透效果预测、实时监测及考察装备

水力压裂的目的是在煤层中形成裂隙，而裂隙的参数，包括裂缝长度、裂缝高度、裂缝方位及压裂范围等，直接影响着压裂效果和瓦斯抽放的效果。因此，在压裂过程中实时监测裂隙参数有助于随时采取有效措施控制裂缝发生、发展和范围。

为此，需要研发有效的水力压裂监测技术。就目前情况看，煤层增透效果监测设备呈现多元化发展的局面，包括微震监测系统、电磁辐射监测仪、声发射(AE)监测系统、放射性同位素探测仪等多种监测设备，被用于裂隙监测和探测。

为了使水力压裂数据具有更好的可比性和通用性，需要通过对上述设备大量的应用和甄选，以研发最适合煤矿井下煤层水力压裂的监测方法、解释方法和监测设备。其目的是能够在获取的大量物探和施工数据的基础上，充分利用数学和应用计算机技术的先进成果，达到仪器设备的尖端化和智能化，实现解释方法的三维可视化和对压裂施工与压后生产两个过程的全三维模拟，实现对裂隙的实时监测分析与控制，逐步由同步监测和后期检测转为前期预测统筹，形成一套真正的科学技术与装备。

3. 煤层水力压裂科研的发展方向

尽管水力压裂技术不断得到改进，技术水平不断提升，但是依然落后于需求。因此，各国的工程技术人员和科研人员一直在不同的方面，以不同的视角观测和发现问题，并进行新概念、新理论、新技术和新装备的研究与开发，以满足能源需求和安全生产的要求。

1) 与压裂相关的基础理论研究

水力压裂的目的是使煤体内形成微裂隙和贯通裂隙，使瓦斯快速移动和排出。煤体原有裂隙、受力状况、强度等是决定水力压裂成败的关键。虽然水力压裂在一些矿井取得了较好的效果，但在有的矿井实施水力压裂后并没有达到预期的效果。由此可见，它的应用具有一定的限制条件。目前，普遍认为对硬煤进行水力压裂效果较好，而对于软煤是否可以应用水力压裂还没有定论。关于煤岩基本力学性质、煤层水压致裂裂缝的形成条件、裂缝的形态及裂缝开裂角方位、不同硬度的煤层压裂后的闭合特征等基础理论的研究，将对煤层气井水力压裂设计具有重要的参考价值和指导意义。

数学方法、科学实验和数值模拟是最常用、最有效的理论研究方法。考虑到水力致裂煤体过程的复杂性，仅依靠数学方法来实现对其真实物理过程的描述难度较大。实验是研究流体力学的基本方法，其结果真实可信，是数值模拟的基础，而数值模拟能研究难以开展的实验，二者可形成互补。纵观国内外文献，针对水压致裂增透技术的机理，人们开展了大量的物理实验及数值模拟工作，但笔者分析后发现，进行物理实验的一般没有开展数值模拟，而开展数值模拟的往往没有进行物理实验验证。另外，在广泛的文献综述中，很难发现高水平的数值模拟研究工作成果。可见，将传统的工程技术问题与现代化的手段相结合是提高基础理论研究水平的一个重要途径。

实验设备的改进、实验条件的完善、实验技术水平的提高、大型商业化流体力学数值模拟软件的发展、计算机应用和传感器技术的进步，为水力化增透机理的研究带来了机遇。今后的研究，应将物理实验和数值模拟有机结合，通过高相似度、可重复性的实验，给模拟提供更合理的边界条件并验证模拟的有效性，通过数值模拟获得更全面的流场信息，优化实验方案，不断将理论研究向前推进。

对于水力压裂机理研究，应将实验室试验、数值模拟和现代测量技术结合起来，才能真正实现由定性解释向定量描述的转变。应综合考虑煤的非均质性和各向异性、孔隙和裂隙发育、渗透率低、煤对瓦斯的吸附作用等特征，建立一套模拟围压条件下的大型煤层水力压裂物理模拟试验平台，采用微地震、声发射和 CT 扫描等技术手段，监测和分析水力裂缝扩展的物理过程，采用示踪剂观察裂缝的延伸形态，绘制出三维可视化的裂缝发育分布图，并对数值模拟结果进行验证。

建立能兼顾煤岩的非线性本构和各向异性特征的数学模型，采用各向异性渗流分析与双向流固气耦合技术，对具有节理网络的煤岩体进行水力压裂数值模拟。还应综合运用数值模拟、地球物理和参数敏感性分析与优化等技术，对数值模型的输入参数进行反演，以确定水力压裂各种因素的重要性和合理参数，形成对特定工程有效的水力压裂预测模型。

2) 预测裂缝长度和裂缝导流能力研究

水力压裂技术在今后的发展中还需要不断利用动态模拟器预测不同的裂缝长度和裂缝导流能力，从而对可开采的油/气量得到准确的预测结果，用所得到的预测数据分析出裂缝长度与收益之间的关系，合理估算所需费用，最大限度地提高经济收益。压裂优化的主要依据就是裂缝特性与地层之间的平衡，在此基础上渗透率较高的煤层配合以导流能力较强的裂缝，将有效提高煤层瓦斯的抽放效率。

3) 优化压裂参数设计和提高压裂设备的性能研究

实践中，水力压裂设备和技术应用效果会受到很多因素的影响，所以优化压裂参数设计是提高压裂技术设备应用效果的基础，也是压裂成功与否的关键条件。虽然到目前为止还不能实现完全的人为控制裂缝在地层中的延伸状态，但是可以通过选择合适的压裂液、支撑剂等压裂材料的类型、尺寸及通过控制速度等方式，来不断改善和提高压裂的效果。控制各种参数的方法尚在完善和研究当中，未来将会在压裂设备技术应用中产生更多的指导作用。

另外，压裂技术应用的关键是其注水系统的配置和运行，主要包括注水泵、专用封孔器、高压管路、水箱和压力表等。这些设备的性能提高对注水效果有着直接的影响和决定作用，也关系着水力压力技术应用的效果，所以除了要关注水力压裂技术的改进和优化外，还需要在设备性能上进行改进，从而提高压裂效果。

4) 压裂数学模拟研究

含瓦斯煤体的水压致裂是多孔介质下的多相耦合作用过程。对含瓦斯煤体水力压裂裂缝扩展的研究是对流体动力学、渗流力学、结构力学、断裂力学等多学科的综合运用，也是气体解吸、流体渗流与岩石变形等相互作用的科学问题。水力压裂裂隙的扩展受煤层瓦斯压力、煤的物理力学性质、围岩的应力分布、高压水泵的压力和流量等众多因素的影响。

近年来，水力压裂技术研究在数学模型发展应用上取得了长足的进步。包括采用大尺寸真三轴试验系统，对多裂缝储层内水力裂缝与多裂缝干扰后影响水力裂缝走向的各种因素进行了研究；通过建立了三维弹塑性有限元模型研究了定向射孔水力裂缝形态的影响因素和裂缝的起裂机理，提出了采用定向射孔技术进行转向压裂以形成双 S 形裂缝的新方法；应用并行有限元程序，对压裂过程进了真三维数值模拟，实现了对裂缝起裂、扩展和扩展中的穿层、扭转行为的全过程分析。尽管如此，还是无法实现对含瓦斯煤体水压致裂过程的准确、定量描述，其主要原因如下。

(1)绝大多数瓦斯以吸附状态储集于煤层中，前期数值模拟中所建的模型未能充分考虑煤体吸附作用或煤层瓦斯压力的影响。

(2)建立的是基于离散裂缝的模型，预设的裂缝不符合煤体内原生裂隙的发育特征，也无法描述煤层裂隙多以原生裂隙的从张开并进一步连通为主导的模式。

(3)忽视了煤层水力压裂过程中以原生裂隙的剪切破坏为主，建立的是基于线弹性断裂的力学模型，主要对张拉型裂缝的扩展进行了计算。

(4)煤体裂隙网络的形成必然是非平面状态，而建立的模型往往是简化为平面裂隙，通常只能处理纵向和横向的扩展与延伸。因此，前期的数值模拟结果未能客观描述实际的煤层水力压裂过程。

因此，结合我国煤层压裂的特征，研究更加精确的三维的压裂模型和软件对当前的压裂施工十分必要。

5)煤层透气性的测试理论研究

煤层的透气性是瓦斯抽采的一项重要指标，也是抽采量预测的关键参数，它受煤体内裂隙的分布、应力、水分及温度等多种因素的影响。原有的煤层透气性测试技术是建立在径向不稳定流动理论基础上的，它要求在岩层内打尽量垂直贯穿整个煤层的钻孔，然后依次测定煤层瓦斯压力、钻孔排放瓦斯流量等数据，用相似模型试验的方法计算得出煤层的透气性系数。煤层增透作业会使煤层的透气性产生强烈的变化，且常不具备施工穿层钻孔的条件，因此，应加强煤层透气性测定理论的研究，并结合裂纹扩展的研究成果，对比研究实施增透作业前后煤层瓦斯压力、含量、抽采量及煤层突出危险性指标等参数的变化，逐步建立起煤层增透效果考察、评价技术体系，为煤层增透技术的发展提供理论支撑。

6)生态友好型压裂液和压裂添加剂的研究

当今，水力压裂技术最受人诟病的问题之一就是压裂所产生的大量压裂液会对环境，包括地表、地表水、地下水等产生污染。因此，研发对环境污染较轻，或绿色环保的压裂液和添加剂是水力压裂技术发展和推广的基础。目前，已经有国外的公司和研究机构开展这类研究工作。我国作为能源需求和消耗大国，更需要在环保领域研发出适合于我国具体条件和情况的生态绿色压裂液和添加剂。

7.7　煤层水力压裂案例

以下为煤层水力压裂的两个案例。压裂目的均为煤层致裂，以提高煤层的瓦斯抽放效率，压裂均在井下实施，检验效果均以煤层瓦斯抽采效率为准。

7.7.1　案例一：平煤十矿水力压裂煤层增透强化瓦斯抽放

1. 平煤十矿概况

中国平煤神马集团十矿属于高瓦斯低透气性矿井，煤层透气性系数 0.0001～0.0061mD，瓦斯压力 1.5～2.4MPa，瓦斯含量 12.7～30m³/t，最大埋深超过 1000m。矿井瓦斯涌出量逐年增加，从 2008 年鉴定结果看，矿井瓦斯绝对涌出量为130.20m³/min，相对涌出量为 33.48m³/t，是河南省瓦斯涌出量最大的矿井。井下水力压裂试验地点为平煤十矿己四采区己 15-24080 采面机巷。己 15-24080 采面位于十矿己四采区西翼第三阶段，该采区东靠己四轨道，设计走向长度 1804m，倾斜长度 180m，煤层厚度为 1.6～2.3m。整个采区抽放能力 450m³/min。己 15-24080机巷煤层瓦斯含量 30m³/t，瓦斯压力 2.4MPa。

2. 煤层水力压裂设备及参数

煤层水力压裂系统由注水泵、水箱、压力表、专用封孔器、注水器等组成。此处压裂系统的主要参数为压力和注水时间。

基于煤层的物理力学特性计算得出煤层的起裂压力为 22.82MPa，故此选用25MPa 压力的水泵。

注水时间根据注水过程中压力及流量的变化来确定。若稳定一段时间后，压力迅速下降，并持续加压时压力无明显上升，或者检验孔附近瓦斯浓度明显升高或有水涌出时，即说明压裂孔和检验孔之间已经完成压裂，此时即可停泵。

3. 钻孔布置及参数

2008 年 10 月至 2009 年 2 月，平煤神马集团十矿己 15-24080 机巷实施压裂孔钻进，布置图如图 7-13 所示。其中，F1 和 F2 为压裂孔，M1～M7 为观测孔。压裂孔顺煤层施工，孔深 40～50m，仰角 11°～15°，孔径 100mm，采用专用胶囊封孔器封孔，封孔器长度 15～20m，封孔深度 19～25m。压裂范围内观测孔采用聚氨酯封孔并入机巷 8 寸①抽放管进行抽放。

---

① 1 寸≈3.33cm。

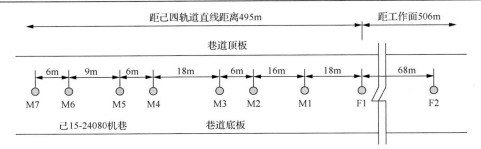

图 7-13　钻孔布置图

4. 结果及分析分析

在平煤十矿己 15-24080 回采工作面对煤层进行水力压裂，并在己 15-24080 机巷对观测钻孔进行观测，以确定压裂前后钻孔瓦斯流量和浓度变化。

根据观测，压裂前瓦斯流量小，浓度衰减速度快，一般 7 天内浓度衰减到 0～3%。为充分展现压裂前后瓦斯参数的变化，在压裂前后各 15 天对每个观测孔的瓦斯流量和浓度进行观测，图 7-14 和图 7-15 分别给出了各观测孔压裂前后的平均瓦斯流量和平均浓度变化特征。

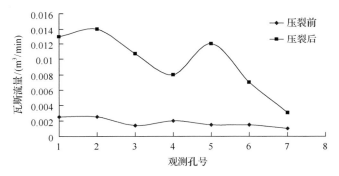

图 7-14　15 天时间内压裂前后观测孔平均瓦斯流量

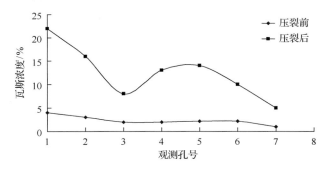

图 7-15　15 天时间内压裂前后观测孔平均瓦斯浓度

从图 7-14 和图 7-15 中可以看出，煤层压裂孔在高压水作用下，内部裂隙扩展且相互贯通，在压裂区域内形成畅通的瓦斯通道，瓦斯抽放流量和浓度都有大幅度提高。其中，压裂孔 15 天的平均瓦斯抽放流量和平均瓦斯抽放浓度分别增加了 13 和 14 倍。比较各孔可知，观测孔中流量和浓度最大增幅分别是 3 号和 5 号观测孔，其 15 天平均瓦斯抽放流量和瓦斯浓度分别增加了 13.6 倍和 7.9 倍。

另外，结合观测孔与 1 号压裂孔位置可知，1 号、2 号观测孔与 1 号压裂孔位置较近，分别为 18m 和 34m，其瓦斯抽放流量和浓度要远远高于离 1 号压裂孔较远的 7 号检验孔，其瓦斯参数值与距离压裂孔间距呈反比。但在煤层不同位置处又有所不同，比如，3 号、4 号检验孔到 1 号压裂孔的距离小于 5 号检验孔到 1 号压裂孔的距离，而 3 号、4 号检验孔瓦斯抽放流量和浓度要明显高于 5 号检验孔。这或许是因为煤层受地层构造应力影响，同一煤层不同位置处的煤层透气性不同所致。

图 7-16(a)和(b)分别给出了 1 号观测孔瓦斯流量和浓度与时间的关系。从图中可以看出，1 号观测孔在压裂前瓦斯流量和浓度衰减速度非常快，在第 7 天后，瓦斯流量基本衰减至 0，浓度衰减到 0～3%；压裂后，瓦斯流量和浓度都有了明显提高，瓦斯抽放时间也相对延长。其瓦斯流量有 10 天左右仍然保持在 $0.02m^3/min$ 以上，抽放浓度有 12 天保持在 15% 以上。

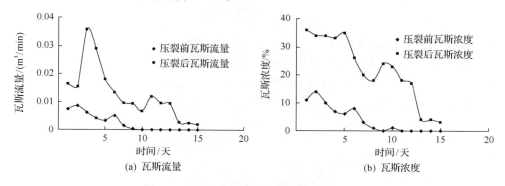

(a) 瓦斯流量　　　　　　　　(b) 瓦斯浓度

图 7-16　压裂前后瓦斯参数与时间的关系

7.7.2　案例二：义煤义安煤矿水力压裂泄压增透消突

1. 义安煤矿概况[59]

义安煤矿位于河南省洛阳市新安县正村乡，井田地质构造极为复杂，煤层赋存极不稳定，煤层厚度为 0～14.30m，平均为 4.15m；煤层煤体普遍较软，主采煤层为二 1 煤，煤体坚固性系数为 0.14～0.46，煤层透气性系数为 0.0277～0.1313 $m^2/(MPa^2 \cdot d)$，钻孔瓦斯流量衰减系数为 $0.0542～0.0577d^{-1}$，属于典型的"三软"较难抽放煤层。煤层瓦斯含量为 4.02～12.19m³/t，平均为 7.22m³/t。由于开采深度超过 700m，故地应力较大，存在着严重的煤与瓦斯突出危险性。矿井自 2003 年筹建以来，共发生了 3 次瓦斯动力现象，其中在二₁煤层发生 2 次，二₂煤层发生 1 次。

2. 煤层水力压裂设计和施工

基于煤层的上述特征，水力压裂的目的包括：①提高煤层的瓦斯抽放效率；②降低煤层的动力危害因素，防止煤与瓦斯突出的发生。

1）压裂钻孔设计

基于水力压裂工作面 YX001 的长度、地质构造、煤厚、煤层倾角变化、煤岩体力学结构特征、瓦斯含量和瓦斯压力等因素确定压裂钻孔的各项参数，确定压裂范围、施工参数及最佳布孔方案。并在施工压裂孔的同时在考察范围内施工观测孔，以便考察压裂效果。

在 YX001 工作面胶带巷及切眼掘进头和胶带巷本煤层布置钻孔，随 YX001 工作面胶带巷、切眼掘进工作面的不断推进，依次在胶带巷工作面、切眼工作面施工压裂孔。钻孔沿巷道掘进方向，平行于巷道中心线，胶带巷本煤层压裂孔垂直于巷道中心线，在两个压裂钻孔中间施工考察孔，钻孔方向与压裂钻孔方向一致。

掘进头压裂孔位置根据掘进工程实际进行情况确定，胶带巷本煤层压裂孔沿胶带巷方向，自停采线向里依次施工 1～13 号压裂孔，钻孔间距 40m，钻孔布置图如图 7-17 所示。钻孔直径均为 89mm，孔深度 80m，掘进工作面压裂孔封孔深度 40m 以上，本煤层压裂钻孔封孔深度 30m 以上。巷道掘进工作面水力压裂结束后，在压裂孔周围施工抽采孔，抽采期间测定瓦斯流量和浓度。

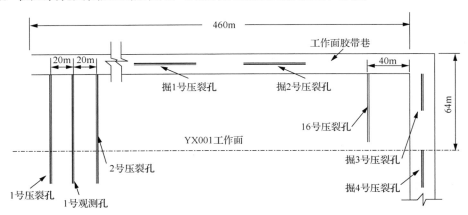

图 7-17　YX001 工作面压裂孔、观测孔平面布置

2) 施工工序及压裂装备

压裂前，在工作面压裂地点附近，安设顶板离层仪以便在压裂期间检测煤体位移变化情况。压裂泵选用额定压力为 40MPa、最大排量为 1.2m³/min 的 YLB1000/40-P 型压裂泵，负荷为 355kW，采用 660V/1140V 电源供电。

3) 压裂孔封孔及注水

钻孔施工完成后采用聚氨酯和水泥砂浆相结合的封孔方法对水力压裂钻孔进行封孔。封孔 24h 后安装煤气表观测钻孔的自排瓦斯流量。

压裂施工过程中，首先对 1 号压裂钻孔进行注水压裂，当 5h 后，压裂孔下侧 18m 及上侧 32m 的范围内出现大面积的顶板漏水现象，出水量为 3～4m³。注水压裂过程中最高注水压力为 19.7MPa，注水量 51.5m³。

根据压裂方案，在 YX001 工作面对本煤层 2～5 号压裂孔进行水力压裂；在 YX001 胶带巷对 1 号和 2 号压裂孔进行了水力压裂。期间，最高注水压力为 14～24MPa，注水量为 28～54.6m³。在注水压裂过程中水压有较大波动，其主要原因是由于高压水引起钻孔周围煤体起裂所致。

4) 水力压裂效果-钻孔瓦斯抽采浓度及流量对比分析

当压裂施工完成后即开始对钻孔瓦斯流量和浓度等参数进行观测，并将观测数据与压裂前数据进行对比。从图 7-18 (a) 和 (b) 可以看出，压裂前，钻孔抽采瓦斯浓度在 10%左右，平均抽采瓦斯纯流量为 0.11m³/min。压裂后，抽采的瓦斯浓度一直保持在较高的水平，4 次出现抽采瓦斯浓度为 100%，最高瓦斯抽采纯流量达 0.7m³/min，平均瓦斯抽采纯流量提高了 5 倍以上，日瓦斯抽采纯流量最高达到 1008m³。数据表明水力压裂增透该矿泄压增透和提高瓦斯抽采效果明显。

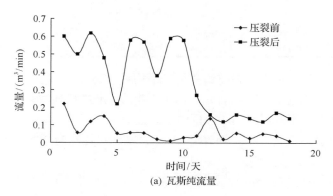

(a) 瓦斯纯流量

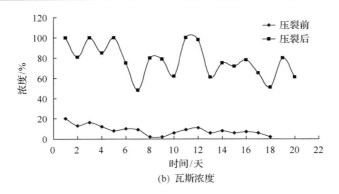

(b) 瓦斯浓度

图 7-18　压裂前后钻孔瓦斯参数与时间的关系

5）水力压裂效果-钻孔施工速度对比

通过观察压裂前后钻孔施工进度及动力现象发生的频率和类型，分析水力压裂的泄压增透效果，其中压裂前钻孔位于压裂孔左侧 20m 左右，压裂后钻孔位于压裂孔右侧 20m 左右，压裂前钻孔 1 号、2 号、3 号分别距 YX001 工作面胶带巷开口向里 60m、120m、180m，压裂后钻孔 1 号、2 号、3 号分别距 YX001 工作面胶带巷开口向里 100m、160m、220m。表 7-3 给出了压裂前后掘进施工中打钻时的煤层瓦斯动力情况。

表 7-3　钻孔施工中煤层瓦斯动力现象

钻孔类型	钻孔号	累计施工时间/h	钻孔深度/m	钻孔动力现象描述
压裂前钻孔	1	36	72	27～32m 处喷孔明显增强
	2	13	72	16～62m 处喷孔频繁
	3	25	38	17～19m 处出现喷孔
压裂后钻孔	1	12	72	无动力现象
	2	8	60	无动力现象
	3	11	55	无动力现象

由表 7-3 可知，水力压裂前钻孔施工平均耗时为 29.55h/100m，其中单孔以 3 号孔为例，钻孔深度为 38m，打钻耗时为 25h，百米进尺耗时为 65.7h；水力压裂施工后，钻孔施工平均耗时为 15.6h/100m，效率提高了 47% 以上。同样是 3 号孔，压裂后单孔钻孔深度为 55m，耗时为 11h，百米进尺耗时为 20h，单孔钻孔施工效率提高了 68%。

从打钻过程中发生的动力现象类型和频率来看，水力压裂前，打钻过程中较多伴随有喷孔等动力现象发生，且多集中在 16～62m，喷孔较为严重，喷孔时煤粉喷出量大，以 6 钻场 2 号观察孔为例，单孔最大喷出煤量可达 9t。水力压裂后，喷孔情况基本消除或大幅降低，大大提高打钻速度。采用水力压裂技术以后，使该工作面的打钻速度和安全性有了明显的提高，水力压裂降低了煤岩体的局部应力，提高了瓦斯抽采效果和打钻效率。

7.8　水力压裂裂隙的闭合

实际上，水力压裂产生的裂隙会随着停泵后时间的持续而闭合。水力压裂裂隙的闭合是压裂技术的一个主要的缺陷，即由于闭合使煤层透气性降低到致裂前的状况，因此使瓦斯抽放效率的降低。同时，裂隙闭合又是一项指标，包括闭合压力和闭合时间指标。

一般认为，闭合压力是水力压裂施工结束后，使张开的水力压裂裂缝重新完全闭合时的压力，它等于最小水平主地应力。通过水力压裂裂缝的闭合压力可以获得水力压裂裂缝的大小、压裂液滤失系数等方面的信息，它是水力压裂设计及压裂压力曲线分析中的一个很重要的参数。

闭合时间是从水力压裂施工停泵时刻开始，张开的水力压裂裂缝壁面到完全闭合的时间。该指标可通过压力降落曲线上斜率出现拐点时所对应的时间得到，也就是水力压裂裂缝闭合压力点对应的时间。该指标是用以分析和判断支撑剂沉降状态、储层滤失状态的重要依据。

7.8.1　水力压裂裂隙的闭合机理简述

根据水力压裂施工经验和理论研究结果可知，水力压裂裂隙形成和变化的过程包括以下几个方面(图 7-19)。

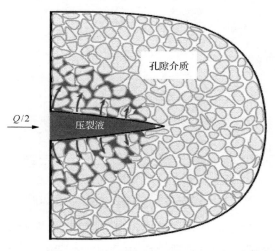

图 7-19　水力压裂裂隙过程示意图(KGD 裂隙模型)[60]

(1)压裂液在裂隙中的流动。

(2)液体在裂隙周围的孔隙介质中流动。

(3)孔隙介质在压裂液压力作用下发生变形。

(4)压裂液通过压裂裂隙泄漏到周围的孔隙介质中。

(5)水力压裂裂隙扩展、闭合、再开裂、形成微型裂隙,在裂隙端形成非线性破。

由此可见,水力压裂的全过程不仅包含了裂隙的扩展同时,裂隙的闭合也是其过程中的一个重要部分。

水力压裂施工过程中(图 7-20),当压裂泵关闭时,钻孔内的高压水随着煤层裂隙泄漏而逐渐降低,当孔内压裂液压力低于最小水平应力时,压裂裂隙闭合。

泵停时,由于降低了摩擦损失,裂缝内的流速迅速减小,流体压力分布更加均匀。如果漏失较小,压力重分布可能会增加压力重分布附近的流体压力,这个压力将导致裂隙端部压力增加,并因此增加应力强度因子,这时裂隙可能会继续扩展。

如果漏失较大,压力降低较快,压力再分布不会使压力迅速下降,同时压力重新分布也可能不会显著增加裂隙尖端附近的压力。在这样的情况下,裂隙的扩展不会明显增加。

当裂隙内压裂液的压力小于最大的地应力时,在高应力区的裂隙将先于低应力区的裂隙闭合。现场观测的压力下降数据和实验室试验数据及基于 PKN 模型进行的数值模拟结果均证明了这一点[61]。

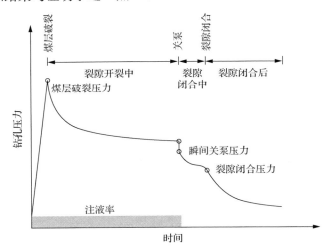

图 7-20　水力压裂开关泵时典型钻孔压力曲线

除了泵压和流量的变化外,煤层的物理力学性质也将会对水力压裂裂隙的闭合特性产生影响。根据实验室和现场试验结果,塑性较大的岩石,其裂隙闭合压力远小于原岩应力[62]。

7.8.2　水力压裂裂隙闭合对煤层瓦斯抽采的影响

从煤矿井下煤层水力压裂和瓦斯抽放的实践中可知，许多煤层在压裂期间和初期，钻孔瓦斯抽放效果十分理想，抽放效率显著增加。但是随着时间的推移，钻孔瓦斯参数很快下降，甚至恢复到压裂前的水平。

从以上论述可以看出，水力压裂的裂隙闭合早已为人们所重视，并进行了许多相关的研究。其目的除了了解其压裂裂隙闭合的机理和理论外，更重要的是希望通过研究，寻找更好的压裂方法和工艺，以降低裂隙闭合所带来的煤层透气性降低，瓦斯抽放效率。随着对煤层压裂裂隙闭合机理的更深入的了解，人类对水力压裂裂隙扩展、闭合、几何尺寸等关键参数将能够更好掌控，由此，更有效地提高煤层瓦斯的抽放/采效率。

7.9　煤层水力压裂对环境的影响

煤层瓦斯气体的抽采不仅针对煤炭开采的安全问题，煤层气还是许多国家的能源资源。以澳大利亚为例，新南威尔士州和昆士兰州的煤层气储量能够为一个五百万人口的城市提供一千年的能源需求[63]。

无论是煤矿安全生产还是能源资源的开发利用，水力压裂一直是抽采煤层瓦斯气体的重要技术手段之一。考虑到压裂技术对环境的潜在影响，以澳大利亚为例，其煤层气开采是受限制最多的行业。对每一项所实施的工程都需要通过州和国家相关部门的评估、批准和审计。尽管现阶段这个行业的技术、装备和工艺已经有了长足的进步，但是针对不同的地质条件，这些工艺和技术仍然需要不断的尝试和试验，而这些试验结果还需要经受长期环境的考验，以便所采用的工艺和技术始终能够将潜在的风险控制在最低水平。

基于水力压裂技术在煤层瓦斯抽采方面的应用特征，这些风险主要包括：①诱发的地震；②空气的污染；③对水的影响；④温室效应问题；⑤污染与污染物的运移；⑥对煤层顶底板的影响。

7.9.1　诱发地震

根据美国石油行业的数据统计表明，随着水力压裂施工的频繁进行，周围区域的地震次数也随之增加，图 7-21 为美国东部地震强度不小于 3 级的地震次数统计数据，虚线对应的是长期的地震趋势，其预计地震频率为 21.1 次/年。诱发地震的主要原因被认为是向地层深部大量注水和返排废水所致[64]。

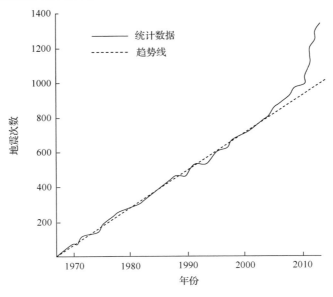

图 7-21　美国地震统计数据[64]

除上述诱发机理之外,根据发表在 *Science* 上的研究结果表明,在加拿大西部地区,人工诱发的地震多集中在水力压裂区域非常接近,并由此认为,注入地层的压裂液能够产生周期性的地震,这些地震甚至在压裂完成后很长一段时间依然存在。根据研究数据显示,一个发生在压裂施工完成的数周之后、地震等级为 3.9级的地震与邻近的断层有关。

地震活动的模式表明,在水力压裂施工过程中,水压施加在地层的断层上,使其周围的应力发生变化,从而激活断层,使其产生滑移,其偏移距离达 1km。另外,水力压裂的增压会导致持续数月的地震活动[65]。

无论是由于注入大量水还是增加的环境压力所致,所观测到的这些地震实例都说明,地质构造活动区域确实存在诱导地震的风险[66]。

同理,当对煤层压裂时,采区内的地质构造带也存在随着压裂压力的增加和/或注入水量的增加而产生移动,从而诱导地震的发生。

7.9.2　空气污染

随着水力压裂施工的不断增加,越来越多的研究结果表明在水力压裂施工所在地及附件存在空气污染。这些污染会导致癌症或损害人的神经系统或免疫系统。在大量进行水力压裂施工地点附近的居民和社区持续发现出现健康问题。尽管目前还很难通过在压裂区域及附近观测到具体的污染量以建立清晰的污染和健康之间的关系,但是有研究结果表明,压裂区域的污染对附近社区居民健康有一定的影响[67]。

在美国的科罗拉多州，出生缺陷评估显示，在油气田生产集中的地区大约有30%的母亲所生的小孩会有心脏问题[67]。来自于宾夕法尼亚的研究结果同样表明空气污染对新生儿的影响，其主要表现在出生体重较轻[68]。

文献调研过程中发现许多压裂工序和设备，包括钻孔、返排、储液罐等都会释放空气污染物。因此无论是施工地点还是附近，都存在由于空气污染而带来的不良影响。同理，如果这些污染发生在煤矿井下的水力压裂过程中，其对井下的工作人员危害程度则更大。

7.9.3　对水的影响

水力压裂施工的特点之一就是水的使用，压裂施工的用水遵循下列循环：①水的获取；②化学混合；③钻孔注水；④使用水处理；⑤废水处理与复用。

1. 水的获取——获取地下水或地表水用于水力压裂施工

因为许多水既能够被用于煤层水力压裂施工又能够为居民提供饮用水，故使用这样的水进行压裂施工将直接对饮用水资源造成影响，包括饮用水质量和数量的影响。

地下饮用水的化学成分对其使用、确定水的污染程度和对环境的潜在危害是非常重要的参数。在水力压裂施工过程中，用水量将会对水的化学成分产生影响，如地下储水层的相互联通、混合和稀释等。

对于煤层，十分普遍的做法是监测地下水的盐分、重金属含量、有机物、放射性核物质和溶解的气体等。另外，还可以使用环境同位素方法鉴别地下水资源的污染状况。也就是说，所有有可能被水力压裂施工影响的地下水储层都需要进行这样完整的化学含量测试和持续的水质监测。

通常，一个水力压裂施工钻孔的用水量不会对饮用水资源产生明显的影响，因为一个钻孔的水力压裂用水既不会达到饮用水资源的极限，也不会改变其水质。可是如果采用多个钻孔对同一煤层进行水力压裂施工，总的用水量将会对饮用水资源产生潜在的危害。因为这将导致水文地质系统的水压降低。压裂过程中总的水消耗量会很容易达到区域地下水系消耗的上限，影响地下水系的压力分布[69]。

这种情况在煤矿煤层致裂强化瓦斯抽采过程中十分常见。昆士兰水务委员会对多次压裂区域建立了模型，以预测多次水力压裂区域水位下降程度。根据他们的模拟预测，在距离被压裂煤层附近的区域，由于多次压裂对地下水位的影响多发生在 20～60 年的时间内[70]。尽管这个预测结果还有待时间的验证，但是，这些结果提出了煤层水力压裂对地下含水层影响的问题。

另外，地下水系数值模拟研究还结果表明，改变地下水系的压力梯度将会改变甚至恶化地下水在垂直和水平方向的流动范围[71]。如果所施工的煤矿在位于那些北方水资源相对贫乏的区域，上述现象会更加突出。

一般而言，除非水力压裂施工所使用的水力相对于当地的水资源占很小比例，否则水力压裂施工将破坏当地水资源的供需平衡。这是因为区域水文地质条件将在很大程度上会受到地下水抽采后的影响。因此，对当地的水文地质条件的充分了解和对地下水抽采影响区域的准确预测十分重要，从而降低水力压裂施工过程中大量抽取地下水对地下含水层所带来的不确定因素，以避免对饮用水资源的数量和质量产生影响。

2. 化学混合剂——将所获取的水与化学添加剂、支撑剂混合，以形成压裂液

水力压裂施工使用的压裂液是经过工程处理的带有基础液、添加剂、支撑剂的液体，用以增加煤层中的裂隙或进一步提高煤层固有裂隙的几何尺寸。

基础液是组成压裂液的主要成分。在 2011～2013 年，水是最常用的基础液。支撑剂则是压裂液的第二大组成部分，而砂是支撑剂最常用的材料。其他的支撑材料还包括人造陶粒及烧结铝矾土等。还有就是各种不同的添加剂，基于其使用目的和化学成分可知，大量不同化学成分物质将被用于水力压裂的施工中。

许多研究表明，由于人为错误和设备故障导致的压裂液的泄漏是压裂施工中最常见的问题。正是这些问题导致了化学混合环节对地表或井下环境的污染。化学液体泄漏对地下和地表水资源的影响取决于泄漏的性质、环境特征和运输方式及泄漏应急处理方式。现场的土壤特性也决定了化学物质的渗透速度和距离。

如上所述，该环节的污染来自于化学液体的泄漏。泄漏的影响范围取决于泄漏液体的体积。通常体积越大，影响范围也越大，反之亦然。除此之外，尽管人们已经对含有化学成分的压裂液泄漏有了一定的认识，但是其影响的频繁性和严重程度还需要被进一步提出来，以得到更广泛的认识和重视。

3. 钻孔注水——通过钻杆将压裂液输送到目标煤层，进行压裂

在注水环节，压裂液通常沿着两个途径运动：一个是钻杆和钻孔；一个是压裂后的裂隙。压裂设计中，需要考虑压裂液达到和返回的途径，而不致影响到不应该影响的区域，如地下水资源等。另一方面，由于压力的作用，在煤层中形成的裂隙网络是另外一个压裂液外流的途径。然而，压裂裂隙的形成和扩展是一个十分复杂的问题，其主要取决于煤层的物理力学特性、当地的应力状态和埋深等因素。

压裂液对地下水资源的污染主要与钻孔和钻杆经过的地层和压裂裂隙的扩展有关。一个或多个这样的途径将导致对地下水资源受到污染。

在压裂注水环节，因此设备故障或损伤造成的压裂液泄漏是影响地下水资源的重要原因之一。另外，由于压裂形成的裂隙及其扩展，如果压力施工煤层附近有水储层存在，这时水储层很容易受到压裂液的污染影响。

4. 使用水处理——在压裂现场回收和处理压裂用水，并将其输送到水处理处

当水力压裂施工完成后，压力随着释放，压裂水返排致使压裂液流经之处将会受到污染。返排的水中包含许多成分，其主要取决于压裂液的添加剂和致裂煤/岩层的特征。确定返排的水中成分通常是对水样进行实验室分析，从而确定水中化学成分的种类和含量，通常包含下列的化学成分：①盐，包括氯化物组成的盐；②金属类；③天然存在的有机化合物；④压裂液的化学成分及它们的衍生物。

在这个环节中，所有这些化学成分伴随着返排的水排放到井下或地面。一旦发生泄漏则会对地下水资源或地表水资源产生污染。此外，压裂返排水可以通过土壤向下渗透，也可能通过井下巷道或煤层向下渗透，进入地下水资源，导致地下水长期受到污染。

5. 废水处理与复用——处理压裂后的废水并再使用

基于水力压裂废水管理策略，在美国油气行业水力压裂返排的水能够被再次用于水力压裂施工。以宾夕法尼亚州为例，在 2013 年当地的页岩气压裂施工中，90%的水被复用。而在美国的其他地方，水的复用仅为 5%～20%。另外，蒸发池和渗流坑在历史上一直被用作处理压裂废水，2011～2014 年，在加利福尼亚州也还在使用这种方法。

由于使用这样的压裂废水处理方法，废水对环境的污染，特别是对水资源的污染早有文献记载，污染的原因主要是由于废水无法得到充分的处理就被排放。为了避免污染，政府引进了相应的法规，以规范未充分处理的废水排放问题[72]。

从技术上，废水管理通常受成本因素的影响，其中还包括当地可选用的水处理方法、返排水的质量、水量、持续的时间、废水流量，以及国家、省和当地政府的法规及施工单位的偏好等。

地面水力压裂废水处理对地下水和地表水质量产生严重危害。特别是排放那些未经充分处理的废水到地表水源，从而提高了饮用水的有害成分和水平。除此之外，使用有衬里和无衬里的蒸发池和渗流坑也同样对地表和地下水源造成污染。特别是无衬的渗流坑，将直接含有化学物质的压裂水排放到地下水源中。

对于煤矿的压裂废水，其处理方法成本比油气行业更高。特别是煤矿井下压裂，如果废水被直接排到巷道中，其作用与无衬渗流坑相同，将直接对该水平以下的水资源造成污染。

压裂废水是动态的，现如今各国政府正在设立各种法规以减少废水排放对地下和地表水源的污染。特别是随着煤层水力压裂施工的不断增加，水污染基准数据的观测和收集也随之增加，并以此建立水污染警戒标准(线)，这个标准将在评估和监测地下水状况，评估水力压裂对地下水的危害程度方面展现出巨大的价值。

7.9.4 温室效应问题

由煤层水力压裂引起的气候变暖问题主要是压裂过程中和压裂后，煤层瓦斯气体的泄漏，由此排放到大气层中所致。

与油气行业不同，就煤矿瓦斯抽放作业而言，从水力压裂到接管抽放直至回采之前的全部过程中，尽管无法对煤层中由于裂隙形成而导致的瓦斯释放和由抽放管路产生的泄漏瓦斯进行观测，但是可以通过远距离对瓦斯排放区域和非排放区域的空气质量对比来确定其污染程度。只是目前情况下这些污染还没有得到煤矿开采公司和政府的充分重视。

需要指出的是，煤矿瓦斯抽采和油气行业煤层气开采的终极目标完全不同。前者关注的是瓦斯抽采和后期的煤层开采，在开采过程中，瓦斯最终会被释放到空气中。而后者只关注抽采，在抽采工艺过程中只需保证管路接口处尽量少的瓦斯泄漏就能够满足其环保要求。因此，对于煤矿开采而言，降低温室效应的最佳途径就是在煤层回采之前最大限度地将煤层瓦斯通过抽放系统抽放出来并加以利用，而不应如油气行业仅着眼于抽采管路的泄漏。只有这样才能够保证煤炭回采过程的安全生产，同时又能够最大限度地避免或减少回采过程中瓦斯排放到空气中而产生温室效应。

7.9.5 污染与污染物的运移

在煤层水力压裂过程中，已发现许多导致煤层瓦斯运移而产生污染的机理，这些机理逐渐被人们所重视，其中包括地下储水层的相互渗漏而污染地下水，煤层裂隙贯通而导致瓦斯气体排放到大气中而污染空气，由于钻孔压力的影响使地表水源与钻孔相互连通等。

关于压裂产生泄漏导致污染的问题在 20 世纪就已经成为业界所关注的问题。早在八十年代就已经有人在讨论压裂产生的瓦斯泄漏对大气的问题问题，其中提到的问题包括压裂后在煤层内形成空隙空间与地层层理裂隙相互贯通导致污染物迁移，最主要的问题是压裂产生的压力梯度使污染物从深部迁移到浅部[73]。对应气井，通常的防护方法是使用水泥或采用钻探泥浆充填压裂井周围的裂隙以避免污染。但是在煤矿煤层压裂过程中，这样的处理方法还很少见，因此存在着很大的污染风险。

7.9.6 对煤层顶底板的影响

煤层压裂过程中，地应力场分布和煤层及顶板底板的力学性质很大程度上决定了压裂裂缝的开启、扩展和闭合。弹性模量和泊松比是其中两个重要的力学参数。当水力压裂的压力大于顶底板围岩破坏压裂或顶底板围岩有天然裂隙时，压裂施工将对煤层顶底板造成破坏，致使煤层顶底板坚固性系数下降，交叉裂隙发育，导水裂隙高度增加，特别是在含水构造附近，将使得上下含水层沟通的可能性增加，很大程度上破坏了煤系地层的含水、隔水结构[74]，从而降低了对下部含水层的封盖能力[75]。另外，由于煤层顶底板强度降低或破坏，将直接影响煤层开采过程中的顶底板稳定性，将对后期产生造成许多不利的影响。

7.10　煤层水力压裂的风险分析

煤层瓦斯(储层)是地质系统的一部分，这部分有别于地质和水文地质。正因为如此，抽采/开采煤层瓦斯的技术措施更加需要考虑当地的特定条件。同时，所使用的方法和工艺需要通过包括环境风险方面的评估[76]。

7.10.1　影响途径

总体而言，煤层水力压裂施工过程中和压裂之后，将可能存在多种途径对环境造成危害，这些途径包括以下几个方面。

(1)污染物排放。这个途径指在压裂施工过程中或之后排放的污染物，如压裂液等被直接排放到地面造成污染。这个途径的污染主要发生在处理压裂液的返排过程中，包括运输、存储和处置过程。

(2)潜在的污染物扩散。这个途径是指污染物可能在压裂过程中与煤层固有的裂隙连通，从而对地下储水层造成污染，或与通往地面的裂隙连通，煤层瓦斯排放到空气造成污染。

(3)通过地质构造带造成污染。这个途径包含沿所有断层扩散的污染。显然，污染会因为渗透率沿着断层的变化而不同。如果是浅部的断层通常能够被观测到，并采取相应的对策，但如果是深部断层则很难避免污染的发生。因此，在压裂过程中观测和控制裂隙的发展十分重要。

7.10.2　风险分析

伴随着对环境的直接危害，如污染物的排放，抽放和抽采煤层瓦斯涉及其他一些对人类和环境非直接危害的风险。这些风险包括环境温度上升、地下水污染等(图 7-22)。

对于煤层水力压裂，预测与评估相关的风险需要有相关的地质和水文地质数据及煤层水力压裂施工的相关经验。

压裂液与地下水混合主要涉及其对地表或浅部水储层的危害。压裂液在与地层水的混合后不会因为被稀释而降低其危害程度，因为地层水通常对近地表水源有负面的影响。当同时考虑污染途径及对压裂液能够容忍的危害程度时，就能确定其危害的风险程度，如图 7-23 所示，危害可以被分成五个等级。

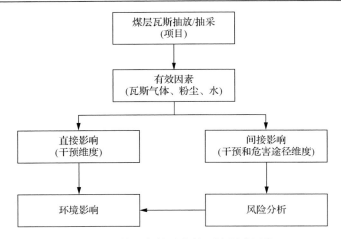

图 7-22　基于有效因素的环境影响评价

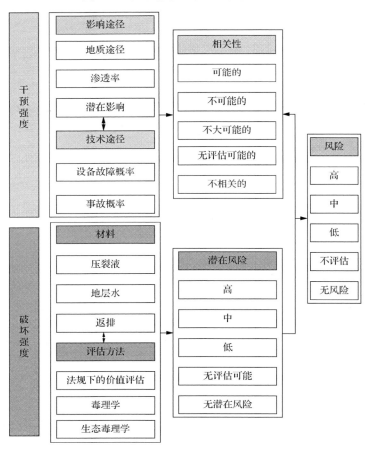

图 7-23　煤层瓦斯抽放/采风险分析路线图

7.11　本章小结

　　尽管水力压裂煤层致裂技术存在着裂隙闭合问题和环境问题，但是依然不失之于一个先进的和有效的煤层致裂技术。这点从全世界石油、天然气、煤层气和煤矿开采各个行业的使用状况就能够很容易看出。

　　唯一需要解决或更好解决的问题是怎么能够降低对环境危害程度的前提条件下，有效、更好地使用水力压裂技术是未来工程技术人员需要面对的问题。同时，如何借助新的科学技术和手段，更深刻地揭示水力压裂裂隙的扩展、闭合理论，改善水力压裂技术所存在的技术问题是科研人员需要解决的问题。

参 考 文 献

[1] Wang W, Li X, Lin B, et al. Pulsating hydraulic fracturing technology in low permeability coal seams[J]. International Journal of Mining Science and Technology, 2015, 25(4): 681-685.

[2] Smith M L, Senjen R. Hydraulic fracturing in coal seam gas mining: The risks to our health, communities, environment and climate[R]. Natinal Texics Network, Australa, 2011.

[3] 付江伟, 田坤云, 王公忠, 等. 井下"双高"专用压裂泵组研制与应用[J]. 煤炭工程, 2016, 48(5): 135-139.

[4] 郭国谊, 张如华. 煤矿水力压裂装备研发及应用[J]. 煤炭技术, 2015, 32 (12): 32-37.

[5] 任梅清, 沈勇红. 煤矿井下水力压裂技术抽采煤层瓦斯应用及前景[J]. 华北科技学院学报, 2015, 12(4): 58-63.

[6] 卢昊阳, 周利华, 黄华州, 等. 大兴矿煤层气水力压裂工艺及储层改造分析[J]. 矿业工程研究, 2013, 28(4): 57-62.

[7] 才博, 王欣, 蒋廷学. 液态 CO_2 压裂技术在煤层气压裂中的应用[J]. 天然气技术, 2007, 1(52): 40-42.

[8] 卢拥军, 陈彦东. 水力压裂化学剂与液体技术[M]. 北京: 石油工业出版社, 2015.

[9] 张高群, 刘通义. 煤层压裂液和支撑剂的研究及应用[J]. 油田化学, 1999, 16(4): 1-6.

[10] Himes R E, Binson E F, Simon D E. Clay stabilization in low-permeability formations[C]//Proceedings of SPE production operation symposium, Oklahoma, 1989: 507-516.

[11] Hach. What is pH and how is it measured?[R]. Hach company, 2018, DOC182.53.90628.

[12] Cawiezel K E, Cupta D V S. Successful optimization of viscoelastic foamed fracturing fluieds with ultralight-weight proppants for ultralow-permeability reservoirs[J]. SPE Production and Operations, 2010, 25(1): 80-88.

[13] Amostrong K, Collins J, Dumont G, et al. Advanced fracturing fluides, improve well economics[J]. Oilfield Review, 1995: 34-51.

[14] Gulbis J, King M T, Hawkins G W, et al. Encapsulated breaker for aqueous polymeric fluids[C]//Paper SPE 19433, presented at SPE Formation Damage Control Sympsosium, Lafaytte, 1990: 22-23.

[15] 李磊, 李中军, 武文宾. 松软低透气性煤层井下水力压裂工业技术研究[J]. 煤矿安全与环保, 2015, 42(6): 5-9.

[16] 刘蔚守. 渗流力学基础[M]. 北京: 石油工业出版社, 1990.

[17] 张传铭, 伍厚荣. 煤岩体水力压裂增透技术工艺参数研究[J]. 矿业安全与环保, 2016, 43(2): 1-4.

[18] 周玉军. 基于水力压裂钻孔的注水量及压裂半径的应用研究[J]. 山东工业技术, 2016, (15): 71-71.

[19] 翟连矿, 冯立杰, 付江伟. 煤矿井下压裂关键技术及装备研究[J]. 陕西煤炭, 2012, (6): 38-59.

[20] 乌效鸣. 煤层气井水力压裂计算原理及应用[M]. 武汉: 中国地质大学出版社, 1997.

[21] 杨秀夫. 三维水力压裂的数值模拟研究[D]. 北京: 中国石油大学(北京), 1998.

[22] 阳友奎, 肖长富, 邱贤德, 等. 水力压裂裂缝形态与缝内压力分布[J]. 重庆大学学报, 1995, 18(3): 20-26.

[23] 陈子光. 岩石力学性质与构造应力场[M]. 北京: 地质出版社, 1986.

[24] 刘洪, 易俊, 李文华. 重复压裂气井三维诱导应力场数学模型[J]. 石油钻采工艺, 2004, 26(2): 57-61.

[25] 黄定伟. 水力压裂增透抽采技术在重庆某矿的意义研究[D]. 贵州: 贵州大学, 2015.

[26] 杜春志. 煤层水力压裂理论及应用研究[D]. 重庆: 重庆大学, 2008.

[27] 王鹏, 茅献彪, 杜春志. 煤层钻孔水压致裂的裂缝扩展规律研究[J]. 采矿与安全工程学报, 2009, (1): 31-35.

[28] 卢拥军, 陈彦东. 水力压裂化学剂与液体技术[M]. 北京: 石油工业出版社, 2015.

[29] 刘晓. 水力扰动增透抽采瓦斯机理及技术研究[D]. 焦作: 河南理工大学, 2015.

[30] Abou-Sayed A S, Brechtel C E, Clifton R J. In-situ stress determination by hydrofracturing: A fracture mechanics approach[J]. Journal of Geophysical Research, 1978, 83: 2851-2862.

[31] 唐书恒, 朱宝存, 颜志丰. 地应力对煤层气井水力压裂裂缝发育的影响[J]. 煤炭学报, 2011, 36(1): 65-69.

[32] 李树刚, 马瑞峰, 许满贵, 等. 地应力差对煤层水力压裂的影响[J]. 煤矿安全, 2015, 46(3): 140-144.

[33] 王昶皓. 海拉尔油田低渗透储层地应力对重复压裂影响机理[D]. 大庆: 东北石油大学, 2014.

[34] Warprinski N R, Teufel L W. Influence of geologic discontinuities on hydraulic fracture propagation[J]. Journal of Petroleum Technology, 1987, 39(2): 209-220.

[35] Fisher M K, Wright C A. Integrating fracture mapping technologies to optimize stimulations in the Barnett Shale[C] // MS Presented at the SPE Annual Technical Conference and Exhibition, San Antonio, 2002.

[36] 钟志彬, 邓荣贵, 李佳. 天然裂隙性流纹岩三轴力学特性试验研究[J]. 岩石力学与工程学报, 2014, 33(6): 1233-1240.

[37] 张鹏伟. 煤矿井下分段水力压裂关键技术研究[D]. 焦作: 河南理工大学, 2016.

[38] Medlin W L, Masse L. Plasticity effects in hydraulic fracturing[J]. Journal of Petroleum Technology, 1986, 38(9): 995-1006.

[39] Murdoch L C. Hydraulic and implulse fracturing for low permeability soils in petreleum contaminated low permeability soil[C]//Hydrocarbon Distribution Processes, Exposure Pathways, and In-Situ Remediation Technologies, American Petroleum Institute, 1995.

[40] 富向. "点"式定向水力压裂机理及工程应用[D]. 辽宁: 东北大学, 2013.

[41] 陈鹏. Ⅰ、Ⅱ类高煤阶煤水力压裂参数优化及软件开发[D]. 焦作: 河南理工大学, 2012.

[42] 王宇, 李晓, 李守定. 储层非均质性对水力压裂的影响[J]. 工程地质学报, 2015, 23(3): 511-520

[43] Gidley J L, Holditch S A, Nierode D E, et al. Recent advances in hydraulic fracturing[J]. SPE Monograph, 1989, 12: 452.

[44] Smith E. Some observations on the viability of crack tip opening angle as a characterising parameter for plane strain crack growth in ductile materials[J]. International Journal of Fracture, 1989, 17: 443-448.

[45] Murdoch L C. Forms of hydraulic fractures created during a field test in overconsolidated glacial drift[J]. Quarterly Journal of Engineering Geology, 1985, 28: 23-35.

[46] 田荣生. 关于水力压裂设备及技术的发展及应用[J]. 科技与企业, 2013, (21): 336-336.

[47] 李根生, 黄中伟, 田守嶒, 等. 水力喷射压裂理论与应用[M]. 北京: 科学出版社, 2011.

[48] Keshavarz A, Mobbs K, Khanna, A, et al. Stress-based mathematical model for graded proppant injection in coal bed methane reservoirs[J]. Australian Petroleum Production and Exploration Association Journal, 2013, 53: 337-346.

[49] 翟成, 李贤忠, 李全贵. 煤层脉动水力压裂卸压增透技术研究与应用[J]. 煤炭学报, 2011, (12): 1996-2001.

[50] 富向. 井下点式水力压裂增透技术研究[J]. 煤炭学报, 2011, (8): 1317-1321.

[51] 冯彦军, 康红普. 定向水力压裂控制煤矿坚硬难垮顶板试验[J]. 岩石力学与工程学报, 2012, (6): 1148-1155.

[52] 李全贵, 翟成, 林伯泉等. 定向水力压裂技术研究与应用[J]. 西安科技大学学报, 2011, 31(6): 735-739.

[53] 黄炳香, 程庆迎, 刘长友. 煤岩体水力致裂理论及其工艺技术框架[J]. 采矿与安全工程学报, 2011, (2): 167-173.

[54] 王耀锋, 李艳增. 预置导向槽定向水力压穿增透技术及应用[J]. 煤炭学报, 2012, (8): 1326-1331.

[55] 刘勇, 卢义玉, 刘笑天. 降低井下煤层压裂起裂压力方法研究[J]. 中国安全科学学报, 2013, (9): 96-100.

[56] 叶建平, 吴建光. 沁水盆地南部煤层气开发示范工程潘河先导性试验项目的进展和启示[C]// 2006 年煤层气学术研讨会, 威海, 2006: 47-51.

[57] 许耀波. 液氮伴注辅助水力压裂技术在构造煤储层煤层气增产中的应用研究[J]. 中国煤层气, 2012, (4): 29-31.

[58] 刘晓. 井下钻孔重复水力压裂技术应用研究[J]. 煤炭工程, 2013, (1): 40-42.

[59] 杨运峰. 水力压裂增透技术在"三软"突出煤层的应用[J]. 煤矿开采, 2014, (5): 93-95, 106.

[60] Mohammadnejad T, Andrade J E. Numerical modeling of hydraulic fracture propagation, closure and reopening using XFEM with application to im-situ stress estimation[J]. International Journal for Numerical and Analytical Methods in Geomechanics, 2016, 40(15): 2033-2060.

[61] Gu H, Liang K H. 3D Numerical simulation of hydraulic fracture closure with application to minifracture analysis[J]. Society of Petroleum Engineers, 1993, 54(3): 206-255.

[62] Dam D B V, Papanastasiou P, de Pater C J. Impact of rock plasticity on hydraulic fracture propagation and closure[J]. Society of Petroleum Engineers, Production and Facilities, 2002, 17(3): 149-159.

[63] The Question. Is coal seam gas worth the risk?[OL]. 2011-8-20. http://www.smh.com.au/federal-politics/the-question/is-coal-seam--gas-worth--the-risk-20110819-1j20j.html.

[64] Ritzel B. The mechanisms that connect the disposal of fracking wastewater into deep-injection wells to a significant increase in didcontinent seismic activity[Z]. 2013, https: //fullerfuture. files. wordpress. com/2013/12/ frackingindustrializationandinducedearthquakes-12-2-13. pdf.

[65] Bao X W, Eaton D W. EatonFault activation by hydraulic fracturing in western Canada[J]. Science, 2016, 354(6318): 1406-1409.

[66] Ellsworth W L. Injection-induced earthquakes. Science, 341 (6142)[Z]. 2013, http: //www.science- mag.org/content/341/6142/1225942.full.

[67] McKenzie L M, Witter R Z, Newman L S, et al. Human health risk assessment of air emissions from development of unconventional natural gas resources[J]. Science of the Total Environment, 2012, (424): 79-87.

[68] Adgate J L, Goldstein B D, Mckenzie L M. Potential public health hazards, exposures and health effects from unconventional natural gas development[J]. Environmental Science & Technology, 2014, 48 (15): 8307-8320.

[69] Harrison S M, Molson J W, Abercromble H J, et al. Hydrogeology of a coal-seam gas exploration area, southeastern British Columbia, Canada, Part 1.Groundwater flow system[J]. Hydrogeology Journal, 2000, 8: 608-622.

[70] Drinkwater R T, Mudd G M, Daly E. Understanding environmental risks from coal seam gas[A]. The Australian Academy of Technology and Engineering1 (ATSE), 2014.

[71] Lahm T D, Bair E S. Regional depressurization and its impact on the sustainability of freshwater resources in extensive mid-continent variable-density aquifer[J]. Water Resources Research, 2000, 36(11): 3167-3177.

[72] US EPA. Hydraulic fracturing for oil and gas: Impacts from the hydraulic fracturing water cycle on drinking water resources in the Unitided States(Final Report)[R]. Evironment Protection Agency, Washington D C, 2016.

[73] Harrison S S. Contamination of aquifers by overpressuring the annulus of oil and gas wells[J]. Ground Water, 1985, 23(3): 317-324.

[74] 李志有. 地面煤层气开发对矿区水文地质条件的影响[J]. 水力建筑工程学报, 2013, 11(1): 93-96.

[75] 袁晓铭, 孙悦, 孙静. 常规土类动剪切模量比和阻尼比试验研究[J]. 地震工程与振动, 2013, 20(4): 133-139.

[76] Meiner H G, Dennerborg M, Muller F, et al. Environmental impacts of hydraulic fracking releted to exploration and exploitation of unconventional gas deposits[R]. Federal Environment Agency, 2013, https://www.umweltbundesamt.de/sites/default/files/medien/378/publikationen/texte_83_2013_environmental_impacts_of_fracking.pdf.

第8章 水力冲孔煤层致裂技术

8.1 概　　述

8.1.1 水力冲孔概念

水力冲孔卸压增透是在岩柱(安全岩柱厚度5～10m)掩护下，施工钻孔后，采用中高水压水射流冲击钻孔周围的煤体，冲出大量煤体和瓦斯，在钻孔内部形成空腔，扩大了钻孔卸压半径，促使煤层弹性能的卸压释放和钻孔周围的应力向钻孔围岩深部转移，达到冲孔附近煤体卸压增透的效果，提高瓦斯抽放效率。水力冲孔具有以下特点。

(1)高压水射流使煤体破碎，在一定时间内冲出大量煤量，形成较大直径的孔洞，从而破坏煤体原应力平衡状态，孔洞周围煤体向孔洞方向发生大幅度位移，促使应力状态重新分布，集中应力带向周围移动，从而实现局部卸压。

(2)煤层中新裂缝的产生和应力水平的降低打破了瓦斯吸附和解吸的动态平衡，部分吸附瓦斯转化成游离瓦斯，而游离瓦斯则通过裂隙运移得以排放，大幅度地释放煤体及围岩中弹性潜能和瓦斯膨胀能，煤体瓦斯透气性显著提高。

(3)高压水湿润了煤体，使煤体的塑性增加，脆性减少，可降低煤体中残存瓦斯的解吸速度。

(4)水力冲孔冲出了大量瓦斯和一定数量的煤炭，因此在煤体中形成一定的卸压、排放瓦斯区域，在这个安全区域内破坏了突出发生的基础条件，起到了有效的防治突出效果。

20世纪80年代以前，冲孔压力较低(5MPa以下)，强调应用于具有自喷能力的煤层增透，利用钻头切割和压力水冲刷煤体，激发喷孔，排出碎煤和瓦斯，释放突出潜能以减少和消除突出危险性。此时水力冲孔技术主要适用于煤层构造煤发育，打钻时喷孔、夹钻，瓦斯压力与瓦斯含量高的低透气性难以抽放煤层。进入21世纪以后，强调水射流对煤体的物理破坏，常以煤体坚固性系数而不是自喷能力来确定冲孔压力，所以冲孔压力总体较高，对冲孔煤层的自喷能力没有严格的要求。

8.1.2 水力冲孔技术的发展与应用

水力冲孔在煤矿中用以提高煤层透气性已经有相当长的历史。1960年左右，在四川南桐直属一矿[1]、辽宁北票台吉煤矿、河南焦作朱村矿和李村矿就开始水力冲孔消突的实践和研究[2,3]。1968～1972 年，马凯耶夫卡煤矿安全研究院提出了沿巷道周边开卸压槽的防突措施，并在彼得洛夫斯克深矿和巴日阿诺夫矿取得了一定的应用效果，但由于水力冲孔措施超前距较小，在严重突出危险工作面难以有效地预防突出。为此，马凯耶夫卡安全研究院提出了煤体水力破裂法。主要研究了水力冲孔、水力疏松、水力挤出和低压湿润煤体等水力化措施，在顿巴斯等矿区的突出危险煤层巷道掘进中广泛应用[4]。20 世纪 70 年代，广东梅田二矿（1974年）、河南焦作中马村矿（1979 年）、湖南耒阳红卫矿和四川华蓥山（1980 年）、贵州六枝大用煤矿（1984 年）[3]也使用了水力冲孔技术。四川南桐矿务局进行了大量的卓有成效的水力冲孔实践研究，获得了丰富的经验和学术成果。南桐矿务局在南桐一号井的 4 号煤层的水采区使用水力冲孔和水力掘进，其在煤层平巷和上山用水枪先在掘进工作面的中部软煤层中冲出一个直径为 0.6～0.8m 的空洞，并保持 3～5m 的超前距离，之后用水枪涮帮掘进。当冲孔直径达到 0.8m 时，观测到的瓦斯抽放半径可达 2.5～2.9m，由此可知，在掘进工作面中部冲孔，不仅能够进行掘进，而且还具有预防瓦斯突出的作用[3]。焦作矿务局中马村井田，为了应对高瓦斯突煤层，在工作面先后钻孔 28 个进行冲孔作业，冲出瓦斯 16433m³，煤 103t。六枝矿务局将水力冲孔用于在钻孔施工过程中有自喷孔现象的严重突出危险煤层，期间，使用水力冲孔掘进巷道 2914m，发生 21 次突出，这些突出绝大多数发生在地质构造带。

根据对国内主要科技文献数据库相关论文的不完全统计，采用水力冲孔技术矿井的时间分布如图 8-1 所示。1984～2007 年未出现水力冲孔方面的文献，说明期间水力冲孔技术没有得到持续的应用。2007 年以后，水力冲孔技术又在煤矿中得到使用，且使用数量呈总体增加趋势，河南理工大学和安徽理工大学的学者们进行了大量的研究工作。

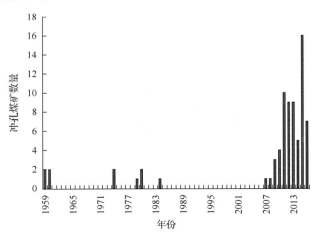

图 8-1　采用水力冲孔技术矿井的时间分布

在以后的数十年间，随着水力冲孔技术的不断发展与成熟，水力冲孔技术在有突出危险矿井消突抽采过程中的应用越来越普遍，其中河南和安徽两省的应用煤矿数量最高约占到统计案例 78%左右。由图 8-2 可以看出水力冲孔实验在河南矿区应用最为广泛，达到 41 例；安徽矿区次之，其中淮北地区有 4 例，淮南地区有 11 例。如图 8-3 所示，在应用水力冲孔技术较为广泛的河南地区，以平顶山矿区使用水力冲孔技术矿井最多(9 个)。焦作矿区(7 个)、义马矿区和郑州矿区(各6 个)、安阳矿区(5 个)次之。

近十年来水力冲孔使用矿井数量急剧增加，可能与煤炭产量增加、煤矿采深增大和加速煤层气开采有关。

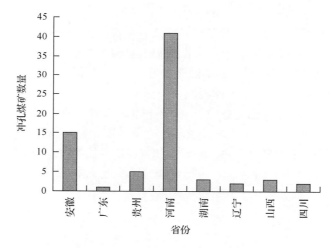

图 8-2　采用过水力冲孔技术的省份

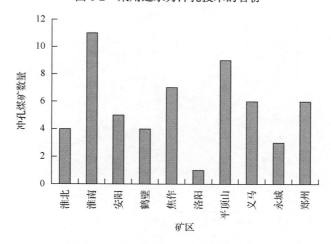

图 8-3　采用水力冲孔技术较多的矿区

　　首先，煤炭在我国能源结构中占 60% 左右，我国的煤炭使用量占全球用量的 50% 左右。2015 年以前，我国煤炭产量近年来呈逐渐增加的趋势(图 8-4)。2016 年，我国煤炭产量开始略有降低，但在一定时期内，煤炭在能源结构中的主体地位不会改变。随着煤炭需求的增加或保持在一定水平，煤层增透消突技术措施的使用频率也随之增加。在广泛进行水力冲孔等增透消突措施预防后，煤矿事故中死亡人数和百万吨死亡率逐年减少(图 8-4)，煤矿安全态势明显好转。

　　其次，与煤矿开采深度的增加有关。随着煤炭消耗量增加或保持在高需求的水平，煤炭资源的开发由浅部向深部发展则成为必然。从建井深度来看，20 世纪 50 年代立井平均开凿深度还不到 200m，90 年代平均开凿深度已达 600m，40 年大约增加了 400m，即平均每年增加 10m。从 80 年代后期，一些立井深度已经达到千米以上。根据统计，1980 年我国煤矿平均开采深度为 288m，1995 年为 428.83m，十五年时间，开采深度增加了 140.83m。根据《煤层气(煤矿瓦斯)开发利用"十三五"规划》，全国井工煤矿平均开采深度接近 500m，开采深度超过 800m 的矿井达到 200 余处，千米深井 47 处。参考国内外采矿界提出的各种分类方案，结合我国煤矿开采深度特征，并考虑与井型(小型、中型、大型、特大型)和煤层厚度(薄、中厚、厚、特厚)等分类方案相对应及统计方便等因素，建议在现阶段按其最终开采深度划分成浅矿井、中深矿井、深矿井和特深矿井四类[5]。基于此，我国煤矿埋深分布如图 8-5 所示。由此可见，我国煤炭开采主要集中在中等或以上深度。

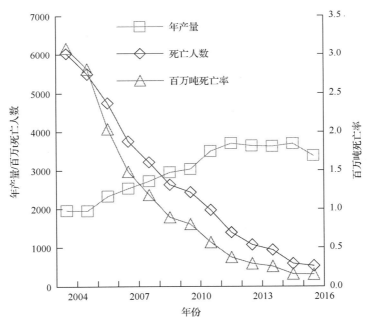

图 8-4　煤炭年产量与死亡人数

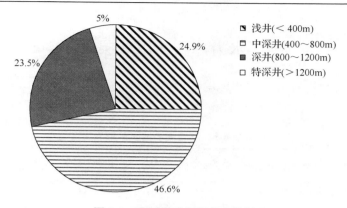

图 8-5　我国煤矿埋深分布特征

最后，与煤层透气性随开采深度增加而之降低有关。抽采瓦斯可作为一种清洁能源，变害为利，并减少温室气体瓦斯向大气的排放。据国土资源部新一轮全国油气资源评价成果，我国 2000m 以浅煤层气资源量为 36.81 万亿 m^3，位列世界前三，加快煤层气发展是我国能源战略的重要选择。煤层气抽采量近年来呈增长的趋势(图 8-6)，但也可以看出，地面抽采瓦斯增速缓慢，地下抽采瓦斯量于 2016 年出现了下降。我国煤层气赋存地质条件复杂，开采深度大，绝大多数高瓦斯(突出)煤层属于低透气性松软煤层，导致煤层瓦斯抽采困难。若要突破煤层气开发瓶颈，急需加强煤层增透机理及技术研究，其中水力冲孔技术是较为有效的煤层增透技术措施之一。

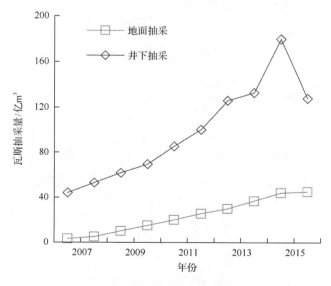

图 8-6　瓦斯抽采量的变化趋势

8.2 水力冲孔使用煤层条件

使用水力冲孔技术的矿井煤层基本地质参数如表 8-1 所示。具体参数分析如下：

表 8-1　煤层基本地质参数

值	坚固性系数	煤层厚度/m	煤层倾角/(°)	瓦斯压力/MPa	瓦斯含量/(m³/t)	透气性系数/[m²/(MPa²·d)]	衰减系数/d⁻¹
最大值	1.25	8.39	75.00	6.60	42.00	9.54	1.38
最小值	0.12	0.93	1.00	0.20	3.12	0.00	0.00
平均值	0.35	4.32	17.29	1.58	12.85	0.71	0.23

1. 坚固性系数

水力冲孔在具有"三软"特征的煤层中应用最多，其中笔者采集到的煤的坚固性系数中：焦煤集团新河矿[6]坚固性系数最大，达到 1.25；其次为安徽淮南谢桥矿[7]，达到 0.83；最小值为河南郑州大平煤矿[8]，仅为 0.12，f 值的平均值为 0.35。从图 8-7 可以看出 f 值大部分为 0.15～0.50。f 值小于 0.5 是突出煤层的单项指标之一。在使用水力冲孔煤矿中，有 7 个煤矿的 f 值超过了 0.5，与目前水力冲孔适用煤层不强调具有自喷性，强调通过水力冲孔方法物理破坏煤体有关。

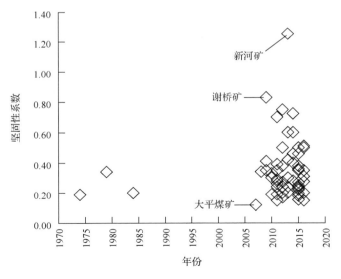

图 8-7　不同年份使用水力冲孔煤层坚固性系数

2. 煤层厚度和倾角

由图 8-8 可以看出，使用水力冲孔技术的煤层厚度最大值是河南鹤壁六矿[9]，达到了 8.39m；而煤层厚度的最小值是四川天府三汇三矿[10]，达到了 0.93m；平均煤层厚度 4.32m。使用水力冲孔技术的煤层平均倾角分布较广，在采集的数据中，由图 8-9 可以看出，广东梅田二矿[11]的煤层倾角达到了 75°，而河南永城薛湖

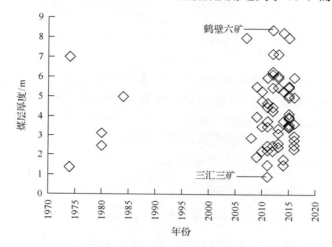

图 8-8　不同年份使用水力冲孔煤层厚度

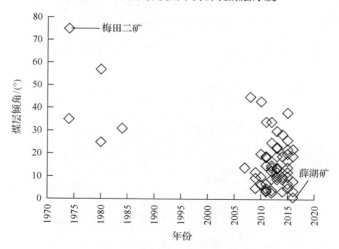

图 8-9　不同年份使用水力冲孔煤层倾角

矿[12]的煤层平均倾角仅为 1°，所有使用水力冲孔煤层平均值为 17.24°。梅田二矿[11]为急倾斜不稳定煤层，由于开采煤层中部分没有解放层可采，且又不能打大直径超前钻孔，煤层具有一定的自喷能力，在当时水力冲孔措施是唯一有效的防治措施。水力冲孔对煤层厚度和倾角没有特别要求。

3. 煤层瓦斯压力和瓦斯含量

由图 8-10 可以看出，使用水力冲孔技术的煤层瓦斯压力最大值是河南平宝煤矿[13]，达到了 6.6MPa；而煤层瓦斯压力的最小值是安徽淮南朱集矿[14]，仅为 0.20MPa，瓦斯压力平均值为 1.58MPa。由图 8-11 可以看出，使用水力冲孔技术的煤层瓦斯含量最大值是河南焦作矿区[15]，达到了 42m³/t；而煤层瓦斯含量的最小值是安徽淮南朱集矿[14]，仅为 3.12m³/t，瓦斯含量平均值为 12.85m³/t。从平均值上看，瓦斯压力大于 0.74MPa，瓦斯含量大于 8m³/t，总体上为煤与瓦斯突出煤层。但具体来看，部分煤层的瓦斯压力低于 0.74MPa 或瓦斯含量低于 8m³/t，所以增透的目的不仅是防突，也包括增加瓦斯抽采效率。

4. 煤层透气性系数和衰减系数

我国大部分高瓦斯矿区煤层透气性系数为 0.001～10m²/(MPa²·d)。由图 8-12 可以看出，采用水力冲孔方法的煤层透气性系数最大值为河南安阳鑫龙主焦矿[16]，达 9.54m²/(MPa²·d)，最小值为河南平煤八矿[17]，仅为 0.0004m²/(MPa²·d)，平均值为 0.71m²/(MPa²·d)，绝大多数小于 1.24m²/(MPa²·d)。由图 8-13 可以看出，

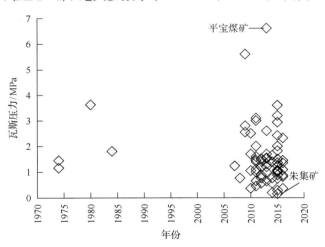

图 8-10 不同年份使用水力冲孔煤层瓦斯压力

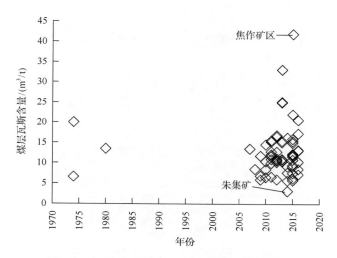

图 8-11　不同年份使用水力冲孔煤层瓦斯含量

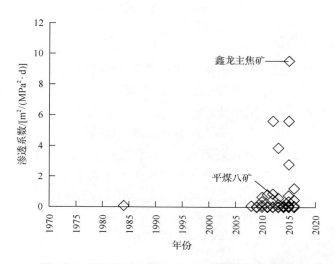

图 8-12　不同年份使用水力冲孔煤层透气性系数

使用水力冲孔技术的煤层瓦斯抽放衰减系数最大值是河南永城薛湖矿[12]，达到了
1.38d^{-1}；煤层瓦斯抽放衰减系数最小值是河南焦作中马村矿[18]，仅为 0.004d^{-1}，
平均值为 0.23d^{-1}，绝大多数低于 0.5d^{-1}。

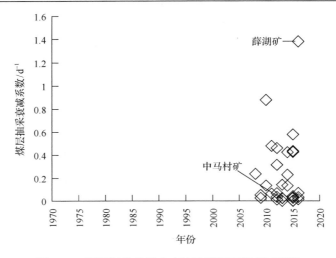

图 8-13　不同年份使用水力冲孔煤层瓦斯衰减系数

8.3　水力冲孔技术装备

8.3.1　水力冲孔主要设备

合理的水力冲孔技术参数是水力冲孔措施达到防突效果的技术保证，也是进行水力冲孔系统装备选型的重要依据之一[19]。水力冲孔系统如图 8-14 所示。水力冲孔技术装备由高压泵、供水管、压力表、高压软管、截止阀、旋转接头、钻机、钻杆和喷头组成。煤水气分离装置包括封孔器、防喷装置、沉淀池、水气分离装置、瓦斯抽放管路接头、防瓦斯超限装置和沉淀池等。由于冲孔将对煤层产生较大程度的扰动，因此，为了避免在实施过程中诱导煤与瓦斯突出，需在钻孔口加装防喷装置，以避免煤与瓦斯突然喷出对人员和设备造成损害。与水射流装备相

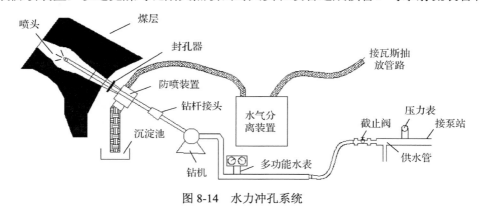

图 8-14　水力冲孔系统

比，冲孔设备的喷头设计要求较为粗放和简单。由此可见，水力冲孔技术是水射流技术的另外一种应用形式。

1984 年，六枝大用煤矿[20]采用射流泵抽排煤水气混合物，射流泵喷嘴直径12mm 及喉管直径 62mm 和 93mm 两种射流泵，而目前这种方法使用不多。其水力冲孔系统如图 8-15 所示。六枝大用煤矿水力冲孔装备如表 8-2 所示。

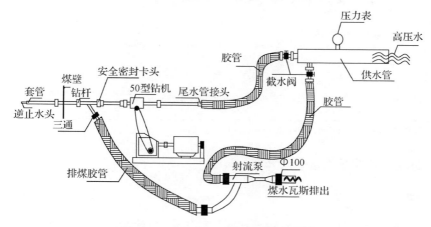

图 8-15　水力冲孔工艺流程示意图[20]

表 8-2　六枝大用煤矿水力冲孔主要设备、设施一览表[20]

序号	设备名称	规格、型号	用途	备注
1	钻机	TXU-75 型 红旗-150 型	打钻、冲孔	石家庄煤矿机械有限责任公司
2	水泵	DG46-50×7 DG46-5×9	供水	鸡西煤矿机械有限公司 长沙水泵厂有限公司
3	射流泵	SLP-2 型	远距离输排	煤炭科学研究总院重庆研究院提供图纸加工
4	三通		分流	煤炭科学研究总院重庆研究院提供图纸加工
5	吸引胶管	HGB4006-80，102mm	排煤水瓦斯	
6	高压胶管	A25Ⅱ-10000 HG4-406-66，32	供水	四川泸州液压附件厂
7	球形阀	S41SA-25	截流	
8	地质管材	42 外×8mm	钻杆	
9	地质管材	D2-40-75 108(外径)×4，25mm	套管	
10	密封圈	MFQ-1	密封煤、水、瓦斯	煤炭科学研究总院重庆研究院提供图纸加工
11	瓦斯警报器	AZJ-81 型	监测	煤炭科学研究总院重庆研究院
12	瓦斯遥测仪	AYJ-1 型	监测	重庆煤矿安全仪器设备厂
13	压力表	普通压力表	测量	

目前水力冲孔主要设备型号如表 8-3 所示。

表 8-3　目前水力冲孔主要设备型号

设备	型号
泵	乳化液：BRW125/315、BRW200/315、BRW315/315、BRW400/315、RB80、ZI-B（WXF5）； 压裂泵：HTB500 高压柱塞泵：3D2-S 喷雾泵：BPW320/10M
钻机	ZDY1200S、ZDY1900S（MKD-5S，5S-1900）、ZDY2000、ZDY3200S、ZY-200、ZY-750、ZYW-1200、ZYW-3000、ZLJ-850 ZL-1200、MK-4、SGZ-A、CMS1-4000/55
钻杆直径/mm	$\Phi42$、$\Phi50$、$\Phi63.5$、$\Phi73.5$
钻头直径/mm	$\Phi65$、$\Phi75$、$\Phi78$、$\Phi89$、$\Phi94$
高压软管规格	8/25、16/25、25/25、32/25、25/32、32/32、19/35、25/35、38/35、51/35、25/40、16/43、25/43、16/55

注：斜杠之前的数据为高压软管的内径（mm）；斜杠之后的数据为耐压值（MPa）。

8.3.2　水力冲孔主要设备选型

1. 泵和乳化液箱

乳化液泵选往复式柱塞泵，五柱塞泵效果更好（流量脉动小），它的选型以压力和流量作为主要技术参数。乳化液泵的工作压力包括喷嘴出口压力、沿程压力损失和局部压力损失三部分。泵站额定压力应比工作压力大 40%。淮南矿区喷嘴出口临界破煤压力为 $10f$（MPa）（f 为煤层的坚固性系数）左右，喷嘴出口有效破煤压力为 $12f\sim20f$（MPa），乳化液泵选型时以 $20f$ 为依据，f（为煤层的坚固性系数）值取冲孔区域的最大值。水力冲孔时，接头、阀门、管路变径和拐弯都会产生管路系统的局部阻力损失。水力冲孔管路属长管，可取沿程阻力损失的 5%估算。每米高压软管的沿程压力损失为

$$\Delta P = \frac{59.7q^2}{D^5 Re^{0.25}} \tag{8-1}$$

式中，q 为体积流量，L/min；D 为软管内径，mm；Re 为雷诺数，对水取 $11165q/D$。

从式（8-1）可以看出，当体积流量不变时，压力损失随软管内径的减小而增大，且变化幅度相当大。因此，水力冲孔多选择 32mm 和 25mm 内径的高压软管。

乳化液泵的流量主要取决于喷嘴的直径和有效压力及排渣的要求。由于水力冲孔期间用光钻杆操作方便，水力排渣成为水力冲孔措施的主要排渣方式，因此，破煤速度越快，需流量越大。水力冲孔开展试验时，乳化液泵额定流量取值可根据在 f 值选取：当 $f\leqslant0.5$ 时，可取 125L/min；当 $f\geqslant0.5$，可取 200L/min，以缓解憋孔现象。

乳化液泵流量随压力升高而降低，一般冲孔压力采用乳化液泵额定压力的二分之一，因此，淮南矿区泵站额定泵压为 31.5MPa。乳化液泵的流量主要取决于喷嘴直径和喷嘴出口压力及排渣需要。河南理工大学研制的喷头以乳化液泵的额定流量为 200L/min，同时考虑乳化液泵的容积效率（由内泄露造成），以流量 190L/min 作为压力计算基础。

由于水力冲孔期间用光钻杆操作方便，水力排渣成为水力冲孔措施的主要排渣方式，因此，破煤速度越快，需流量越大。根据淮南矿区水力冲孔试验，不同矿井排渣所需要的流量不同，例如，谢桥矿 1161（3）工作面由于煤层较软，粒度较大，当额定流量为 200L/min 时，经常出现憋孔现象；潘二矿在西四采区 B4-6 轨道上山，由于煤比较软，又有强突特征，颗粒较小，额定流量为 125L/min 的泵能保证均匀顺畅出煤。根据以上情况，淮南矿区水力冲孔开展试验时，乳化液泵额定流量取值可根据其 f 值选取：当 $f \leqslant 0.5$ 时，可取 125L/min；当 $f \geqslant 0.5$，可取 200L/min，以缓解憋孔现象。

通常许多煤矿使用乳化液泵为水力冲孔系统提供压力和流量，1985 年前也使用供水管路提供静水压力和流量，当地面静压水压力不足时，可串联水泵增压。南桐矿务局采用了扬程 304m、流量 55m³/h 的水泵。部分矿井在冲孔时采用压裂泵 HTB500、高压柱塞泵 3D2-S 或喷雾泵 BPW320/10M，但 BRW 系列乳化液泵使用更为广泛。BRW 系列乳化液泵最大压力均为 31.5MPa，流量从 125L/min 到 400L/min。压裂泵 HTB500 最大压力达 70MPa，流量达 1100L/min。辅助乳化液箱型号主要为 FRX1000、FRX2500、RX200-16A 三种，其中 FRX1000 使用较为广泛。液箱容量为 1000L，外形尺寸为 2450mm×1050mm×1400mm，质量 700kg。嘉兴矿[21]水力冲孔设备采用乳化液泵作为水力冲孔的动力源。该泵额定压力 20MPa，供水量为 80L/min。潘三矿[22]采用 RB80 乳化液泵，水力冲孔时将水泵的出水压力调节为 20MPa，流量约 200L/min。为保证试验过程中及时供水，水箱设计体积为 3m³。

2. 高压软管

高压软管是用于连接高压泵和钻机的部件，高压软管一头与乳化液泵连接，另一头与钻杆尾端连接，连接处采用快速接头和 U 形卡加固。如果水力冲孔系统的压力设置较高，高压软管是系统中最容易导致安全问题的部分。但通常水力冲孔使用的压力相对较低，而且整个系统并不完全密封，因此出现问题的概率较低。选用耐高压软管，耐压应不小于泵的额定压力。一般来说，管径越大，沿程损失越小。因此，应优先选择内径较大的高压软管，以减少压力损失。一般应优先选择内径为 32mm 和 25mm 高压软管。

旋转接头连接着旋转的转杆和不旋转的高压软管。该部件在整个系统中可称之为易损件，因为随着使用时间的增加，大多数会漏水，并需要更换。好在水力冲孔系统通常采用的流量较大，且对水压力要求不算严格，因此即便在漏水情况下使用也不会对整个冲孔的最终效果产生太大影响。乳化液箱和进水管应与乳化液泵匹配，特别是进水管，应不小于乳化液泵的额定流量。

3. 钻机、钻杆与钻头

钻机和钻杆起着固定冲孔系统和输送高压水的作用。由于输送的是高压力水，钻杆之间需要具有较强密封性。在水力冲孔时钻机型号较多，主要包括 ZDY、ZY、ZYW、ZLJ、ZL、MKS 和 GZ-A 系列坑道钻机和液压钻机。CMS1-4000/55 型煤矿用深孔钻车可实现 360°垂直回转，并可实现垂直升降 640mm，还可实现−90°～+90°俯仰角的全方位钻孔作业等功能。登封矿区钻机型号使用较多的是 5S-1900。钻杆可选用光钻杆，为排粉提供更大的空间，减少水流输送煤体的阻力；钻杆直径主要为 $\Phi50mm$、$\Phi63.5mm$、$\Phi73.5mm$ 三种，钻头直径为 $\Phi65mm$、$\Phi75mm$、$\Phi78mm$、$\Phi89mm$ 和 $\Phi94mm$ 五种。南桐矿务局钻杆直径 42mm 和 50mm，其中 50mm 钻杆壁厚 5mm，内径 40mm，接头内径 24mm；42mm 钻杆壁厚 5mm，内径 32mm，接头内径 24mm。龙山煤矿[23]采用钻冲一体化钻头，由普通钻头、冲割装置壳体和高压密封钻杆组成。普通钻头是用于打钻破碎岩石和煤的主要工具；冲割装置壳体起到冲孔或割缝作用，利用水压的供水不同来控制打钻和冲割一体化，不用退出钻杆后重新安装冲割钻头。钻头型号 $\Phi94mm$，水力冲孔钻头孔径有 1.5mm、2mm 和 2.5mm。高压密封钻杆是在钻杆螺纹加密封圈起到冲割装置壳体和钻杆密封作用，能耐压 25MPa。高压后置水辫能耐压 25MPa，内部采用进口耐高压密封圈。高压水射流水质多级过滤装置主要利用高压水射流水力冲孔或水力割缝技术对煤层实施卸压增透时过滤水质，避免堵塞高压射流喷嘴，提高工作效率。嘉兴矿[21]选用重庆煤科院生产的 ZDY-750 型液压钻机及配套设备和 $\Phi75mm$ 的 PDC 合金钢钻头进行钻孔施工。

4. 喷头

喷头是冲孔系统主要部件之一，其性能的好坏直接影响冲孔效率和煤层致裂的最终结果。喷嘴将流体的压力能转变为流体的动能，喷嘴射出的高压水对煤岩体进行切割和破碎。水力冲孔所用喷嘴结构型式一般是带圆柱段的圆锥型喷嘴，如图 8-16 所示。图 8-16 中 L 为圆柱段长度，β 为圆锥收缩半角，d_b 为喷嘴入口直径，d_0 喷嘴出口直径。

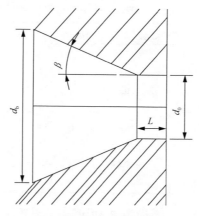

图 8-16　典型的锥型喷嘴

已知泵站的流量 q 与射流压力 P 的条件下，喷嘴直径 d_0 为

$$d_0 = 0.69\sqrt{\frac{q}{\mu\sqrt{P}}} \tag{8-2}$$

式中，d_0 为喷嘴出口截面直径(简称喷嘴直径)，mm；q 为射流体积流量，L/min；μ 为喷嘴流量系数；P 为射流压力，MPa。

由式(8-2)可知，喷嘴出口直径越小，射流压力越大。

出口流体边界层厚度和出口射流速度与收缩半角 β 均呈反比，β 取 13°～14° 为佳[24-26]。根据数值模拟结果，该状况下喷嘴具有较好的轴线速度场。综合喷嘴轴线速度分布和出口边界速度分布，喷嘴圆柱段长径比以 2.5～3 倍最佳。理论上说，曲线型喷嘴比圆锥形喷嘴射流性能好，如指数曲线型和三次曲线型等，但加工困难。另外，喷嘴内表面粗糙程度通过影响流体边界层厚度影响射流性能，因此，喷嘴内表面越光滑，射流性能越好。应选择高效喷头，效率不低于98%，材质优先选择不锈钢。

泵压经过沿程损失和局部损失后，在喷嘴入口处形成一定流体压力。而射流压力取决于喷嘴结构。总的来说，若泵站压力和流量一定，喷嘴出口直径越小，喷嘴出口处射流压力越大。而破煤压力与喷嘴出口压力和喷嘴出口与煤体的距离有关。河南理工大学高振周按照式(8-2)，计算了流量为 150L/min 时各尺寸不锈钢喷嘴出口压力，结果如表 8-4 所示。

表 8-4　喷嘴型号与射流压力的关系

喷嘴型号	当量直径 d/mm	系数	体积流量 q/(L/min)	流量系数	射流压力 P/MPa
N220	2.83	0.69	150	0.95	87.30
N225	3.54	0.69	150	0.95	35.17
N230	4.24	0.69	150	0.95	16.44
N240	5.66	0.69	150	0.95	4.52
N320	3.46	0.69	150	0.95	38.24
N340	6.93	0.69	150	0.95	1.45
N823	4.61	0.69	150	0.95	11.53
N828	4.35	0.69	150	0.95	14.79

喷嘴压力与当量直径的关系如图 8-17 所示。由图 8-17 可以看出，当量直径越大，喷嘴出口压力越小。表 8-4 中当量直径为根据钻头各喷嘴面积之和反算的直径，各喷嘴直径与当量直径的关系如下式所示

$$d_e = \sqrt{\sum_{i=1}^{n} d_i^2} \tag{8-3}$$

式中，d_e 为喷嘴的当量直径，mm；d_i 为第 i 个喷嘴的直径，mm。

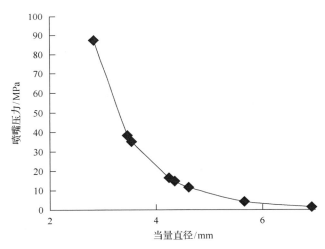

图 8-17　喷嘴压力与当量直径的关系

在淮南矿区实际采用的喷嘴型号如表 8-5 所示。

表 8-5　喷嘴当量直径与相应的面积

喷嘴型号	d_1/mm	d_2/mm	d_3/mm	d_e/mm	面积/mm^2	备注
N220	2	2	0	2.83	6.82	2Φ2
N225	2.5	2.5	0	3.54	9.81	2Φ2.5
N230	3	3	0	4.24	14.13	2Φ3
N240	4	4	0	5.66	25.12	2Φ4
N320	2	2	2	3.46	9.42	3Φ2
N340	4	4	4	6.93	37.68	3Φ4
N823	1.8	3	3	4.61	16.67	1Φ1.8+2Φ3.0
N828	1.8	2.8	2.8	4.35	14.85	1Φ1.8+2Φ2.8

注：2Φ2 表示 2 个 2m 的小孔。

淮南矿区水力冲孔喷嘴出口压力为 12f~20f，若裂隙比较发育，以 12f~15f 确定喷嘴出口压力；若裂隙不发育，以 20f 确定喷嘴出口压力，从表 8-4 中选择对应型号的喷嘴。根据淮南煤层条件，河南理工大学研制了不同尺寸和不同材料的喷嘴，如图 8-18 所示。

三汇三矿[10]采用废旧钻头改造为射流钻头，封堵钻孔原出水孔，重新钻出四个均匀分布的孔径为 1.5~2mm 的小孔做出水孔，小孔微向前倾，角度为 10°。高压管内径 25mm，耐压 32MPa。嘉兴矿[21]冲孔喷嘴采用 Φ50mm 钻杆自制加工，在钻杆上加工 2 组 Φ2mm 的喷嘴，每组两个喷嘴。第一组喷嘴距离钻杆一端（钻孔终孔端）200mm 距离，第二组距离第一组喷嘴 50~80mm。潘三矿[22]水力冲孔钻头采用硬质合金片钻头，径向喷嘴直径为 2.0mm，轴向喷嘴直径为 1.8mm。喷头个数为三个，直径为 Φ2.0/3.0/5.0。河南理工大学研制了 PZCK－C－* 系列水力冲孔专用喷头，可针对不同煤层，建立不同的水压[12]。

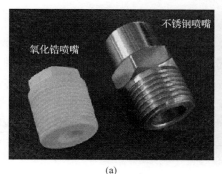 

(a)　　　　　　　　　　　　　(b)

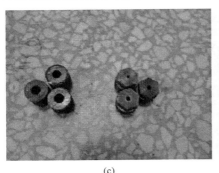 

(c)   (d)

图 8-18　水力冲孔喷头及喷嘴实物图[28]

5. 煤水分离装置

水力冲孔冲出煤体颗粒较小，极易与水混合成煤泥。水力冲孔冲出煤量一般较大，还可能有大量石渣排出，煤渣过滤需采用深池过滤或压滤机过滤；一般采用水沟和临时沉淀池沉淀煤渣，然后将煤、渣装袋处理。平煤股份十三矿[29]采用孔渣过滤收集桶组合而成的装置作为煤水分离收集装置，通过煤水分离技术，实现煤水分离。主要根据煤水分的大小和比重不同，通过采取设计小于煤水中煤颗粒直径的筛眼，实现过滤筛分，使水走煤留，达到煤水筛分的目的。煤水筛分装置由一组数量不等的(6~10个)孔渣过滤收集桶紧密排列组成，它摆放在孔口下方。孔渣过滤搜集桶为长方体形状，长×宽 = 600mm×300mm，桶下底板分别均匀排列 30 个 6mm 圆孔，四周桶壁分别均匀排列 120 个 8mm 圆孔，下有 4 个长度为 100mm 的支架，上部在桶内侧设有手把。分离后的水能自动流入水沟，而桶中煤或渣直接沉淀后再直接提取装入编织袋中，或码放或运走。不需要再挖临时沉淀池，同时缩短了沉淀的时间，实现了煤水或渣水的快速分离和收集。

6. 其他设备

双功能高压水表。为监测水压和流量在水力冲孔期间的变化，在距掘进工作面 5m 处安装了 SGS 型双功能高压水表，压力表量程为 0~25MPa，在其旁边连接有型号为 QJ16 的球形截止阀。冲孔期间两个流量孔流量的变化通过 G2.5 砰煤气表和 TWY 突出危险预报仪来考察。冲孔时应安装防瓦斯超限装置。在距掘进工作面处 6m 处和回风巷中安装智能低浓度甲烷传感器作为探测头来监控瓦斯浓度的变化。

8.4　水力冲孔的施工工艺

底板巷穿层钻孔水力冲孔技术适用于煤层构造煤发育，打钻时喷孔、夹钻，瓦斯压力与瓦斯含量高的低透气性难以抽放煤层。水力冲孔技术与高压水射流技术有许多相似之处。如果改变系统的流量和水压参数，高压水射流系统可以转换为水力冲孔系统。换言之，当采用大流量低水压力时，为水力冲孔；当采用高压力小流量时，则为水射流。因此在实际应用中，如果拥有一套高压水射流装备，在更换合适的喷嘴、降低水泵输出压力、增加流量后可以将高压水射流系统转换成水力冲孔系统。与高压水射流系统相比，由于水力冲孔系统压力相对较低，设备在使用过程中的安全防护措施更容易得到满足，且操作更简单。

8.4.1　水力冲孔施工工艺

煤层水力冲孔增透消突工艺如图 8-19 所示，整个工艺包括冲孔前、冲孔中和冲孔后三个部分，冲孔前主要掌握煤层基础参数、布置抽采钻孔和考查孔，测定瓦斯抽采压力和流量，进行煤层突出危险性预测，制定安全技术措施和安装调试水力冲孔系统。冲孔中主要进行工作场所瓦斯浓度测定、冲出煤量测定、瓦斯抽采压力和流量测定和瓦斯排放及抽采量层。冲孔后进行煤层瓦斯压力和流量测定、煤层突出危险性评价和水力冲孔影响半径确定。用于消突的冲孔作业需要对比水力冲孔前后煤层突出性指标变化，而用于增透的水力冲孔需要对水力冲孔前后瓦斯抽采量、煤层渗透性系数和瓦斯抽采衰减系数进行比较。除安全技术措施和冲孔效果评价工作之外，水力冲孔核心工艺如下：装备选型—水力冲孔系统安装—泵压调定—设计冲孔布置方式—施工钻孔—水力冲孔—冲出煤量、瓦斯量计量—冲孔效果评价。

8.4.2　装备选型

装备选型按照上一节内容进行。主要考虑煤体坚固性系数及煤体裂隙发育程度，确定喷嘴出口压力，然后在考虑沿程损失和局部损失的情况下确定泵压，确定的泵压额定压力是喷嘴出口压力、沿程损失和局部损失的两倍左右。泵的流量根据喷嘴出口压力和煤体排放流量综合确定。系统其他设备以满足上述压力和流量要求选定。

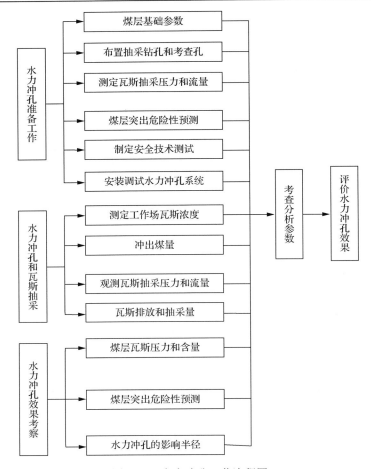

图 8-19　水力冲孔工艺流程图

8.4.3　系统安装及泵压调定

系统安装及泵压调定步骤如下。

(1)乳化泵站应安装在巷道进风侧,距离冲孔位置不应小于30m。

(2)在钻场内需打好基础,保持水平,并提供补水水源,补水口为2寸钢管接头。

(3)从泵站出口使用 Φ32mm 高压胶管引出,由球阀和放水闸阀控制,然后连接到专门配备的换向阀上(作截止阀使用,采用换向阀仅为了方便操作,延长使用寿命)和双功能水表。再通过变径连接到 Φ16mm 或 Φ25mm(约 10m 长,保留一定余量)的高压胶管上供注水使用。

(4) 其供电设计与选型需要有资质的部门实施，选择合适的电源、开关等电器设备。

(5) 操作司机必须经过专门技术培训，取得泵站操作资格证方可上岗。

(6) 新泵或较长时间未运转的泵要首先检查各部分是否有锈蚀、损坏，密封是否完好，连接是否松动。

(7) 泵的工作位置应保持水平，且基础实在(倾斜角小于 3°)。

(8) 检查电机与泵的同轴情况，两联轴器应留有 2～4mm 的间隙。

(9) 检查泵内润滑油是否在油标的中间(40 号或 50 号机械油)柱塞腔上滴油是否有足够润滑油。

(10) 用手盘动联轴器，应该转动灵活，无反常卡死现象。

(11) 开泵前应打开液箱出液口阀门，然后点动电机，观察电机转向应与箭头标志一致。

(12) 启动电机，打开放气螺堵，放尽高压腔内空气，然后空转 5～10min，逐级加载，每 20min 升高额定压力的 25%，在升温正常，无泄漏，无抖动异常现象方可投入使用。

(13) 正常使用时，泵的上盖不得打开，防止煤尘进入泵内，柱塞腔盖板应盖好，防止杂物进入，冲坏滑块。

(14) 冲孔系统管路应保证畅通、密封性良好，各管路接头及冲孔钻杆必须严密合缝，高压管路不得有破损，不准使用丝扣磨损及废旧钻杆，接头不得有跑、冒水现象。

(15) 工作面进行水力冲孔前，架设、固定冲孔管路必须牢固可靠，高压胶管及其附属设施必须用 8 号铁丝(直径为 4.064mm)与风、水管路拴牢，两个拴挂间距为 5m，以防连接头脱落，高压胶管甩动伤人。

(16) 加强通风瓦斯管理，冲孔地区要形成独立回风系统，在进风侧建立两道坚固的符合《煤矿安全规程》规定的正反向风门。

(17) 在进行水力冲孔期间，在距掘进迎头向后 5m 以内安设 T1 探头；第一回风流交汇点前 10～15m 处安设 T2 探头。探头安设位置和悬挂地点必须符合规定，并经常调校，确保灵敏可靠。电气设备在复电点内时只准人工复电，且每一部探头都必须实行挂牌管理。

(18) 系统安装好后，进行泵压调定。按照 20f+系统阻力损失确定水力冲孔拟用水压，然后由乳化液泵操作司机将泵压调到该水压，并在冲孔前进行憋压试验，检查系统安装问题。

8.4.4　冲孔布置设计

(1) 间距。根据水力冲孔影响半径考察结果，水力冲孔间距应小于水力冲孔半径的两倍，不留空白带。

(2)控制范围。石门(井筒)揭煤工作面控制范围应根据煤层的实际突出危险程度确定，但必须控制到巷道轮廓线外 12m 以上(急倾斜煤层底部或下帮 6m)。钻孔必须穿透煤层的顶(底)板 0.5m 以上。若不能穿透煤层全厚，必须控制到工作面前方 15m 以上。

(3)钻孔倾角。一般应不小于 0°。

(4)岩柱厚度。保证岩柱厚度不小于 5m。

8.4.5　钻孔施工

(1)采用直径 $\Phi108mm$ 以上的钻头开孔，至少岩孔段采用直径 $\Phi108mm$ 以上的钻头，确保排渣顺利。也有部分矿井采用 $\Phi94mm$ 钻头钻岩孔。

(2)钻孔必须穿透煤层的顶(底)板 0.5m，施工结束后退出钻杆。

(3)安装防喷装置，用锚杆固定结实。

(4)安装水煤分离装置。

8.4.6　水力冲孔工艺过程

(1)进入见煤段后，换上选定的喷头，开泵进行水力冲孔。

(2)水力冲孔时，缓慢转动钻杆，转速不超过 220r/min，同时来回拉动钻杆。

(3)换钻杆，应在钻孔返水正常时进行，防止憋孔，防止埋钻。

(4)加钻杆时，应用水将钻杆中的杂物冲净，防止堵塞喷头，并记录加钻杆数，清楚喷头在孔中的位置。

(5)若出现垮孔，可加大钻杆转速，并保持来回拉动，防治埋钻。

(6)冲孔期间，应密切观测返水情况，水量变小时，应加大转速，避免钻孔进一步堵死，并退回钻杆。

(7)若钻孔堵死，压力表上升到 20MPa 以上，仍不能冲开，可停止进水，防止高压水、瓦斯喷出伤人，并造成瓦斯超限。

(8)若孔口瓦斯达到 0.8%，停止冲孔，待孔口瓦斯浓度降到 0.5%时重新开启泵，防止瓦斯浓度超限。

8.4.7　冲孔煤量、瓦斯量的计量

(1)煤量计量。

在冲孔过程中和冲孔完成后，确定和记录被冲出的煤量。因为冲出煤量是一个重要的冲孔指标，它涉及冲孔的影响范围、对煤层的扰动程度和致裂程度。影响范围和这些程度的大小与煤层卸压和增透有着直接和紧密的关系。通过沉淀池过滤，装编织袋称重或装矿车统计，应根据具体矿煤遇水膨胀情况，考虑一定膨

胀系数。

（2）瓦斯量计算。

根据 T2 探头的瓦斯浓度变化，以实测风量为基础，计算时间取冲孔开始到冲孔结束后瓦斯恢复正常为止。

8.4.8　瓦斯抽放

冲孔完成后，则进行联网和对煤层瓦斯进行抽放。这个工序不仅是为了抽放瓦斯，同时也是对冲孔成效的检验。基于检验结果，对后续的冲孔设计进行相应的参数调整，以达到最佳效果。

8.4.9　消突效果评价指标

消突评价指标应包括底板巷或石门揭煤工作面的总体评价指标和消突均匀性指标。

1. 总体评价指标

评价指标采用相对变形量、预抽率和工作面效检指标总体评价煤体的变形量、瓦斯排放情况。

1）相对变形量

相对变形量应达到 3‰。参数获取方法：统计每个孔冲出煤量，然后累计相加，累计冲出煤量与措施控制范围内的煤储量的比值。煤量计量通过沉淀池或压滤机过滤，装编织袋称重或装矿车统计，应根据具体矿煤遇水膨胀情况，考虑一定膨胀系数。

2）预抽率

依据《煤矿瓦斯抽采基本指标（AQ1026—2006）》《煤矿安全规程》等相关规程，预抽率应达到 30%以上。预抽率的计算应符合《防治煤与瓦斯突出规定》的相关规定，包括风排量和抽放量，不扣除不可解吸量，或原煤瓦斯含量减去实测残存瓦斯含量与原煤瓦斯含量的比值。瓦斯量计算根据 T2 探头的瓦斯浓度变化，以实测风量为基础，计算时间取冲孔开始到冲孔结束后瓦斯恢复正常为止。

3）工作面效检指标

依据《防治煤与瓦斯突出规定》，可采用钻屑解吸指标参数进行效检，临界值按各矿敏感指标实验考察确定的临界值执行，若没有按防突规定第七十三条执行。

2. 消突均匀性评价指标

在有效半径考察的基础上，采用单孔相对变形量考察工作面消突的均匀性。

单孔相对变形量即单孔冲出煤量与单孔控制范围内煤储量的比值，其临界值确定为 3‰。

8.4.10　水力冲孔施工工艺优化[27]

对水力冲孔工艺过程有两个问题值得探讨：①采用水力冲孔措施时，钻杆是否转动；②先打钻穿透煤层再进行水力冲孔，还是边打钻边冲孔。

刘英振等[27]根据高压水射流动量定理分析破煤效果，水射流作用在煤体表面上的总作用力 F 为

$$F = \rho q v (1 - \cos \varphi) \tag{8-4}$$

式中，ρ 为水的密度，kg/m^3；q 为水射流流量，m^3/s；v 为水射流流速，m/s；φ 为冲击煤体表面后水射流离开煤体表面与轴线的夹角，(°)。

经分析认为水射流只有与煤体表面垂直，其总作用力才能达到最大。因此应转动钻杆，保持喷嘴与作用面垂直。

射流冲击力 P 为

$$P = 4\gamma A \frac{v^2}{2g} \tag{8-5}$$

式中，γ 为水射流重率，取 $1000N/m^3$；A 为水射断面面积，m^2；g 为重力加速度，取 $9.8m/s^2$。

由式(8-4)可知，射流对曲面的冲击力比对平面的冲击力要大，当曲面射流出口与入口方向正相反时，其冲击力比平面冲击力要增加一倍。因此，先打钻孔，冲孔效果较好。经理论分析和现场试验，确定水力冲孔工艺过程为装备选型—水力冲孔系统安装—泵压调定—设计冲孔布置方式—施工钻孔—水力冲孔—冲出煤量、瓦斯量计量—冲孔效果评价。

8.5　水力冲孔技术参数

水力冲孔技术参数主要包括冲孔流量、冲孔压力、冲孔时间、冲出煤量等。与水切割一样，水力冲孔的核心技术参数也涉及水的压力和流量。由于其工艺为"冲"，因此相对于水射流技术的"切"而言，冲孔技术的参数特点是低压力、大流量。供水压力和流量之间存在一个互相调和的关系，当流量需要大的时候，出口压力难以提高，破煤困难，另外，动力不足易造成输排管路堵塞；当供水压力大而流量小时，落煤块度大，需要的排水流量就大，较小流量容易造成输排管路堵塞；供水压力过小所以存在一个合理的范围。水量的大小，主要由水压和水力

输排需要决定，其作用时形成射流，诱导钻孔突出和减少排孔阻力，给脉动输排创造条件。

8.5.1　冲孔压力及流量现状分析

通过 4.3 节可知，泵压经过沿程损失和局部损失后在喷嘴处形成出口压力，该射流压力随之距离增加会进一步降低。列宁格勒矿业学院对喷嘴 $d_0 = 3.0 \sim 3.3\text{mm}$ 时产生的射流的研究表明，在离喷嘴出口 $400d_0 \sim 500d_0$ 的位置，小直径喷嘴产生最大冲击力；越过最大冲击力位置，冲击力将和距喷嘴出口的距离呈反比，并且减小率随射流离喷嘴出口的距离的增大逐渐增加。所以，射流只有在某一范围内才能使煤层产生破碎，且在这一范围内，破煤效率最高，在这一范围外，破煤效率很低。对于小直径射流，当水压大于破煤所需的压力后，所施加的水压越小越好。煤炭科学研究总院唐山分院李海洲[19]曾对单位时间内射流的割缝深度与射程的关系进行了测定，得出了割缝深度随射程增大而变浅的变化规律，并且大体上和射流轴心动压随射程增大而下降的规律相吻合。从这个研究也可看出，轴心动压越大，割煤速度越快。

水力冲孔压力与煤体的坚固性系数、裂隙发育情况、钻孔的倾角等因素有关。煤层的水力破碎强度决定于煤层的机械性能（煤层的坚固性系数 f、透水性和脆性等）、裂隙（层理、节理和构造裂隙）和结构（软硬分层、厚度和分布）特征。一般来讲，利用试件测出的煤层机械性能和硬度系数，仅从一个很局限的侧面反映了煤层的机械强度，因为试件的测定根本不可能包括煤层裂隙和结构的影响，而后者对水力落煤的影响远大于前者。因此，提出了 $P_{临界} = Cf$，式中，C 为煤体裂隙发育程度系数，通过试验确定。

刘明举等[30]以淮南矿业集团潘三矿和谢桥矿为试验点，把实际用多喷嘴面积转化为当量喷嘴面积，通过式(3-2)由当量直径和流量系数计算出口射流压力。把煤体单轴抗压强度作为临界破煤压力，因此，要求喷嘴出口射流压力至少达到煤体坚固性系数 f 的 10 倍以上，并结合实际考察得出合理的破煤压力，取 $8 \sim 15\text{MPa}$ 比较合理。然而，洪允和认为破煤临界压力不仅与煤体的坚固性系数有关[31]，还与煤体脆性程度和裂隙发育程度有关，提出在水射流的工作条件为自由煤壁的条件下，临界破煤压力为 $30f \sim 100f$。水力冲孔破煤压力与煤体坚固性系数的关系如图 8-20 所示。从图 8-20 中可以看出，冲孔压力与煤体坚固性系数关系比较离散，但整体上冲孔压力随煤体加固性系数提高而提高。按照一般趋势看，可以按照式(8-6)选择初值，然后根据冲孔效果机动调整：

$$P = 14.15f + 7.9 \tag{8-6}$$

式中，P 为冲孔压力；f 为煤体坚固性系数。当取 f 值为 0.35，冲孔压力约为

12.85MPa。水力冲孔技术与水射流切割技术类似，前者是的特点是大流量低压力，其水压在十几个兆帕，一般不会大于 30MPa；后者则是高压力小流量，其压力可达 100MPa。

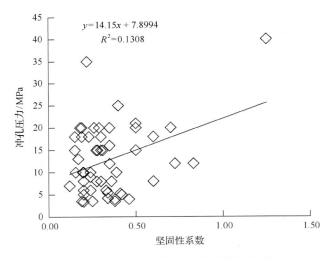

$y = 14.15x + 7.8994$
$R^2 = 0.1308$

图 8-20　冲孔压力与坚固性系数的关系

高振周[12]在淮南矿区的谢桥矿、潘二矿、潘三矿、潘一矿和顾北矿进行了试验考察，原始数据大多为泵压，系统水压损失包括沿程损失、局部损失和漏水损失等，考虑管道多为 25mm 和 32mm 管径，长度一般在 200m 以内，经计算，均按总压力的 10%扣除。潘二矿 W4B4-6 采区回风上山附近的 f 值为 0.30～0.40，正常冲孔水压为 4～8MPa，平均每米钻孔冲出煤量为 1.0～4.59t/m，临界破煤压力为 4.0～4.5MPa，与 f 值的关系为 10f～15f，最佳破煤压力应为 4.5～6.0MPa，与 f 值的关系基本为 12f～20f。

另外，在潘二矿 W4B4-6 采区回风上山水力冲孔期间，有两次因为压力小没有冲出煤或冲出煤量较小的情况：一次是采用静水压冲孔（水压小于 4MPa），没有冲出煤。另外一次冲孔时压力仅 3MPa，仅冲出很少煤，这佐证了存在临界水压和潘二矿临界水压在大于 3MPa。谢桥矿 1161(3) 工作面 f 值为 0.43～1.18，多数煤体为 0.6～0.7；水力冲孔水压为 4～16MPa，冲出煤量 0.27～4.28t/m，当水压为 9～12MPa 时，取得了较好的效果，冲出煤量 1t/m 以上，当水压为 7～8MPa 时，尽管出煤量有两次低于 1t/m，也取得了较好的效果，临界压力应为 6～8MPa，与 f 值的关系基本在 10f～13f，最佳破煤压力为 9～12MPa，与 f 值的关系基本为 13f～20f。

潘三矿东翼–650～–750m 新增进风下山下段煤体坚固性系数为 0.38 左右，冲孔水压为 4MPa 左右，取得较好的效果，水压与煤体坚固性系数的量化关系为 10f 左右。根据以上冲孔试验可知，淮南矿区目前的临界破煤水压为 10f 左右，最佳冲孔水压为 12f～20f。

迄今为止，冲孔压力的实际应用情况如下图 8-21 所示。从图 8-21 可以看出，在 1985 年以前冲孔压力较低，均在 5MPa 以下。贵州六枝大用煤矿水力冲孔的最小压力为 3.4MPa[20]。南桐矿务局[1]根据实际效果认为，水压以 3～4MPa，钻孔水量以 10～15m³/h，射流泵水量以 20～25m³/h 为宜。2007 年之后冲孔压力有明显的提高，其中河南焦煤新河矿[6]因为煤体坚硬（f 值达到 1.25 左右），水力冲孔压力达到 40MPa，河南郑州郑煤大平矿[32]老孔修复时采用了 35MPa 的水压力。但需要说明的是，在实际冲孔过程中，从泵站到钻头喷嘴出口之间的连接件水头损失、管路沿程损失、漏液压力损失及喷嘴结构损失差异较大，进行水力冲孔的煤层坚固性系数和裂隙发育程度也不尽相同，所以，各水力冲孔压力差异较大，但其平均冲孔压力在 12.59MPa 左右，与采用平均坚固性系数 0.35 计算得到的 12.85MPa 比较接近。占比 57%的冲孔作业采用了液压泵站压力 31.5MPa，基本使冲孔压力处于泵站额定压力的一半左右。

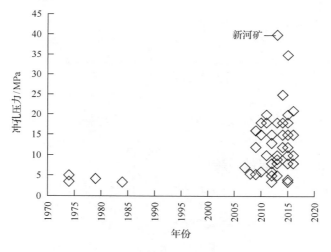

图 8-21　不同年份的水力冲孔压力

1985 年以前的文献强调水力冲孔主要功能是诱发喷孔和小型突出，只要水射流压力能够完成这个任务就合乎工程要求。2007 年以后强调强力破坏煤体并将煤体排出钻孔，而忽视了早期水力冲孔用于诱发喷孔和小型突出的功能。因此，需要根据煤体强度和裂隙发育程度确定更高的冲孔压力。早期采用水力冲孔煤层坚固性系数均低于 0.4，而目前坚固性系数达到 1.25 的煤层也尝试使用了水力冲孔技术，所以水力冲孔压力也更高。目前义煤集团要求泵压为平均 f 值的 20 倍。

从图 8-22 可以看出，1985 年前冲孔流量较大，在南桐直属一矿[1]最大达 916L/min。2007 年以后冲孔流量普遍降低，均在 500L/min 以下。钻孔出水压力与流量具有相反的关系，在出水压力提高的过程中，出口流量会有一定程度的降低。从图和图对比可以看出，也大致呈这样的趋势。平煤十二矿[33]在进行水力冲孔时仅要求流量大于 40L/min。平均值约为 224.74 L/min，据不完全统计，31%左右的冲孔流量采用了 200L/min，45%左右冲孔流量为 40L/min～200L/min；24%冲孔流量大于 200L/min。所以义煤集团要求冲孔流量不低于 200L/min 符合多数煤层水力冲孔的需要，但还是要根据煤层条件和排煤效果进行调整。

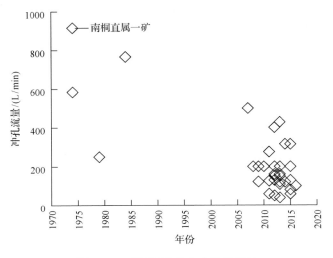

图 8-22　不同年份的水力冲孔流量

8.5.2　冲孔压力与出煤量的关系

图 8-23 所示是谢桥矿水力冲孔水压与出煤量的关系。由图 8-23 可知，出煤

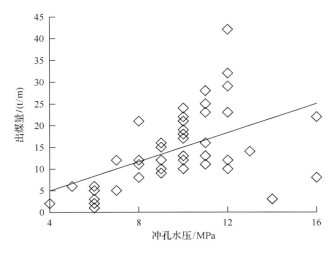

图 8-23　谢桥矿水力冲孔水压与出煤量的关系

量与压力并不呈正比，两者离散程度很高，并且有减小的趋势，说明在水射流产生的打击力能使煤体产生破碎的情况下，水压越高，对应的喷嘴孔径越小，靶距也就越近，煤体的破坏范围就越小。

因此，只有在某一段距离内射流才能够破碎煤层，在这一段距离内射流的落煤效率高，超过这一段距离后，落煤效率就很低。小直径射流水压在大于破煤所需压力(有效压力)的前提下，压力越小越好。谢桥矿压力破煤临界压力为 6～8MPa，破煤有效压力为 9～12MPa；潘二矿破煤临界压力为 4.0～4.5MPa，有效压力为 4.5～8.0MPa。冲孔时，水压是影响冲孔质量的主要因素，其次冲孔时间，钻孔倾角对冲孔效果亦有一定的影响，一般冲孔时间越长出煤量越大。钻孔倾角为负角度时，由于破碎的煤不能完全被带出，钻孔内的剩余煤粉会起到煤垫作用，而影响破煤速度和破煤的范围。

水力冲孔的核心是利用水将煤从煤层中冲出。由此，冲出的煤量是衡量冲孔效果的一个重要指标。水力冲孔的出煤量与水压有关。这是因为只有当水的压力大于煤的破坏压力时，煤才能够被破坏，将这个压力称之为临界压力。临界压力值取决于具体矿井煤层的性质，其中包括物理力学性质确定，即煤层的硬度、透水性和脆性；裂隙特性，即层理、节理和构造裂隙，以及煤的结构特性，包括软硬分层、层厚和各层的分布。当水的压力大于煤层临界压力时，煤开始破坏并被冲出，随着压力的增加，出煤量也随之增加，基本呈正比关系。

出煤速度总体上与水压呈正比关系(图 8-24)[34]，即随着水力冲孔压力的提高，出煤速度逐渐增大，冲孔时间主要取决于破煤时间。从图 8-24 中还可以看出，两者拟合关系离散程度较高，说明水压只是影响出煤速度的主要原因之一(例如，水量和煤的坚固性系数等因素对出煤速度也有很大影响)。

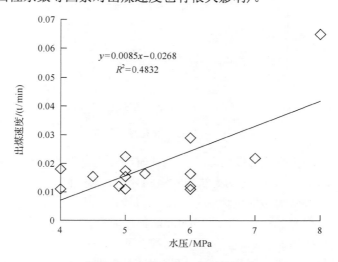

图 8-24　出煤速度与水压的关系

8.5.3 冲孔时间与出煤量的关系

水力冲孔的出煤量与冲孔时间有关。通过不间断地冲刷、水楔等作用，煤层钻孔周围的影响半径随时间不断扩大，因此出煤量不断增加，直至水压小于临界压力，影响半径不再扩展，冲出的煤量逐渐减小。

根据密实核假说，最初煤（岩）被射流压力压实成密实核，随着射流作用时间增长，密实核的前移变形增大（相当于在煤岩中楔入刚性楔块），在煤（岩）中形成自冲击点向四周扩散的裂隙，最终使煤（岩）试样破碎。水力冲孔措施破煤机理有裂缝的产生、水楔作用、表面冲刷三个过程，上述作用连续、交替发生，形成水射流落煤过程。因此，从单个破坏循环和整个冲孔过程看，均随时间延长，出煤量增加。

潘二矿出煤量与冲孔时间的关系如图 8-25 所示，冲出煤量随冲孔时间的延长明显呈增加趋势，这反映了水力冲孔过程就是水射流逐层剥离破碎煤体的过程，但从图 8-25 可以看出，拟合关系离散程度较高，因此冲孔时间只是影响冲孔效果的主要因素之一。

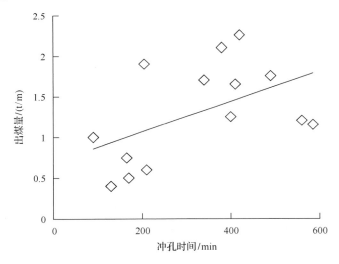

图 8-25　出煤量与冲孔时间的关系

因为文献中冲孔时间可能为单个孔累计时间，也可能是多个孔累计时间，不易区分，所以对单个孔冲孔时间无法做定量的分析。据资料显示，中马村矿[18]的冲孔持续了 12 天，累计有效时间达到 696min，其次潘二矿冲孔时间接近 600min；鹤壁三矿[35]要求一般每孔冲孔时间为 30min，但同时要求每孔冲煤量在 1.5t 以上。义煤集团要求钻孔到返清水时停止冲孔，冲孔时间根据现场情况而定，一般每米煤孔不少于 20min。由于钻孔深度、煤体坚固性系数和裂隙发育程度、冲孔水压和流量等参数不同，冲孔时间实际上根据冲出煤量和是否返清水等冲孔效果来确定。1960～2010 年，水力冲孔的冲孔时间较长，其数据的平均值为 179min，最大冲孔时间为 300min，最小冲孔时间为 54min；2011～2016 年，水力冲孔时间的平均值为 129min（移除中马村矿冲孔时间数据）。可以认为，随着水力冲孔技术发展，冲孔压力明显提高了，水力冲孔持续时间也在不断缩短。综合考虑 1960～2016 年采集的数据，单孔有效水力冲孔持续时间的平均值为 143.33min。

8.5.4 钻孔角度与出煤量的关系

潘二矿水力冲孔钻孔角度为 40°～63°，如图 8-26 所示，出煤量与钻孔角度关系不明显。主要原因为水射流破煤后的碎煤的带出，主要取决于水量、钻杆的排粉能力和自重，出煤的阻力主要跟孔径及其钻杆的性质有关，其中水量和钻杆排粉能力与倾角无关。钻孔倾角均为正角度时，自重对输送碎煤起到积极的作用，角度的大小影响不大。

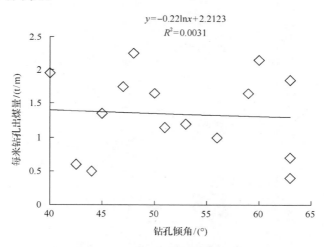

图 8-26 钻孔角度与冲出煤量的关系

8.5.5 单孔出煤量

在冲孔过程中，鹤壁三矿[35]要求单孔出煤量在 1.5t 以上时才能停止冲孔。图 8-27 为单孔出煤量。实际冲孔实践中，从图 8-27 可以看出，最小单孔出煤量为河南安阳鑫龙大众矿[36]，仅为 1.4t，最大单孔出煤量为河南义马新义矿[37]，达 19.2t，平均单孔出煤量为 7.53t。因为各矿冲孔深度、煤层物理力学性质、冲孔压力与流量等情况各异，与最佳冲孔时间一样，单孔出煤量无法在各矿做统一要求。但从冲孔目的来说，单孔单位长度冲出煤量越大越好。图 8-28 为单位长度单孔出煤量，从图 8-28 可看出，单位长度出煤量为 0.14～2.67t，平均值为 1.12t。冲出煤量越

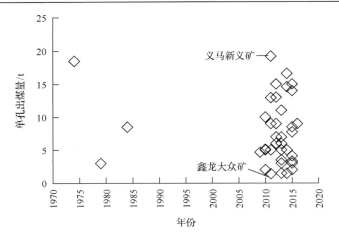

图 8-27 不同年份的单孔出煤量

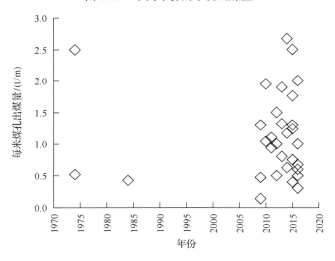

图 8-28 不同年份的单位长度钻孔冲出煤量

大，钻孔周围煤体排出越多，钻孔卸压范围越大，煤层瓦斯渗透系数提高范围越大，对于瓦斯抽采和消突都具有正面的效应。但毕竟射流水体离喷嘴越远，其冲击力越低，最终在可破坏煤体全部破坏后，将不再破坏煤体。钻孔返回清水，冲孔结束。但当冲孔压力不足时，也可能出现不能破煤，而很快返回清水的情况，此时应考虑加大冲孔水压；当冲孔压力过大，冲孔流量不足时，排出煤体的通道阻塞，也会呈现不出煤而返清水的情况，这时可降低水压，增加流量，使其达到较为平衡稳定的状态。

8.6 水力冲孔影响评价

8.6.1 瓦斯抽采钻孔有效影响半径[34]

水力冲孔有效影响半径主要受冲出煤量、地应力、瓦斯压力和裂隙发育情况等因素影响，对于同一煤层同一石门揭煤地点来说，地应力、瓦斯压力和裂隙发育情况等因素相近，因此，通过现场试验和数值模拟主要研究水力冲孔有效影响半径与冲出煤量、形成孔洞大小的关系及水力冲孔有效影响半径变化规律，为优化钻孔布置参数和评价冲孔效果、判断是否存在空白带等奠定基础。为了准确考查水力冲孔有效影响半径，消除抽采钻孔的影响，试验期间首先考察了抽采钻孔有效影响半径。

1. 压力指标法

先在冲孔旁边打一排测压孔，如图 8-29 所示，图中，2，3，4，…，n 为测压孔，d_2，d_3，…，d_n 为相邻测压孔间距。在各测压孔装上压力表并密封，待压力稳定后定期观察测压孔的瓦斯压力。如果 $a(a=2，3，…，n)$ 号测压孔的压力小于瓦斯有效性指标 P_0，而 a 号孔之后的测压孔的压力大于 P_0，那么冲孔的影响半径 $d=d_1+d_2+d_3+\cdots+d_{n-1}$。

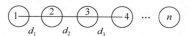

图 8-29　测试钻孔布置示意图

潘二矿[34]共布置 6 个瓦斯压力测试孔，1 个抽采孔，1 个水力冲孔考察孔，钻孔平行布置(图 8-30)。

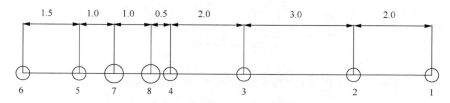

图 8-30　潘二矿考察钻孔布置示意(单位：m)

1~6. 测试孔；7. 抽采孔；8. 水力冲孔考察孔

经过 1 个月的抽采，距抽采孔 1m 的 5 号压力孔压力无变化，经放水，孔内为水压；在距抽采钻孔 1.5m 处 4 号考察孔瓦斯压力由 0.95MPa 下降到 0.65MPa，达到了瓦斯压力降低到 0.74MPa 的抽采要求。因此，西四轨道上山 4 号煤层瓦斯抽采有效影响半径为 1.5m。水力冲孔过程中，冲孔水压稳定在 5～10MPa，总计冲出煤量 6t，冲孔煤段长度为 5m，则平均每米煤段冲出煤量 1.2t。钻孔直径为 113mm，考虑到煤体遇水后膨胀系数为 1.13，则扩孔后直径为 1.06m。冲孔前，2 号孔瓦斯压力值稳定在 0.71MPa，3 号孔瓦斯压力稳定在 0.65MPa，4 号孔瓦斯压力稳定在 0.65MPa，在冲孔过程中各孔瓦斯压力均有变化（除 1 号和 6 号考察孔外，6 号孔测压失败，1 号孔距离远），其中 2、3、4 号孔变化明显，变化量分别为 0.15MPa、0.29MPa、0.27MPa，变化幅度分别为 22%、45% 和 39%，冲孔后三个考察孔瓦斯压力呈总体下降趋势。通过观测水力冲孔过程中瓦斯压力变化情况分析可知，潘二矿 4 号煤层水力冲孔有效影响半径为 5.5m。

2. 含量指标法

煤层的瓦斯含量等于游离瓦斯含量与吸附瓦斯含量之和。先在冲孔旁边打一排测压孔，如图 8-29 所示。在各测压孔装入压力表，并按煤层的破坏结构采取新鲜煤样，测得新鲜煤样的相关参数。根据每个测压孔的煤样参数及瓦斯压力，通过式 (8-7) 计算得出该测压孔的瓦斯含量 X_1，X_2，$\cdots$，X_n。如果 a ($a = 2$，3，$\cdots$，n) 号孔的瓦斯含量不小于 30%，而以后的测压孔的瓦斯含量均小于 30%，那么冲孔的有效影响半径 $d = d_1 + d_2 + d_3 + \cdots + d_{n-1}$。

$$X = X_x + X_y = \frac{abP}{1 + bP} e^{n(t_0 - t)} \frac{1}{1 + 0.31W} \frac{100 - A - W}{100} + \frac{VPT_0}{TP_0\xi} \tag{8-7}$$

式中，X 为煤层原始瓦斯含量，m^3/t；X_x 为煤的吸附瓦斯含量，m^3/t；X_y 为煤的游离瓦斯含量，m^3/t；V 为单位重量煤的孔隙容积，m^3/t；P 为煤层瓦斯压力，MPa；T_0、P_0 为标准状况下绝对温度与压力；T 为绝对瓦斯温度，K；ξ 为瓦斯压缩系数；a、b 均为吸附常数；t_0 为测定煤的吸附常数时的实验温度，℃；t 为煤层温度，℃；A、W 分别为煤中的灰分和水分，%；n 为系数，按式 (8-8) 计算：

$$n = \frac{0.02}{0.993 + 0.07P} \tag{8-8}$$

根据资料整理，冲孔前后瓦斯含量对比如图 8-31 所示，冲孔后瓦斯含量降低程度如图 8-32 所示。从图 8-31 和图 8-32 可知，冲孔后，煤层瓦斯含量有了明显降低，最大值为 7.37m^3/t，已经低于突出临界指标 8m^3/t，平均瓦斯含量由 10.76m^3/t 降低到 4.45m^3/t。抽放后瓦斯含量降低百分比最大为 84.64%，最小为 24.58%，平均为 55.63%，具有较好的抽放效果。

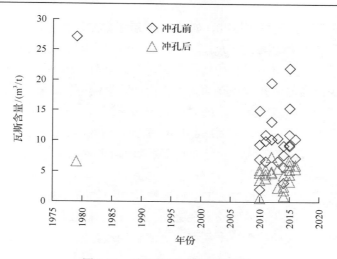

图 8-31　冲孔前后瓦斯含量对比

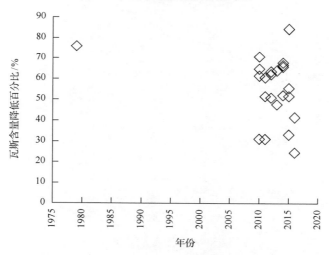

图 8-32　冲孔后瓦斯含量降低程度

3. 相对压力指标法

瓦斯压力 P 与瓦斯含量 X 之间为抛物线关系,冲孔前后瓦斯含量降低的比例和瓦斯压力降低的比例之间也呈抛物线关系,即

$$X = a\sqrt{P} \tag{8-9}$$

式中,X 为煤层瓦斯含量,m^3/t;a 为煤层瓦斯含量系数,$m^3/(t \cdot MPa^{1/2})$;P 为煤层瓦斯压力,MPa。

　　先在冲孔旁边打一排测压孔，如图 8-29 所示，在各测压孔装上压力表，记录下每个测压孔的压力 P_1，P_2，P_3，$\cdots$，P_n。观察每个测压孔的变化情况，将瓦斯压力下降到稳定压力 10% 以上的钻孔作为冲孔影响范围内钻孔，将距冲孔最远的一个抽放影响范围内钻孔到冲孔的距离作为冲孔影响半径。定期观察每个测压孔的瓦斯压力 $P_{1'}$，$P_{2'}$，$P_{3'}$，$\cdots$，$P_{n'}$。如果 $a\,(a=2，3，\cdots，n)$ 号孔瓦斯压力下降比例不小于 51%，而 a 号孔之后的测压孔都小于 51%，那么冲孔的有效影响半径 $d=d_1+d_2+d_3+\cdots+d_{n-1}$。因此，确定冲孔有效影响半径的指标为瓦斯压力下降 51% 以上。

　　根据资料整理，冲孔后水力冲孔有效影响半径如图 8-33 所示。从图 8-33 可知，冲孔后，水力冲孔有效影响半径为 1.5～10m，平均为 6.06m。相对于较小的抽放影响半径，较大抽放影响半径可大大增加抽放孔间距，降低成本和施工量。

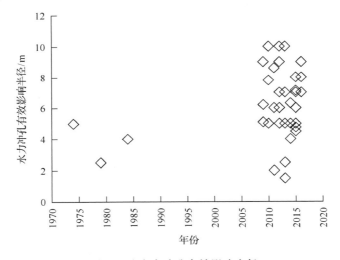

图 8-33　水力冲孔有效影响半径

8.6.2　煤体渗透性系数和钻孔瓦斯流量衰减系数

　　抽采前后渗透性系数对比如图 8-34 所示，渗透性系数提高倍数如图 8-35 所示。从图 8-34 可以看出，水力冲孔后，煤层渗透性系数有明显提高，其最大值由 0.2m²/(MPa²·d) 提高到 1.71m²/(MPa²·d)，平均值由 0.041m²/(MPa²·d) 提高到 0.543m²/(MPa²·d)。从图 8-35 可以看出，其提高倍数最小为 2.02，最大为 67.27，平均提高 24.22 倍。

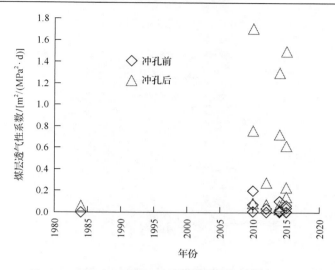

图 8-34　不同年份水力冲孔前后煤层渗透性系数对比

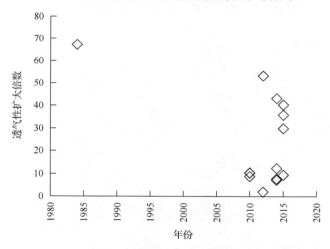

图 8-35　不同年份水力冲孔后煤层渗透性系数提高倍数

　　冲孔前后钻孔瓦斯流量衰减系数对比如图 8-36 所示，钻孔瓦斯流量衰减系数降低百分比如图 8-37 所示。从图 8-36 可以看出，水力冲孔后，钻孔瓦斯流量衰减系数有明显降低，其最大值由 $0.78d^{-1}$ 降低到 $0.198d^{-1}$，平均值由 $0.286d^{-1}$ 降低到 $0.062d^{-1}$。从图 8-37 可以看出，其降低百分比最小为 67%，最大为 85%，平均降低 76.45%。

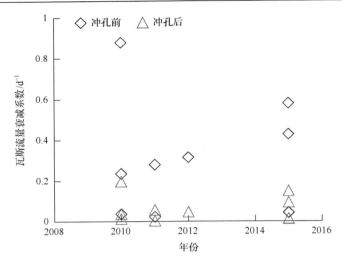

图 8-36 不同年份水力冲孔前后钻孔瓦斯流量衰减系数对比

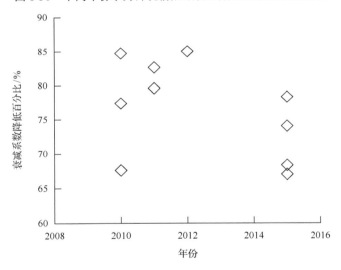

图 8-37 不同年份水力冲孔后钻孔瓦斯流量衰减系数降低百分比

8.6.3 冲孔前后瓦斯涌出量

冲孔前后钻孔瓦斯涌出量对比如图 8-38 所示，钻孔瓦斯涌出量提高倍数如图 8-39 所示。从图 8-38 可以看出，水力冲孔后，钻孔瓦斯涌出量有明显提高，其最大值由 $0.84m^3/min$ 提高到 $1.28m^3/min$，平均值由 $0.108m^3/min$ 提高到 $0.352m^3/min$。从图 8-39 可以看出，其提高倍数最小为 1.52 倍，最大为 40.27 倍，平均提高 9.20 倍。

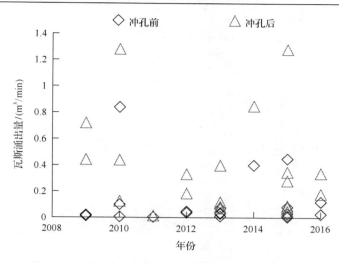

图 8-38　不同年份水力冲孔前后钻孔瓦斯涌出量对比

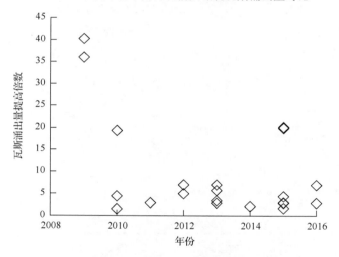

图 8-39　不同年份水力冲孔后钻孔瓦斯涌出量提高倍数

8.6.4　等效扩孔直径

等效扩孔直径由冲出煤量考虑碎胀系数计算得出。冲孔前后等效扩孔直径对比如图 8-40 所示，等效扩孔直径提高倍数如图 8-41 所示。从图 8-40 可以看出，水力冲孔后，等效扩孔直径有明显提高，其最大值由 133mm 提高到 1820mm，平均值由 101mm 提高到 867mm。从图 8-41 可以看出，其提高倍数最小为 3.87 倍，最大为 16.11 倍，平均提高 8.9 倍。

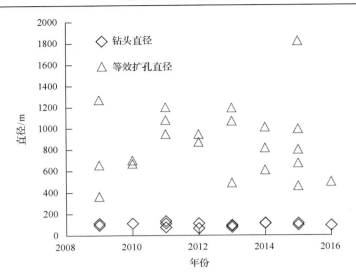

图 8-40 不同年份水力冲孔前后等效扩孔直径对比

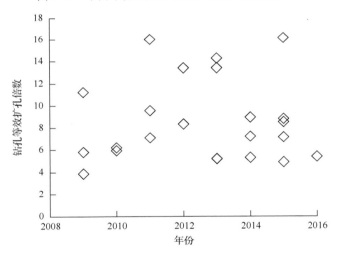

图 8-41 不同年份水力冲孔后等效扩孔直径提高倍数

8.7 水力冲孔案例

8.7.1 水力冲孔案例一

1. 试验区概括[38]

潘二煤矿自建井以来共发生 14 次煤与瓦斯突出事故。其中 B4 煤层就有 10

次，占 71.4%，属于强突出煤层。11224 底抽巷南一联络巷为 11016 工作面出煤系统，施工前方预揭 B4 煤，实测 B4 煤瓦斯压力为 2.5MPa。瓦斯放散初速度 ΔP=13mmHg[①]、坚固性系数 f = 0.33，计算工作面突出危险性综合指标 K = 39.39、D =12.72、瓦斯含量 W = 8.49m³/t，透气性系数仅为 0.0015m²/(MPa²·d)，属于难以抽采的煤层。B4 煤直接顶底板均为泥岩。

2009 年 2 月 6 日至 2009 年 3 月 8 日，在 11224 底抽巷实施了 11 组水力冲孔措施循环，共冲出煤量 149.25t，冲出瓦斯约 3800m³，在冲孔过程中，高压乳化液泵距冲孔点的距离多在 100m 左右，用内径为 32mm 的高压软管压力损失为 0.004MPa/m 左右，再加上局部损失高压软管和钻机钻杆接头处的损失，可按出口总压的 5%计算，潘二煤矿 4 煤的 f 值为 0.33，实际破煤所需的压力为 3.3MPa。大量实践结果表明，最佳水力冲孔压力为煤体坚固性系数的 12～20 倍，即 12～20MPa。

2. 冲孔设备

穿层钻孔设备包括穿层钻孔 ZDY-4000S 型煤矿用液压钻机，采用 113mm 的复合片钻头，导向装置(钻孔深度超过 50m 的穿层钻孔使用)，见煤时退出导向装置，采用水压排渣法进行。水力冲孔设备包括乳化液泵、水箱、压力表防瓦斯超限装置、喷头和沉淀池等(图 8-42)。

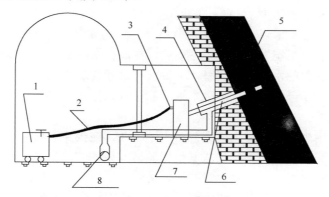

图 8-42　水力冲孔系统示意图
1. 乳化液泵；2. 高压水管；3. 高压水管；4. 封孔管；5. 冲孔喷头；6. 冲孔钻杆；
7. 钻机；8. 煤、水输送系统

瓦斯压力采用 GDP100 正压压力传感器检测，所有压力传感器检测的数据通过煤矿安全生产监控及其综合信息管理系统 kj2000 实现在线监测。为防止瓦斯超限，安装水力冲孔瓦斯超限装置。

---

① 1mmHg = 133.28Pa。

3. 冲孔工艺

穿层钻孔采用 113mm 钻头，并严格按照钻孔设计的参数开孔。为避免偏孔，每 2m 进行校正一次，钻孔超过 50m 时安装导向装置。钻孔过程中采水压排渣推进，钻孔穿过煤层顶板 0.5m。穿层钻孔施工完后，更换水力冲孔特制钻头，并送至见煤段。打开控制阀门进行冲孔，泵压从 10MPa 逐渐增加，最高不大于 20MPa。为避免卡钻等现象，可采用先从外向里冲孔，再从里向外冲孔。每组冲出的煤量经沉淀后分别记录，根据现场冲孔情况确定冲孔适用压力和冲孔时间，其中冲孔时间按单孔冲出煤量不应小于单孔平均控制煤量的 1% 为控制标准。

4. 水力冲孔效果考察分析

水力冲孔平均每米煤孔的出煤量为 1.71t，考虑煤体遇水的膨胀系数为 1.13，相当于冲出了 11 个直径为 1.20m 的孔洞，但是在揭煤过程中并没有发现孔洞，说明水力冲孔后引起孔洞周围煤体向孔洞方向发生挤压变形，从而填充孔洞。借鉴解放层的卸压指标和以往的冲出煤量卸压指标，变形率为 0.1%~0.3%，加上打钻期间的钻屑量，控制范围内的煤层储量为 14723.5t，因此冲孔煤量达到了控制范围内煤量的 1%，达到了卸压指标的要求。冲孔前距冲孔地点 150m 的 T2 探头监测的瓦斯体积分数为 0.1% 左右，在冲孔期间瓦斯体积分数稳定在 0.4% 左右，是冲孔前的 4 倍，最高达到了 0.5%，由此可见在冲孔过程中伴随着煤体的剥落，煤层中的裂隙增加、煤层中瓦斯大幅度释放，在冲孔结束 3h 后，T2 探头的瓦斯才开始恢复到冲孔前的水平，原因是水力冲孔打破了煤层原始应力的平衡，使孔洞周围煤体应力重新分布，煤层裂隙贯通，由于瓦斯渗流力学作用，围岩瓦斯源源不断地涌入孔洞。

根据《防治煤与瓦斯突出规定》第七十一条，在揭穿突出煤层前，应选用综合指标法、钻屑瓦斯解吸指标法或其他经验证有效的方法预测工作面的突出危险性，通过现场采样对 11224 底抽巷的钻屑瓦斯解吸指标 Δh_2、K、ΔP、f 和煤层瓦斯压力 P 等参数进行了测定，冲孔前后突出校检指标见表 8-6。由表 8-6 结果可以得出，水力冲孔前各项指标显示 4 煤为严重突出煤层，而采取水力冲孔措施后，各项指标均降到临界值之下。这是由于水力冲孔冲出了大量的煤和瓦斯，水力冲孔控制范围内的煤体应力降低，周围煤体充分卸压，大幅度提高了煤体强度，煤层瓦斯含量和压力急剧下降。煤层残存瓦斯压力为原始瓦斯压力的 7.2%，下降了 92.8%；残存瓦斯含量降为 2.05m³/t，降幅为 76%；瓦斯放散初速度 ΔP、Δh_2 和 K 值的降幅也非常明显，并且都处于正常范围内，有效消除了工作面揭煤过程中发生煤与瓦斯突出的可能性。

表 8-6　冲孔前后突出校验指标值

项目	指标					
	f	$\Delta P/\text{mmHg}$	$\Delta h_2/\text{Pa}$	K/mmHg	P/MPa	$W/(\text{m}^3/\text{t})$
冲孔前	0.28	13	180	46.5	2.50	8.46
冲孔后	0.60	5	20	8.3	0.18	2.05

注：P 为煤层瓦斯压力；W 为煤层瓦斯含量。

采取水力冲孔措施后，安全揭开 4 煤，巷道快速掘进 70m。掘进过程的校检指标变化如图 8-43 所示。考察钻屑瓦斯解吸指标 K_1 和钻屑量 S 时，校检 21 次只有钻屑量超标 1 次，校检超标率为 4.7%，低于常规校检 30% 的超标率，充分显示了水力冲孔技术措施的有效性和可靠性。水力冲孔消突措施不同于中高压注水、超前排放钻孔等防突措施之处为：其有显著的防突效果和简便快捷的操作和管理方式。

表 8-7 为采取不同防突措施时各项指标的对比情况。通过比较可知：采取水力冲孔增透卸压消突技术措施后，掘进速度是中高压注水的 3.3 倍，是排放钻孔的两倍；每米进尺所需时间是中高压注水的 1/10，是排放钻孔的 1/18，为煤巷的安全快速掘进奠定了基础，有效缓解了生产接替紧张的局面，使掘进速度提高为原来的 3～5 倍。

5. 结论

(1)理论研究分析表明，水力冲孔措施在地应力、瓦斯和煤的物理力学性质改变等突出主导因素等方面具有综合防突作用，通过严重突出煤层的揭煤及掘进工作面的工业试验，充分证明了水力冲孔防突措施的高效性和安全性。

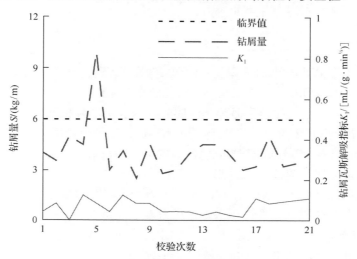

图 8-43　冲孔后煤巷掘进校检指标变化曲线

表 8-7　不同防突措施每循环进尺及工程量指标对比

措施	措施时间/班	措施工作量/m	进尺/m	每米进尺措施时间/h
水力冲孔	2	1.5	15	0.5
中高压注水	2	8.0	3	5.0
排放钻孔	7~8	14.0	4~5	9.0

(2) 确定了适合淮南矿区煤层条件的水力冲孔技术参数, 水力冲孔临界破煤压力为 $10f$, 最佳冲孔水压为 $12f$~$20f$。

(3) 采用水力冲孔措施后, 校检超标率明显降低, 减少了措施重复率, 缩短了实施措施时间, 石门揭煤速度提高了 4 倍, 煤巷掘进速度提高为原来的 3~5 倍, 水力冲孔与超前排放孔及中高压注水等防突措施相比, 措施工程量低、操作工艺简便、施工安全, 是一种方便高效的防突措施。

8.7.2　水力冲孔案例二

1. 试验区概括[39]

李嘴孜矿–530m 水平 B11b 煤层东端底板抽排巷向被保护的 3232(1) 机巷应力集中区域打穿层钻孔进行水力冲孔试验。5 月 15 日开始打钻孔, 并现场进行解析。钻头见煤时间 5 月 15 日凌晨 4：20, 装入煤样罐时间 4：25, 4：26 开始进行煤样解吸。现场大气压力 796mmHg, 温度为 24℃。截至 2010 年 6 月 20 日 9：13 早班, 共冲孔 6 个, 冲出煤量 30.72t, 平均每孔 5.12t, 经计算累计冲孔体积 19.2m³, 平均每孔体积 3.6m³, 相当于通过水力冲孔把孔径为 113mm 的钻孔扩成了 1144mm 的洞, 消除了钻孔附近煤体中的应力。

2. 冲孔设备

高压泵采用 BRW200/31.5 型乳化液泵, 与其相连的乳化液箱为 FRx1000 型辅助乳化液箱, 其公称压力为 31.5MPa, 液箱容量为 1000L。

钻机和高压胶管、钻机型号为 MKD-5S, 与乳化液泵相连的连接的高压管采用内径 32mm、耐压 32MPa 的钢丝缠绕胶管, 通过变径短管再将其与内径 16mm、耐压 32MPa 的钢丝缠绕胶管连接, 将胶管的另一头与 $D=50$mm 的专用钻杆尾端连接, 连接处采用快速接头和 U 形卡加固。

双功能高压水表为监测水压和流量在水力冲孔期间的变化, 在距掘进工作面 5m 处安装了 SGS 型双功能高压水表, 压力表量程为 0.25MPa, 在其旁边连接有型号为 QJl6 的球形截止阀。

水力冲孔喷头的规格：D50mm 冲孔专用钻头。

3. 冲孔工艺

按照预定方案施工钻孔结束和准备工作完成后，将高压水表连接至冲孔管路系统，初始试验设定乳化液泵的供水压力为 10MPa（试验中可根据冲孔情况调整水压力），开始冲孔。冲孔时应至少有四人施工：一人操作钻机并观察孔口情况和高压水表等，一人操作高压水阀及换杆，两人清煤。冲第一杆时应缓慢推进，并保持较长时间（30min），直至钻孔排水顺畅，水流清澈，无明显煤粉冲出时方能装下一杆。装杆时先关闭高压水阀，接着再打开泄压阀，待钻杆内水压完全卸载后（泄压阀出水流不急），钻杆间隙用棉纱封闭严实。确认接杆完毕，关闭泄压阀，打开高压阀，向孔内供水，待孔口有水流出时开动钻机冲孔。司机通过给进手把反复冲孔，边冲边进，在拆接钻杆时使用逆止钻头封闭套管，防止瓦斯泄出。每次冲孔都必须检查设备及管路是否破损、漏水、漏气，管路接头是否严密。冲孔速度不能过快，一般保持在 2~3m/h。当钻孔内喷嘴距煤层顶板距离小于 0.5m，钻杆旋转冲孔且孔内水流清澈时，该钻孔冲孔结束，拆除钻杆。冲孔过程及撤卸钻杆期间，严禁人员正对孔口，防止喷孔伤人。

4. 水力冲孔效果考察

根据现场解析数据可得瓦斯涌出规律，然后根据瓦斯涌出规律反推得出自煤体暴露至装入煤样罐密封这段时间所损失的瓦斯量。根据以上数据，计算得出煤样解吸前损失的瓦斯量为 21.80mL。现场解吸体积转换成标准体积后，其解吸量为 37.2mL。现场解吸后将煤样罐带回实验室再次进行解吸，其实验室解吸量为 58.8mL，如表 8-8 所示。

表 8-8　水力冲孔后实验分析表

煤样重量 /g	可燃质质量 /g	水分 /%	灰分 /%	实验室解吸量/mL		解吸前损失量 /mL	现场解吸量 /mL	解吸总量 /mL
				粉碎前	粉碎后			
370	258.48	1.57	28.57	47.04	11.76	21.80	37.2	117.79

5. 结论

根据表 8-8 可知，煤体的瓦斯总解吸量（包括现场解吸前损失量、现场解吸量、实验室粉碎前后的解吸量之和）为 117.79mL，煤样重量为 370g，其中煤样可燃质重量为 258.48g，所以 B11b 煤层水力冲孔后残余瓦斯含量为 0.45m³/t，与原始瓦斯含量 1.12m³/t 相比降低了 59.8%，说明水力冲孔有效影响范围卸压效果显著。

水力冲孔影响范围内钻孔抽采瓦斯量成倍增加，在相同数目钻孔的条件下，可有效提高钻孔的使用效果，使孔洞周围煤体充分卸压，在释放应力的同时引起煤层透气性大幅度增加，瓦斯得到释放，瓦斯压力梯度大幅度下降，消除了激发突出的应力和瓦斯条件，且增大了煤体抑制突出的阻力，缩短煤体原始瓦斯压力和瓦斯含量，降低规定值的抽采时间，起到了很好的综合防突的作用。

8.8 水力冲孔理论研究及发展趋势

8.8.1 球型径向渗流模型的建立

水力冲孔后，孔洞周围煤岩体经受破坏，形成塑性区，裂隙较发育，渗透率较大，因此瓦斯压力梯度较大，卸压速度较快。考虑到孔洞周围煤岩体裂隙和孔隙所占比例不同，以及不同区域渗透率不同的情况下，以达西定律为基础，推导扩孔孔洞周围煤岩中瓦斯渗流问题相关参数[40]。

根据达西定律，不同渗流距离的渗透速度为(孔内负压为负值)

$$u = \frac{k}{\mu} \frac{\Delta P}{\Delta x} = -\frac{k}{\mu} \frac{\Delta P}{x} \tag{8-10}$$

式中，ΔP 为煤体 x 位置与扩孔的压差，Pa；x 为渗透距离，m；μ 为气体动力黏度，$\mu = 1.08 \times 10^{-6}$Pa·s；$k$ 为渗透率，一般取 $k = 10^{-13} \sim 10^{-10}$m^2。

取球体一平面，球体径向流简化为二维的平面径向流，则

$$\frac{\mathrm{d}^2 P}{\mathrm{d}r^2} + \frac{1}{r} \frac{\mathrm{d}P}{\mathrm{d}r} = 0 \tag{8-11}$$

水力扩孔孔内负压和渗流模型边界初始压力都为定值，因此，定解条件：

$$P|r = r_0 = P_0$$

$$P|r = R = P_1 \tag{8-12}$$

式中，P_1 为初始瓦斯压力，即模型边界 R 处的瓦斯压力，MPa；R 为渗流影响的最大半径，m；r_0 为扩孔半径，m；$r(r_0 \leqslant r \leqslant R)$ 为任意位置。

根据相关研究孔隙率为

$$\phi = \phi_0 \exp\left(-\frac{\sigma}{K}\right) \tag{8-13}$$

式中，σ 为煤岩体所受应力，包含煤体自身重力和上部边界载荷，MPa；K 为煤岩的弹性模量，MPa；ϕ_0 为初始孔隙率，数值模拟时取 $\phi_0 = 0.0704$。

大量研究表明渗透率：

$$k = k_0 \left(\frac{\phi}{\phi_0} \right)^3 \tag{8-14}$$

式中，k_0 为初始渗透率。

8.8.2 基于放矿理论

马耕等[41]为了研究软煤水力冲孔孔洞形态特征，借鉴放矿理论中的 Bergmark-Roos 方程，建立了与水力冲孔散体煤岩重力、煤岩摩擦力、水作用力等因素相关的水力冲孔出煤过程中煤岩运移的轨迹方程，并推导了水力冲孔孔洞特征方程；借助 MATLAB 软件绘制出冲孔孔洞形态为类椭球体，并用数学积分推导了煤体积和水力冲孔孔洞直径计算公式；选取新田煤矿水力冲孔出煤数据进行拟合验证。

8.8.3 存在问题及研究方向

目前较为成功的综合水力化增透技术包括：定向压裂技术、重复压裂技术、定向水平长钻孔分段压裂技术、爆破致裂与水力压裂综合增透技术、地面压裂与井下水平钻孔联合抽采技术、水力压裂与水力割缝联合抽采技术等。煤层水力化增透技术经过我国各煤炭企业长达数十年的现场实践及各单位各级科研人员的不断完善和补充，现在已经发展成为我国含瓦斯矿井增强瓦斯抽采的重要途径，然而水利化增透相关理论仍不成熟。另外，我国煤层的赋存方式多种多样，矿区内巷道的布置更加复杂，水力化增透技术与之相适应的装备还存在着在工程应用中不配套，不完善等诸多问题。

(1)问题一：理论方面的研究仍待深入。

含瓦斯煤体的水力压裂过程是多孔介质下的多相耦合作用的过程，对水力压裂过程中裂缝扩展方式和扩展方向的研究涉及流体动力学、渗流力学、结构力学、断裂力学等多学科的综合运用，是气体解吸、流体渗流与岩石破坏和变形等相互耦合的科学问题，其过程从理论上分析十分复杂。至今，尚未实现对含瓦斯煤体水力压裂过程的准确、定量描述，还不能准确地控制水力压裂产生的裂缝的尺度和延伸方向。

高压水射流割缝过程中牵扯到对原煤体的切割，原煤体是煤、吸附瓦斯和游离瓦斯组成的类三相体，高压水射流冲击煤体的瞬间，在其接触面上煤屑脱离煤体的同时，部分吸附态瓦斯解吸出来。在这一瞬间涉及气体、流体、固体和多相耦合等诸多科学问题，增加了对其理论和实验过程分析的难度。这就造成了理论研究滞后于现场应用，现场工艺的完善缺乏必要的理论支撑的现状。

(2)问题二：核心技术有待突破。

水力化增透技术经过近几十年的发展，已经有了长足的发展。每一种单项增透技术都有其固有的优势，但是又难免存在一些自身的局限性。例如，水力化措施中的水力冲孔操作工艺复杂、设备装置昂贵，操作过程中还存在高压潜在危险；水力割缝的割缝范围有限，工艺也比较复杂；水压致裂的控制范围可以达到几十米，但是以现有的技术很难保证在它的控制范围内煤体实现均匀卸压增透而不留空白带。水力挤出技术中封孔深度及挤出规模不易控制，工艺同样比较复杂，这些不足之处使其应用受到限制。目前大的发展趋势是发展综合增透技术，综合增透技术能够实现各单项增透技术之间的优势互补，但是如何合理的配置各种工艺参数才能真正达到这一目的，仍需要深入探索。

（3）问题三：关键装备有待完善。

井下装备研制需要考虑到防火防爆的因素，煤矿井下用高压水泵一般体积庞大，重达数吨，造成在井下运输困难、安装地点受限，且设备的功率大，也给供电带来了困难。在水力冲孔及水力割缝过程中，钻孔往往出现排渣困难、堵孔、喷孔等现象，这就迫切需要研制耐高压、排渣性能好的水射流专用钻杆，另外高压水射流喷嘴和高压旋转接头的使用寿命偏短，高压水射流作业过程中存在很多安全隐患。现场工作人员与高压设备直接接触，安全保障技术和装备的研究虽然已有相关研究，但是还远未到达完全防范危险及控制作业进度的程度。

因此，在以后相当长的一段时间里，如何充分发挥各单项技术的优势并尽量克服其缺陷，是水力化煤层增透技术发展必然要面对和解决的难题。这就要求未来水力化煤层增透技术应当在不断完善各单项技术的基础上，实现水力化增透技术的集成化和多元化。随着对增透机理研究的不断深入和装备水平的不断提高，水力化煤层增透技术体系将日趋完善，将会在未来的煤炭开采和煤层气开发中发挥更大的作用。

参 考 文 献

[1] 南桐矿务局、直属一井、重庆煤炭科学研究所〈三结合〉瓦斯试验小组. 采用水力冲孔预防煤和瓦斯突出[J]. 矿业安全与环保, 1972, (1): 30-38.

[2] 俞启香. 煤巷掘进预防煤及瓦斯突出的技术——超前水力冲孔[J]. 北京矿业学院学报, 1959, (4): 54-59.

[3] 南桐矿务局, 重庆煤炭科研所. 水力冲孔法防止煤和瓦斯突出几个主要参数的研究总结[J]. 川煤科技, 1980, (2): 1-15.

[4] 陈雷. 低透气性高瓦斯煤层水力冲孔防突技术研究[D]. 淮南: 安徽理工大学, 2010.

[5] 刘听成, 贠东风. 煤矿开采深度现状及发展趋势[J]. 煤, 1997, (6): 38-41.

[6] 郝殿, 张艳利. 新河矿井水力冲孔试验研究[J]. 中小企业管理与科技(上旬刊), 2013, (3): 210-211.

[7] 刘明举, 何志刚, 魏建平, 等. 水力冲孔消突技术在谢桥矿的应用[J]. 煤炭工程, 2009, (8): 61-63.

[8] 张安生, 周红星, 马旭东. 大平煤矿水力冲孔增透技术试验研究[J]. 中州煤炭, 2007, (3): 8-9, 13.

[9] 张志勇, 王永法, 唐振伟. 水力冲孔增透卸压技术在鹤煤六矿的应用研究[J]. 煤矿现代化, 2012, (4): 32-34.

[10] 闫正波, 李艳庆, 杨卫华. 水力冲孔技术在大倾角薄煤层中的应用[J]. 工业安全与环保, 2011, 37(10): 41-43.

[11] 佚名. 水力冲孔法在梅田二矿的应用[J]. 煤矿安全, 1981, (3): 19, 20-26.

[12] 高振周. 煤矿井下水力冲孔快速消突的射流特性与防突机理研究[D]. 焦作: 河南理工大学, 2010.

[13] 陈珂, 程磊. 穿层钻孔水力冲孔消突技术的应用研究[J]. 现代矿业, 2016, (9): 208-210.

[14] 郭振华, 陈星明, 黄春明. 平宝公司水力冲孔工艺系统及技术参数考察[J]. 煤矿安全, 2013, 44(9): 8-10.

[15] 张进乐. 水力冲孔技术在煤层消突中的应用[J]. 中国科技信息, 2014, (9): 112-114.

[16] 王永信, 郭艳飞, 刘新中, 等. 突出煤层穿层抽采钻孔水力冲孔工艺优化[J]. 中州煤炭, 2015, (11): 19-22.

[17] 刘水亮, 朱振. 主焦煤矿岩石穿层水力冲孔抽放半径研究及应用[J]. 能源技术与管理, 2015, 40(5): 53-54.

[18] 李生舟, 刘军. 水力冲孔钻孔在不同瓦斯赋存区域的优化与实施[J]. 能源技术与管理, 2015, 40(4): 82-84.

[19] 敬复兴, 赵新杰, 原世腾. 中马村矿水力冲孔消突技术研究与应用[J]. 中州煤炭, 2013, (11): 6-7, 11.

[20] 潘龙富, 廖黎. 六枝大用煤矿水力冲孔试验[J]. 煤炭工程师, 1986, (5): 1-11.

[21] 史先志, 李金祥. 水力冲孔技术在嘉兴煤矿主井揭煤中的应用[J]. 能源与节能, 2015, (3): 139-141.

[22] 王新新, 夏仕柏, 石必明, 等. 潘三矿 13-1 煤层水力冲孔试验研究[J]. 煤炭科学技术, 2011, (4): 60-64.

[23] 孙华锋. 龙山煤矿 21031 上底板巷水力冲孔应用研究[J]. 中国高新技术企业, 2015, (4): 153-154.

[24] 朱建安, 高振周. 水力冲孔喷嘴流场的数值模拟分析[J]. 煤炭技术, 2010, 29(2): 165-169.

[25] 高振周, 王建军. 水力冲孔喷嘴几何参数对喷嘴内部流场的数值模拟研究[J]. 煤, 2009, (9): 1-3, 27.

[26] 王佰顺, 周杨洲. 水力冲孔喷嘴结构参数的优化设计[J]. 煤矿安全, 2011, (4): 68-70.

[27] 刘英排, 魏建平, 刘彦伟. 水力冲孔消突措施试验研究[J]. 煤炭科学技术, 2011, (3): 67-70, 86.

[28] 刘国俊. 淮南矿区水力冲孔技术参数优化及效果考察研究[D]. 焦作: 河南理工大学, 2011.

[29] 张豪勋. 煤水分离收集装置及技术在煤矿中的应用[J]. 煤矿机械, 2015, 36(2): 221-222.

[30] 刘明举, 任培良, 刘彦伟, 等. 水力冲孔防突措施的破煤理论分析[J]. 河南理工大学学报(自然科学版), 2009, (2): 142-145.

[31] 洪允和. 水力采煤[M]. 北京: 煤炭工业出版社, 1988.

[32] 冯文军, 苏现波, 王建伟, 等. "三软"单一煤层水力冲孔卸压增透机理及现场试验[J]. 煤田地质与勘探, 2015, (1): 100-103.

[33] 马春笑, 马永浩, 王广杰. 水力冲孔技术在平煤十二矿的应用[J]. 中州煤炭, 2013, (10): 80-81, 84.

[34] 潘亚辉. 水力冲孔有效影响半径变化规律研究[J]. 中州煤炭, 2014, (8): 62-64, 92.

[35] 华敬涛, 尚宾, 朱海印. 水力冲孔和带压封孔联合技术在穿层抽放钻孔中的应用[J]. 煤矿现代化, 2014, (4): 24-26.

[36] 朱振, 杜润魁, 兰发林. 底板岩巷穿层钻孔和水力冲孔消突技术试验研究[J]. 能源技术与管理, 2011, (2): 49-50, 58.

[37] 李家彪, 刘明举, 赵发军. 水力冲孔在新义矿瓦斯抽放中的应用[J]. 煤炭工程, 2011, (7): 36-38.

[38] 刘明举, 赵文武, 刘彦伟, 等. 水力冲孔快速消突技术的研究与应用[J]. 煤炭科学技术, 2010, 38(3): 58-61.

[39] 蒋永勇. 李嘴孜矿水力冲孔增透消突试验研究[J]. 黑龙江科技信息, 2010, (32): 21.

[40] 张辉元. 煤层水力冲孔增透效果影响因素的研究[J]. 煤炭技术, 2015, (11): 139-141.

[41] 马耕, 刘晓, 李锋. 基于放矿理论的软煤水力冲孔孔洞形态特征研究[J]. 煤炭科学技术, 2016, (11): 73-77.